软件测试丛书

# 软件测试技术大全：

## 测试基础 流行工具 项目实战（第3版）

U0301176

陈能技 黄志国 编著

人民邮电出版社
北京

**图书在版编目（ＣＩＰ）数据**

软件测试技术大全：测试基础 流行工具 项目实战 / 陈能技，黄志国编著. -- 3版. -- 北京：人民邮电出版社，2015.8
ISBN 978-7-115-39787-4

Ⅰ. ①软… Ⅱ. ①陈… ②黄… Ⅲ. ①软件工具－测试技术 Ⅳ. ①TP311.56

中国版本图书馆CIP数据核字(2015)第163372号

## 内 容 提 要

本书介绍了国内外先进的测试技术和测试理念，包括微软的测试方法、RUP 中的测试过程、敏捷测试的理念等；详细讲述了几个主要的测试工具的使用，包括 LoadRunner、HP UFT、AppScan 等；还介绍了各种常用的开源测试工具，为期待引入开源测试工具的团队提供参考。另外，还结合项目实践，介绍了各种测试辅助工具的开发，包括每日构建框架的开发、UFT 系统的搭建、性能测试框架的搭建、正交表测试用例自动生成工具的设计、数据库比较工具的制作以及分布式配置管理工具 Git 的使用。

本书一些章的最后，针对测试新手可能碰到的各种疑惑和困难，给出了精准的分析和解答；而且还特意为测试新手们准备了模拟面试题目，并为每个问题提供了参考答案，方便希望进入测试行业的新手们做好应聘准备工作。

♦ 编　著　陈能技　黄志国
　　责任编辑　张　涛
　　责任印制　张佳莹　焦志炜

♦ 人民邮电出版社出版发行　　北京市丰台区成寿寺路 11 号
邮编　100164　　电子邮件　315@ptpress.com.cn
网址　http://www.ptpress.com.cn
固安县铭成印刷有限公司印刷

♦ 开本：787×1092　1/16
印张：36　　　　　　　　　2015 年 8 月第 3 版
字数：870 千字　　　　　　2024 年 7 月河北第 21 次印刷

定价：69.00 元

**读者服务热线：(010)81055410　印装质量热线：(010)81055316**
**反盗版热线：(010)81055315**
**广告经营许可证：京东市监广登字20170147号**

# 前　言

目前软件的质量问题几乎都可以归咎为测试阶段没有发现问题，然而事实上我们在测试阶段是不可能发现所有问题的。这当然与软件的复杂度有关系，但是，不规范的测试过程和缺乏测试管理也是造成很多测试不充分、测试遗漏，甚至软件未经测试就匆忙发布的原因。

测试人员本身的素质、技能、测试方法也存在一定的问题。一方面测试人员在抱怨测试环境不佳，另一方面又不断地有新人期待进入这个行业。目前的测试行业有一些浮躁的情况，测试人员的素质参差不齐，测试技能和水平亟待提高。

我们精心编写了本书，目的是指出很多人对测试的各种误解，以及测试过程中的各种误区，并为测试新手进入测试行业提供一个测试知识的阶梯。作者结合多年的测试经验和测试团队管理经验，为广大测试人员介绍了各种先进的测试技术和测试理念，为测试人员提高自己的测试水平、完善自己的知识结构、扩展自己的测试知识面提供了有益的参考。

## 本书的内容安排

本书分为 4 篇，共 25 章，从软件测试的基本概念讲起，再进一步介绍一个完整的测试过程所经历的各个阶段，然后结合目前测试流行的各种实用技术和常用工具，讲解如何进行各种类型的测试，最后结合我们的经验讲解如何营造一个良好的学习环境，让测试人员的水平得以不断地提高。

第 1 篇（第 1~3 章）软件测试的基础。

本篇讲述了软件测试的基础知识，包括测试起源和发展、测试行业的现状、测试人员的现状以及真正优秀的测试工程师应该具备的素质，为希望进入测试领域的人提供一些基础知识。测试新手能通过这 3 章的基础知识来判断自己是否适合在测试领域发展，自己目前的不足是什么，需要努力提高的方向是什么。

第 2 篇（第 4~10 章）软件测试必备知识。

本篇讲述了与软件测试相关的各种知识，包括软件工程、配置管理、软件测试的目的与原则、软件测试的各种方法、软件测试的具体过程、软件测试的质量度量方法。软件测试是一门需要具备广泛知识的职业，测试人员应该掌握与测试相关的方方面面的知识。这 7 章的内容是由一名初级测试人员通往测试工程师必备的知识。

第 3 篇（第 11~23 章）实用软件测试技术与工具应用。

本篇具体讲述了各种实用的软件测试技术的使用和目前常用的各种测试工具的使用，包括测试管理工具 QC 的应用、自动化测试工具 UFT 的应用、性能测试工具 LoadRunner 的应用、安全测试工具 AppScan 的应用、单元测试工具 MSTest 的应用。这几章的内容是作者多年软件测试经验和测试管理经验的总结，其中还重点介绍了一些测试辅助工具的开发，是测试人员综合利用测试技术和测试方法进行各种类型测试的重要参考，也是普通测试工程师通往高级测试工程师需要掌握的核心知识。

第 4 篇（第 24~25 章）软件测试的学习和研究。

本篇主要介绍测试人员的发展和提高途径，以及测试团队管理的技巧。测试人员需要找到自己的发展方向，清楚自己的缺点，与其他测试人员一起营造一个共享的交流和学习的环境。

本书由浅入深，由理论到实践，尤其适合初级读者逐步学习和完善自己的知识结构。

## 本书的特点

本书深入浅出地讲解了各种测试理论和方法，以及目前流行的各种测试技术和常用的测试工具。在每章的最后，作者还结合多年的测试团队管理和培训新人的经验，对初涉测试领域的新手进行"答疑解惑"。而且特地为希望进入测试行业的新手提供了面试模拟，提出并解答面试过程中面试官可能提出的各种问题。

本书基本涵盖了软件测试各个方面的知识，从测试设计到测试开发，从测试执行到测试管理，从测试的基本理论到测试的实用技术，从测试工具的使用到测试工具的开发。讲述了各种常用的测试用例设计方法，讲解了各种测试技术的使用方法，还介绍了各种常用的测试工具、开源测试工具在测试项目中的使用。本书的特点主要体现在以下几个方面。

● 本书的编排采用循序渐进的方式，适合初级、中级学习者逐步掌握软件测试的基本方法、软件测试设计和管理的精髓。

● 本书结合作者多年的团队管理和新人培训经验，深入浅出地介绍各种测试知识，在一些章的最后还特地指出初级测试人员可能存在的疑惑和误解，并且有针对性地进行解析，是测试新手摆脱"困境"的好的参考。模拟面试问答也为希望进入测试行业或谋求新工作的测试人员提供了参考。

● 本书在介绍各种测试方法和技术时，采用了浅显易懂的例子，在介绍测试工具时也使用了大量的例子和代码，方便读者自己进行实践和演练，在介绍测试工具的开发时提供了丰富完整的开发示例代码，读者可直接使用，或者根据自己的实际情况进行调整。本书示例、源程序下载地址为：(http://blog.csdn.net/Testing_is-believing)。

● 除了基础的测试知识外，本书还适当加入目前测试领域各种先进的前沿技术和理论，介绍国外先进的测试方法和技术，方便读者借鉴大型项目和组织的测试理念和技术。

● 本书结合作者多年的测试团队管理经验，在各种类型测试的管理方面提出了自己的见解，在测试工具的引入和管理、测试人员的管理和度量方面也提出了全面的解决方案。

## 适合阅读本书的读者

● 希望进入测试行业的新手。

● 迫切希望提高个人测试技能和水平的初级测试人员。

● 具备一定的测试理论知识但是缺乏实践的测试工程师。

● 希望了解国内外测试动向以及最新测试技术的测试人员。

● 希望了解大型软件测试团队的测试理念和测试方法的测试人员。

● 目前正在考虑引入测试工具或正在使用测试工具的测试人员。

● 希望了解各种开源测试工具的测试人员。

● 希望了解测试工具开发过程和开发技术，希望自己动手开发测试工具的测试人员。

● 希望提高团队凝聚力和加强测试人员学习能力的测试管理者。

本书答疑 QQ 群：191026652。编辑联系邮箱为：zhangtao@ptpress.com.cn。

编者

# 目　录

## 第1篇　软件测试的基础

# 第2篇 软件测试必备知识

# 第 3 篇 实用软件测试技术与工具应用

第1章

# 软件测试行业

有人把软件产品与药品并称为世界上两种无法根除自身的缺陷却被允许公开合法销售的产品。人们明知药物不可能百分百治疗疾病，而且肯定存在一些副作用，但还是会购买。软件产品也一样，人们也知道软件不是百分百可靠，但还是越来越依赖它们。

而在其他行业中，如果产品存在明显不可预测的缺陷，市场、用户和法律都会做出强烈的反映。所以有人说，如果微软不是生产软件，而是制造汽车，恐怕早就倒闭了。软件产品的缺陷难以根除，但是可以通过加强软件测试来控制质量，通过修正缺陷来提高软件产品的质量。

软件测试行业是一个新兴的行业，尤其是在国内。称为"行业"是因为，测试已经不是以前单纯依附在软件开发过程中的一个可有可无的角色，而是发展到了足以成为专门的行业。

软件测试开始得到越来越多人的重视。第三方测试、测试外包的涌现，测试培训、咨询、考证的红火，测试职位的高薪，软件测试网站的增多，软件测试专门杂志的出现，种种迹象表明，在国外早已是一个专门的学科的软件测试，在国内开始步入可以称之为"行业"的时期。

本章从测试的起源讲起，重点描述测试的几个发展阶段，最后分析目前的软件测试现状，展望软件测试的前景。

# 1.1 软件测试的起源

通常称之为 Bug 的软件缺陷是伴随着软件出现的，软件测试同样是伴随着软件而出现的。随着软件 Bug 的增多，严重的质量事故也随之增多，所以人们"对抗"Bug 的态度日益强硬，软件测试也不断得到加强和重视，并持续发展。

## 1.1.1 第一个 Bug 的故事

1945 年 9 月的某天，在一间老式建筑里，从窗外飞进来一只飞蛾，此时 Hopper 正埋头工作在一台名为 Mark II 的计算机前，并没有注意到这只即将造就历史事件的飞蛾。这台计算机使用了大量的继电器（电子机械装置，那时还没有使用晶体管）。突然，Mark II 死机了。Hopper 试了很多次还是不能启动，他开始用各种方法查找问题，最后定位到了某个电路板的继电器上。Hopper 观察这个继电器，惊奇地发现一只飞蛾已经被继电器打死。Hopper 小心地用镊子将飞蛾夹出来，用透明胶布贴到"事件记录本"中，写上"第一个发现虫子的实例"。

Hopper 的事件记录本，连同那只飞蛾，现在都陈列在美国历史博物馆中。在单维彰的个人网站上收录了一系列关于 Hopper 和这个事件的照片（http://libai.math.ncu.edu.tw/bcc16/pool/ 3.06.shtml)，如图 1.1 所示。

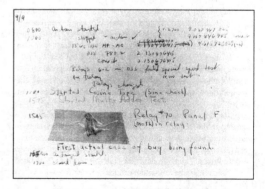

图 1.1 Hopper 关于飞蛾事件的记录

## 1.1.2　几个导致严重错误的 Bug

软件的 Bug 事件发生了大半个世纪后，并没有迹象要停止，而是愈演愈烈。或许人们早已忘记了半个世纪以前的几起航天事故，但是最近发生的几起 Bug 事件仍让人们记忆犹新。

（1）2008 年，北京奥运官方票务网站的浏览量达到了 800 万次，每秒钟从网上提交的门票申请超过 20 万张，票务呼叫中心热线从 9 时至 10 时的呼入量超过了 380 万人次。由于瞬间访问数量过大，技术系统应对不畅，造成很多申购者无法及时提交申请。

（2）2007 年 6 月，某热门的在线股票选购竞赛系统中存在一个软件缺陷，可以导致不公平的竞争，从而获取高额的竞赛奖金。经调查最后发现，原本前 5 位的优胜者都要取消资格。

（3）2007 年 4 月，某地铁系统软件存在缺陷未能检测和防止剩余动力在设备中的使用，最终导致列车过热而起火。

类似的报告数不胜数，据 NIST 报告指出，美国标准和技术研究机构（National Institute of Standards and Technology）在 2002 年公布的一项关于软件缺陷引起的美国经济损失高达 595 亿美元。

## 1.1.3　软件测试的起因

早在周代的时候，就有叫"人""氏"的工官，职能相当于工长，他们懂技术，负责直接管理制作器物的工匠，保证器物制造的质量。因此这些人堪称历史上最早的测试员。

1961 年，一个简单的软件错误导致美国大力神洲际导弹助推器的毁灭。这个简单而又昂贵的错误，导致美国空军强制要求在以后所有的关键发射任务中都必须进行独立的验证。从此建立了软件的验证和确认方法论。软件测试也就从那时候开始存在了。

从上面的几个故事，大概可以看出，错误从远古的时候就出现了，针对这些错误再制定相应的管理措施。由此看来，测试对产品制造者可以进行管理，虽然可能不是直接的管理，而是间接地通过检查产品来对制造者进行管理。

人类从很早的时候就已经知道，不能自己检查自己的工作产品，必须由其他人来检查，以确保公平、公正和客观性。但是在软件开始出现时，人们似乎并没有意识到这条规律的重要性。

随着错误的不断出现，导致了很多严重的问题，人们开始反省，知道靠制造者本身对自己的产品进行检查和验证存在很大的弊端，因此引入了独立的检查者。

尽管软件测试的发展经历了大半个世纪，但软件缺陷仍然大量存在。一方面是软件越来越复杂；另一方面，与软件测试的技术发展缓慢也有一定的关系。

# 1.2　软件测试的发展

伴随着软件行业的发展，软件测试也在不断地发展，软件测试大概经历了如图 1.2 所示的几个重要的阶段。

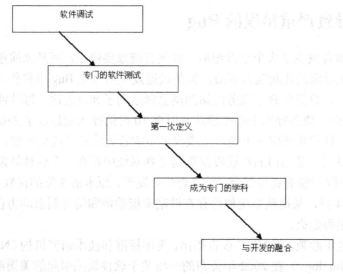

图 1.2　软件测试发展的几个阶段

## 1.2.1　软件调试

早期软件的复杂度相对较低，软件规模也比较小，因此软件错误大部分在开发人员的调试阶段就发现并解决掉了。这个阶段的测试就等同于调试。

现在，大部分开发工具都把调试工具集成进来，调试已经成为开发人员开发工作中不可或缺的一部分。甚至测试脚本的开发工具也会把基本的调试功能集成进来。如图 1.3 所示为 TestComplete 的调试工具栏。

执行到当前位置　进入　步进

图 1.3　TestComplete 的调试工具栏

## 1.2.2　独立的软件测试

在 20 世纪五六十年代，人们开始意识到仅仅依靠调试还不够，必须引入一个独立的测试组织来进行独立的测试。

这个阶段的测试绝大部分是在产品完成后进行的，因此测试的力度、时间都非常有限，软件交付后还是存在大量的问题。

这个阶段没有形成什么测试方法论，主要靠错误猜测和经验推断，也没有对软件测试的定位以及软件测试的真正含义进行深入的思考。

## 1.2.3　软件测试的第一次定义

1973 年，Bill Hetzel 博士给出了软件测试的第一个定义，即"软件测试就是对程序能够按预期的要求运行建立起一种信心"。

1983 年，Bill Hetzel 博士对这个定义进行了修订，改成"软件测试就是以评价一个程序或系统的品质或能力为目的的一项活动。"

因此这个阶段对软件测试的认识是：软件测试是用于验证软件产品是正确工作的、符合要求的。

但是同一时期，Glenford J. Myers 则认为，软件测试不应该专注于验证软件是工作的，而是将验证软件是不工作的作为重点，他提出的软件测试定义是"测试是以发现错误为目的而进行的程序，或系统的执行过程"。

## 1.2.4　软件测试成为专门的学科

20 世纪 80 年代后，软件行业飞速发展，软件规模越来越大，复杂度越来越高。人们对软件的质量开始重视。软件测试的理论和技术都得到了快速的发展。人们开始把软件测试作为软件质量保证的重要手段。

1982 年，在美国北卡罗来纳大学召开了首次软件测试的正式技术会议，软件测试理论开始迅速发展，随之出现了各种软件测试方法和技术。

1983 年，电气电子工程师协会（Institute of Electrical and Electronics Engineers，IEEE）对软件测试做出了如下定义。

- 使用人工或自动的手段来运行或测量软件系统的过程，目的是检验软件系统是否满足规定的要求，并找出与预期结果之间的差异。
- 这个阶段认为，软件测试是一门需要经过设计、开发和维护等完整阶段的软件工程。

因此，从这个阶段开始，软件测试进入了一个新的时期，软件测试成为一个专门的学科，形成了各种测试的理论方法和测试技术，某些测试工具开始得到广泛应用。

## 1.2.5　开发与测试的融合趋势

20 世纪 90 年代后，软件工程百花齐放，出现了各种软件开发的新模式，以敏捷开发模式为代表的新一代软件开发模式开始步入历史的舞台，并且赢得很多开发团队的拥护。

由此带来的是对软件测试的重新思考，而大部分人倾向于软件测试将与软件开发融合的趋势的观点，开发人员将担负起软件测试的责任，测试人员将更多地参与到测试代码的开发中去。软件开发与测试的界限变得模糊起来。TDD 把测试作为起点和首要任务。

## 1.2.6　为什么软件测试发展比较缓慢

尽管软件测试经过几十年的发展，已经得到了长足的进步，但是与软件开发的发展比较起来，可以看到软件测试的发展还是比较缓慢的。

软件开发得益于计算机硬件的发展、计算速度的提高，还有计算机语言的发展、编译器的发展、开发工具的发展，因此比起软件早期的开发，无论是开发速度还是工作效率都有了很大的提高。

软件开发摆脱了早期的机器语言编码方式和汇编语言，跨越了结构化编程语言，进入面向对象的时代，开发人员的编程能力得到了很大的提高。而开发工具的不断改进，则起到了推波助澜的作用，使得开发人员无论是在编码速度还是调试方面都受益匪浅。

反观软件测试，虽然测试工具层出不穷，但是并没有革命性的发展。测试人员大部分情况下还是要依赖手工的测试。

软件测试受到越来越多人的重视，但是大部分的软件测试方法和理论还是沿用20世纪的研究结果。因此，软件测试的发展还需要更多热爱测试的人投入，需要更多的研究，无论是在测试的理论、方法，还是工具上。

软件测试发展比较缓慢的另外一个原因是质量成熟度模型和质量风险评估没有一个比较广泛和可用的业界标准，测试的发展还会比较缓慢。

# 1.3　软件测试行业的现状和前景

在国内，软件测试仍然处于相对初级的阶段，虽然发展速度很快，但是夹杂了不少炒作的成分，测试人员的心态普遍有点浮躁。

但是前景是光明的，有越来越多的人关注这个行业，因为有越来越多的人投身到这个行业中，有越来越多的人喜欢这个行业。

## 1.3.1　国内测试行业现状

关于国内软件测试行业的现状，在2013年国内某软件测试专业机构有过一份调查，表明74%的人所在公司具有独立的测试部门，从数据中我们看到大部分公司对软件测试的重视，认可独立部门的重要性和必要性。调查结果如图1.4所示。

图1.4　设置独立软件测试部门的调查

再看测试人员与开发人员的比例，能达到1:1的较少，大部分是在1:3～1:5左右，1:7以上的比例呈下降态势，如图1.5所示。

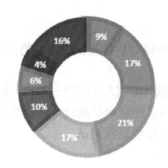

■A: 1:1 ■B: 1:2 ■C: 1:3 ■D: 1:4 ■E: 1:5 ■F: 1:6 ■G: 1:7 ■H: 1:7以上

图 1.5 关于测试人员与开发人员比例的调查

从调查的结果来看，国内软件测试经过这几年的发展，各企业开始重视软件测试，但是总体而言，对软件测试的投入显著增加，测试人员的比例也有较大提升，公司更注重测试团队的独立性、专业性，以及开发团队与测试团队在流程上、技术上的融合。

## 1.3.2 测试人员的现状

这几年的测试人员现状可以用"浮躁"两个字来形容。

一方面，测试的职位由于比较紧缺，受到大家的重视，测试人员的地位也开始提高，随之而来的是待遇、跳槽的机会。因此，有不少的软件测试人员不能安下心来努力积累经验、提高自己的能力。

另一方面，软件测试职位受到很多毕业生的青睐，也有很多希望转行到软件测试的人。这给一些培训机构创造了很好的商机，承诺参加培训课程保证就业。这加剧了测试行业的浮躁氛围，很多人冲着保证就业的名分来参加培训，真正静下心来学习软件测试的人不多。

分析这几年来很多测试人员的应聘表现，可以看到测试人员的主要表现有以下几种。

● 基础知识不够扎实：知道一些基本的测试设计方法，但是仅仅停留在表面的概念性了解，没有深入去理解这些基本的概念。

● 专业技术不够精通：简历上写着精通某某技术或某某工具，但是基本上没有真正地实实在在地应用过。

● 没有建立起相对完整的测试体系概念，忽视理论知识：大部分人对软件测试的基本定义和目的不清晰，对自己的工作职责理解不到位。测试理论知识缺乏，认为理论知识没用而没有深入理解测试的基本道理。

关于测试人员心态以及软件测试行业近年来的现状分析，推荐读者学习《虚假的测试繁荣》，该文从网站获取：http://blog.csdn.net/zeeslo/article/details/4243200。

尽管如此，这是软件测试行业在中国必然经历的一个不成熟阶段。软件测试行业最终会趋于平静、进入平稳的发展阶段。

### 1.3.3 软件测试的前景

Harry Robinson 在 2004 年就曾经对软件测试的未来趋势进行过预测，他认为测试领域在将来会有如下的一些变化。

- 工程师、开发人员会成为软件测试人员中的一分子，他们与测试人员之间开始互相帮助。
- 测试的方法日趋完善，Bug 预防和早期检查将成为测试工具的主流。
- 通过仿真工具来模拟真实环境进行测试。
- 测试用例的更新变得容易。
- 对测试质量的衡量开始从计算 Bug 数量、测试用例数量转到需求覆盖、代码覆盖等方面。
- 机器将替代测试人员做大部分工作，测试人员开始把注意力集中在更严重的问题上。
- 测试人员将运行更多更好的测试。
- 测试执行与测试开发的界限开始模糊。
- 测试与开发的界限开始模糊。
- 顾客反馈与测试合为一体。
- 新的挑战，例如安全测试等新问题开始出现。
- 测试人员获得尊重、测试变得流行。
- 追求进度，到最后一刻才加入测试的行为仍然会存在。

在随后的这几年，可以看到，上面的一些变化已经开始。例如，人们逐步意识到测试只是事后的检测，并没有达到消灭缺陷的作用，人们开始转向缺陷产生的早期，对缺陷进行预防性的工作。

Harry Robinson 还提出了以下几点迎接测试未来挑战的建议。

- 要不满于现状：不要被动接受和满足于测试的现状，不要埋头苦"测"，要思考一下"我们在做些什么毫无意义的事情？"。
- 抛开人与人之间的隔阂：总结如何更好地测试，并且分享这些测试经验。只有每个人都试图使其所写的代码达到最佳状态时，整体质量才会改进。
- 学习更多关于测试的知识：软件测试行业发展受到各种软件测试创新思维、好想法的激发。通过参加交流会、加入邮件列表、上网搜索等方式来了解在测试前沿发生的事情。
- 学习更多关于开发的东西：参加一个编程培训课程，即使不打算编写大量的代码，也可以把培训当作是在 Bug 领域上的一次侦察飞行。
- 改变这个世界：正如 PC 先驱 Alan Kay 所言"预测未来的最好方式就是创造未来"。

以上的建议对于测试人员来说是一个启示，测试领域有很多值得探索的东西，有很多值得思考的东西，有很多值得学习和研究的东西。

# 1.4 小结

在 China-pub（中国互动出版网）网站上，与软件测试相关的有 600 多本国内学者的著作和译作。

而这类图书在 5 年前还只有屈指可数的几十本。测试类的图书已经从当初的只有测试理论的介绍，到现在涉及测试的方方面面，包括自动化测试、性能测试、单元测试、测试管理、测试工具、安全测试。

对于那些准备进入软件测试行业的新手而言，建议先全面地了解软件测试行业、软件测试的工作内容和软件测试的知识体系，推荐大家去看一下"软件测试藏宝图"（参见 Google 网站），以便窥探一下软件测试的全景：

# 1.5　新手入门须知

从某种程度上说，软件产品的竞争已经不仅是技术的先进与否，还有软件的质量稳定性和低缺陷率。随着用户对软件质量需求的不断增强，如何有效发现 Bug，并研究 Bug 的产生原因，从而有效预防 Bug 已经成为软件行业的重点问题。

对于那些准备进入软件测试行业的人来说，测试行业挑战与机遇并存。

机遇是目前软件测试受到越来越多人的重视，尤其是软件企业开始意识到"作坊式"的软件生产不能达到以"质量求生存"的目的。

挑战是软件测试的工作面临多方面的压力，对于新手而言，首先面临的是测试能力缺乏带来的压力。如何克服这些压力和困难，是测试新手的首要问题。

可以找一家专门的软件测试培训机构作为学习的起步。但是要注意不能因为培训机构提出的"培训包就业"口号而迷失了方向和目标。目的是通过培训使自己具备一定的测试基础，仅此而已，其他的都是附带而来的结果。

对于测试方面的考证也应该抱着同样的目的和态度，通过了考试不代表就具备了多高的水平。目的不是拿到证书，而是通过考证的过程、备考的过程，经历一次软件测试"修炼"的过程。

# 1.6　模拟面试问答

本章介绍的是软件测试相关的背景，以及软件测试的发展情况等。身为软件测试员，应该或多或少地了解软件测试的发展动态，及其相关的历史事件等内容，这样无论是在与同行交流，向开发人员介绍和讲解测试，还是在应聘面试中，都会有更多的话题。

一般在应聘过程中，面试官可能会问到以下一些问题，读者可以根据自己的了解以及在本章中学到的内容做出相应的回答。

（1）您觉得目前的软件测试行业的现状是怎样的？

参考答案：目前的软件测试行业在国内正在蓬勃地发展中，但是由于起步比较晚，虽然大部分公司都已经设置了专职的测试人员，但是对测试资源的投入、测试人员的培训、测试工具的购买方面都相对缺乏。但是这也需要一个发展的过程，需要软件企业逐渐认识到测试投入的必要性，对质量的认识逐步提高。另外，也需要我们测试人员不断地学习和提高个人能力，为软件企业创造更多的价值。

（2）您认为现在的测试人员的能力水平怎样？

**参考答案**：目前国内的测试人员的测试水平都普遍偏低，尤其是在测试用例的设计能力、测试的规范化执行、自动化测试和性能测试等方面。这也跟测试行业起步相对晚，测试人员缺乏经验有关系。要想改变这些现状，我们需要多向国外同行学习，多借鉴他们的宝贵经验和最佳实践。

（3）您对软件测试的发展过程了解多少？

**参考答案**：最早的软件测试只是开发人员在写完程序后，自己进行调试。这其实不是很科学的做法，因为存在很大的局限性，缺乏第三者的测试也会存在客观公正性和权威性的问题。后来人们意识到这点后，开始组建独立的测试小组，进行专门的测试，慢慢地就形成了测试的专门职业。因此也有更多的学者专门研究测试的技术和理论，也开发出专门的测试工具帮助测试人员进行测试。

（4）您认为软件测试将来的发展方向是什么？

**参考答案**：软件测试将来会逐渐出现更多更好的测试工具，自动化测试也会越来越普遍，开发人员的测试意识会不断增强，开始与测试人员一起讨论测试的设计，做更多的单元测试。

（5）您认为是什么制约了软件测试的发展呢？

**参考答案**：软件测试的发展看起来没有软件开发的发展那么快，软件开发得益于开发语言、开发工具、设计模式、面向对象思想的发展，因此相比几十年前有了飞跃性的进步。而反观软件测试，则大部分仍然停留在手工测试的阶段，测试的组织也不够规范和严谨。

这当然与测试职业的本质有关系，测试更讲求测试人员对需求的理解、验证，对软件行为正确与否的判断，更加依赖测试人员的测试经验和发现 Bug 的直觉能力，因此不可避免地要进行大量的手工测试；另一方面，软件测试学科中缺乏其他学科的有力支持，例如数学、人工智能的应用，测试工具也还有待进一步地改进。

# 第 2 章

# 软件测试的组织

一个人的测试是不可能成功的，软件测试人员不是行走江湖的独行侠，测试是一项需要合作进行的工作。

本章从测试组织的形式分析各种测试组织结构的利弊，提出了一个综合型的软件测试组织结构模型。然后介绍对于一个新加入测试团队的测试人员而言，如何找准自己的角色定位，如何快速地融入测试组织。最后看一下测试团队的建设需要注意哪些方面的内容。

# 2.1　测试的组织形式

早期微软的开发团队中也没有独立的测试组。那个时候通常由几百个人做几个项目，程序员写完程序自己测试一下就算完成了。后来随着微软的项目越来越大，开发的软件也越来越复杂，编码和测试的工作需要并行地开展，于是就渐渐产生了独立的测试组。在微软的产品组中开发人员和测试人员的普遍比例是 3:1。在研发团队中开发测试比多少合适是个仁者见仁智者见智的问题，微软是 1:3，Google 是 10:1，百度是 5:1。究竟开发测试比多少合适，不但与系统的复杂度、公司对产品的质量要求有关，还和团队的开发、测试工程师的素质有密不可分的关系。

## 2.1.1　微软的经验教训

在微软的起步初期，微软的许多软件都出现了很多的 Bug。例如，在 1981 年与 IBM PC 绑定的 BASIC 软件，用户使用"1"除以 10 时就会出错，引起了大量用户的投诉。

微软公司的高层领导觉得有必要引入更好的测试和质量控制方法，但是遭到很多开发人员和项目经理的反对，因为他们认为开发人员自己能测试产品，无需加入太多的人力。

1984 年，微软公司请到 Arthur Anderson 咨询公司对其在苹果机上的电子表格软件进行测试，但是外部的测试没有能力进行得很全面，结果漏测的一个 Bug 让微软为 2 万多个用户免费提供更新版本，损失达 20 万美元。

在这以后，微软得出了一个结论：不能依赖开发人员测试，也不能依赖外部的测试，必须自己建立一个独立的测试部门。

## 2.1.2　最简单的软件测试组织

最简单的软件测试组织形式就是没有任何组织的测试，几个人就把所有软件测试工作做完，这样做没有任何分工、没有任何层次结构。

简单的软件测试组织带来的问题是：软件测试依附在软件开发的组织下，不能真正发挥软件测试的威力。

一两个人的软件测试缺乏交流和思维的碰撞，导致测试人员的进步非常有限。缺乏测试的组织，导致测试无计划进行，测试人员疲于应付各项突如其来的测试任务，测试经验也得不到很好的总结。

## 2.1.3　组织形式的分类方式

软件测试的组织形式可以按测试人员参与的程度分为专职和兼职两类，如果按测试人员的从属关系则可分为项目型和职能型两大类。

（1）专职 VS.兼职。

按照测试人员的职责明确程度，可以划分成兼职测试和专职测试两大类。目前在很多软件企业，尤其是小规模的软件企业，往往没有专职的测试人员。在做测试工作的同时还要兼顾软件开发、配置管理、技术文档编写、用户教育、系统部署实施等工作。

即使是在一些比较大规模的软件企业，拥有专门的质量部门，也会有兼职的情况，最常见的兼职工作是测试+配置管理，或者测试+QA。这种方式的好处是节省成本，可以充分利用资源。但是这样测试人员缺乏专门的独立的发展空间，不利于测试的纵深方向的发展，很难把测试做得精细，也不利于测试经验的积累和测试知识的传播。

当然，由于目前软件企业的现状，很多企业还是使用这种方式。对于测试人员来说，不要过分地去抱怨这些工作，尤其是对于新入行的测试人员来说，可以认为这是对自己很好的锻炼机会。

测试本身的要求就是知识面要广，而这些工作有助于从不同层面、不同角度、不同角色的位置考虑软件的相关问题。

（2）项目型 VS.职能型。

按测试人员参与项目的形式来划分，可分成项目型和职能型。

项目型的测试组织是指测试人员作为项目组成员之一紧密地结合到项目中，与项目组其他人员紧密协作，一般是从头到尾跟着项目走。当然，也有些项目是到了中后期才考虑把测试人员加入到项目中。项目型的组织结构一般如图 2.1 所示。

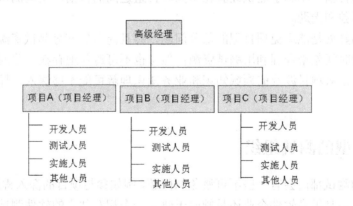

图 2.1　项目型软件测试组织

这种类型的测试组织一般不会有测试组长，测试的管理由项目的主管或项目经理负责。当然，在一些大的项目中，会划分出开发组长、也会划分出测试组长，但是最终报告的对象都是项目经理。因此项目经理是负责测试资源调配和测试计划的主要人员。

而职能型的测试组织是指测试人员参与到项目中是以独立的测试部门委派的方式进入

的。职能型的测试组织如图 2.2 所示。

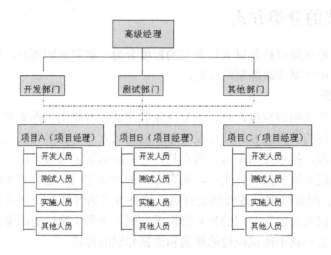

图 2.2 职能型软件测试组织

在这种结构中，一个测试人员有可能不仅仅测试一个项目的产品，可能会同时测试多个项目的产品。测试人员也可能不是长期稳定地从头到尾参与同一个项目。

测试人员不向项目主管或项目经理报告工作，而是向自己所在的部门经理报告工作。并且这种结构的项目经理也可能是虚拟的，或者由多个部门经理共同担当。

这两种方式各有利弊。项目型的好处是测试人员参与的力度很强，能深入了解项目方方面面的信息，有利于稳定持续有效地测试出更多细节问题；但是同时也有弊端，就是测试人员受项目负责人的管理，在对待 Bug 的处理意见上往往受到约束，同时由于过于亲密，很可能出现"网开一面"，不能严格要求的情况。并且由于缺乏独立的组织，测试人员的知识可能局限在项目组内传播，不利于测试经验在不同项目组之间的传播。某些测试人员在这种组织中可能会感到孤独和无助。

而职能型的好处是能避免项目型的部分问题，并且能节省部分测试资源，充分利用各个项目阶段之间的时间差来合理利用测试资源；但是也不可避免地存在一些问题。例如，深入程度不够，尤其是对项目涉及的领域知识和业务知识理解可能不够深入，导致测试的问题比较表面。

## 2.1.4 综合型的测试组织

尽管独立的测试部门会有一些不可避免的问题，例如参与项目的深入程度，容易导致"扔过墙"的测试。但是很多软件企业还是倾向于建立一个相对独立的软件测试组织。

一个理想的软件测试组织可以是综合和兼容了几种结构方式的组织，这要视公司的软件测试资源配备和项目经理、测试部门经理的具体职责定义来设计，如图 2.3 所示。

例如，可以将项目型结构和职能型结构组合并加以改造。测试部门是独立的部门，测试部门经理根据各项目组中项目经理的请求，结合公司对项目的投入和重点方向，决定委派哪些测试人员加入到项目组，并且长期稳定、持续地跟进项目，在项目的各个阶段都参与并做测试的相关工作内容。测试人员作为一种服务资源供项目组调用，测试的结果和报告作为评估软件产品质量的必要参考信息，为项目经理做出产品发布的决定提供参考价值。

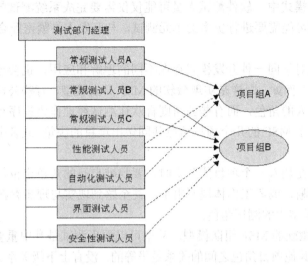

图 2.3 综合型软件测试组织

测试部门的测试人员分为常规项目测试人员和专项测试人员。常规项目测试人员即参与到项目组中的测试人员。专项测试人员一般由性能测试工程师、自动化功能测试工程师、界面及用户体验测试工程师、安全测试工程师等负责专门测试领域的人员构成，这些测试人员在项目发生专门的测试需求时，被调用到项目组，与常规项目测试人员一起工作，但是重点解决专项的测试问题。

当然还可以根据需要丰富这个组织结构，例如，设置一个专门的培训中心，负责对测试人员的内部培训，同时负责收集和整理各个项目的测试经验和测试知识。

# 2.2 融入测试组织

不同的软件企业由于种种原因会设置不同的软件测试组织形式和结构，没有哪两家公司的软件测试组织是一模一样的。即使是结构一样，由于职责范围和沟通方式不一样，也会导致测试组织的表现形式不一样。

对于一个需要加入到新的测试组织中去，尤其是一些新入行的测试人员来说，要特别注意如何让自己快速地融入项目团队的测试工作中。

 **注意**

如何让自己快速融入项目团队是实现成功的软件测试的第一步。

## 2.2.1 根据开发的模式判断自己的测试角色定位

每一个公司都会根据自己的研发模式和对质量的认识来界定测试组织的用途以及测试人

员的角色定位。

（1）在不同的软件开发模式中，测试的角色定位是不一样的。

传统的软件开发模式中，软件测试人员可能仅仅需要完成系统测试的任务就行了。而在敏捷开发模式中，则可能需要进行更多的单元测试，与开发人员紧密配合，寻找 Bug 出现的根源。

不同的软件组织对于同一种开发模式存在不同的理解和应用，也会导致测试人员在其中的角色定位出现差异。例如，同样是实现微软的 MSF 开发模型，有些公司比较喜欢让测试经理担当软件发布决策人的角色，而有些公司则喜欢让测试经理作为程序经理的辅助角色，另外一些公司则更倾向于 MSF 的几个项目角色共同做出项目的决策，或者由更高层的项目经理来决定。

因此，测试人员在加入一个项目团队中时，要找准自己的角色定位，否则可能导致自己的工作职责范围不清晰，或者工作体现不出来，甚至感到现实与理想存在差距。

（2）微软 MSF 模型中的测试角色。

图 2.4 所示的是微软的 MSF 组队模型。从中可以看出测试是其中重要的角色之一。

软件测试人员与其他项目角色之间的关系是平等的，没有上下级关系。每个角色负责自己职责范围内的工作，每个角色之间通过沟通来协调工作。MSF 组队模型的核心和基础是沟通和协作。

（3）敏捷测试角色。

在敏捷项目中，测试人员的角色可以进一步地细分，如图 2.5 所示。

图 2.4　MSF 组队模型

图 2.5　敏捷测试角色的细分

在这个矩阵中，可分成 4 个角色。

- 面向业务的批判产品角色。
- 面向技术的批判产品角色。
- 面向业务的支持编码角色。
- 面向技术的支持编码角色。

在解释这 4 个角色之前，先要解释一下两条轴线的意义。在横轴上，左边是偏向"支持编码"的测试，右边则是偏向于"批判产品"的测试。但是两种测试的意义和内涵存在很大的不同。

## 2.2.2 "支持编码"的测试与"批判产品"的测试

对于支持编码，测试主要作为准备和保证。通过写测试代码来阐明关于问题的思考。把它作为说明性的例子来描述代码应该怎样做。另一方面，测试是关于暴露主要错误和遗露，也就是对产品进行"批判"。这里，测试的原义就是关于 Bug。也有其他的意义，但是首要的意义是最主要的。（很多测试员，尤其是最好的测试员，在其身上已经融入了那些词语的内涵。）

## 2.2.3 "面向业务"的测试与"面向技术"的测试

在纵轴上，下边是"面向技术"的方面，上边是"面向业务"的方面。两者缺一不可。

"面向技术"是指测试人员在测试过程中更关注技术实现的正确性，并且需要应用到很多专门的技术来进行测试。而"面向业务"是指测试人员在测试过程中更加关注的是产品对业务实现的正确性，需要根据需求和用户的实际业务场景来进行测试。

面向业务的批判产品角色是指测试人员从用户的角度对产品进行测试，这种测试更关注产品对需求的满足程度，探索性测试是这种测试的常用方法。

面向技术的批判产品角色是指测试人员应用专门的测试技术对产品进行测试，例如性能测试、安全性测试、可用性测试等。

面向业务的支持编码角色是指测试人员编写代码来激发出正确的代码，测试人员首先编写测试代码来举例说明某个即将添加的新功能特性要怎样工作。然后程序员编写代码来匹配这些例子。FIT 框架（Framework for Integrated）是这种测试方式经常用到的工具，利用 FIT 测试人员或者用户可以在 Word 文档中通过举例子、列表格的方式来说明某个功能需要满足的输入输出，FIT 自动比较期待输出与实际输出之间的差异来判断测试是否通过。图 2.6 所示为 Word 文档截图是 FIT 的测试结果。

**Basic Employee Compensation**

For each week, hourly employees are paid a standard wage per hour for the first 40 hours worked, 1.5 times their wage for each hour after the first 40 hours, and 2 times their wage for each hour worked on Sundays and holidays.

Here are some typical examples of this:

| Payroll.Fixtures.WeeklyCompensation | | | |
|---|---|---|---|
| StandardHours | HolidayHours | Wage | Pay() |
| 40 | 0 | 20 | $800 |
| 45 | 0 | 20 | $950 |
| 48 | 8 | 20 | $1360 expected<br>$1040 actual |

图 2.6　FIT 测试结果文档

面向技术的支持编码角色是指测试人员使用单元测试代码来检查开发人员的编码，并且编写一些"保护性"的代码，来确保每次运行开发人员写的代码都能确保正确的仍然正确，如果开发人员针对代码进行了改动，测试人员编写的测试代码应该可以检测得出来。

关于敏捷测试角色的划分，Lisa Grispin 在《敏捷软件测试》一书中有详细的描述。

### 2.2.4　测试的划分对敏捷项目开发的重要性

这种测试的划分对敏捷项目而言是重要的，因为不同方面的测试工作，可以由不同的项目组成员来进行。例如下面的几种。

● 面向业务的批判产品角色可以由用户来充当（在敏捷开发模式中，把用户作为项目角色之一）。

● 面向技术的批判产品角色由拥有专门测试技术的测试人员担任。

● 面向业务的支持编码角色由测试人员或用户充当。

● 面向技术的支持编码角色可由开发人员或熟悉单元测试方法的测试人员担当。

**注意**

在实际中，这4个角色的工作都由同一个人来承担也是很有可能的。

### 2.2.5　如何融入一个项目团队

对于一个新人，项目组可能表现出两种截然不同的态度，一种是非常热情地欢迎，并且主动提供了很多协助，让其可以更快地熟悉环境并且参与到实际的工作中。而同时可能存在的另外一种态度则让人有点恐惧。项目组采取了一种冷漠的态度，甚至是敌视的态度。在这种团队中工作，可能是测试人员一个非常大的挑战。

**注意**

要想赢得大家的尊重是件不容易的事情。

一个非常重要的前提条件是要做好本分工作，并且把工作的成果表现出来。如果项目组中已经有一位值得学习的测试前辈，那么很幸运，因为如无意外，这位测试前辈会给大家最大的支持。如果没有，那么就需要自己努力寻找各种项目相关的信息来帮助自己尽快熟悉项目。

测试新手如何融入一个项目团队中去？需要注意的因素如图2.7所示。

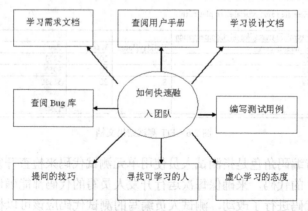

图2.7　快速融入团队需要注意的因素

### 2.2.6 快速融入项目团队的技巧

与开发人员好好地相处，有效地工作在一起。测试人员需要掌握一些技巧。以下是想更快融入项目团队的测试人员可以参考的方面。

● 找到一些共同语言非常重要。例如找到跟自己一样喜欢某项运动的开发人员，经常邀请他一起运动。

● 尽量拉近距离，了解每位开发人员的性格特点。

● 开发人员会对正在开发的产品表现出浓厚的兴趣，与他们一起探讨软件的方方面面。

● 把缺陷跟踪库中所有以前的 Bug 都看一遍，尤其是目前处于激活状态的 Bug，避免录入一些重复的 Bug。

● 虚心的学习态度永远会受到大家的认可，但是要注意把握问问题的时机。

### 2.2.7 尽快投入测试工作的技巧

能否快速地掌握项目相关的知识，快速地投入工作，并表现出工作成果，是融入项目团队的关键因素，也是新加入的测试人员是否能尽快得到大家认可的前提条件。

下面是测试人员在接手一个新项目时需要注意的方面。

● 阅读需求文档、设计文档、用户手册是关键的第一步。如果项目已经启动并且进入了测试阶段，则一般会有需求规格说明书和相关设计文档可供参考，应该尽快熟悉和消化这些材料，获取测试需要的信息。如果用户手册已经编写出来，则对照用户手册操作软件系统，可以快速地熟悉系统各项功能，顺便也可以对用户手册进行检查。

● 如果处于前期的启动阶段，则应该多参与项目各种会议，尽量多了解项目的需求和各方面的知识（包括业务知识和测试技术）。

● 阅读已有的测试用例或根据需求和设计文档编写测试用例。如果项目已经启动并且进入测试阶段，则一般会有测试用例文档，这些测试用例也是后来加入项目组的测试人员快速上手的参考材料。如果没有测试用例，则可以根据需求和设计文档编写测试用例，这也是熟悉需求和软件系统的一个好办法。

● 阅读缺陷库中旧有的 Bug，尝试按录入的 Bug 描述的步骤重现问题或测试软件系统。这种方法能借鉴别人的经验，使自己一步一步深入熟悉软件系统的功能细节。

## 2.3 软件测试的团队建设

要做好测试工作，首先需要建立并维护一个高效的测试团队。良好的制度可以规范测试的工作开展，同时也有利于对测试人员进行绩效评估。相反，缺乏有效管理和良好的团队氛围，则可能导致人心散漫，缺乏凝聚力，测试人员工作效率低下。

### 2.3.1 学习型团队的组建

一个好的组织，一定是一个让人觉得舒服的团队。一个好的测试团队，则一定会是一个学习型的团队。学习型的测试团队是有生命力的团队。测试人员可以不断地学习到需要的测试理论和技能，并且能把大部分人凝聚在一起，除了那些不思进取的人。

首先必须建立起一个学习或培训的机制，例如定期的测试交流、技术演讲，每年一度的测试技术日活动等。其次，要建立起共享的氛围和习惯，让每个测试人员都有学习的机会，都能把学到的、总结到的经验共享出来。一个专门的测试知识库是必不可少的。可以充分发挥人多力量大的优势，指定每个测试人员研究某个专门的领域，然后把研究的成功贡献出来。

当然，如果经济条件允许，也可以设置专门的测试技术研究人员。但是前提是每个人都有乐于助人、不吝赐教的心态。如果测试团队的人数在 5 个人以上，就可以办一份内部的杂志，专门发表测试知识、质量知识、测试工具的应用、测试理论的研究等方面的内容。并且要把这份杂志让更多的人看到，让大家了解到关于测试的更多方面。

**声明**

更多关于学习型团队建设的内容将在第 19 章介绍。

## 2.3.2　让每一位测试人员找到适合自己的位置

团队建设的另外一个重要方面是让每一位测试人员找到适合自己的位置，并且清楚适合自己的发展方向。一个简单的分类就是把测试的方向分成技术型和管理型。技术型偏向于测试设计和架构方面，而管理型则偏向于测试组织和协调方面。

但是值得注意的是，由于中国传统官本位的思想，可能大部分人会喜欢往管理型方向发展。这虽然有其不合理的地方，但是也有它固有的优势。因为，大部分人不会喜欢被一位技术能力比自己弱的人领导，因此，这使得往这个方向发展的测试人员必须具备一定的技术实力和坚实的测试基础。而实际情况也是如此，不仅仅是测试，开发也一样，提拔成领导的人都是从技术能力比较强的骨干中挑选出来的。

一些外企提供给测试人员的发展路线主要分为两条，如图 2.8 所示。

可以看到，测试人员的发展主要有两个方向：一个是往管理方向发展，另一个是往技术方向发展，两个方向都给予了同等的重视程度，让测试人员可以选择自己喜欢而且适合自己发展的路线。在发展的初级阶段，两条路线要经历的阶段是一样的，都是从实习开始，先做测试人员的工作，成为正式的测试工程师后，再往测试设计工程师晋升，然后才考虑往不同的方向发展。

在微软公司，则更多的是开发人员与测试人员之间出现互相转换的现象，因为在微软公司，测试与开发都受到同等的重视，比尔•盖茨甚至说"微软不是一个软件开发公司，而是一个软件测试公司"。在

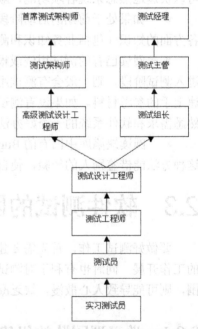

图 2.8　一般外企的测试人员发展路线

微软，很多测试人员都有很强的开发能力，而很多开发人员也会希望在测试领域锻炼自己。在微软的测试体系中，主要把测试人员分为两类，一类是 SDET（Software Design Engineer Tester），另一类是 STE（Software Test Engineer）。

对 SDET 编程能力的要求与对开发人员的要求基本上是一样的，都需要有扎实的计算机基础知识和编程能力。区别在于开发人员对算法更加精通，或某一方面的技术钻研的更深入一些。而对 SDET 的要求则是技术面要很广，要能使用很多种技术，如可以用 C、C#、脚本等来写程序。

当然，STE 的角色也很重要。对 STE 的要求是：解决问题的能力要特别强，有钻研精神，轻易不放弃，细心而且有创造力。好的 STE 不是只按照规定好的测试用例来执行，而是可以想到很多一般用户想不到的地方，可以用非常规的思路来寻找软件的 Bug，而且懂多种软件，善于利用各种工具进行测试。

## 2.3.3　"无规矩则不成方圆"

如果一个测试团队缺乏了规范和制度，则不能称之为组织。缺乏规范和制度的测试团队也很可能不是一个高效率的团队。测试人员一起遵循相同的规范可以减少不必要的沟通成本，一个测试人员调到另外一个项目组，能看懂所有相关的文档，能快速地融入测试组，与其他测试人员一起工作。

## 2.3.4　测试规范

测试规范是一个公司测试的标准，既是测试人员测试的准则，同时也是测试人员与开发人员达成的契约。软件的测试规范应该包括内部和全局的规范。

（1）内部规范是指测试人员在测试工作过程中需要遵循的规范，一般包括以下这些规范。

● 软件测试方法指南：是对测试人员在进行各种类型的测试时进行规范化的要求，例如，在做安装包测试时一定要包括安装、卸载、重安装过程，一定要检查注册表和文件的改变是否符合要求。通过规范的制订，可以有效统一测试人员的测试行为，避免了不同的人进行同类测试时出现测试效果上的很大偏差。

● 测试用例设计规范：一般包含测试用例的模板以及测试用例设计的要求。例如，每个测试用例必须包括测试用例执行的估计时间、测试用例的优先级别等。

● 缺陷录入规范：用于规范化测试人员的 Bug 录入过程，包括 Bug 录入的格式、Bug 录入的要素、Bug 描述需要注意的地方。

● 测试计划规范：一般包含测试计划的模板以及对测试计划的要求。例如，测试的进度和时间安排根据什么来制定。

● 测试报告规范：一般包括测试报告的模板以及对测试报告的要求。例如，测试报告需要包括哪些要素，测试报告的分析需要注意哪些方面的问题。

● 测试工具使用规范：指测试人员在什么时候使用哪些工具，工具的参数设置需要注意哪些方面的问题。例如，对于自动化回归测试工具 TestComplete，要求统一使用哪种脚本语言。

（2）全局的规范是指测试人员与其他项目成员之间需要共同遵循的规范，一般包括以下这些规范。

● 缺陷分类规范：指如何把 Bug 进行归类，归类有利于缺陷的分析统计，以及产品质量的评估。测试人员应该按照缺陷分类规范指定 Bug 的类型。

● 缺陷等级划分规范：是 Bug 的严重程度标识和优先级标识的依据，测试人员按照规范来衡量某个 Bug 应该属于什么级别的缺陷。缺陷的等级划分有利于开发计划的优先级划分，有利于对产品的质量进行评估。

● 测试提交流程规范：是开发人员提交某项完成的功能模块给测试人员测试时应该遵循的流程，图 2.9 就是一个简单的测试提交流程的例子。

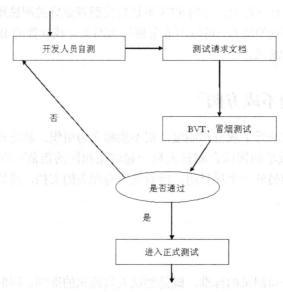

图 2.9 一个简单的测试提交流程

● 缺陷状态变更规范：要求项目组不同角色的人对 Bug 状态的修改的权限和更改应该遵循的流程。例如，规定开发人员不能私自把 Bug 修改为"Rejected"状态或"Delay"状态，必须得到项目经理和测试组长的同意才允许更改。

## 2.3.5 部门制度

制度是测试部门的做事原则、沟通方式等方面的内部契约，是测试人员在一个团队中获取资源、贡献力量的依据。部门制度是测试部门运转的依据，是各位测试人员明确自己的职责和做事方式的基础，也是测试沟通的定义。一般的测试部门制度可包括以下方面的内容。

● 测试部门的职责：明确测试部门对于公司而言承担哪些职责。例如，有些公司会把 QA 的职责和配置管理员的职责都放到测试部门。明确这些职责有利于测试人员顺利开展工作。

● 测试部门的组织结构：清晰地描述测试部门的组织结构有利于测试人员明确分工合作、沟通与报告的对象。

● 测试人员的工作内容：细分测试人员的工作内容，有利于测试人员明确自己的工作范围、对象等。例如，是否需要测试人员对实施手册、培训材料进行检查。

- 测试人员的工作流程：制定测试人员需要遵循的工作流程，例如明确测试计划、测试报告的审核流程，制定测试用例的评审机制等。
- 测试人员的日常工作规范：测试人员的日常工作规范可包括服务器的检查和备份规范、工作日报的编写规范等。例如，要求测试组长每天早上检查编译服务器的每日构建结果，要求测试人员每天早上要打开邮件并查看缺陷跟踪库的最新状态，要求测试人员每天下班前要提交每日工作简报等。
- 测试人员的培训制度：制定一个培训制度，例如定期的内部培训、交流、技术研讨会等。让培训工作成为日常工作的一部分。

## 2.4　小结

测试人员不是行走江湖的独行侠，不管进入的测试组织是"丐帮"还是"少林"、"武当"，只要愿意，都要贡献自己的一份力量。如果组织的现状不理想，则应该积极地考虑改进，而不要满足于现状。

"有困难，找组织"，不要忘了在身后有一大帮的测试"战友"，测试团队不是一个摆设，是测试人员可以充分利用来帮助自己有效工作的组织。

## 2.5　新手入门须知

不管测试的组织形式如何，新手在软件测试组织中应该始终抱着一种虚心学习的心态。寻找现有的知识库，同时不要忽略了缺陷跟踪库中的那些"宝藏"。

很多人值得新手学习，测试的老前辈、测试组长、测试主管、开发人员、项目经理等，都是学习的好对象。

勤学好问是好事，应该发扬，但是要注意问问题的技巧。尽量不要每碰到一个问题就跑去问别人，应该先记录下来，累积若干个问题后再统一问，并且对于一个新接触项目的人来说，其实很多问题会在后续的继续研究和学习中自己解决掉，因此除非碰到不解决则后续的学习和研究进行不下去的问题才赶紧问个明白。

如果新手进入了一个不规范的测试组织，甚至没有组织可言，则应该借此机会好好锻炼自己的能力，不要因为现状如此就放弃了理想。不规范的测试组织很可能是因为还没有"英雄人物"的出现，而你也许正是这样一位"英雄"。

## 2.6　模拟面试问答

本章主要介绍了各种不同类型的软件测试的组织方式，以及测试人员在这些团队中的职责和作用。无论是什么软件企业，它的软件测试都是在某种组织形式下开展的。在面试过程中，面试官可能比较关心您是否能适应这样的测试组织，能否快速融入他的测试团队中去。下面是一些常见的问题。

（1）您以前所在的测试组织是怎样工作的？

对于这个问题，您需要根据之前所在的测试组织的实际情况来回答，并且适当描述这样的组织方式的优点和缺点。但是如果您是一位测试新手或者应届毕业生，以前没有在任何一个测试团队工作过，则可以参考本章学到的内容来介绍你所知道的一些著名公司的测试组织方式。

参考答案：微软公司以前也没有独立的测试组，都是由开发人员自己进行测试，或者请学校的一些学生和社会上的一些团体来协助测试，后来他们发现这种方法不行，测试过后的软件仍然存在大量的 Bug，因此就成立了独立的软件测试部门，负责专门的、独立的测试。

测试的组织方式大概可以分成两大类：一类是测试人员跟着某个项目，由项目经理负责安排测试活动，这种方式的好处是测试人员比较熟悉测试项目的业务知识，与开发人员一起经历项目的各个阶段，不好的地方是容易造成与其他项目组的测试人员的交流障碍，测试的经验知识不能较好地传递，另外也不利于测试资源的充分利用；另一类是测试人员由测试部门经理管理，根据需要对测试项目进行测试，或谴派到各个项目组中，这种方式的好处是测试资源统一管理，测试交流更多，不好的地方是测试人员可能需要频繁更换测试的项目，不利于项目知识的深入理解。

（2）您如果到我们的测试团队中来，您觉得可以如何让自己更快地进入工作状态呢？

参考答案：首先，必须尽快熟悉项目组的工作环境，包括工作方式、交流的方式、开发和测试的工具等。

然后要虚心向其他项目组成员学习项目的业务知识和测试技术，寻找相关的文档和资料帮助自己快速地了解软件产品的信息，例如阅读需求文档、设计文档、用户手册是关键的第一步。可以对照用户手册操作软件系统，快速地熟悉系统各项功能，顺便也可以对用户手册进行检查。

如果处于前期的启动阶段，则应该多参与项目各种会议，尽量多了解项目的需求和各方面的知识（包括业务知识和测试技术）。

阅读已有的测试用例或根据需求和设计文档编写测试用例。如果没有测试用例，则可以根据需求和设计文档编写测试用例，这也是熟悉需求和软件系统的一个好办法。

阅读缺陷库中旧有的 Bug，尝试按录入的 Bug 描述的步骤重现问题或测试软件系统。这种方法能借鉴别人的经验，使自己一步一步深入熟悉软件系统的功能细节。

（3）如果让您来带领一个测试团队，您会做哪些工作？

面试官问这个问题的目的是想看你是否对测试的管理有见解，顺便也考察一下你是否是个"将才"。对于这个问题，你可以充分利用第 2.3 节学到的知识进行回答。

参考答案：我认为一个能持续发展和不断改进的测试团队才是有生命力的团队，而学习和交流是保持测试团队生命力的一个最佳途径。

如果让我来带领一个测试团队，我会首先建立起一个学习或培训的机制，例如定期的测试交流、技术演讲，每年一度的测试技术日活动等。其次，要建立起共享的氛围和习惯，让每个测试人员都有学习的机会，都能把学到的、总结到的经验共享出来。一个专门的测试知识库是必不可少的。可以充分发挥人多力量大的优势，指定每个测试人员研究某个专门的领域，然后把研究的成功贡献出来。还可以考虑办一份内部的杂志，专门发表测试知识、质量知识、测试工具的应用、测试理论的研究等方面的内容，并让这份杂志被更多的人看到，让大家了解到关于测试的更多方面。

另外，一个高效率的测试团队必须是一个有纪律、有规范的团队，我会按需要整理出各种测试的工作规范和指引，例如测试用例的设计规范、各种测试类型的测试方法指引、缺陷录入和测试报告的规范等；还会定义清楚测试人员的职责，明确测试的组织结构、测试的工作流程等。

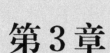

第3章

# 软件测试的人员要求

软件测试给人的感觉是比较容易入门，很容易就可以进行简单的软件测试工作。但是要想把软件测试做好，对人员的素质、技能水平和知识面都有一定的要求。

本章从测试人员的素质要求和技能要求两方面介绍如何成为一名优秀的测试人员。

# 3.1　测试人员的素质要求

由于简单类型测试的门槛比较低，因此在很多人眼里，测试人员的素质要求不高。很多人都听说过微软聘请家庭主妇对 IE 浏览器进行测试，并且测出了不少的问题，因此给人的感觉是只要会使用鼠标就能做测试工作。

实际上，一名优秀的测试人员所要具备的素质远远不止会使用鼠标这么简单，至少要包括以下方面的基本素质。

- 良好的心理素质。
- 正确的测试态度。
- 缜密的思维能力。

这 3 方面构成了优秀的测试人员必不可少的基本素质，如图 3.1 所示。

图 3.1　测试人员的基本素质

## 3.1.1　你对测试感兴趣吗

兴趣是最好的老师，如果对测试工作真正感兴趣，就会不断地研究测试相关的理论知识、技能技巧、工具等。找到自己真正喜欢的工作，研究自己喜欢的东西确实不容易，因为很多人不清楚自己是否真的对这份工作感兴趣。很多时候只是迫于生活压力而去做某些工作，有些时候是人云亦云，对热门时兴的职业趋之若鹜。

很多人应聘测试员的时候说："我并不是不想做开发，只是觉得目前能力有限，还不能做开发，测试的门槛相对低点……"，其实这可能只是对软件相关的职业感兴趣而已，并不是真正对测试感兴趣。

随着测试行业的兴起，测试工程师的职业成了网络、培训机构操作的对象，很多人就是冲着这个"香饽饽"来的。除去这些原因，还是有些人是真正为了自己的兴趣而选择了测试行业的。也有一些是当初并不确定自己是否适合这个职业，后来经过实际的工作，最终选择了测试这份职业。

如果去探究是什么让他们对测试如此着迷时（当别人都找不到 Bug 时，他还能找到；当别人都对重复的回归测试感到厌倦的时候，他还是抱着探索的精神继续测试），可能要回到他的童年，看看形成他的这些性格因素对他的测试工作产生了什么影响。

小时候，我们经常会对着一个小玩具（噢！不是现在的掌上游戏机！它可能就是一个陀螺，甚至是一个拖把）玩上半天而不会感到厌烦。我们会扮演各种角色，把它当成道具，变着花样来玩，玩得不亦乐乎。

现在的测试工作是什么？测试的对象有时候就是个玩具，只不过有些看起来过于严肃而已。如果我们能把软件当成玩具来玩，那么我们可能不会那么快厌烦测试。因为还有那么多有趣的玩法没有尝试。实在玩腻了，还可以把玩具狠狠地甩在地上，用脚踩几下，看它有什么反应。哈哈，这也是一种测试方法！是在进行破坏性测试！把小脚踏车一遍又一遍地从斜坡上冲下来，每次装上不同重量的东西，看装上哪一种东西会最快。哈哈，原来是在做压力测试！

这些曾经在小时候觉得那么好玩的事情，在测试时是否也能重温得到呢？

## 3.1.2 你有适合做软件测试的性格特征吗

贸然进入测试行业的人可能会感到很痛苦，因为最后可能发现，自己并不适合做测试的工作，因为缺乏了一些做测试工作的性格特征。有人说测试人员做测试久了都会有些习惯性的怀疑思维，例如在过马路时，即使是单行道，也会左右都看看。这可能或多或少地反映出测试工作其实是需要某些特定的性格特征的。

## 3.1.3 好奇心

"C-killed a cat"、"好奇心会把你杀死"，这些话在测试领域不适用，在这里越是好奇心强烈的人越容易成为优秀的测试员。对软件的功能好奇，对软件所能做的事情好奇，对使用这个软件的用户好奇，对软件在界面的背后悄悄做的事情好奇……这么多可以让人感到好奇的东西，这么多可以让测试人员探索的东西，是否有了成为"福尔摩斯"的冲动呢？

软件测试就是在探索中学习软件产品，在探索中理解用户需求，然后用测试和调查来验证产品是否满足用户的要求。测试就像坐着火车去西藏旅游，沿路经过很多有趣的地方，发生很多有趣的事情，看到很多有趣的人，这个过程本身就很丰富多彩。就像探索性测试（Exploratory Testing）所提倡的"探索"精神一样，探索应该成为测试员的基本习惯。在测试过程中能不断产生新的想法，就像图 3.2 所示的"探索叉"一样思考问题。

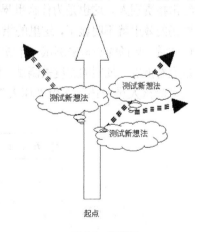

图 3.2 探索叉

好奇心会让人想知道进度条的背后系统正在做什么，驱使测试人员去找程序员问个究竟，或者看开发人员的代码是怎么写的。好奇心会让测试人员想搞清楚究竟系统能承受多少个并发用户的访问。好奇心驱使测试人员想将来的用户会用这个软件做什么事情，用户会怎样摆弄这个软件，用户是否也会觉得这个界面颜色不好看，觉得这个操作很烦琐。

**注意**

好奇心让测试人员能不断地发现新问题。

## 3.1.4 成就感

除了兴趣和好奇心之外，另一个驱使测试人员不断地工作的原因就是成就感。开发人员的成就感来源于创造、建设。测试人员的成就感来源于破坏、指责。这种由破坏、指责带来的成就感，看起来好像不是很健康，但是其实每个人都或多或少地存在这种倾向，只不过是测试人员把它正当地使用起来了。

人天生就存在两种倾向：建设倾向和破坏倾向。这也是为什么世界上会存在两种人：好人和坏人。这个世界上好人多还是坏人多？好像不能确定。毕竟好人和坏人的界限不是那么清晰。但是看起来好像是好人多一点，否则这个世界上要建太多的监狱了。这是因为我们都认为建设要比破坏好！所以从小教导小孩子要听话，不要撕破书本，不要往墙壁上乱涂乱画。因此，我们大部分人长大后都做有建设性的工作。

**注意**

破坏性工作同样是非常有意义的。

据说美国国防部就聘用了一些黑客来帮助他们防御电子攻击。在测试工作中，可以尽情地尝试破坏软件，破坏的结果是找到缺陷，或者证明了软件的承受能力、健壮性、容错性。在破坏中找到乐趣、找到成就感。

指责别人要比赞扬别人来得容易，给自己带来快感。所以大部分人不会经常赞扬别人，倒是经常指责别人。这也是为什么世界上那么多矛盾、吵架、争斗。赞扬是好的，但是在测试这里，赞扬的效果就不明显了，这里的指责不是针对人，而是针对软件测试时抱着的一种心态。如果满怀欣赏、赞扬的心态去测试一个软件，看到的都是好的方面，那么怎么能发现缺陷呢？但是如果是抱着指责、批判的态度去测试，满眼都是关于它的缺点，就会想尽办法让它暴露出来。

测试人员应该具备像"坏人"一样对被测试软件进行破坏的能力和态度，如图 3.3 所示。

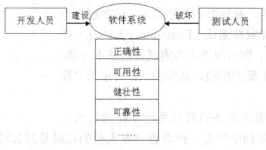

图 3.3　测试人员的"破坏"

### 3.1.5 消极思维

破坏和指责都是人类的负面思维，这种思维的近亲是消极思维、悲观主义、多疑。因为想的都是消极的方面，所以出现在周围的事情很多时候都是消极的、反面的。悲观主义者会更倾向于怀疑，但是积极的怀疑精神是好的，尤其对于测试工作而言。

善于怀疑的人会发现更多的 Bug。这些人会感觉这个软件的某些方面还有问题，就好像有第六感一样，会想出更多的主意去测试；对别人写出来的需求文档也会抱着怀疑的态度去看，因为需要确保有足够的证据让自己信服。敢于怀疑的人会发现更多的 Bug：敢于怀疑权威的文档，敢于怀疑"牛人"，因为相信人是不可靠的，人经常犯错误，而且重复地犯错误。

> **注意**
>
> 很多测试人员不能很好地找出资深开发人员写出的代码错误，这是由于存在一种心理误区，认为资深开发人员的经验会让开发人员少犯错误。

这个观点在很多情况下是成立的，很多时候高级开发人员开发出来的产品质量确实会比初级开发人员开发出来的产品质量好。但是如果抱着这种态度去测试，潜意识已经认为其代码质量很好，很难发现 Bug 了，那么结果就是没能发现足够多的 Bug。

测试人员甚至怀疑自己，"我测试的够不够充分？还有哪些使用场景没有考虑到吧！？还有哪些数据类型没有考虑到吧！？"这样就会不断地有新的测试"点子"，进行下一轮的测试。

### 3.1.6 全面的思维能力

思维的全面性是指：思维力强，看问题不片面，能从不同角度整体地看待事物。最终衡量测试好坏的是测试覆盖的全面程度。因此，一个测试思维能力更全面、更严谨、更缜密的人，比起一个冲动、对事物缺乏深入理解的人，绝对要能找到更多的 Bug。

测试人员应该不断地提高和锻炼自己全面的思维能力，避免更多的测试"盲区"的出现。导致出现测试"盲区"的根本原因，是测试人员的考虑不周和思维僵化，以及重复性测试带来的"缺陷免疫"。

> **技巧**
>
> 如何避免这些问题出现呢？与项目组成员多沟通、多交流，多接触其他软件产品，多阅读其他人录的 Bug，多阅读需求和设计文档都是提高个人思维全面性的好办法。

### 3.1.7 测试的正确态度

对待软件测试的态度，决定了能把测试坚持做到怎样的深度和广度。正确的测试态度是对软件质量负责任的态度，也是对用户负责任的态度。

### 3.1.8  责任感

责任感是一个合格的测试人员必须具备的基本素质。如果测试人员缺乏责任感，就很容易将一些 Bug 放过。缺乏责任感的测试人员在高强度的测试工作面前，会更容易选择回避。缺乏责任感的测试人员在面对重复而烦琐的回归测试时，会更容易松懈和疏忽。

### 3.1.9  压力

责任感来源于压力。压力分为内部压力和外部压力两大类，如图 3.4 所示。

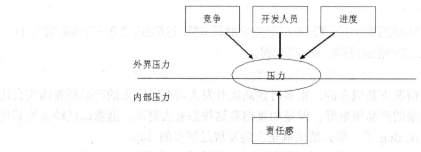

图 3.4  测试人员的压力

测试人员要面对的压力包括下面几种。
- 开发人员方面的。
- 用户方面的。
- 测试人员自己的。

开发人员一般不喜欢别人批判自己的程序，尤其是指出的问题涉及很大改动的，一般都倾向于抵制的态度。这种矛盾来源于质量与成本的矛盾。因此抵制会给测试人员造成一定的心理压力。另外，还有一些问题是开发人员认为不值一提的小问题，对于大量的这种小问题，开发人员会要求测试人员不要提，这也给测试人员造成一定的心理压力。

用户方面一般不会直接给测试人员压力，会通过市场人员反馈回来。一种是进度要求的压力，另一种是质量要求的压力。市场人员往往根据用户的要求，需要项目在比较短的时间里完成，对测试造成进度上的压力；而实施人员会带回项目实施的情况，包括用户的需求反馈和使用过程中的缺陷反馈，对于缺陷反馈，一般认为是测试过程不够严谨造成的漏测，这对测试人员也会造成一定的精神压力。

测试人员自己也会给自己一定的压力（那些不思进取、对项目成败抱无所谓姿态的人除外）。测试人员做的不是建设性的工作，他们的工作在很大程度上要从间接的方面来考核，例如产品质量、用户满意度等方面，所以他们非常希望自己的工作得到认可。但是他们的工作很大程度上受到项目进度、测试成本的影响，因此在这种双重压力下，测试人员更多的是在对质量负责、对用户负责，在进度、成本之间做心理上的挣扎和斗争。

另外，目前很大部分测试人员正在从事的测试工作的技术含量看起来不高，至少从很多开发人员的眼里看起来技术含量不高，所以一方面测试人员在努力学习很多测试的技术和方法，一方面在项目中又因为进度和成本的影响很难去规范，这也多多少少造成了测试人员的心理压力。

还有的是测试人员之间的竞争压力造成的，目前测试处于快速发展的一种状态，越来越多的有潜力和优秀的人加入这个行业，甚至很多开发人员转行到测试行业，这些无疑对一些基础相对薄弱的测试人员造成心理压力。各种测试技术、测试理论、测试工具层出不穷，在高强度的测试工作压力下，还要不断地学习、充实自己。

综上所述，如果测试人员拥有很强的责任感，那么就具备成为优秀测试人员的基本素质，而责任感会带来很大的压力。

 **注意**

> 能正确对待压力同样是一名优秀测试人员不可或缺的基本素质。

# 3.2　测试人员的技能要求

相对开发人员而言，测试人员的技能要求没有那么专业。开发人员可以仅仅要求具备某项编程语言的使用能力即可胜任开发的工作，但是测试人员却要求了解更多的东西，知识范围更广。

因此，对于测试人员的技能要求，其实就是快速学习各种新事物的能力。因为测试的项目包含方方面面的内容，而不同的项目使用的技术也不一样，涉及的业务领域也不一样，需要使用的测试方法和测试工具也有可能不一样。不会有哪个项目可以让测试人员有充足的时间去学习这一切。

**技巧**

> 必须能快速地学习，抓住要点、把握重点，善于分析和利用对自己的测试有用的信息。

把测试人员需要掌握的技能细分，可以划分成以下 4 大类。

- 项目涉及的领域知识的分析和理解能力。
- 产品设计和架构的分析和理解能力。
- 各种测试手段和测试工具的应用能力。
- 用户模型的分析和理解能力。

这 4 方面的内容构成了优秀测试人员的"技能矩阵"，如图 3.5 所示。

可以看到，测试知识只是其中的一部分，并且最核心的技能是快速学习的能力。

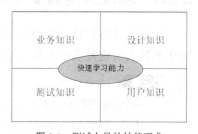

图 3.5　测试人员的技能要求

## 3.2.1　业务知识

对业务知识了解得越多，测试就越贴近用户的实际需求，并且测试发现的缺陷也是用户非常关注的缺陷，同时还是项目经理、开发人员都会认为很重要的缺陷。一些业务应用系统的测试尤其如此。

相反，如果缺乏对产品所涉及的业务领域的理解，那么测试出来的缺陷可能只是停留在功能操作的正确性层面，会被开发人员认为测试不够全面。甚至更糟糕的是，由于对某些业务知识存在误解，导致误测，提交的 Bug 被开发人员拒绝。

**技巧**

> 多阅读需求文档、多从用户角度出发考虑问题、多与用户或需求分析人员沟通是发现更多业务缺陷的好方法。

### 3.2.2　产品设计知识

测试人员对与软件产品相关的信息了解得越多，对测试越有利；对软件产品设计、软件架构方面的信息了解得越多，越有利于把测试进行得更加深入，测试的范围也会越广。

### 3.2.3　测试人员需要了解软件架构知识

对产品设计知识了解得越多，测试就越能深入产品的核心位置。例如，对于性能测试，如果不了解程序的架构和分层，则很难把性能测试做得深入和完整，提交的测试报告只能表明性能存在问题，但是具体瓶颈在哪里，是在界面响应还是在网络传输，还是在后台服务的处理能力上，都很难分析出来。

**注意**

> 如果不了解软件架构方面的知识，则很难有效地帮助开发人员定位性能瓶颈，很难有效协助开发人员解决性能问题。

### 3.2.4　测试人员需要了解统一建模语言（UML）

现在大部分软件开发组织都在使用统一建模语言（UML）指导设计和开发。其实，UML对于测试人员也是非常有指导意义的，测试人员也非常有必要学习一下 UML 的相关知识。

**注意**

> 一个好的书画鉴赏家不一定是一个出色的画家，但是非常清楚什么是好的作品！这个道理同样适用于测试人员对待产品设计的态度。

UML 中的用例图可以指导测试人员进行功能测试，类图则可用于指导单元测试，状态图、协作图和活动图可用于指导测试用例的设计，顺序图则可用于系统测试、流程测试，构件图可用于指导单元测试和回归测试，配置图则可以指导性能测试、环境测试、兼容性测试等。

## 3.2.5 测试人员的"武器"

测试工具可以说是测试人员的"武器",测试人员使用测试工具来寻找 Bug,使用测试工具来协助测试工作,减轻测试的工作量。优秀的测试人员无一例外地掌握了多样的测试工具,在适当的时候把它们派上用场。

初步统计招聘网站上关于测试工程师的测试工具的掌握要求可知,仅功能自动化测试工具这一类,就至少包括表 3-1 所列的测试工具。

表 3-1　　　　　　　　　　常用功能自动化测试工具

| 厂　　商 | 工　具　名　称 |
| --- | --- |
| HP Mercury | QuickTest Pro |
| Micro Focus | TestPartner |
| Micro Focus | SilkTest |
| IBM Rational | Robot |
| IBM Rational | Functional Tester |
| Parasoft | WebKing |
| Oracle | e-Tester |
| AutomatedQA | TestComplete |
| Seapine | QA Wizard |
| RedStone Software | EggPlant |
| Microsoft | Visual Studio Test Edition |
| Software Research | eValid |
| 开源 | Selenium |
| 开源 | WebInject |
| 开源 | Watir |

**注意**

关于常用自动化测试工具的相关动态,读者可参考 TIB 自动化测试工作室维护的一个"自动化测试相关新闻"列表:http://www.cnblogs.com/testware/archive/2010/05/19/1738878.html

## 3.2.6 测试人员需要掌握的测试工具

不同的项目采用的技术手段有可能不一样,采用的平台、开发工具、语言、控件也不会完全一致,这就可能导致某个测试方法或测试工具在项目 A 能很好地应用,但是到了项目 B 就无效了。

例如,同样是性能测试,在项目 A 中使用 LoadRunner 可以录制脚本,而到了项目 B 就录制不下来。原因往往是不同项目的产品采用的协议是不一样的。在项目 A 可能是 B/S 结构,采用 HTTP 协议,而到了项目 B 则可能是 C/S 结构,使用 ADO.NET 2.0 协议。

**注意**

优秀的测试人员必须懂得针对具体项目的上下文和环境，使用各种不同的测试手段和测试工具。

另外，一些看起来与测试无关的小工具，可能在关键时刻能助测试人员一臂之力。例如，一些文件比较工具，能让测试人员轻松地比较两个文件之间的差异，让测试人员洞悉对产品的不同操作可能产生的不同输出之间的差别。

### 3.2.7　测试人员需要掌握开发工具吗

测试人员一般不做编码工作，需要掌握开发工具吗？需要！至少要懂得如何使用开发工具的基本编译功能。

**技巧**

有时，一些 Bug 是比较难重现的，甚至是只有在测试人员的机器上才会出现。这时，测试人员应该使用开发工具运行程序，当程序出现异常时，自动定位到出现异常的代码行，马上请开发人员过来调试，寻找出错的原因。

测试人员有必要掌握开发工具的一些基本操作。对测试过程和问题重现等方面会起到一定的帮助。而且，如果要进行白盒测试，对开发工具的掌握就必不可缺了。

### 3.2.8　用户心理学

测试应该始终站在用户、使用者的角度考虑问题，而不应该站在开发人员、实现者的角度考虑问题。因此，要求测试人员必须掌握用户的心理模型、用户的操作习惯等。

如果缺乏了这些方面的知识或者是思维方式的偏离，则很难发现用户体验、界面交互、易用性、可用性方面的问题，而这类在某些人看来很小的 Bug，却是用户非常关注的问题，甚至是决定一个产品是否成功的关键问题。

用户心理学一般应用在界面交互设计的测试、用户体验测试等方面。

### 3.2.9　界面设计中的 3 种模型

在界面设计中，通常有 3 种模型，包括设计者模型、实现者模型和用户模型，如图 3.6 所示。用户模型往往在用户界面的开发过程中被过多地忽略。

- 设计者模型通常关注的是对象、表现、交互过程等。
- 用户模型通常关注目标、信心、情绪等。
- 实现者模型则更多地关注数据结构、算法、库等界面实现时要考虑的问题。

界面开发过程应该综合考虑 3 种模型，但是由于很多软件项目缺乏界面设计阶段，或者是由开发人员在编码阶段即兴为之。结果往往导致的是界面效果偏向于实现者模型。例如，经常会看到有些系统的界面会有很多冗余对象是用户不会用到的，而究其原因则是开发人员为了重用某个界面的设计，直接继承了界面父类，这些明显是过分考虑实现模型而导致的恶果。

图 3.6　界面设计中的 3 种模型

　　用户界面最终要给用户使用，由用户判断界面的可用性、易用性、用户体验等，因此，在界面开发的过程中应该更多地关注用户概念模型。

## 3.2.10　人机交互认知心理学

　　人机交互是一个讲求用户心理感受的过程。根据用户心理学和认知科学，测试人员应该了解以下基本原则来指导界面测试。
- 　一致性：指的是从任务完成、信息的传达、界面的控制和操作等方面应该与用户理解和熟悉的模式尽量保持一致。
- 　兼容性：指的是在用户期望和界面设计的现实之间要兼容，要基于用户以前的经验。
- 　适应性：指的是用户应该处于控制地位，因此界面应该在多方面适应用户。
- 　指导性：指的是界面设计应该通过任务提示和及时的反馈信息来指导用户，需要做到"以用户为中心"。
- 　结构性：指的是界面设计应该是结构化的，以减少复杂度。
- 　经济性：指的是界面设计要用最少的步骤来实现一个用于支持用户业务的操作。

## 3.2.11　测试人员是否需要编程技能

　　这个问题是个具有争议性的问题，同时也是新入行的测试人员非常关心的问题。一派认为编程是开发人员才需要的技能，测试人员不需要。另一派则认为编程是测试人员必备的技能。

## 3.2.12　掌握编程技能的好处

　　对于测试人员而言，编程技能未必是必不可缺的技能，但是如果能掌握基本的编程技巧，则会对测试有很大的帮助。大部分的自动化测试工具，需要测试人员具备一定的编码能力和语言知识。对于黑盒测试、手工测试者而言，具备一定的编程能力也会有好处。至少在与开发人员沟通一个 Bug 的时候会比较轻松，开发人员也会感觉测试人员是明白和理解其代码的人。

另外，具备良好的编程知识，可以让测试人员做更多层面的测试，例如单元测试、白盒测试、性能测试。还可以自己动手编写测试小程序或测试工具，帮助自己进行某些特殊的测试。

## 3.2.13 脚本语言

测试人员的编程技巧与开发人员的编程技巧，所需要的范围和方面是不一样的。开发人员要更专业一些，他们需要懂得处理很多专业的软件问题，需要深入了解很多语言的特性，如组件编程、面向对象、可重用性、可扩展性、设计模式、高效率、性能等。而测试人员则更偏向于快速地应用编程知识解决测试方面的问题，不需要追求精致的语言应用，不追求完美的可重用性，甚至有些时候不追求性能和效率，但是需要快速、能解决实际的问题。

因此，脚本类的编程语言受到大部分测试人员的欢迎，例如 Perl、Python、Ruby 等。因为它们简单、易用、有效、程序的产量高，能用最短的代码实现最多的功能。例如 Perl 和 Python 等脚本语言为开发人员提供了丰富的模块，这些模块是全世界成千上万的编程爱好者提供的。通过这些模块，可快速开发出功能强大的程序，而不需要自己重复发明轮子。

可以对比一下实现相同的一个字符查找功能的 C++程序和 Python 程序的区别，下面是用 Python 实现时需要编写的代码：

```python
if __name__=='__main__':
    file_name = raw_input('输入需要查找的文件

try:
    in_file = open(file_name,'r')
    lines = in_file.readlines()
    tag_tok = ''

    while tag_tok.upper() != 'Q':

        tag_tok = raw_input('输入需要查找的字符(Q for quit):')

        if tag_tok.upper() != 'Q':
            count = 0
            line_no = 0

    for line in lines:
        line_no = line_no + 1
        inline_cnt = line.count(tag_tok)
        count = count + inline_cnt

        if inline_cnt > 0:
        print '找到%s %d 次，在行 :%d'%(tag_tok,inline_cnt,line_no)
        print line
        print '--------------------------------'
        print '总共找到 %s %d 次'%(tag_tok, count)
except:
print "找不到文件 %s"%(file_name)
```

而要实现相同的功能，在 C++中则至少要多写 30 行的代码，具体代码如下：

```cpp
#include <fstream>
#include <iostream>
#include <string>
#include <vector>
#include <algorithm>
using namespace std;

int BruteFind(const char *x, int m, const char *y, int n ,vector<int>& colpos)
{
    int i, j, cnt=0;
    /* 查找 */
    for (j = 0; j <= n - m; ++j)
    {
        for (i = 0; i < m && x == y[i + j]; ++i);
        if (i >= m)
        {
            colpos[cnt++] = j;
            if(cnt == colpos.size())
                colpos.resize(cnt * 2);
        }
    }
    return cnt;
}

int count_string(string source, string tag, vector<int>& colpos)
{
    int find_cnt = 0;
    find_cnt = BruteFind(tag.c_str(), tag.size(), source.c_str(),source.size(),colpos);
    return find_cnt;
}

int main()
{
    string file_name, line;
    vector<string> lines;
    lines.resize(10);
    cout << "Input the file name:";
    cin >> file_name;
    ifstream in_file;
    try
    {
    in_file.open(file_name.c_str());
    if(!in_file)
    throw(file_name);
    }
    catch(string file_name)
    {
        cout << "Fatal error: File not found."<<endl;
        exit(1);
    }
    int line_count = 0;
    do
    {
        getline(in_file, lines[line_count]);
        line_count ++;
```

```
            if(line_count == lines.size())
            {
                lines.resize(line_count * 2);
            }
    }
    while(in_file.eof()==0);
    string tag_tok;
    vector<int> colpos;
    colpos.resize(10);
    do
    {
        cout << "Input the word you want to find(Q for quit):";
        cin >> tag_tok;
        if(tag_tok == "Q")
            int count = 0, line_no = 0 , inline_count;
        for(line_no = 0 ;line_no < line_count ; line_no++)
        {
            inline_count = count_string(lines[line_no], tag_tok, colpos);
            count += inline_count;
            if(inline_count > 0)
            {
                cout << "Find " << tag_tok << " " << inline_count << " time(s) in line " << line_no ;
                cout << " , column pos is ( ";
                for(int i = 0 ;i< inline_count ;i++)
                {
                    cout << colpos << ' ';
                }
                cout << " )" << endl;
                cout << lines[line_no] << endl;
            }
        }
        cout << "--------------------------------" <<endl;
        cout << "Total fount " << tag_tok << " " << count << " time(s)" << endl;
    }
    while(tag_tok != "Q");
    in_file.close();
    return 0;
}
```

由此可见脚本语言的"短小精悍"。查看 CPAN（http://www.cpan.org/modules/01modules.index.html）上的模块清单可以知道，到目前为止，Perl 已经有超过 12000 个模块。这些模块涉及的范围广泛，包括程序服务、数据库接口、文件处理、日期和时间处理、数学统计、网络编程、操作系统维护和管理等方面，可以帮助测试人员解决测试中碰到的各种问题，最重要的是它需要很少的编程量就可以实现很多的功能。

编程语言可分成两大类：系统编程语言（如 Pascal、C、C++、Java 等）和脚本语言（如 Perl、Python、Rexx、TCL、VB、UNIX shells 等）。系统编程语言在从头开始构建方面和性能方面会更好，而脚本语言在重用代码和快速开发方面有优势，是理想的自动化测试语言。

 **技巧**

测试人员掌握一门脚本语言对于解决测试中碰到的问题会有很大的帮助作用。

## 3.2.14　文档能力

文档能力对于测试人员有多重要呢？

测试人员的工作集中体现在缺陷报告、测试报告这些文档中，一个优秀的测试人员应该善于利用这些书面的沟通方式来表达自己的观点、体现自己的能力和价值。优秀的测试人员能通过优秀的缺陷报告，让开发人员心悦诚服地修改 Bug；优秀的测试人员能通过优秀的测试报告，让项目经理基于测试报告做出明智的决策。

可以想象一名被 Bug 困扰得焦头烂额的开发人员，在看到一条含糊不清、语句不通，还要夹杂着几个错别字的 Bug 描述记录时的心情会怎样。也可以想象一名项目经理在看到一份缺乏数据分析、不知所云的测试报告时的茫然心情。

读者可以对比表 3-2 所示的对于同一个 Bug 的两份报告的不同描述方式，想象一下开发人员会更喜欢哪一份报告？

表 3-2　　　　　　　　　　　　　同一个 Bug 的两份报告

| 好的缺陷报告 | 糟糕的缺陷报告 |
| --- | --- |
| 摘要：<br>Arial、Wingdings 和 Symbol 字体破坏了新文件<br><br>重现步骤：<br>启动编辑器，创建一个文件。<br>输入 4 行文字，每行文字都包括"The quick fox jumps over the lazy brown dog"。<br>选中 4 行文字，点击字体的下拉菜单，选择 Arial 字体。<br>所有文字都变成了乱码。<br>尝试了 3 次，每次都出现这个问题。<br><br>问题隔离：<br>这个问题是在 1.1.018 版本新出现的，因为相同的问题在 1.1.007 版本不会出现。<br><br>使用 Wingdings 和 Symbol 字体也会出现同样的问题，使用 Times-Roman、Courier New 和 Webdings 字体则不会出现这个问题。<br><br>保存文件，关闭，重新打开文件，错误仍然存在。<br><br>这个错误只会出现在 Windows 98 平台下，在其他操作系统不会出现类似的问题 | 在向文字应用字体为 Arial 时，创建的新文件的内容出现乱码 |

有人说在写技术文档时，应该要抱着写情书一样的态度去写。虽然有点夸张，但是也折射出某些测试人员缺乏写作的基本功、对待文档应付了事的态度。测试人员在文档能力方面的提高和锻炼需要注意以下方面。

● 　合理组织语言，体现清晰的思维。"人如其文"，如果一个思维不清晰的人写出的文章肯定会让人觉得是"云里雾里"的。因此锻炼好清楚表达自己的能力，在下笔之前先合理地组织语言、划分结构、列好提纲。

● 多用短句、精练的语言，忌长篇大论。短句能增加可读性，节省读者的识别和认知过程的时间，增加可理解程度，尽量用精简的语言描述全面的内容。

● 适当空行和换行。录入缺陷时，在适当的地方空行和换行，利用缺陷录入工具的编辑功能，适当高亮某些行或使用粗体，提醒开发人员需要注意的内容。

● 每写一段话后自己再进行通读，看是否通顺，是否有错别字。错别字可以说是测试人员的Bug，而且是低级的Bug，应该尽量避免。测试人员会要求开发人员在提交程序测试之前自己测试一遍。同理，测试人员在提交缺陷报告之前，也应该自己检查一遍，看是否存在"缺陷"。

● 尽量规范的格式。规范的格式有利于统一理解的基础，有利于增强交流的顺畅程度，有利于读者快速找到自己需要的内容。测试人员应该尽量遵循一定的缺陷录入规范、测试文档编写规范进行文档的编写。

# 3.3　小结

就像武林帮派招收徒弟一样，先要看来者是否是练武的材料，是否有"慧根"。测试也一样，并不是所有人都具备成为优秀测试员的基本素质。

暂不具备这些基本素质和技能的测试人员应该勤加"修炼"，不断提高个人"修为"。内练心法，提高个人素质，外练拳脚，增强个人技能。相信不久便可达到一定的境界。

测试人员的能力和素质是广泛的，包括但不仅限于以下所列的方面。

● 沟通和外交能力。
● 技术。
● 自信。
● 幽默感。
● 记忆力。
● 怀疑精神。
● 洞察力。

# 3.4　新手入门须知

新手往往满怀信心，希望在测试领域一展拳脚，但是真正接触测试不久，就感到力不从心，压力巨大。除了没有很好地分析清楚自己是否适合测试职业外，缺乏对测试正确全面的认识，也是导致理想与现实差距甚远的原因。

新手需要清楚的一点是，仅仅具备一定的测试理论知识，懂得几个流行测试工具的使用，不代表就可以成为一名优秀的测试人员。要记住，测试技能只是进行软件测试需要掌握的一部分技能而已。

测试人员应该掌握一定的编程技能。但是，很多测试新手往往就是因为不懂编程而"投奔"测试的。那么这些人是否就不能成为优秀的测试人员呢？未必，测试最重要的还是测试思维。只要能想到，大可让开发人员协助完成一些测试需要的编码工作。

什么是UML？UML，也叫统一建模语言，是面向对象分析和设计方法发展的必然结果。UML的核心概念是抽象。使用统一的符号语言来对所有对象进行抽象。不要求测试人员能精通 UML 的设计，但是至少要能看懂。因为现在大部分组织都在使用 UML，不懂得 UML 就像不懂得一门与程序员沟通的语言一样。

还有一个经常被测试人员忽略的能力是文档能力。新入门的测试人员往往强调自己在发现 Bug 的能力、测试工具的使用和测试技能方面的提高，但是忽视了测试人员最基本的一项基本功，即文档编写能力。

所有这些能力的根本是要抱着一颗好学的心，虚心学习所有对测试有帮助的东西，持续地学习，快速地学习，广泛地学习。

# 3.5　模拟面试问答

本章主要讲解的是软件测试对测试人员各方面的要求，这当然也是面试官比较关注的——应聘者是否具备这些素质和能力要求。读者可利用本章学到的知识来回答这些问题。

（1）您觉得自己是否适合做软件测试的工作？

参考答案：首先，我觉得自己对测试非常感兴趣，因为做测试就像侦探一样，需要想方设法找到缺陷相关的线索，需要探索软件的各个方面，这很有挑战性。而找到缺陷，开发人员能及时修改，看着软件的质量在一天天的改善，也会感到很有成就感。

另外，我觉得自己考虑事情比较全面。例如，在组织一些外出活动之前，我会把方方面面的内容都考虑到：从出发前需要准备的东西，到路线的选择、备选的方案、到达目的地后的吃住安排、意外情况的估计和对策等都会在脑海中先细细地想一遍，然后再正式开始工作。我的这个性格应该说比较适合测试工作，因为软件测试的要求就是全面发现 Bug 的能力。

（2）您觉得作为测试人员，需要具备哪些方面的素质？其中有哪些是您认为最重要的？

参考答案：我觉得作为测试人员，他承担的是找出软件存在的问题，确保软件产品在发布之前达到一定的质量目标的职责，因此，他首先必须有很强的责任感，对软件质量负责，对客户的质量期望负责。拥有较强责任感的测试人员，才不会出现大面积的漏测，才有可能坚持重复地进行回归测试，持续全面地测试。

当然其他的素质也很重要，例如较强的沟通能力，刨根问底、不轻易放弃的精神等。

（3）您觉得作为测试人员，需要具备开发能力吗？

参考答案：我觉得测试人员虽然不需要经常用到开发语言和工具进行编码设计，但是掌握一定的开发能力还是有很多好处的，例如，掌握一些开发语言，对于与开发人员沟通、听懂他们的一些术语会有好处；有些时候需要自己开发一些小工具和小程序来帮助测试，掌握了开发语言和工具也大有用场；有些测试工具也要求测试人员具备一定的编码能力，例如自动化测试脚本的开发就需要测试人员掌握一定的开发语言基础和编码技巧。

（4）您觉得测试人员除了测试技术外，还需要掌握哪些方面的技能？

参考答案：测试人员想对软件产品进行全面有效的测试，必须掌握跟软件相关的知识。例如软件背后的业务知识，测试人员在了解业务知识的前提下，才能更好地判断软件是否符合用户的业务需求；掌握软件相关产品设计方面的知识，则对测试人员分析缺陷和定位缺陷有帮助，例如在性能测试时，可以帮助判断性能瓶颈出现的位置；测试人员需要站在用户的角度对软件进行测试，因此了解用户心理学就很有必要了，尤其是在界面交互测试方面，要知道用户心里是怎样想的；测试人员需要通过缺陷报告和测试报告来表达自己的工作，因此文档能力也很重要。

第 4 章

# 软件工程与软件测试

软件测试与软件工程息息相关，软件测试是组成软件工程不可或缺的一部分。

在软件工程、项目管理、质量管理得到规范化应用的企业，软件测试也会进行得比较顺利，软件测试发挥的价值也会更大。

本章介绍软件工程与软件测试的关系，在不同的软件开发模式下如何进行软件测试。

# 4.1　软件工程简介

软件工程是每一位从事软件行业的人都需要了解的内容。软件生产要想摆脱对个体的依赖，则必须遵循一定的软件工程思想，设法提高软件生产率和软件质量。

## 4.1.1　什么是软件工程

随着软件工程学科的发展，人们对计算机软件的认识逐渐深入。软件工作的范围不仅仅局限在程序编写，而是扩展到了整个软件生命周期，如软件基本概念的形成、需求分析、设计、实现、测试、安装部署、运行维护，直到软件被更新和替换新的版本。

软件工程还包括很多技术性的管理工作，例如过程管理、产品管理、资源管理和质量管理，在这些方面也逐步地建立起了标准或规范。

## 4.1.2　软件的生命周期

如果把软件看成是有生命的事物，那么软件的生命周期可以分成 6 个阶段，即计划、需求分析、设计、编码、测试、运行维护，如图 4.1 所示。

各种软件工程思想、软件开发模式都是基于这 6 个基本的阶段来设计的。软件工程贯穿软件生命周期的各个阶段，是一门研究用工程化方法构建和维护有效的、实用的和高质量软件的学科。

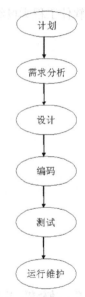

图 4.1　软件生命周期

## 4.1.3　软件工程的研究领域

软件工程研究的领域涉及软件的方方面面。至少包括人员管理、项目管理、可行性分析、需求分析、系统设计、编码、测试、质量管理和配置管理等，如图 4.2 所示。

每一个方面都有很多专家学者在研究，包括技术、工具、方法等，并且在实际应用总结出来很多的"最佳实践"，可以让很多软件企业参考和借鉴。

孤立的软件测试是不存在的，一定是依附在某个软件工程模型之下进行的。并且，软件测试的发展是伴随着软件工程发展的。

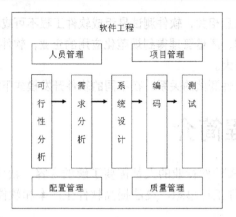

图 4.2　软件工程研究的范围

## 4.1.4　软件工程的发展历史

软件工程大概经历了如图 4.3 所示的几个重要阶段。

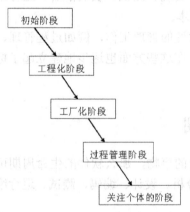

图 4.3　软件工程发展史

## 4.1.5　软件工程化概念的提出

20 世纪 60 年代，"软件危机"就已经出现。针对"软件危机"，人们提出了软件工程化的概念。软件工程的概念首次出现在 1968 年的 NATO（北大西洋公约组织）会议上。

这一时期主要提出了著名的"瀑布模型"，而软件测试作为瀑布模型中的一个独立阶段出现，也受到了人们的广泛关注。随后的软件开发主要以结构化的分析和设计、结构化的编码和测试为特征。

## 4.1.6　"软件工厂"

20 世纪 70 年代初，"软件工厂"的概念出现，主要围绕软件过程和软件复用展开研究，使软件工程思想得到进一步的深化和提高。

这一时期主要提出了"面向对象"的编程思想，软件测试在这一阶段有了新的挑战，尤其是单元测试方法的改变。

## 4.1.7　软件过程管理

20 世纪 80 年代后，软件生产进入以过程为中心的阶段，提出了过程能力成熟度模型 CMM、个体软件过程 PSP、群组软件过程 TSP 等模型。软件测试在这个阶段更加强调与开发的协作，强调测试的流程管理和度量。

软件不是一个人研发出来的，而是一大帮人一起研发出来的，因此需要沟通、协作，需要大家遵循一定的流程和做事的方式，这就是"软件过程"，如图 4.4 所示。

著名的"瀑布模型"尝试从软件过程的角度解决"软件危机"。认为只要把软件生命周期（软件从"生"到"死"）按严格的阶段划分之后就能实现软件开发过程的工程化：

分析 → 设计 → 编码 → 测试 → 运行维护

事实证明这种简单的阶段划分并不能完美地解决软件工程化的问题，因此后来人们又陆续提出了快速原型法、螺旋模型、喷泉模型等对"瀑布式"生命周期模型进行补充。关于软件过程模型的内容，读者可参考相关书籍和资料（例如 Poger S.Pressman 的《软件工程——实践者的研究方法》）。

图 4.4　软件过程示意图

可以看到，其实无论是哪一种模型，软件测试都是其中不可或缺的重要环节。

## 4.1.8　软件过程相关方法和工具

围绕着软件过程，软件专家们提出了各种具体的软件过程实践方法和思想，各大软件厂商也提供了支持这些方法和思想的工具。例如微软的 VSTS（Visual Studio Team Suite）就是基于名为 MSF（Microsoft Solution Framework）软件过程的思想和方法的一套支持工具，如图 4.5 所示。

图 4.5　VSTS 示意图

VSTS 通过统一的团队服务器（Team Foundation Server）对项目研发过程中的项目管理、版本管理、工作项跟踪、报告、软件构建等进行管理。在客户端，研发团队通过 VSTS 开发和测试工具进行日常项目工作。关于 MSF 方法以及 VSTS 工具的最新内容，请参考微软的 Visual Studio Team System 主页：

http://msdn.microsoft.com/zh-cn/teamsystem/default.aspx

像 VSTS 这类产品，业界有一个专业名称叫"SDLC"（Software Development Life Cycle，软件开发生命周期）管理工具，或者叫 ALM（Application Life Cycle Management，应用生命周期管理）管理工具。顾名思义，也就是用于管理整个软件研发过程的支持工具。类似的产品还有很多，例如：

IBM 公司的 JAZZ 平台：

http://www.ibm.com/developerworks/cn/rational/jazz/newto/

HP 公司的 BTO 解决方案：

https://h10078.www1.hp.com/cda/hpms/display/main/hpms_content.jsp?zn=bto&cp=1-11%5 E37618_4000_313__

MicroFocus 公司（原 Borland 公司）的 Open ALM 解决方案：

http://www.microfocus.com/Solutions/ALM/index.asp

建议读者多了解和熟悉这类产品，因为软件测试人员作为软件测试过程中的重要组成部分，ALM 或 SDLC 中的很多产品都与我们的日常工作相关，例如，我们需要从 ALM 平台的需求管理工具获取测试需求相关的信息，需要从配置管理工具获取软件版本，需要用测试管理和缺陷跟踪工具进行测试工作的管理等。

## 4.1.9　软件工程发展的新趋势

敏捷软件工程是哲学理念和一系列开发指南的综合。这种哲学理念推崇让客户满意和软件尽早增量发布；小而高度自主的项目团队，非正式的方法——最小化软件工程工作产品以及整体精简开发。开发方法强调设计和分析的发布及开发人员和客户之间的主动和持续沟通。

## 4.1.10　软件工程的目的

人们经常讨论软件工程，经常比较各种软件工程模型的优劣，各种新的软件工程模型也层出不穷。但是人们好像忘记了软件工程的目的是什么，有些公司盲目地套用软件工程的模型，结果导致项目的滞后，甚至失败。

软件工程的目的是提高软件的质量和生产率，最终实现软件的工业化生产。采用软件工程模型的目的是为了确保项目成功，并且是每次都成功。而一个项目的成败，是由成本、进度、质量三者共同决定的，如图 4.6 所示。

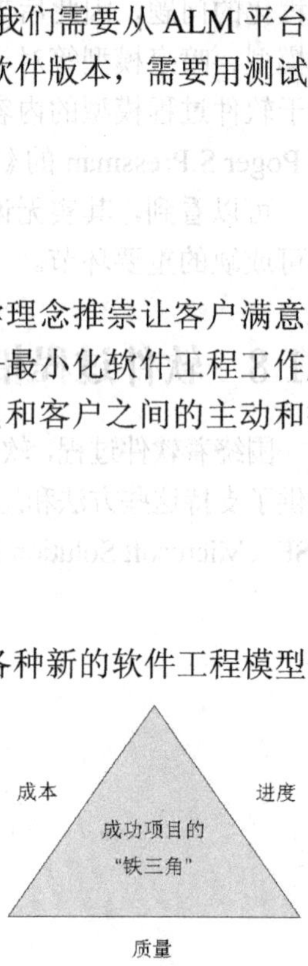

无论是哪一种软件工程的模型，都必须充分考虑这三方面，并且要考虑如何协调这三方面，使其搭配达到最佳的平衡点。

图 4.6　成功项目的"铁三角"

（1）成本主要考虑项目的开销，包括人员成本、工具成本、设备成本、错误成本等。所谓错误成本，是指软件生产过程中由于缺陷错误的产生导致的收回、返工等成本。某些软件还需要考虑市场营销成本等。

（2）进度主要是通过时间控制的。如何在规定的时间范围内完成一个令顾客满意的软件产品是每个项目的首要挑战。

（3）质量主要考虑软件对顾客需求的满足程度。一个低质量的软件，即使生产成本很低，进度控制良好，顾客也很难接受。因此，质量是软件产品的生命线。

软件测试作为质量保证的重要方法和手段，如何在一个软件工程模型中的适当位置出现是每一个应用软件工程模型组织要仔细考虑的问题。

# 4.2　软件开发模式

软件开发模式是软件工程研究的重要领域。软件测试与软件的开发模式息息相关。在不同的开发模式中，测试的作用有细微的差别，测试人员应该充分理解软件的开发模式，以便找准自己在其中的位置和角色定位，以便于充分发挥测试人员的价值。

## 4.2.1　常见的软件开发模式

在软件工程中，软件开发模型用来描述和表示一个复杂的开发过程。

一般人们在提起软件开发模型的时候，首先想到的大概是著名的"瀑布模型"。但是现在大部分软件开发过程都不可能是严格的"瀑布"过程，软件开发各个阶段之间的关系大部分情况下不会是线性的。

常见的软件开发模型主要有以下 3 类。

- 线性模型。
- 渐进式模型。
- 变换模型。

## 4.2.2　线性模型

一般在软件需求完全确定的情况下，会采用线性模型，最具代表性的是"瀑布模型"，如图 4.7 所示。

瀑布模型在软件工程中占有重要地位，是所有其他模型的基础框架。瀑布模型的每一个阶段都只执行一次，因此是线性顺序进行的软件开发模式。

瀑布模型的一个最大缺陷在于，可以运行的产品很迟才能被看到。这会给项目带来很大的风险，尤其是集成的风险。因为如果在需求引入的一个缺陷要到测试阶段甚至更后的阶段才发现，通常会导致前面阶段的工作大面积返工，业界流行的说法是："集成之日就是爆炸之日"。

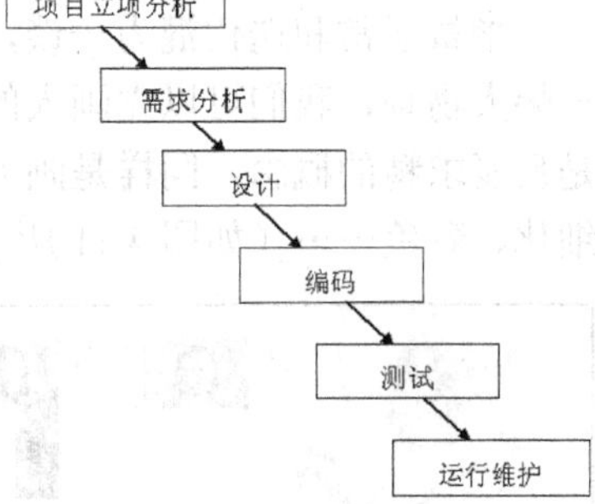

尽管瀑布模型存在很大的缺陷，例如，在前期阶段未

图 4.7　瀑布模型

发现的错误会传递并扩散到后面的阶段，而在后面阶段发现这些错误时，可能已经很难回头

再修正，从而导致项目的失败。但是目前很多软件企业还是沿用了瀑布模型的线性思想，在这个基础上做出自己的修改。例如细化了各个阶段，在某些重点关注的阶段之间掺入迭代的思想。

在瀑布模型中，测试阶段处于软件实现后，这意味着必须在代码完成后有足够的时间预留给测试活动，否则将导致测试不充分，从而把缺陷直接遗留给用户。

### 4.2.3　渐进式模型

一般在软件开发初期阶段需求不是很明确时，采用渐进式的开发模式。螺旋模型是渐进式开发模型的代表之一，如图 4.8 所示。

螺旋模型的基本做法是在"瀑布模型"的每一个阶段之前引入严格的需求分析和风险管理。这对于那些规模庞大、复杂度高、风险大的项目尤其适合。这种迭代开发的模式给软件测试带来了新的要求，它不允许有一段独立的测试时间和阶段，测试必须跟随开发的迭代而迭代。因此，回归测试的重要性就不言而喻了。

增量开发能显著降低项目风险，结合软件持续构建机制，构成了当今流行的软件工程最佳实践之一。后面讲到的 RUP 和敏捷工程方法都包含了这个最佳实践。

增量开发模型，鼓励用户反馈，在每个迭代过程中，促使开发小组以一种循环的、可预测的方式驱动产品的开发，如图 4.9 所示。

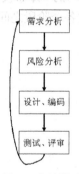

图 4.8　螺旋模型

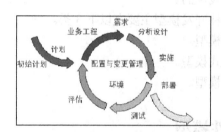

图 4.9　增量开发模型

因此，在这种开发模式下，每一次的迭代都意味着可能有需求的更改、构建出新的可执行软件版本，意味着测试需要频繁进行，测试人员需要与开发人员更加紧密地协作。

增量通常和迭代混为一谈，但是其实两者是有区别的。增量是逐块建造的概念，例如画一幅人物画，我们可以先画人的头部，再画身体，再画手脚……（如图 4.10 所示）；而迭代是反复求精的概念，同样是画人物画，我们可以采用先画整体轮廓，再勾勒出基本雏形，再细化、着色……（如图 4.11 所示）。

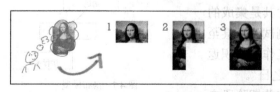

图 4.10　增量开发示意图

图 4.11　迭代开发示意图

目前很多软件过程所说的迭代开发，实际上都是增量开发和迭代开发的结合。

### 4.2.4　变换模型

变换模型是基于模型设计语言的开发模式，是目前软件工程学者们在努力研究的方向。一个简单的变换模型如图 4.12 所示。

变换模型的主要思想是省略编码和测试阶段，代之以自动化的程序变换过程，而主要集中精力在前面的需求分析和建模上。

这样一种软件开发模式似乎可以把测试人员排除在外，实际上，它是要把测试人员提到原型验证阶段，这无疑对测试人员的能力提出了新的要求。因为程序变换过程是一个严格的形式推导过程，所以只需对变换前的设计模型加以验证。变换后的程序的正确性将由变换法则的正确性来保证。

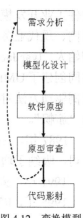

图 4.12　变换模型

**注意**

在每一次迭代原型出来后，测试人员都需要从原型界面、系统主要功能、性能等方面对原型进行评审。

### 4.2.5　软件开发模式的发展

软件工程是一门综合了软件开发过程、方法和工具的学科。软件开发模式的发展大概经历了 3 个重要的阶段，如图 4.13 所示。

软件开发模式的发展大概经历了以下 3 个阶段，每个阶段都有其鲜明的特征。

* 以软件需求完全明确为前提的第一代软件过程模型，如瀑布模型等。
* 在初始阶段需求不明朗的情况下采用的渐进式开发模型，如螺旋模型和原型实现模型等。
* 以体系结构为基础的基于构件组装的开发模型，例如基于构件的开发模型和基于体系结构的开发模型等。

图 4.13　软件开发模式的发展

### 4.2.6　RUP 的历史

业界普遍认为，开发复杂的软件项目必须采用基于 UML 的、以构架为中心的、用例驱动与风险驱动相结合的迭代式增量开发过程，这一过程通常被称为 RUP（Rational Unified Process，Rational 统一过程）。

为什么叫 Rational 统一过程呢？这就要从 RUP 的创始人 Ivar Jacobson 讲起了。

现代软件开发之父 Ivar Jacobson 博士（如图 4.14 所示）被认为是深刻影响或改变了整个

软件工业开发模式的几位世界级大师之一。他是模块和模块架构、用例、现代业务工程、Rational 统一过程等业界主流方法、技术的创始人。Ivar Jacobson 博士与 Grady Booch 和 James Rumbaugh 一道共同创建了 UML 建模语言，被业界誉为 UML 之父。Ivar Jacobson 的用例驱动方法对整个 OOAD 行业影响深远，他因此而成为业界的一面"旗帜"。

1987 年，Ivar Jacobson 离开爱立信公司，创立了 Object System 公司，吸纳了增量迭代思想，开发出 Objectory 过程。

1991 年，爱立信收购了 Object System。

1995 年，Rational 公司又从爱立信收购了 Objectory， Jacobson

图 4.14　Ivar Jacobson 博士

与 Grady Booch、James Rumbaugh 一起开发了 UML，这期间 Objectory 过程逐渐进化为 Rational 统一过程（RUP）。

2003 年，IBM 收购了 Rational 公司。

## 4.2.7　RUP 过程模型下的软件测试

RUP 过程模型（如图 4.15 所示）强调 6 项最佳实践。

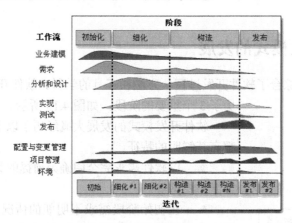

图 4.15　RUP 过程模型

（1）迭代地开发软件（Develop Iteratively）。

（2）管理需求（Manage Requirements）。

（3）应用基于构件的构架（Use Component Architectures）。

（4）为软件建立可视化的模型（Model Visually，UML）。

（5）不断地验证软件质量（Continuously Verify Quality）。

（6）控制软件的变更（Manage Change）。

从 RUP 过程模型图中，我们可以看到，在软件研发的每个阶段都或多或少地包括了业务建模、需求分析、设计、编码实现、测试、发布、配置与变更管理、项目管理、环境搭建等工作。

RUP 强调自动和快速地持续测试，把测试划分为单元测试、集成测试、系统测试和验收测试 4 大阶段，测试类型涵盖软件的功能、性能、可靠性，可以进一步地细分成表 4-1 所示的类别。

| 表 4-1 | RUP 的测试分类 |
| --- | --- |

| 测 试 分 类 | 具体测试类型 |
| --- | --- |
| 可靠性 | 完整性测试 |
|  | 结构性测试 |
| 功能 | 配置测试 |
|  | 功能测试 |
|  | 安装测试 |
|  | 安全测试 |
|  | 容量测试 |
| 性能 | 基准测试 |
|  | 竞争测试 |
|  | 负载测试 |
|  | 性能曲线测试 |
|  | 强度测试 |

## 4.2.8　RUP 工具

IBM Rational 提供了 RUP 相关支持工具，参见 IBM 官网。

读者可以下载试用版进行学习和使用。其中我们测试人员常用的包括以下工具。

（1）Rational Quality Manager——测试管理工具。

（2）Rational Functional Tester——自动化测试工具。

（3）Rational Performance Tester——性能测试工具。

（4）Rational AppScan——安全测试工具。

需要注意的是，进行 RUP 实践并不是说一定就要用 Rational 这一套工具。采用 RUP 过程模型可以结合任何软件厂商提供的合适的工具。

读者如果想学习到更多关于 RUP 的知识，可参考 IBM 网站所提供的资源。

## 4.2.9　"重型"过程 VS."轻量"过程

由于以 RUP 为代表的统一过程在很多时候过于烦琐，实施成本太高，并且对需求的变化反映不够敏捷，因此，敏捷过程越来越受欢迎。敏捷过程是一系列轻量的过程模型的总称，其代表是 XP（极限编程）模型。

RUP 以用例为中心，使用 UML 的 9 种图形作为交流语言。RUP 在项目之初就制定详尽的用例说明，并指定了很详细的计划。RUP 关注文档制品，大部分的活动都产生丰富而完备的文档。RUP 将系统开发分为若干次迭代，每次迭代都包括需求、分析、设计、实现、测试等工作流。每个工作流都规定了输入工件、输出工件、参与角色、工作流的具体活动内容。

RUP 被称为重型软件过程模型，它包含几十个角色、上千份文档制品、并和 Rational 的系列工具紧密结合。这样的重量级过程被业界戏称为"大象"级过程（如图 4.16 所示），考虑到成本因素，一般小型的软件团队很难遵循这样的过程。

据有关调查表明，在软件企业中，10 人以下的软件项目团队占了 63%，也就是说很大部分的软件团队是小型的团队。这些小型的软件团队必须考虑对 RUP 进行裁减，或者采用更"轻量"级的过程模型。

图 4.16　重型过程

## 4.2.10　敏捷运动

2001 年，以 Kent Beck、Alistair Cockburn、Ward Cunningham、Martin Fowler 等人为首的"轻量"过程派聚集在犹他州的 Snowbird，决定把"敏捷"（Agile）作为新的过程家族的名称。

在会议上，他们提出了《敏捷宣言》（http://agilemanifesto.org/），如图 4.17 所示。

图 4.17　敏捷宣言

我们通过身体力行和帮助他人来揭示更好的软件开发方式。经由这项工作，我们形成了如下价值观。

**个体与交互** 重于 过程和工具

**可用的软件** 重于 完备的文档

**客户协作** 重于 合同谈判

**响应变化** 重于 遵循计划

在每对比对中，后者并非全无价值，但我们更看重前者。

由敏捷宣言可以看出，敏捷其实是有关软件开发的社会工程（Social Engineering）的。敏捷的主要贡献在于他更多地思考了如何去激发开发人员的工作热情，这是在软件工程几十年的发展过程中相对被忽略的领域。

## 4.2.11　极限编程（XP）

敏捷运动让一大批被称为"敏捷派"的轻量过程繁荣起来，包括 XP、SCRUM、Crystal、Context Driven Testing、Lean Development 等，其中又以 XP 堪称代表。

1996 年 Kent Beck 为了挽救 C3 项目而创建了 XP（Extreme Programming）过程。Kent Beck（如图 4.18 所示）是软件开发方法学的泰斗，倡导软件开发的模式定义、CRC 卡片在软件开发过程中的使用、HotDraw 软件的体系结构、基于 xUnit 的测试框架、在软件开发过程中测试优先的编程模式。

1999 年 Kent Beck 出版了《Extreme Programming Explained:Embrace Change》一书，详细解释了 XP 的实践。

XP 所追求的 4 个价值目标是沟通（communication）、简化（simlicity）、反馈（feedback）、勇气（courage）。

XP 用"沟通、简化、反馈和勇气"来减轻开发压力和包袱。无论是术语命名、专著叙述内容和方式、过程要求，都可以从中感受到轻松愉快和主动奋发的态度和气氛。这是一种帮助理解和更容易激发人的潜力的手段。XP 用自己的实践，在一定范围内成功地打破了软件工程必须"重量"才能成功的传统观念。

基于敏捷的核心思想和价值目标，XP 要求项目团队遵循 13 个核心实践（如图 4.19 所示）。

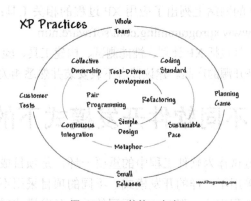

图 4.18　Kent Beck　　　　　　　　图 4.19　XP 的核心实践

（1）团队协作（Whole Team）。

（2）规划策略（Planning Game）。

（3）结对编程（Pair programming）。

（4）测试驱动开发（Test-Driven Development）。

（5）重构（Refactoring）。

（6）简单设计（Simple Design）。

（7）代码集体所有权（Collective Ownership）。

（8）持续集成（Continuous Integration）。

（9）客户测试（Customer Tests）。

（10）小型发布（Small Releases）。

（11）每周 40 小时工作制（40-hour Week）。

（12）编码规范（Coding Standard）。

（13）隐喻（Metaphor）。

关于 XP 实践的详细内容，请参考 XP 主页上的描述：

http://xprogramming.com/xpmag/whatisxp

### 4.2.12　XP 中的软件测试

XP 强调测试先行，以单元测试驱动开发过程的实践，因此良好的测试思维和单元测试技术是这一实践的基础。

XP 强调小版本迭代开发、重构和持续集成，因此对于测试的频率提出了更高的要求，需要测试与开发的紧密协作，以及高效率的测试执行（例如自动化的测试）。

关于在敏捷项目中如何开展测试，读者可以参考 Bret Pettichord 的"Agile Testing - What is it? Can it work?"（参见 io 官网）和 "Where Are the Testers in XP?"（参见 stickyminds 官网）这两篇文章：

### 4.2.13　XP 工具

在 XP 的网站上列出了应用 XP 过程的相关工具：

http://www.xprogramming.com/software.htm

这些工具包括 XP 计划、性能测试、构建工具、验收测试工具、单元测试工具等，这些工具大部分都是开源的产品。建议读者下载安装并熟悉相关工具，将其应用到 XP 的项目实践中。

# 4.3　不同软件开发模式下的软件测试

软件测试作为软件工程中的重要一环，是项目成败的一个不可忽略的内容。但是不同的软件企业采用不一样的开发模式，不同的项目采用不同的开发过程，不同的产品适合采用不同的软件工程方法。那么对于不同的软件开发模式或开发过程，测试人员如何找准自己的位置，如何更好地配合这个过程进行工作呢？

按照软件工程的两大流派，可以分成"流程派"和"个体派"。"流程派"以 CMM 和 ISO 为代表，强调按既定的流程工作。"个体派"以新兴的敏捷开发为代表，强调人在过程中发挥的价值。

### 4.3.1　CMM 和 ISO 中的软件测试

"流程派"强调形成文档的制度、规范和模板，严格按照制度办事，按照要求形成必要的记录，检查、监督和持续改善。因此测试人员在实施这样的流程改进方式的组织中工作，需要注意按照测试流程定义的模板进行，填写必要的测试记录和报告，度量测试的各个方面是否符合要求。

### 4.3.2　CMM 与软件测试

CMM 是 1987 年美国卡内基梅隆大学软件工程研究所（CMU/SEI）提出的"承制方软件

工程能力的评估方法"。CMM 把软件企业的过程管理能力划分成 5 个等级，如图 4.20 所示。

CMM 的每一个级别的过程特征可概括为以下几方面。

● 初始级：个别的、混乱无序的过程，软件过程缺乏定义，项目的成功严重依赖于某几个关键人员的努力。软件质量由个人的开发经验来保证。

● 可重复级：实施了基本的项目管理和过程控制，依赖以往项目的成功经验来确保新的类似项目的成功。

● 已定义级：所有项目遵循一定的标准进行管理，具备可量化的、文档化的过程管理。进一步减少了项目成功对于人的依赖性。

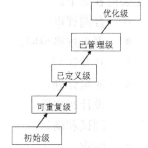

图 4.20 CMM 的 5 级能力成熟度模型

● 已管理级：加入了评估和度量机制，利用评估和度量来对软件过程以及产品做出合理的判断和控制。

● 优化级：关注改进的持续性，融入了技术改革、缺陷预防等理念。软件组织可从自己的过程控制和管理中得到反馈信息，用于进一步指导过程的改进。

CMM 的二级关键域包括软件质量保证，主要需要解决的问题是培训、测试、技术评审等。这是任何一个想从混乱的初始级别上升到可重复级别的软件组织需要关注和解决的问题。

对于软件测试，在这个阶段需要考虑的是测试是否有规范的流程，与开发人员如何协作，Bug 如何记录和跟踪，还需要关注测试人员的技能水平是否达到一定的要求，是否建立起培训机制。

 **注意**

测试的管理是否完善直接关系到测试执行的效果。因此，测试组织必须确保形成了完善的测试策略和测试计划、测试完成的标准以及测试报告的形式和内容。

## 4.3.3 ISO 与软件测试

ISO 9000 质量标准体系是在 20 世纪 70 年代由欧洲首先采用的，后来在美国和世界各地迅速发展起来。很多企业都热衷于 ISO 认证，ISO 9000 的质量环如图 4.21 所示。

图 4.21 ISO 9000 质量环

ISO 基于 PDCA 的循环提出了测量、分析和改进的重要性，使用测试作为软件测量的重要手段。它要求测试人员得到有关授权才能进行测试活动，应该得到充分的培训和指导，确保测试人员有足够的能力对软件产品进行测试。

ISO 非常强调缺陷的控制，包括对缺陷的修改进行回归测试和验证，对缺陷进行分析和评审，确保缺陷在交付使用前得到控制，并确保对缺陷制定了纠正预防措施，形成预防机制，防止缺陷的再次出现。

软件企业使用 ISO 进行过程管理和改进应该参考 ISO 9000-3 标准。ISO 9000-3 标准是

ISO 在软件开发、供应和维护中的使用指南，是针对软件行业的特点而制定的。ISO 9000-3 的主要内容如下。

- 合同评审。
- 需求规格说明。
- 开发计划。
- 质量计划。
- 设计和实现。
- 测试和确认。
- 验收。
- 复制、交付和安装。
- 维护。

上述内容基本上覆盖了软件生命周期的全部阶段，并且相比 ISO 9001 更贴近软件企业的实际需求。需要注意的是 ISO 9000-3 是指南，而不是认证的准则。

## 4.3.4 敏捷开发中的软件测试

在敏捷开发中，测试是整个项目组的"车头灯"，它告诉大家现在到哪了，正在往哪个方向走。测试员为项目组提供丰富的信息，使项目组基于这些可靠的信息做出正确的决定，如图 4.22 所示。

图 4.22　敏捷项目中的软件测试

在敏捷项目中，测试人员不再做出发布的决定。不只是由测试员来保证质量，而是由整个项目组中的每一个人对质量负责。测试员不再跟开发人员纠缠错误，而是帮助开发人员找到目标。

对于测试员来说，如果是在一个敏捷的团队，采用完全的 XP 方法，则应该按照敏捷测试的原则，调整自己的角色，让自己成为一名真正的敏捷测试员。

在敏捷的团队中，测试工作的核心内容是没有变的，就是不断地找 Bug，只是要调整好自己的心态，一切以敏捷的原则为主。敏捷测试需要更多地考虑以下方面的内容。

- 更多地采用探索性测试方法。
- 更多地采用上下文驱动的测试方法论。
- 更多地采用敏捷自动化测试原则。

在敏捷项目中，测试人员不能依赖文档。测试员是否能自动地寻找和挖掘更多关于软件的信息来指导测试。探索性测试，这种强调同时设计、测试和学习被测试系统的测试方式是可以被充分借鉴和应用的。

敏捷讲求合作，在敏捷项目组中，测试人员应该更主动点，多向开发人员了解需求、讨论设计、一起研究 Bug 出现的原因。

> **技巧**
>
> 敏捷测试认为要持续地测试，不断地回归测试，快速地测试。测试人员需要多借鉴上下文驱动测试的方法，适当采用自动化的方式加快测试的速度。

# 4.4　小结

软件工程思想就像武林帮派的帮规。这些帮规把测试人员与所有其他项目组成员有机地结合在一起。测试人员作为某个门派中的一员,应该熟悉和遵循这些规矩。

软件工程的目的是向软件开发过程融入工程化的思想。软件测试作为工程化的一部分,应该配合和支持其他工程化的部分,为软件生产最终实现高效率、高质量而努力。

# 4.5　新手入门须知

新手在听到软件工程时一般会感觉过于理论,是软件专家们闷头研究的学科。实际上,测试人员的周围充满了软件工程的各种思想和应用。每个组织都在或多或少地应用着软件工程的某些研究成果。

对于在规范化的软件企业中工作的测试人员,测试的工作会进行得比较顺利,只需要注意遵循各种管理流程和规定即可顺利地完成工作,因此这些测试人员是相对幸福的。

对于在缺乏规范化软件工程管理的企业中工作的测试人员来说,可能会在测试工程中碰到更多的困难,并且这些困难往往来源于不规范的项目管理过程。但是测试人员也不要灰心泄气,而是应该拿起软件工程这个"武器"进行自卫,掌握更多的软件工程、质量管理的知识,帮助软件组织往更规范化、工程化的道路迈进。

为了加深对软件工程知识的理解,建议读者进行如下实践。

（1）安装微软的 SDLC 工具 VSTS,熟悉工具相关功能,在实践过程中理解 MSF 的软件工程思想。

（2）安装 IBM 的 Rational 相关工具,熟悉工具相关功能,在实践过程中理解 RUP 的过程模型思想。

（3）安装 XP 相关工具,熟悉工具相关功能,在实践过程中理解 XP 的核心思想。

另外,建议读者阅读以下参考资料。

（1）SCRUM 中的测试角色（参见 csdn 网站）。

（2）敏捷开发中的 7 种测试类型（参见 csdn 网站）。

（3）敏捷开发中的持续构建实践（参见 csdn 网站）。

（4）自动化回归测试是敏捷开发的导航系统（参见 csdn 网站）。

（5）"TDD 是否真的能保证质量?"（参见 csdn 网站）。

（6）敏捷与速度（参见 csdn 网站）。

（7）敏捷方法的 4 个基本特征（参见 csdn 网站）。

（8）敏捷与质量（参见 csdn 网站）。

（9）敏捷测试指引（参见 csdn 网站）。

（10）XP 中的测试员（参见 csdn 网站）。

（11）敏捷测试的挑战（参见 csdn 网站）。

（12）敏捷开发中的软件测试（参见 csdn 网站）。

（13）敏捷自动化测试（参见 csdn 网站）。

（14）《人月神话》 - Frederick P. Brooks

（15）《CMMI Distilled – A Practical Introduction to Integrated Process Improvement》 - Dennis M. Ahern, Aaron Clouse, Richard Turner

# 4.6 模拟面试问答

本章主要讲了软件测试与软件工程的关系，重点介绍了软件工程的发展、各种常见的软件开发模式、配置管理等方面的知识。软件测试不是一个独立的工作，它必须与其他项目角色结合，因此面试官会比较关心您对他人工作的了解，以及软件开发其他方面的了解。读者可利用本章学到的与软件工程相关的知识来回答这些问题。

（1）您对软件工程的了解有多少？

参考答案：我觉得软件工程是与软件测试息息相关的学科，软件测试是软件工程中不可或缺的一部分。软件工程的目的是提高软件的质量和生产率，最终实现软件的工业化生产。采用软件工程模型的目的是为了确保项目成功，并且是每次都成功。而一个项目的成败，是由成本、进度、质量三者共同决定的，软件工程的模型必须把这 3 方面都考虑到。软件测试主要考虑的是质量方面的内容。

（2）您之前所在的项目组采用怎样的开发模式？

对于这个问题，读者需要根据之前所在的项目组的开发方式和组织方式来回答。但是如果读者是一个测试的新手或应届毕业生，之前没有在任何项目组中工作过，则可参考第 4.2 节的内容，结合自己的理解进行回答。

参考答案：目前很多企业仍然采用传统的瀑布模型进行开发，但是会融入更多的迭代元素，这些开发模式比较强调阶段性的工作成果，例如在进行开发设计之前必须通过需求评审。而最近兴起的敏捷开发模式则抛弃了繁杂的工作流程和文档，倡导个人发挥的价值，更加强调在一种动态改变的环境下进行开发。

（3）您对 CMM 和 ISO 了解吗？

参考答案：CMM 和 ISO 都强调软件过程的制度化、规范化管理，强调持续的改进和监督检查。CMM 把软件企业的过程管理能力划分成 5 个等级，让软件企业可以参考这些等级逐渐改善自己的流程。

- 初始级：个别的、混乱无序的过程，软件过程缺乏定义，项目的成功严重依赖于某几个关键人员的努力。软件质量由个人的开发经验来保证。
- 可重复级：实施了基本的项目管理和过程控制，依赖以往项目的成功经验来确保新的类似项目的成功。
- 已定义级：所有项目遵循一定的标准进行管理，具备可量化的、文档化的过程管理，进一步减少了项目成功对于人的依赖性。
- 已管理级：加入了评估和度量机制，利用评估和度量来对软件过程以及产品做出合理的判断和控制。

● 优化级：关注改进的持续性，融入了技术改革、缺陷预防等理念。软件组织可从自己的过程控制和管理中得到反馈信息，用于进一步指导过程的改进。

ISO 则是基于 PDCA 的循环提出了测量、分析和改进的重要性，使用测试作为软件测量的重要手段。它要求测试人员得到有关授权才能进行测试活动，应该得到充分的培训和指导，确保测试人员有足够的能力对软件产品进行测试。

ISO 非常强调缺陷的控制，包括对缺陷的修改进行回归测试和验证，对缺陷进行分析和评审，确保缺陷在交付使用前得到控制，并确保对缺陷制定了纠正预防措施，形成预防机制，防止缺陷的再次出现。

以下是通常会出现在面试或笔试中的题目，建议读者自行练习。

1．采用瀑布模型进行系统开发的过程中，每个阶段都会产生不同的文档。以下关于产生这些文档的描述中，正确的是_____。

A．外部设计评审报告在概要设计阶段产生

B．集成测评计划在程序设计阶段产生

C．系统计划和需求说明在详细设计阶段产生

D．在进行编码的同时，独立地设计单元测试计划

2．渐增式开发方法有利于_____。

A．获取软件需求　　　　　　　　B．快速开发软件

C．大型团队开发　　　　　　　　D．商业软件开发

3．统一过程（UP）是一种用例驱动的迭代式增量开发过程，每次迭代过程中主要的工作流包括捕获需求、分析、设计、实现和测试等。这种软件过程的用例图（Use Case Diagram）是通过_____得到的。

A．捕获需求　　　　　　　　　　B．分析

C．设计　　　　　　　　　　　　D．实现

4．关于原型化开发方法的叙述中，不正确的是_____。

A．原型化方法适应于需求不明确的软件开发

B．在开发过程中，可以废弃不用早期构造的软件原型

C．原型化方法可以直接开发出最终产品

D．原型化方法利于确认各项系统服务的可用性

5．CMM 模型将软件过程的成熟度分为 5 个等级。在_____使用定量分析来不断地改进和管理软件过程。

A．优化级　　　　　　　　　　　B．管理级

C．定义级　　　　　　　　　　　D．可重复级

6．____是一种面向数据流的开发方法，基本思想是软件功能的分解和抽象。

A．结构化开发方法　　　　　　　B．Jackson 系统开发方法

C．Booch 方法　　　　　　　　　D．UML（统一建模语言）

7．风险分析在软件项目开发中具有重要作用，包括风险识别、风险预测、风险评估和风险控制等。"建立风险条目检查表"是_____时的活动，"描述风险的结果"是_____时的活动。

（1）A．风险识别　　　　　　　　B．风险预测

    C．风险评估       D．风险控制

（2）A．风险识别       B．风险预测

    C．风险评估       D．风险控制

8．极限编程(eXtreme Programming)是一种轻量级软件开发方法，_____不是它强调的准则。

  A．持续的交流和沟通      B．用最简单的设计实现用户需求

  C．用测试驱动开发       D．关注用户反馈

9．某公司采用的软件开发过程通过了 CMM2 认证，表明该公司_____。

  A．开发项目成效不稳定，管理混乱

  B．对软件过程和产品质量建立了定量的质量目标

  C．建立了基本的项目级管理制度和规程，可对项目的成本、进度进行跟踪和控制

  D．可集中精力采用新技术新方法，优化软件过程

第 5 章

# 软件配置管理与
# 软件测试

很多人其实对配置管理并不熟悉，对配置管理的作用也很模糊，存在很多的误解，认为配置管理是可有可无的东西。甚至很多测试人员也对此知之甚少，认为软件测试与配置管理的关系不大。实际上，一个配置管理做得好的公司，它的测试活动也会开展得比较顺利，测试人员在这种环境下工作也会碰到更少的阻碍和困难。

在参与当代软件开发时，必须具备软件配置管理方面的基本素养。不懂软件项目的配置管理，就不懂软件开发管理。没有对软件项目进行配置管理，其实就没有进行软件项目开发管理。作为软件测试工程师，必须掌握配置管理的基本思想和操作实践。

本章介绍软件配置管理的基本知识、配置管理工具的基本应用。

# 5.1　软件配置管理的应用

软件开发过程中会产生大量软件产品（包括文档、源代码和数据等），且这些产品之间存在关联关系。同一软件产品也会发生变更，从而产生许多版本。软件开发小组必须清晰地知道会有哪些产品、这些产品会有哪些不同的形式和版本。开发小组必须清晰地知道如何将产品的变更通知给受影响的小组。如果不能有效地了解软件产品及其变更，开发小组将很难组装这些软件产品，很难得到所需的软件产品。

## 5.1.1　什么是配置管理

配置管理（Configuration Management）是通过对在软件生命周期不同的时间点上的软件配置进行标识，并对这些被标识的软件配置项的更改进行系统控制，从而达到保证软件产品的完整性和可溯性的过程。

IEEE-STD-610 对配置管理的定义如下。

一套应用技术上和管理上的指导和监督的方法，用来识别和记录配置项的功能特征和物理特征、控制这些特征的变更、记录和报告变更的处理和执行的状态、验证其符合特定的需求。

Configuration Management（CM），即配置管理，是用于控制复杂系统的发展的一门学科。CM 首先在美国的防卫设备行业出现，用于控制制造过程。计算机和软件逐渐步入舞台，人们被迫寻找用于控制他们的软件开发过程的方法。简而言之，SCM（Software Configuration Management）是专用于软件开发控制的 CM。

大概有两个 SCM 不同于普通 CM 的地方。

● 软件能比硬件更容易和更快速地更改。

● SCM 更具有被自动化的潜力。

虽然配置管理应用到软件与硬件存在一些区别，但是配置管理的所有概念都能应用到被控制的所有项。现在，不管是军用行业还是民用行业都出现了很多不同的 SCM 标准。被广泛接受的标准是 ANSI/IEEE 1042。它对 SCM 的定义如下。

"软件配置管理是一个管理计算机程序产品的进展的一门学科，包括在开发的初始阶段和产品的所有维护阶段。"

## 5.1.2 实施软件配置管理的好处

实施软件配置管理（SCM），至少能给项目团队带来如下好处。

（1）能够对项目中的文档、代码等的变化进行有效管理。

软件配置管理，是关于软件资产的管理。源代码、设计文档、可以运行的程序，这些在软件研发过程中产生的有价值的东西都是软件资产。

（2）能够方便地重现某个文件的历史版本。

软件就像汽车一样是配置起来的，如图 5.1 所示，各个源代码文件的正确版本配置在一起，编译产生了正确的可运行程序。若干软件组件的特定版本，配置构成了特定的软件产品。而有些软件组件，可能参与了不止一个软件产品的配置构成。而当某个软件组件参与不止一个软件产品的配置构成的时候，可能是这个软件组件的同一个版本，也可能是不同版本。

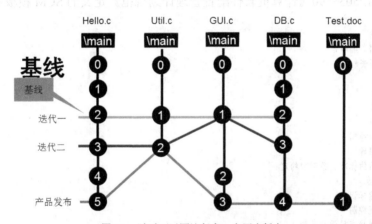

图 5.1 随时可以回访任意一个历史版本

（3）能够重新编译某个历史版本，使维护工作变得容易。

软件配置管理就像攀岩时系上的保险绳，每向上攀一小段，就在岩壁上打个岩钉。这样，即使偶尔失手，也不会从半山坠到谷底，只是向下滑一小段。软件开发也是一样，适当地保存历史版本，可以在失手的时候回退到上一个安全的地方。

（4）能够使异地多团队开发、并行开发成为现实。

（5）从公司级看，实行统一的配置管理流程可提高项目组间人员流动时的工作效率。

## 5.1.3 配置管理计划

根据 IEEE Std. 828-1990 的定义，SCM 包括计划、识别、控制、状态记录、审计五大任务，可归纳成如图 5.2 所示的基本活动。

SCM 计划说明要在产品/项目生命周期过程中执行的所有配置和变更控制管理活动，它详细说明了活动时间表、指定的职责和需要的资源（包括人员、工具和计算机设备）。SCM 计划的目的在于，定义或参考那些描述要在软件产品开发中执行配置和变更控制管理方式的步骤和活动。

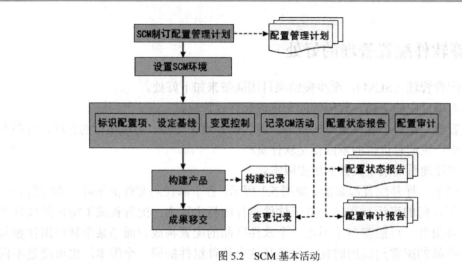

图 5.2　SCM 基本活动

根据 GB/T 12505—90《计算机软件配置管理计划规范》定义的 SCM 模板如下：

```
1.引言
    1.1 目的
    1.2 术语与缩略语
    1.3 参考资料
2.管理
    2.1 机构
    2.2 任务
    2.3 职责
    2.4 接口控制
    2.5 里程碑
    2.6 适用的标准、条例和约定
3.配置管理活动
    3.1 配置标识
    3.2 配置控制
    3.3 配置状态登录与报告
    3.4 配置审计
4.技术、方法与工具
5.对供货单位的控制
6.记录的收集、维护和保存
```

## 5.1.4　配置标识

配置标识包括标识软件配置项、标识软件配置基线、标识受控库。

软件配置项一般是系统规格说明书、软件需求规格说明书、设计规格说明书、源代码、测试规格说明书等软件研发过程中产生的工件。

对于文档类的配置项，一般采用编号命名文件的方式进行标识，代码如下：

```
EEILIB.2.RA.1.1.00
其中：
EEILIB 代表项目名称或者编号
2 代表子系统编号
RA 代表文档类型（需求分析）
序号 1 表示本文档在同类型中的排序
版本号和修订号分别为 1 和 00
```

基线是软件生存期各开发阶段末尾的特定点，有时也称为里程碑。软件配置基线的标识一般包括文档基线标识、代码基线标识、产品基线标识。根据公司制定的 SCM 策略，标识流程可能会有所不同，图 5.3 所示为文档基线标识的流程。

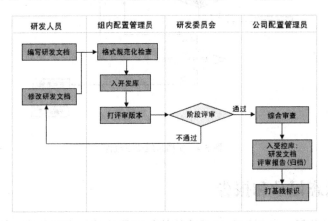

图 5.3　文档基线标识

软件配置管理库一般分为开发库、受控库和产品库。

● 开发库：用于存放开发过程中需要保留的各种信息，供开发人员个人专用。

● 受控库：在软件开发的某个阶段工作结束时，将工作产品存入或将有关的信息存入。

● 产品库：在开发的软件产品完成系统测试之后，作为最终产品存入库内，等待交付用户或现场安装。

在标识受控库时标识一般包括以下内容。

● 存放位置。

● 每个库的存储介质。

● 同源库的数目及并行内容的维护机制。

● 软件配置项的内容。

● 软件配置项状态的内容。

● 进入软件配置项的条件，包括与受控库内容兼容的最小状态。

● 预防蓄意或意外损害和退化的措施，以及有效的恢复程序。

● 检索软件配置项的条件，说明使用的不同（例如，既不复制也不删除软件配置项，复制软件配置项，删除软件配置项）。

● 具有不同访问权限的人员或小组访问受控库的控制措施。访问权限包括向受控库输入软件配置项，查找受控库中包含的软件配置项清单和内容，评价、复制和删除受控库中的软件配置项。

## 5.1.5　变更控制

对于已标识清楚的配置项，应该严格实行变更控制，包括检入和检出控制、更改控制、版本控制和存取控制。图 5.4 所示为文档基线变更流程的一个示例。

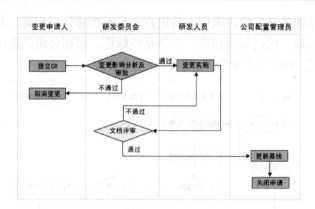

图 5.4　文档基线变更流程

## 5.1.6　配置状态记录和报告

SCM 过程应记录每一个新的和已更改的软件配置项的标识和状态。在软件配置项纳入配置控制时，SCM 过程应在每次改进时对版本和状态进行维护。

SCM 过程应跟踪、记录并报告更改申请的状态和批准的更改的实现状态，并检查是否更改且仅更改所批准的更改。

配置状态报告主要包括以下内容。

（1）基础信息：配置库名称、管理工具名称、配置管理员等。

（2）配置项记录：配置项名称、正式发布日期、版本变化历史、作者。

（3）基线记录：基线名称、版本、创建日期、包含的配置项等。

（4）配置库备份记录：批次、备份日期、备份内容、说明、备份到何处、责任人。

（5）配置项交付（发布）记录：批次、交付日期、交付内容、说明、CCB 批示、接受人。

（6）配置库重要操作日志：日期、人员、事件（配置管理员记录自己和他人对配置库的重要操作，例如删除文件等）。

## 5.1.7　配置审计

配置审计主要包括以下内容。

（1）检查配置控制手续是否齐全。

（2）变更是否完成？

（3）验证当前基线对前一基线的可追踪性。

（4）确认各 SCI 是否均正确反映需求。

（5）确保 SCI 及其介质的有效性，尤其是要确保文实相符、文文一致。定期复制、备份、归档，以防止意外的介质破坏。

## 5.1.8　配置管理的自动化

对于 SCM，人们有几个严重的误解，其中一个是认为 SCM 就是源代码管理。实际上，没有任何工具的 SCM 照样可以进行，人们往往过于看重工具的作用，动辄感叹 VSS 功能太弱，一上 SCM 就先考虑买什么工具，用哪一套工具。岂不知因此而忽略了配置管理的实际内容。

早期的配置管理确实就是手工进行的，后来软件出现了，人们发现软件工具能很好地协助进行配置管理的活动，因此配置管理就自动化起来了。

SCM 缺乏自动化是很难进行的。工具的作用就是让 SCM 的各项活动自动化，并且提高开发效率。从开发人员的角度来看，SCM 提供了一个稳定的开发环境，维护配置项，存储它们的历史、支持产品构建和更改的同步协调，换句话说，它帮助开发人员进行每天的工作。

由于大部分软件企业的 SCM 活动都是围绕源代码控制和管理来进行的，而大部分 SCM 的改进首先要克服的也是源代码变更的管理，因此很多人就认为 SCM 就是源代码管理了。

实际上，一个典型的软件配置管理工具应该提供下面的服务。

- 管理库的各项组成部分：版本控制。
- 支持软件工程师：工作空间管理、同步管理、系统构建。
- 流程控制和支持。

配置项的存储和更改是工具的基本任务，SCM 工具应该可以自动地捕捉和更新配置项的所有技术信息。变更管理也是被大部分 SCM 工具支持的一个 SCM 活动。更改请求的信息直接发送到所有相关的人员（例如 CCB），然后他们可以直接通过邮件或其他消息系统发送同意或不同意。所有与更改过程相关的信息，例如谁发起更改的，谁执行更改的，怎样更改的，都能记录下来，作为状态审计，用于更加有效地管理整个项目。

配置审计是用于验证产品的完整性的一个活动。SCM 工具可以自动化大部分审计，因为它们可以产生需要的信息供验证使用。例如，所有变更的历史、包含具体工作完成情况的日志，等等。

## 5.1.9　进度控制与软件测试

从 SCM 的定义可以看出，配置管理的目的是帮助控制产品的整个生产过程，包括进度和版本控制。进度和版本控制对软件测试而言是如此重要，甚至可以说，缺乏了 SCM 的软件测试将是混乱的。

因为测试无论在哪种开发模式下都是相对滞后的过程。如果进度控制得不够恰当，则很可能会导致压缩测试的时间，最终导致测试不充分，遗漏了很多缺陷没有被发现。

版本控制则是测试有序进行的基础，版本构建的频率过高，则会导致测试人员疲于奔命，没有足够的时间充分测试一个版本；版本构建的频率过低，很长时间没有提交给测试人员测试，则会导致缺陷积压过多，有些 Bug 太晚才被发现，后续的修改难度加大。

## 5.1.10　变更控制与软件测试

版本控制还包含变更控制的概念，正确的变更流程可以让测试第一时间知道更改的范围，从而制定出相应的回归测试策略；而不规范的变更、随意的变更则会导致测试人员不能把握好回归测试的重点，出现很多漏测的情况。

变更控制对功能自动化测试也会有影响，笔者有个项目就曾经出现过这样的问题，开发人员随意重构了一下界面，虽然只是修改了一些控件的命名，却导致测试人员的自动化测试脚本大面积失效，需要重新录制和调整。

### 5.1.11 配置管理与软件测试

测试人员是 SCM 中的参与者，当然有些公司也会把测试人员和配置管理员合二为一。如果配置管理流程不规范，或者没有遵循一定的配置管理流程进行软件测试活动，也可能导致很严重的后果。

假设开发人员修正了一个 Bug，然后找测试人员过去讨论，测试人员在开发人员的机器上重新测试了一下，发现 Bug 没再出现了，修复了，这时候，如果测试人员把缺陷关闭了，则可能导致缺陷莫名其妙地在用户那边又出现了。

其实，原因可能仅仅是开发人员把这个 Bug 修改的代码漏签到配置管理数据库中。但是作为测试人员有没有责任呢？当然有，因为测试人员也没有按照规范的配置管理流程执行测试，测试人员应该从配置库取源代码编译后再测试，只有看到新的构建版本不再出现那个 Bug，才能把缺陷库中的 Bug 关闭，其流程如图 5.5 所示。

图 5.5 缺陷验证和关闭的流程

# 5.2 VSS 的安装和使用

常用的配置管理工具有 VSS、SVN、ClearCase 等。根据调查数据显示（如图 5.6 所示），目前公司使用的配置管理工具以 SVN 为主，一些互联网公司也在使用 Git。

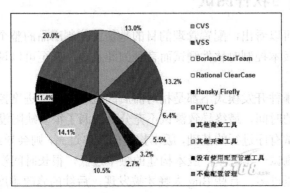

图 5.6 常用配置管理工具调查

### 5.2.1 VSS 简介

Visual SourceSafe ，简称 VSS，是一种源代码控制系统，它提供了完善的版本和配置管理功能，以及安全保护和跟踪检查功能。VSS 通过将有关项目文档存入数据库进行项目研发管理工作。用户可以根据需要随时快速有效地共享文件。文件一旦被添加进 VSS，它的每次改动都会被记录下来，用户可以恢复文件的早期版本，项目组的其他成员也可以看到有关文档的最新版本，并对它们进行修改，VSS 也同样会将新的改动记录下来。用 VSS 来组织管理项目，使得项目组间的沟通与合作更简易而且直观。

　　VSS 可以与 Visual C++等开发环境集成在一起，提供了方便易用、面向项目的版本控制功能。Visual SourceSafe 面向项目的特性能更有效地管理工作组应用程序开发工作中的日常任务。

## 5.2.2　VSS 的安装

　　VSS 服务端的安装方法有两种，一种是在安装 Visual Studio 时选择 VSS 进行安装，另一种是单独安装。

## 5.2.3　创建 VSS 数据库

　　安装完 VSS 后，可为整个项目创建一个 VSS 数据库（在 VSS 服务器安装时，系统已经创建了一个默认数据库），打开所有程序→选择"Microsoft Visual SourceSafe"选项，打开 Visual SourceSafe 6.0 Admin，在管理员界面中选择菜单"Tools"→"Create Database"选项进行 VSS 数据库的创建。

## 5.2.4　创建 VSS 项目 Project

　　在新创建的 VSS 数据库中创建 VSS 项目 Project。打开 Microsoft Visual SourceSafe 6.0，选择刚才创建的数据库，双击它或单击"Open"按钮打开该数据库。
　　一个项目是一组相关的文档或者是一个文件的集合，在 VSS 中，任何层次结构都可以用来存储和组织项目。在 VSS 数据库中，可以创建一个或者多个项目。单击"File"菜单中的命令"Create Project..."，创建一个项目，还可以选择此项目并在它下面建立子项目。

**注意**

　　有关 VSS 的使用方法请读者参考 VSS 的帮助文档进行练习和实践。

## 5.2.5　VSS 备份

　　VSS 备份的方法有多种，包括直接复制 VSS 文件夹的方式、通过 VSS Admin 的导入/导出功能进行备份的方式等。
　　1．直接复制
　　在配置库所在的服务器上，将配置库所在的文件夹直接复制一份。当需要恢复时直接复制回配置库所在目录即可。

**注意**

　　在复制过程中要保证项目成员没有通过 VSS 客户端对 VSS 进行访问操作。

　　2．通过导入/导出备份
　　备份配置库的步骤如下。

（1）登录 Visual SourceSafe 6.0 Admin，单击"tools-archive projects…"命令弹出对话框。

（2）在 Archive 菜单下选择"Archive projects"选项，选择要备份的项目，单击"OK"按钮。

（3）单击"下一步"按钮，单击上面的"add"按钮时可以添加项目，再单击"下一步"按钮，选择备份位置，文件名自己定义，再单击"下一步"按钮，单击"完成"按钮，然后进行备份。最后会形成一个扩展名为*.ssa 的备份档案文件。

恢复配置库的步骤如下。

（1）在"Archive"菜单下选择"Restore projects"选项，单击"Browse"按钮，选择要恢复的项目。

（2）单击"下一步"按钮，选择要恢复的位置，再单击"下一步"按钮，单击"完成"按钮，然后进行恢复。

**注意**

在恢复过程中，可以选择恢复为原有工程，也可改变恢复成其他工程目录。

**3．定时自动备份**

可以编写一个批处理文件来实现自动备份操作，这个批处理文件中用到 WinRAR 对数据库文件进行压缩处理。使用 WinRAR 进行压缩的命令如下：

```
D:\Tools\WinRAR\rar a -r -o+ D:\VSS_Bak.rar D:\VSSDB
```

其中，"D:\Tools\WinRAR\rar"是 WinRAR 工具所在的路径，"D:\VSS_Bak.rar"是压缩文件要存放的位置，"D:\VSSDB"是要压缩的 VSS 数据库所在的位置。

编写批处理脚本 vss_backup.bat 如下：

```
@echo off
for /f "tokens=1,2,3 delims=-" %%i in ('date /t') do D:\Tools\WinRAR\rar a -r -o+
D:\VSS_BAK_%%i%%j%%k.rar D:\VSSDB
```

将批处理文件添加到系统的任务计划中就可以实现定时自动备份 VSS 数据库。

# 5.3 SVN 的安装和使用

另外一个常用的配置管理工具是 SVN。SVN 全称 Subversion ，是开源的版本控制系统，支持可在本地访问或通过网络访问的数据库和文件系统存储库。不但提供了常见的比较、修补、标记、提交、回复和分支功能性，SVN 还增加了追踪移动和删除的能力。此外，它支持非 ASCII 文本和二进制数据，所有这一切都使 SVN 不仅对传统的编程任务非常有用，同时也适于 Web 开发、图书创作和其他在传统方式下未采纳版本控制功能的领域。

## 5.3.1 SVN 的基本原理

SVN 是一种集中的分享信息的系统，储存所有的数据，其核心是版本库。版本库按照文件树形式储存数据，包括文件和目录。任意数量的客户端都可以连接到版本库读写这些文件。通过写，别人可以看到这些信息；通过读数据，可以看到别人的修改。

SVN 可以通过多种方式访问——本地磁盘访问，或各种各样不同的网络协议，但一个版本库地址永远都是一个 URL，"版本库访问 URL"描述了不同的 URL 模式对应的访问方法，如

表 5-1 所示。

| 表 5-1 | 不同的 URL 模式对应的访问方法 |
| --- | --- |
| 模　　式 | 访 问 方 法 |
| file:/// | 直接版本库访问（本地磁盘） |
| http:// | 通过配置 Subversion 的 Apache 服务器的 WebDAV 协议访问 |
| https:// | 与 http://类似，但是包括 SSL 加密 |
| svn:// | 通过 svnserve 服务自定义的协议访问 |
| svn+ssh:// | 与 svn://类似，但通过 SSH 封装 |

不像其他版本控制系统，SVN 的修订号是针对整个目录树的，而不是单个文件的。每个修订号代表了一次提交后版本库整个目录树的特定状态，另一种理解是修订号 N 代表版本库已经经过了 N 次提交。因此，当我们在使用 SVN 时，如果谈及"foo.c 的修订号 5"时，实际的意思是"在修订号为 5 时的 foo.c"。修订号 N 和 M 并不一定表示一个文件是不同的。其他的版本控制工具，例如 CVS，则采用每一个文件一个修订号的做法。

## 5.3.2　SVN 的下载与安装

读者可到以下地址下载 SVN 服务器安装文件 svn-1.8.0-setup.exe：

http://subversion.tigris.org/files/documents/15/34093/svn-1.8.0-setup.exe

Windows 客户端安装文件 TortoiseSVN-1.8.10.26129-win32-svn-1.8.11.msi：

大家可以到 SVN 官方网站下载。

下载完毕后，按照提示安装服务器和客户端即可。

## 5.3.3　创建资源库

安装完 SVN 的服务器端和客户端之后，需要创建 SVN 库，方法是进入命令行，执行 svnadmin 的 create 命令，代码如下：

```
svnadmin create d:/svnroot/repos
```

svnadmin 的 create 命令将在指定的目录创建 SVN 资源库。svnadmin 是 SVN 服务器管理工具，通过 svnadmin -?可以查看可用的命令，如图 5.7 所示。

图 5.7　SVN 的使用

### 5.3.4　运行 SVN 服务

创建 SVN 库后，可用 svnserve 命令启动 SVN 服务，加载指定的 SVN 库，代码如下：

```
svnserve -d -r d:/svnroot
```

其中，参数 d 表示以后台模式运行 SVN 服务，参数 r 用于指定服务根目录（SVN 库所在的根目录）。svnserve 命令的可用参数及其作用可用 svnserve –help 列出，如图 5.8 所示。

图 5.8　svnserve 命令的使用

### 5.3.5　用户授权

进入 d:/svnroot/repos 目录下的 conf 目录，打开 svnserve.conf，去掉 anon-access = read 前面的 #注释，最好把 anon-access = read 前的空格也去掉，然后把 anon-access = read 改为 anon-access = none，这表明没有用户名与密码的不能读写，同样把 auth-access = write 和 password-db = passwd 去掉注释（包括前面的空格）。

接下来可以对用户的密码进行设置。打开 conf/passwd 文件，在文件尾按"用户名=密码"的格式添加用户和对应的密码，代码如下：

```
chennengji = 123456
```

如果想允许匿名访问和读写，就修改 svnserve.conf 文件，如图 5.9 所示。

图 5.9　修改 svnserve.conf 文件

## 5.3.6　导入项目

往 SVN 库导入项目文件的操作可以通过客户端 TortoiseSVN 来完成。

首先，在待导入的目录上单击鼠标右键，选择"TortoiseSVN"→"Import（导入）…"
选项，然后在 URL 里输入 svn://localhost/repos 即可。

当然，也可以在 SVN 命令行中执行如下命令：

```
cd E:\svn_test
svn import svn://localhost
```

如果出现如图 5.10 所示的提示，则需要先设置环境变量 SVN_EDITOR，如图 5.11 所示。
设置好环境变量后，再执行 import 操作，如图 5.12 所示。

图 5.10　提示设置环境变量　　　　　　　　　　　　图 5.11　设置环境变量

图 5.12　执行 import 操作

在 SVN 库中创建目录的命令是"svn mkdir"，代码如下：

```
svn mkdir svn://localhost/repos/project2
```

## 5.3.7　检出项目

用鼠标右键单击一个新的目录（待存放的项目的目录），SVN Check Out（检出）…，然
后在 URL 里输入 svn://localhost/repos 即可。完成后，这个新的目录左下角有一个绿色的勾。

如果在命令行中操作，就需要使用"svn checkout"命令，代码如下：

```
svn checkout svn://localhost/repos/project2
```

执行的过程如图 5.13 所示。

图 5.13　使用"svn checkout"命令

### 5.3.8 用 add 命令添加文件

向 SVN 库添加一个文件，可以使用如下命令：

```
svn add 1.txt
```

### 5.3.9 用 commit 命令提交文件

添加文件后，执行提交文件的更改用"svn commit"命令，代码如下：

```
svn commit 1.txt -F C:\log.txt
```

注意使用 F 参数指定提交时写入的 log 文件路径，否则会出现如图 5.14 所示的提示。

图 5.14　提示使用 F 选项

### 5.3.10 用 update 命令更新文件

使用"svn update"命令来更新本地文件的版本，代码如下：

```
svn update 1.txt
```

执行命令后，会提示文件更新的修订版本，如图 5.15 所示。

图 5.15　执行"update"命令

### 5.3.11 将 SVN 服务注册为系统服务

如果 SVN 服务没有启动，那么使用 SVN 客户端签出文件时会提示失败，如图 5.16 所示。

图 5.16　提示连接 SVN 服务器失败

为了避免每次手工启动 SVN 服务器的麻烦，可以将 SVN 服务注册为 Windows 系统服务。建立服务的命令如下（注意空格）：

```
sc create svnservice binPath=<空格>"D:\Subversion\bin\svnserve --service -r f:\svnroot"
depend=<空格>Tcpip start=<空格>auto
```

建立服务后，需要在 Windows 服务管理中启动 SVN 服务，如图 5.17 所示。

图 5.17　在 Windows 服务管理中启动 SVN 服务

> **注意**
>
> 从系统服务里删除刚才注册的 SVN 服务时，可以使用 sc delete svnservice 命令。

## 5.3.12　远程客户端访问

SVN 的远程客户端访问非常简单，通过客户端程序 TortoiseSVN，只要在 URL 中输入 SVN 服务器的访问地址即可，例如 "svn://192.168.1.151/repos"，图 5.18 所示的界面显示了客户端签出 SVN 服务器项目的设置。

图 5.18　客户端签出操作

## 5.3.13　目录访问权限控制

SVN 支持对项目库中的每个目录进行权限控制，方法是编辑<SVN 库>\conf\svnserve.conf 文件，代码如下：

```
[general]
password-db = passwd
```

```
anon-access = none
auth-access = write
authz-db = authz
```

然后，编辑<SVN 库>\conf\passwd 文件，代码如下：

```
[users]
user_name = your_password
chen = 123456
david = david
liyu = liyu
tester1 = tester1
tester2 = tester2
dev1 = dev1
dev2 = dev2
guest1 = guest1
guest2 = guest2
```

接下来编辑<SVN 库>\conf\authz 文件，代码如下：

```
[groups]
g_vip = chen
g_manager = david,liyu
g_tester = tester1,tester2
g_dev = dev1,dev2
g_guest = guest1,guest2

[repos:/]
@g_vip = rw
@g_manager = rw
@g_dev = rw
@g_tester = r
* =

[repos:/2]
@g_vip = rw
@g_manager = rw
@g_dev = r
@g_tester = r
* =
```

这样就实现了为指定用户组设置访问目录的权限，目录的设置格式为"[repos:/<目录名>]"。

# 5.4 Git 的安装和使用

## 5.4.1 Git 简介

Git 是目前世界上最先进的分布式版本控制系统。同时 Git 是一个开源的分布式版本控制系统，用以有效、高速地处理从很小到非常大的项目版本管理。

Git 相对于集中式版本控制系统的最大区别在于开发者可以提交到本地，每个开发者机器上都是一个完整的数据库。

## 5.4.2　安装 Git

msysgit 是 Windows 版的 Git，从 http://msysgit.github.io/下载，然后按默认选项安装即可。

安装完成后，在开始菜单里找到"Git"->"Git Bash"，蹦出一个类似命令行窗口的东西，就说明 Git 安装成功！

图 5.19　安装成功界面

安装完成后，还需要最后一步设置，在命令行输入：

```
$ git config --global user.name "Your Name"
$ git config --global user.email "email@example.com"
```

注意 git config 命令的--global 参数。用了这个参数，表示这台机器上所有的 Git 仓库都会使用这个配置，当然也可以对某个仓库指定不同的用户名和 E-mail 地址。

## 5.4.3　远程仓库

GitHub 这个网站是提供 Git 仓库托管服务的，所以，只要注册一个 GitHub 账号，就可以免费获得 Git 远程仓库。在注册好 GitHub 账号后，由于你的本地 Git 仓库和 GitHub 仓库之间的传输是通过 SSH 加密的，所以，需要一些设置。

（1）创建 SSH Key。在用户主目录下，看看有没有.ssh 目录。如果有，再看看这个目录下有没有 id_rsa 和 id_rsa.pub 这两个文件。如果已经有了，可直接跳到下一步。如果没有，打开 Shell（Windows 下打开 Git Bash），创建 SSH Key：$ ssh-keygen -t rsa -C"youremail@example.com"。设置好后，可以在用户主目录里找到.ssh 目录，里面有 id_rsa 和 id_rsa.pub 两个文件，这两个就是 SSH Key 的秘钥对，id_rsa 是私钥，不能泄露出去，id_rsa.pub 是公钥，可以放心地告诉任何人。

（2）登录 GitHub，打开"Account settings"→"SSH Keys"页面。然后，单击"Add SSH Key"，填上任意 Title，在 Key 文本框里粘贴 id_rsa.pub 文件的内容，如图 5.20 所示。

GitHub 允许添加多个 Key。假定你有若干电脑，一会儿在公司提交，一会儿在家里提交，只要把每台电脑的 Key 都添加到 GitHub，就可以在每台电脑上往 GitHub 推送了。

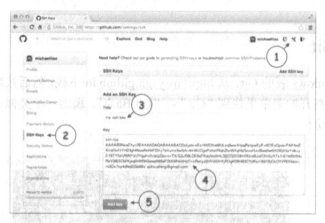

图 5.20　设置 SSH Key

## 5.4.4　分支管理

在 Git 版本库中创建分支的成本几乎为零，可以很快地创建一个主分支，即 master 分支。可以创建一个属于自己的个人工作分支，以避免对主分支 master 造成干扰，方便与他人交流协作。

**1．创建分支**

可以使用下面的命令创建分支：

```
$ git branch robin$ git checkout robin
```

**2．删除分支**

要删除版本库中的某个分支，使用 git branch -d 命令即可。例如：

```
$ git branch -d branch-name
```

**3．查看项目的发展变化和比较差异**

```
git show-branchgit diffgit whatchanged
```

**4．合并分支**

合并两个分支，使用 git merge 命令。

我们经常需要将自己或者别人在一个分支上的工作合并到其他的分支上去。比如将 robin 分支上的工作合并到 master 分支中：

```
$ git checkout master$ git merge -m "Merge from robin" robin
```

## 5.4.5　标签管理

发布一个版本时，我们通常先在版本库中打一个标签，这样就唯一确定了打标签时刻的版本。将来无论什么时候，取某个标签的版本，就是把那个打标签的时刻的历史版本取出来。所以，标签也是版本库的一个快照。

Git 的标签虽然是版本库的快照，但是实际上它是指向某个 commit 的指针，所以创建和删除标签都是瞬间完成的。

在 Git 中打标签非常简单，首先，切换到需要打标签的分支上：

```
$ git branch
Dev
```

```
Master
$ git checkout master
Switched to branch 'master'
```

然后，敲命令 git tag <name>就可以打一个新标签：

```
$ git tag v1.0
```

可以用命令 git tag 查看所有标签：

```
$ git tag
v1.0
```

如果标签打错了，也可以删除：

```
$ git tag -d v0.1
Deleted tag 'v0.1' (was e078af9)
```

因为创建的标签都只存储在本地，不会自动推送到远程，所以打错的标签可以在本地安全删除。

如果要推送某个标签到远程，就使用命令 git push origin <tagname>：

```
$ git push origin v1.0
Total 0 (delta 0), reused 0 (delta 0)
To git@github.com:michaelliao/learngit.git
* [new tag]         v1.0 -> v1.0
```

# 5.5　小结

软件配置管理与软件测试密切相关，在做功能测试、回归测试时涉及配置版本的管理，在做自动化测试时测试脚本应该做配置管理，测试相关的文档也应该纳入配置管理。

为了加深对配置管理的理解，建议读者进一步阅读和参考一下资源。

（1）RUP 的配置管理计划规范和模板：

http://oa.jmu.edu.cn/Rose/RUP/process/artifact/ar_cmpln.htm

（2）GB-T 12505—1990《计算机软件配置管理计划规范》。

（3）SVN 主页：

http://subversion.tigris.org/

（4）配置管理专业论坛：

http://www.scmlife.com/

为了加深对软件配置管理的理解，请读者进行如下实践。

（1）安装 VSS，模拟一个项目的文档结构，创建 VSS 库、创建 VSS 项目。

（2）安装 SVN，创建 SVN 库，创建若干个目录，为每个目录分别设置开发人员、测试人员和项目经理的访问权限。

# 5.6　模拟面试问答

在软件测试的面试和笔试过程中，很可能会涉及配置管理方面的知识，下面列举了一些常见的笔试题和面试题，读者可自行练习。

笔试题目：

1. 为保证测试活动的可控性，必须在软件测试过程中进行软件测试配置管理，一般来说，软件测试配置管理中最基本的活动包括_____。

A．配置项标识、配置项控制、配置状态报告、配置审计

B．配置基线确立、配置项控制、配置报告、配置审计

C．配置项标识、配置项变更、配置审计、配置跟踪

D．配置项标识、配置项控制、配置状态报告、配置跟踪

2．"配置"在硬件中通常也称之为"_____"。

A．状态设置　　　　B．技术状态　　　　C．装配　　　　D．技术设置

3．SCM 过程应采取必要的措施，以控制不同访问权限的人员访问_____。

4．配置管理工具的工作模式可分为 Copy-Modify-Merge（复制、修改、合并）的并行开发模式、Check out-Modify-Check in（签出、修改、签入）的独占开发模式。在____模式下，开发人员可以并行开发、更改代码。

5．在 SVN 中，更新本地文件的版本应该使用命令_____。

A．Checkin　　　　B．Update　　　　C．Commit　　　　D．CheckOut

面试题目：

配置管理与软件测试有什么关系吗？

参考答案：配置管理是软件工程的关键元素。项目管理需要配置管理，因为软件系统的复杂度在增加，软件更改的要求在增加。在产品的整个生命周期中应该有效地使用配置管理，尽量避免对软件进行更改时引起混乱，提供关于开发状态的必要信息，并帮助对软件和配置管理过程进行审计。因此，它的目的是帮助软件开发，并达到更高的软件质量。

软件测试也是配置管理中的一环，配置管理的目的是帮助控制产品的整个生产过程，包括进度和版本控制。进度和版本控制对软件测试而言也是非常重要的。

如果配置管理流程不规范，或者没有遵循一定的配置管理流程进行软件测试活动，也可能导致很严重的后果。

例如，开发人员修正了一个 Bug，然后找测试人员过去讨论，测试人员在开发人员的机器上重新测试了一下，发现 Bug 已经修复了。这时，如果测试人员把缺陷关闭了，就可能导致缺陷莫名其妙地在用户那边出现。

其实，原因可能仅仅是开发人员把这个 Bug 修改的代码漏签到配置管理数据库中。但是作为测试人员也有责任。因为测试人员应该从配置库取源代码编译后再测试，只有看到新的构建版本不再出现那个 Bug，才能把缺陷库中的 Bug 关闭。

# 第6章

# 软件质量与软件测试

软件测试是软件质量保证的重要手段。软件测试人员除了需要针对软件进行测试，还需要掌握软件质量保证的相关知识。事实上，在很多软件企业中，软件质量部门的 QA 人员与测试人员是合为一体的。

本章介绍软件质量保证的相关知识，以及软件质量保证和软件测试之间的关系。

# 6.1　软件质量属性

## 6.1.1　质量的 3 个层次

质量就是产品或工作的优劣程度，换句话说，质量就是衡量产品或工作好坏的。这是通俗的讲法，下面是 ISO 关于质量的定义：

"一个实体的所有特性，基于这些特性可以满足明显的或隐含的需求。而质量就是实体基于这些特性满足需求的程度。"

在这个定义中，关键字是"隐含"的需求以及满足需求的"程度"。从质量的定义，我们可以引申出不同层次的软件质量。

（1）符合需求规格：符合开发者明确定义的目标，即产品是不是在做让它做的事情。目标是开发者定义的，并且是可以验证的。

（2）符合用户显式需求：符合用户所明确说明的目标。目标是客户所定义的，符合目标即判断我们是不是在做我们需要做的事情。

（3）符合用户实际需求：实际的需求包括用户明确说明的和隐含的需求。

狩野纪昭教授提出的卡诺模型（如图 6.1 所示），深入分析了代表顾客之声和被称为顾客之思（隐含的需求）对提升"顾客满意度"产生的影响。

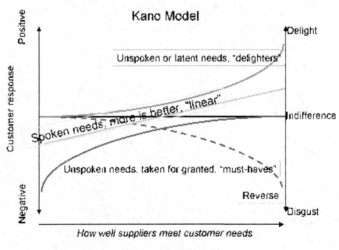

图 6.1　卡诺模型

关于软件质量的定义，给了测试人员启示：在测试过程中，应该善于从用户角度出发，设身处地为用户着想，看用户需要什么，我们的软件系统是否很好地满足了用户的这些需求（包括明显的和隐含的需求）。

## 6.1.2　软件质量模型

ISO 9126 软件质量模型是评价软件质量的国际标准，由 6 个特性和 27 个子特性组成，如图 6.2 所示。

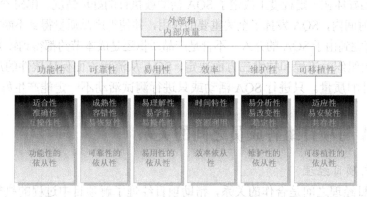

图 6.2　ISO 9126 软件质量模型

建议读者深入理解各特性、子特性的含义和区别，在测试工作中需要从这 6 个特性和 27 个子特性去测试、评价一个软件。这个模型是软件质量标准的核心，对于大部分的软件，都可以考虑从这几个方面着手进行测评。

微软曾经给软件测试面试者出过一个面试题目叫"测试杯子"，如果能从软件质量的各个属性进行分析，就可以比较好地回答这个问题：

测试项目：杯子。
需求测试：查看杯子使用说明书，是否有遗漏。
界面测试：查看杯子外观，是否变形。
功能性：用水杯装水看漏不漏；水能不能被喝到。
安全性：杯子有没有毒或细菌。
可靠性：杯子从不同高度落下的损坏程度。
可移植性：杯子在不同的地方、温度等环境下是否都可以正常使用。
可维护性：把杯子捏变形，然后看是否能恢复。
兼容性：杯子是否能够容纳果汁、白水、酒精、汽油等。
易用性：杯子是否烫手、是否有防滑措施、是否方便饮用。
用户文档：使用手册是否对杯子的用法、限制、使用条件等有详细描述。
疲劳测试：将杯子盛上水（案例一）放 24 小时，检查泄漏时间和情况；盛上汽油（案例二）放 24 小时，检查泄漏时间和情况等。
压力测试：用根针穿杯子，并在针上面不断加重量，看压强多大时会穿透。
跌落测试：杯子加包装（有填充物），在多高的情况掉下不破损。
震动测试：杯子加包装（有填充物），六面震动，检查产品是否能应对恶劣的铁路、公路、航空运输。
测试数据：具体编写此处略。其中应用到场景法、等价类划分法、因果图法、错误推测法、边界值法等方法。
期望输出：需查阅国标、行标以及使用用户的需求。
说明书测试：检查说明书书写准确性。

# 6.2　软件质量保证与软件测试

软件组织中最主要的软件质量活动包括软件质量保证（SQA）和软件测试。

## 6.2.1　SQA 与软件测试

CMM 第一个级别的改进方向中（CMM 二级）就提出要"开展软件质量保证（SQA）活动"，可见 SQA 在软件能力改进方面的重要性。

SQA 组织的好坏在一定程度上决定了 SQA 活动被执行的好坏情况。IBM 公司的经验指出："在超过 8 年的时间内，SQA 发挥了至关重要的作用，并使得产品质量得到不断提高。越来越多的项目经理也感觉到由于 SQA 的介入，不管是产品质量还是成本节约都得到较大改善。"

软件质量由组织、流程和技术三方面决定，SQA 从流程方面保证软件的质量，测试从技术方面保证软件的质量。只进行 SQA 活动或只进行测试活动不一定能产生好的软件质量。

## 6.2.2　SQA 与项目组各成员之间的关系

**1．SQA 与项目经理**

SQA 和项目经理之间是合作的关系，帮助项目经理了解项目中过程的执行情况、过程的质量、产品的质量、产品的完成情况等。

**2．SQA 与开发工程师**

SQA 和开发人员应该保持良好的沟通和合作，任何对立和挑衅都可能导致质量保证这个大目标失败。

**3．SQA 与测试工程师**

SQA 和测试人员都充当着第三方检查人员的角色，但是 SQA 主要对流程进行监督和控制，测试人员则是针对产品本身进行测试。

## 6.2.3　SQA 组织

基本的软件质量组织一般包括软件测试部门和软件质量保证部门，也有不少的软件企业把两者整合为一个部门。

常见的组织结构有如下几种。

（1）独立的 SQA 部门，如图 6.3 所示。

这种组织结构可以保持 SQA 工程师的独立性和客观性、有利于资源的共享。但是缺点也比较明显：难于深入项目并发现关键问题、SQA 工程师发现的问题不能及时解决。

图 6.3　独立的 SQA 部门

（2）非独立的 SQA，如图 6.4 所示。

这种结构能够深入项目发现实质性问题、SQA 工程师发现的问题能够及时解决。但是 SQA 工程师之间的沟通和交流、独立性和客观性不足。

（3）独立 SQA 小组，如图 6.5 所示。

在这种结构中，SQA 人员属于一个 SQA 组，但是平常工作时需要参与到项目组中，与开发人员、测试人员等一起协作发现问题、解决问题。可以说这种结构综合了前两种结构的一些优点，避免了前两种结构的一些缺点。

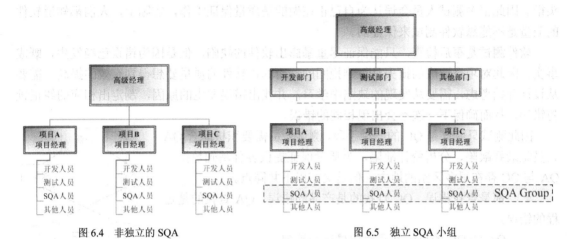

图 6.4　非独立的 SQA　　　　　　　　　图 6.5　独立 SQA 小组

## 6.2.4　SQA 的工作内容

SQA 一般包括以下工作内容。

（1）指导并监督项目按照过程实施。

（2）对项目进行度量、分析，增加项目的可视性。

（3）审核工作产品，评价工作产品和过程质量目标的符合度。

（4）进行缺陷分析、缺陷预防活动，发现过程的缺陷，提供决策参考，促进过程改进。

因此，对于 SQA 人员的素质有一定的要求，一般要求具备扎实的技术基础和背景、良好的沟通能力、敏锐性和客观性、积极的工作态度、独立工作的能力。

事实上，对 SQA 人员的要求是非常高的，没有一定的软件项目实战经验是很难胜任 SQA工作的。以下是某企业招聘 SQA 的职位描述和职位要求。

职位描述：

1. 配合 SEPG 制定过程规范并实施。
2. 为软件项目过程规范的实施提供咨询、指导和培训。
3. 执行软件项目过程监控，跟踪协调问题的解决。
4. 建立度量体系，收集过程数据，分析质量过程的情况。
5. 收集软件项目过程改进建议，制订改进方案，开展过程改进工作。

职位要求：

1. 计算机相关专业，熟悉软件工程。
2. 熟悉 CMM/CMMI 或其他相关质量管理模型。
3. 具有较强的沟通理解能力和协调能力，工作积极主动。
4. 敏锐的观察力，能及时发现流程中需要改进的地方。
5. 参与或主导过软件过程改进工作。
6. 至少有两年以上质量管理或项目管理相关经验。

## 6.2.5　QA 与 QC 的区别

QA，即质量保证；QC，即质量控制。两者都是想要不断提高软件质量和竞争力的软件企业不可缺少的质量管理工具。

现在很多公司都设置了质量保证部门，并且把测试人员作为部门中的成员，冠以 QA 的头衔。因此很多测试人员会误认为自己正在做的是质量保证工作，实际上，人们都知道软件的质量是不能靠软件测试来保证的。

软件测试是事后检查，只能保证尽量暴露出软件的缺陷，但是因为错误已经发生，既成事实，因此对项目造成的损失是很难挽回的。而真正软件的质量要想得到有效的提高，需要从设计开始考虑，需要从发现的缺陷中学习，并找出错误发生的原因，制定出相应的纠正预防错误，从而确保下一次不会出现相同的错误。

因此测试只能算是 QC 的一种手段，测试人员需要积极配合 QA 人员记录好缺陷、分析统计缺陷，为质量保证提供各种基础数据。QA 与 QC 存在很多区别的地方，但是又有以下共同点。

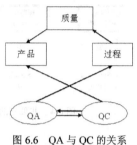

● 都是查找错误。QC 查找的是产品的错误，QA 查找的是过程的错误。

● QA 和 QC 的目的都是对质量进行管理。

因此，QA 和 QC 的关系如图 6.6 所示。

图 6.6　QA 与 QC 的关系

不管是单纯的测试人员还是赋予了部分 QA 的角色，都不要以一种管理者的姿态出现在开发人员面前，应该始终保持一种帮助开发人员纠正错误、保证产品质量的服务态度。

# 6.3　质量保证体系建设

流行的软件质量管理体系有 ISO 9000、CMM/CMMI 等。

## 6.3.1　ISO 9000 质量管理体系与八项质量管理原则

ISO 9000 族质量管理体系标准是一组有关质量管理体系的国际标准，由国际标准化组织（International Organization for Standardization，ISO）制定发布。

ISO 9000 提倡质量管理遵循以下 8 项原则。

（1）以顾客为中心。

对任何企业来说，离开了顾客，企业就失去了生存的意义。

（2）领导作用。

领导如舵手，企业只有订定了正确的发展方向，公司才能健康地发展。

（3）全员参与。

管理以人为本，只有所有的员工都认识到了自己在整个体系中的重要性并参与其中，才能以个体的达标来保证体系的达标。

（4）过程方法。

将相关的资源和活动作为过程进行管理，可以更高效地得到期望的结果。

（5）管理的系统方法。

针对设定的目标，识别、理解并管理一个由相互关联的过程所组成的体系，可以提高工作的有效性和效率。

（6）持续改进。

持续改进是组织的一个永恒目标。

（7）基于事实的决策方法。

对数据和信息的逻辑分析或直觉判断是有效决策的基础。

（8）互利的供方关系。

只有互惠互利，才能得到供应商更有力的支持，才能更稳健地发展。

## 6.3.2　ISO 9000 质量管理体系的建立过程

对于一个组织要建立 ISO 9000 质量管理体系，要通过一套完整的程序，可归纳为以下 4 个步骤。

（1）前期准备，组织培训。

（2）编写文件，开始试运行。

（3）申请认证，迎接审核。

（4）接受监督，持续改进。

## 6.3.3　CMM 质量管理体系与过程改进

CMM 的核心是把软件开发视为一个过程，并根据这一原则对软件开发和维护进行过程监控和研究，以使其更加科学化、标准化，使企业能够更好地实现商业目标。CMM 是一种用于评价软件承包能力并帮助其改善软件质量的方法，侧重于软件开发过程的管理及工程能力的提高与评估。

CMM 是目前国际上最流行、最实用的一种软件生产过程标准，已经得到了众多国家以及国际软件产业界的认可，成为当今企业从事规模软件生产不可缺少的一项内容。

CMM 的基本思想是：因为问题是由我们管理软件过程的方法引起的，所以新软件技术的运用不会自动提高生产率和利润率。CMM 有助于组织建立一个有规律的、成熟的软件过程。改进的过程将会生产出质量更好的软件，使更多的软件项目免受时间和费用的超支之苦。

## 6.3.4　结合 PSP、TSP 建立 CMM 过程改进体系

CMM 的成功与否，与组织内部有关人员的积极参与和创造性活动密不可分，而且 CMM 并未提供有关子过程实现域所需要的具体知识和技能。因此个体软件过程（Personal Software Process，PSP）和团体软件（Team Software Process，TSP）过程应运而生。

PSP 同样是由卡内基梅隆大学软件工程研究所开发出来的，为基于个体和小型群组软件过程的优化提供了具体而有效的途径。例如，如何制订计划、如何控制质量、如何与其他人相互协作等。

TSP 则用于指导项目组中的成员如何有效地规划和管理所面临的项目开发任务，并且告

诉管理人员如何指导软件开发队伍，始终以最佳状态来完成工作。

实施 TSP 的先决条件是需要有高层主管和各级经理的支持，以取得必要的资源，项目组开发人员需要经过 PSP 的培训并有按 TSP 工作的愿望和热情，整个开发团队在总体上应处于 CMM 二级以上，开发小组的规模以 3~20 人为宜。

### 6.3.5　应用 PDCA 质量控制法持续改进软件质量

无论是采用哪一种质量管理体系，也无论是否需要取得 ISO 9000 认证和 CMM 认证，都可以综合应用质量管理的思想，采取合理的质量控制手段来建立和完善自己组织的质量管理体系。例如，PDCA质量控制法是一个"放之四海"皆准的方法，如图 6.7所示。

PDCA 循环又叫戴明环，是管理学中的一个通用模型，最早由休哈特（Walter A. Shewhart）于 1930 年构想，后来被美国质量管理专家戴明（Edwards Deming）博士在 1950 年再度挖掘出来，并加以广泛宣传和运用于持续改善产品质量的过程中。

图 6.7　PDCA 质量控制法

PDCA 循环是能使任何一项活动有效进行的一种合乎逻辑的工作程序，特别是在质量管理中得到了广泛的应用。P、D、C、A 四个英文字母所代表的意义如下。

- P（Plan）：计划，包括方针和目标的确定以及活动计划的制定。
- D（Do）：执行，就是具体运作，实现计划中的内容。
- C（Check）：检查，就是要总结执行计划的结果，分清哪些对了、哪些错了，找出问题所在。
- A（Action）：行动（或处理），对总结检查的结果进行处理，成功的经验加以肯定并予以标准化，或制定作业指导书，便于以后工作时遵循；对于失败的教训也要总结，以免重现；对于没有解决的问题，应提给下一个 PDCA 循环去解决。

## 6.4　小结

软件测试是企业控制软件质量的最佳手段，软件质量是软件核心竞争力的根本所在，作为软件测试人员应该尽可能多地了解软件质量相关的知识，建议读者在阅读本章内容之后，补充阅读以下与软件质量相关的内容。

（1）维基百科关于 ISO9126 的内容。

（2）《质量免费》——克劳士比。

（3）维基百科关于 ISO9000 的内容。

（4）维基百科关于 PSP 和 TSP 的内容。

（5）软件测试与软件质量专业网站。

# 6.5 新手入门须知

软件测试人员与软件质量保证人员的工作存在区别，但是目的都是一样的，就是确保软件质量和用户需求得到满足。事实上，很多企业为了节省资源，往往把软件测试和质量保证人员合二为一，软件测试人员既要做软件测试的工作，又要承担 QA 的职责，因此软件测试人员掌握 QA 的相关技能也就变得非常必要了。

# 6.6 模拟面试问答

1．软件质量的定义是_____。
A．软件的功能性、可靠性、易用性、效率、可维护性、可移植性
B．满足规定用户需求的能力
C．最大限度达到用户满意
D．软件特性的总和，以及满足规定和潜在用户需求的能力
2．软件内部/外部质量模型中，可移植性不包括_____子特性。
A．适应性  B．共存性
C．兼容性  D．易替换性
3．GB/T 16260－2003 将软件质量特性分为内部质量特性、外部质量特性和_____。
A．安全质量特性  B．适用质量特性
C．性能特性  D．使用质量特性
4．软件可靠性是指在指定的条件下使用时，软件产品维持规定的性能级别的能力，其子特性_____是指在软件发生故障或者违反指定接口的情况下，软件产品维持规定的性能级别的能力。
A．成熟性  B．易恢复性
C．容错性  D．可靠性依从性
5．关于软件质量的描述，正确的是_____。
A．软件质量是指软件满足规定用户需求的能力
B．软件质量特性是指软件的功能性、可靠性、易用性、效率、可维护性、可移植性
C．软件质量保证过程就是软件测试过程
D．以上描述都不对
6．软件_____的提高，有利于软件可靠性的提高。
A．存储效率  B．执行效率
C．容错性  D．可移植性
7．软件内部/外部质量模型中，_____不是功能性包含的子特性。
A．适合性  B．准确性
C．稳定性  D．互操作性
8．在软件设计和编码过程中，采取"_____"的做法将使软件更加容易理解和维护。
A．良好的程序结构，有无文档均可

B. 使用标准或规定之外的语句

C. 编写详细正确的文档，采用良好的程序结构

D. 尽量减少程序中的注释

9. 软件维护成本在软件成本中占较大比重。为降低维护的难度，可采取的措施有_____。

A. 设计并实现没有错误的软件

B. 限制可修改的范围

C. 增加维护人员数量

D. 在开发过程中就采取有利于维护的措施，并加强维护管理

Chapter

**7**

## 第 7 章

# 软件测试的目的与原则

目的决定行动,对软件测试目的的不同理解也会导致不同的软件测试方法和测试的组织方式，甚至影响测试人员在项目组中扮演的角色以及地位。但是，不管测试人员认为软件测试的目的是什么，基本的测试原则是需要被理解和遵循的。

本章主要介绍软件测试的一些基本原则，以及测试人员如何理解这些基本原则，并应用在测试工作过程中。

# 7.1　软件测试的目的

## 7.1.1　测试是为了建立软件的信心

软件测试从诞生之日开始，就不断地被人们误解和曲解。对于软件测试的目的，不同的人有不同的理解。有的认为软件测试是为了证明软件是正确的，建立对软件的信心而进行的活动；也有的认为软件测试是为了证明软件存在错误。

## 7.1.2　软件测试与软件信心的关系

目前大部分人对于软件测试目的的理解是基于 Glen Myers 和 Hetzel 两位学者的著名测试论点。Glen Myers 认为测试是为了发现错误而执行软件程序的过程。一个成功的测试可以发现迄今为止尚未发现的错误。

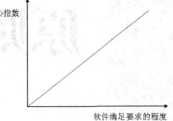

而 Hetzel 则认为软件测试是对软件建立信心的一个过程。测试是评估软件或系统的品质或能力的一种积极的行为，是对软件质量的度量。软件信心与测试的关系如图 7.1 所示。

对软件进行的测试越多、越充分，人们对使用该软件的信心就越强。可以想象，在提交用户使用软件时，告诉用户软件没有被测试过时用户的表情。

图 7.1　软件的信心建立在软件对
要求的满足程度的度量

关于软件测试的心理学和软件测试的经济学方面的内容，建议读者阅读 Myers 的著作《The Art of Software Testing》（《软件测试的艺术》）一书。

## 7.1.3　软件测试的两面性

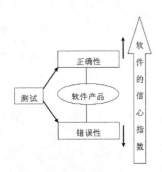

图 7.2　软件测试的两面性

从测试的目的出发，大概可以把测试分成两大类。
● 为了验证程序能正常工作的测试。
● 为了证明程序不能正常工作的测试。

一类是正面的，另一类是反面的,测试人员应该从两面"夹击"，如图 7.2 所示。

测试人员要验证软件程序能否正常工作需要有一定的依据，普遍认为软件需求文档是这样的依据。但是如果需求文档本身就是错误的呢？因此，不能仅仅依据需求文档来验证程序是否能正常工作，还需要加入测试人员的经验判断以及对软件的理解。

要验证程序在所有情况下都能正常工作的工作量非常大，实现起来非常困难。因为，现在的软件程序越来越复杂，程序的状态空间变得越来越广。在有限的测试时间内、有限的测试资源下，要想证明程序在所有情况下都能正常工作是不可能的。

相比之下，证明程序不能正常工作会相对容易一些，只要找到了错误，就可以证明软件是不正确的。但是，要想找到所有的错误也是不可能的，因为 Bug 会随着程序的修改变得越来越少，同时也会变得越来越隐蔽，难以发现，如图 7.3 所示。

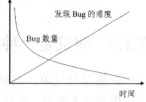

图 7.3　Bug 发现率

现在，大部分软件测试组织在综合地应用着这两类测试方式，主要体现在以下方面。

- 测试用例的设计分正面的和反面的测试用例，分为验证主成功场景的用例和验证扩展场景的测试用例。
- 测试的执行结合严格的测试用例执行过程以及灵活的探索性测试执行。
- 软件测试的中前期主要集中精力发现软件的错误，软件的中后期主要集中精力在验证软件的正常使用性上。
- 单元测试主要关注程序做了正确的事情，集成测试和系统测试主要关注程序的错误行为。
- 自动化测试主要专注于验证程序的正确行为，手工测试主要专注于发现软件的错误行为。

## 7.1.4　软件测试的验证与确认

软件测试的目的可以从验证和确认两方面进行理解。

（1）验证（Verification）是指在软件生命周期的各个阶段，用下一个阶段的产品来检查是否满足上一个阶段的规格定义，如图 7.4 所示。

例如，通过设计来验证需求定义的规格是否正确，通过编码来验证设计的合理性，通过测试来验证编码的正确性。

（2）确认（Validation）是指在软件生命周期的各个阶段，检查每个阶段结束时的工作成果是否满足软件生命周期的初期在需求文档中定义的各项规格和要求，如图 7.5 所示。

例如，软件设计完成后，需要通过评审来判断是否满足需求定义；编码完成后，也需要通过代码审查等方式来检查编码是否满足了各项需求的规格定义；在测试阶段，则通过评审测试用例、测试计划、测试报告、缺陷覆盖等材料来判断测试是否覆盖了各项需求。

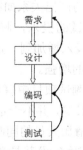

图 7.4　验证过程

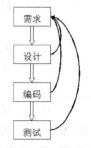

图 7.5　确认过程

> 验证和确认是两种不同的软件测试方式，测试人员应该综合利用两种方式进行测试。

### 7.1.5 测试是一种服务

在敏捷开发中，测试并没有被人们提出来进行广泛的讨论。但是有人提出，软件测试是敏捷项目的车头灯，指引着整个团队的方向。

软件测试是一种服务，软件测试人员对软件产品进行学习和探索，获取了有关软件方方面面的信息，以便提供给项目决策者做出正确的决定，如图7.6所示。

把软件测试理解成一种服务的好处主要有以下两方面。

● 可以化解很多测试与开发之间的矛盾。

● 有利于测试客观公正地进行工作。

这种对测试的理解综合了对软件测试目的的两种观点。

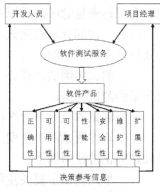

图7.6 测试作为一种服务被调用

# 7.2 软件测试应该遵循的原则

不管测试的目的是什么，作为软件测试人员，在进行测试的时候有几个基本的原则是要被充分理解和遵循的。

● Good enough 原则。

● Pareto 原则。

● 尽可能早开展测试。

● 在发现较多错误的地方投入更多的测试。

● 同化效应。

### 7.2.1 Good enough 原则

Good enough 原则是指测试的投入跟产出要适当权衡，测试得不够充分是对质量不负责任的表现，但是投入过多的测试，则会造成资源浪费。软件测试的投入与产出关系如图7.7所示。

随着软件测试的投入，测试的产出基本上是增加的；但是当测试投入增加到一定的比例后，测试效果并不会有非常明显的增强。

如果在一个测试项目中盲目地增加测试资源，如测试人员、测试工具等，并不一定能带来更高的效率和更大的效益。因为增加人员的同时，可能会增加沟通的成本、培训的成本。增加工具则可能带来学习和培训的成本。尤其是在项目进度比较紧迫的测

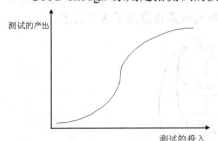

图7.7 测试的投入与产出关系

试项目中，为了加快测试的进度而盲目地增加资源，可能会带来相反的效果。

零缺陷是理想的追求，而 Good enough 则是现实的追求。不能盲目追求最佳的测试效果而投入过多的测试资源。应该根据项目实际要求和产品的质量要求来考虑测试的投入。

 **技巧**

> 适当加入其他的质量保证手段，例如代码评审、同行评审、需求评审、设计评审等，可以有效地降低对测试的依赖，并且确保软件缺陷能尽早发现，从而降低总体质量成本。

## 7.2.2　Pareto 原则

Pareto 原则，即 80-20 原则，是在 1879 年由意大利人 Villefredo Pareto 提出的。社会财富的 80%掌握在 20%的人手中，而余下 80%的人则只占有 20%的财富。后来，这种"关键的少数和次要的多数"的理论被广为应用在社会学和经济学中，并称之为 Pareto 原则。

在软件测试中的 80-20 原则是指 80%的 Bug 在分析、设计、评审阶段就能被发现和修正，剩下的 16%则需要由系统的软件测试来发现，最后剩下的 4%左右的 Bug 只有在用户长时间的使用过程中才能暴露出来，如图 7.8 所示。

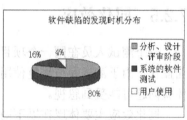

图 7.8　软件缺陷的发现时机分布

基本上可以根据这个分布来定义缺陷逃逸率，即多少缺陷未被发布前测试发现，而是逃逸到了用户的手中。对于一个广泛使用的程序，其维护成本通常是开发成本的 40%以上，并且维护成本受用户数量的严重影响。用户越多，发现的缺陷也越多。

 **注意**

> 测试不能保证发现所有的错误，但是测试人员应该尽可能多地发现错误，不让应该在开发阶段出现的错误逃逸到用户手中。

## 7.2.3　尽可能早开展测试

越早发现错误，修改的代价越小；越迟发现错误，修复软件需要付出的代价就越高，如图 7.9 所示。

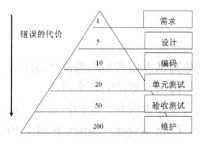

图 7.9　在不同阶段修改错误的代价

修改缺陷的代价成倍数增长，到了软件发布后才发现问题再进行修复，则通常要多花百倍甚至上千倍的成本。可以想象一个技术支持工程师坐飞机来回一趟，到用户现场解决问题的开销。

### 7.2.4 在发现较多错误的地方投入更多的测试

常有"物以类聚"的说法，软件缺陷也同样有聚集效应。软件缺陷的聚集通常是由缺陷出现的阶段时间程序员的开发状态或者是缺陷出现的代码范围的复杂度导致的。

经验数据表明，周一上班时，程序员无论是代码生产率还是代码出错率都会明显地比其他工作日高。因为很多开发人员经过周末的放松，在周一还未能完全恢复最佳工作状态。

 技巧

一旦测试人员发现在某个模块的 Bug 有集中出现的迹象，就应该对这些缺陷集中的模块进行更多的测试和回归验证。

### 7.2.5 同化效应

一个测试人员在同一个项目待得时间越久，越可能忽略一些明显的问题。例如，对于界面操作，由于测试人员重复使用同一个软件而产生熟练感，因此对于一些易用性问题和用户体验问题可能受到忽视。

同化效应主要体现在以下两方面。

● 测试人员与开发人员一起工作在某个项目中一段较长的时间后，容易受到开发人员对待软件的观点影响，变得更容易赞同开发人员的观点。

● 测试人员对软件的熟悉程度越高，越容易忽略一些看起来较小的问题。这也是一些测试人员感觉越来越难发现 Bug 的原因。

同化效应会造成 Bug 的"免疫"效果，因此，在测试过程中需要通过轮换或补充新的测试人员来避免同化效应。

 技巧

交叉测试能避免一些测试的"盲点"，充分利用不同人员对待软件的不同视角和观点。通过引入新的测试思维来打破测试的局限和僵局。

# 7.3 小结

软件测试的目的和原则就像测试人员需要修炼的"心法"，是测试人员的座右铭，利用这些心法来达到正确的测试观，从而指导测试的整个过程。

目的决定行为，如果测试人员心中拥有正确的测试观，就会按照正确的方式进行测试。

关于软件测试的一些经验，Cem Kaner、James Bach、Bret Pettichord 合著的《Lessons Learned in Software Testing》（中文版本名称是《软件测试经验与教训》）列举了 293 条宝贵的

经验，涉及软件测试的原则、软件测试的方法、测试人员的态度、思维方式等方面的内容，建议读者阅读并结合实际项目进行实践、揣摩和体会。

# 7.4　新手入门须知

软件测试的前辈和专家们总结出了一些很好的测试原则。但是需要注意的是测试的原则不是教条和法规。测试的新手容易刻板地不加分析地遵循某些测试的原则。

除了 Good enough 原则、Pareto 原则等，还有以下一些测试原则，对于这些原则，测试新手们尤其要注意不可盲目、片面地看问题。

（1）程序员应该避免检查自己的程序，测试工作应该由独立的专业软件测试机构来完成。

实际上，测试工作应该可以由任何项目组成员来做，例如单元测试就可以主要由开发人员来完成。

这个原则的原义是指测试工作是一个需要避免主观思维的工作，程序员先天具有爱惜自己的程序的特性，其实任何人都具有爱惜自己工作成果的潜意识。但是不能因为这样而放弃开发人员测试的义务。因为开发人员是最清楚自己程序的人，所以可以对自己的程序进行更深入的检查。

那么如何解决这种矛盾呢？交叉测试、同行评审、结对编程等都是解决这种矛盾的好办法。

（2）应该持续地测试。

这个原则看起来有点与 Good enough 原则冲突，实际上并没有冲突。持续测试主要想解决的是过程中阶段性的尽早测试问题。

每一次迭代的版本测试或者是回归测试都应该尽早开展，如何确保这点呢？持续自动化测试是其中的解决之道。持续地自动化测试可以尽早、尽快、持续不断地对程序进行测试，尤其是在确保新的修改不会造成程序已经正确的功能发生错误的方面。

（3）尽量避免测试的随意性。软件测试是有组织、有计划、有步骤的活动，要严格按照测试计划进行，要避免测试的随意性。

（4）为了弥补系统测试的不足，补充探索性测试方法。关于探索性测试方法可以参照《探索式软件测试》这本书。

某些测试新手在应用这一原则时存在一定的误解，认为所有测试的执行都必须先有测试计划、测试用例才能进行。实际上，即使是在缺乏测试用例的情况下也可以先进行测试，然后再补充完善测试用例。探索性测试方法甚至强调测试执行与设计的同时进行。

测试过程不可避免地存在很多意外情况，聪明的测试人员会通过观察周围的环境来及时调整测试计划。就像足球赛场上的运动员会根据情况来决定在接到传球后，是自己带球，还是马上传给前场队友。

# 7.5　模拟面试问答

本章主要介绍了软件测试的目的，以及软件测试应该遵循的一些基本原则，面试官会比较关心您是否了解这些基本的知识，尤其是对于一个新手而言。如果测试人员清楚这些内容，则会减少很多工作上的不妥当行为，进入公司后的培训也可适当省略这些内容。

（1）软件测试的目的是什么？

参考答案：软件测试的目的是发现软件存在的缺陷，为人们建立起对软件的信心。软件能否发布，测试的充分性和发现的 Bug 的数量都是重要的参考数据，因此测试也可以说是一种服务，不仅为客户服务，帮助客户避免获得一个充满缺陷的软件，同时也为项目组服务，提供缺陷相关的信息，让开发人员能及时更正，从而提高产品质量，也为项目经理判断软件的质量提供参考信息，知道软件的当前质量状态是否满足发布的要求。

（2）软件测试能否发现所有的 Bug 呢？

参考答案：软件测试是不可能发现所有 Bug 的，因为测试资源和测试时间都是有限的，而软件的缺陷状态空间非常大，有些 Bug 只有在长期和深入的使用，或者是在某些特殊的环境下才会出现。因此测试人员应该把握 Good enough 的原则，在重点的测试范围投入充分的测试资源，在有限的时间内尽可能发现更多的缺陷，但是不要在一些次要问题上纠缠过久。

（3）软件测试应该在项目的什么阶段开始？

参考答案：软件测试应该尽早开展，因为修改缺陷的代价成倍数增长，到了软件发布后才发现问题进行修复，则通常要多花百倍甚至上千倍的成本。最好能在需求阶段就进入测试，验证需求的质量，确保软件需求的分析能指导后续的开发和测试，尽量在需求阶段就发现错误。

（4）测试人员在进行测试的时候还应该遵循什么原则？

参考答案：测试人员应该知道，在已经发现了很多错误的地方，还很有可能潜藏很多的错误，因为 Bug 有"聚集效应"。

一个测试人员在同一个项目待的时间越久，越可能忽略一些明显的问题。例如，对于界面操作，由于测试人员重复使用同一个软件而产生熟练感，因此对于一些易用性问题和用户体验问题可能会忽视。测试人员应该尽量避免这些"同化效应"。同化效应会造成 Bug 的"免疫"效果，因此，在测试过程中需要通过轮换或补充新的测试人员来避免同化效应。交叉测试能避免一些测试的"盲点"，充分利用不同人员对待软件的不同视角和观点。通过引入新的测试思维来打破测试的局限和僵局。

测试不能保证发现所有的错误，测试人员应该尽可能多地发现错误，不让在开发阶段出现的错误逃逸到用户手中。

第 8 章

# 软件测试的方法论

软件测试就像武术的各种流派，南拳北腿，各有所长。本章介绍软件测试中几种主流的软件测试方法论的流派，以及某些著名软件企业所采用的软件测试方法。测试人员应该参考借鉴其他公司的方法论，然后形成具有自己的特色、适合自己的测试方法论，用来指导测试的过程。

# 8.1 软件测试的五大流派

软件测试发展到今天，大量的学者和工程师们做出了伟大的贡献，不同的人根据自己所在的领域和专长，提出了各具特色的测试理论。

根据对测试的不同视角和理解可以划分成五大流派。

● 分析学派：该学派认为测试是严格的技术性的，这一派在学术界有很多支持者。

● 标准学派：该学派认为测试是用于衡量进度的一种方式，强调成本度量和可重复的标准。

● 质量学派：该学派强调过程，测试人员像警察一样审判开发人员，又像守门员一样保证质量。

● 上下文驱动学派：该学派强调人的作用，寻找利益相关的 Bug。

● 敏捷学派：该学派使用测试来验证开发是否完成，强调自动化测试。

其中分析学派是其他学派的根源，从分析学派发展出标准学派，再从标准学派衍生出其他的学派，如图 8.1 所示。

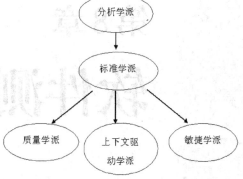

图 8.1 软件测试的五大流派

## 8.1.1 分析学派

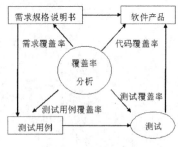

图 8.2 分析学派的测试

在分析学派的核心理念中，软件是逻辑产品，测试是计算机软件和计算数学的分支，因此，测试方法必须有一个逻辑数学形式。

分析学派热衷于计算代码覆盖率，研究出很多代码覆盖率的度量方法，提供了测试的客观度量方法。分析学派的测试需要精确和详细的规格说明书。测试人员验证软件是否符合规格说明书的要求，如图 8.2 所示。

这一学派的测试方法在电信、安全关键的行业应用软件的测试中应用比较广泛。

这一学派的测试方法在电信、安全关键的行业应用软件

## 8.1.2 标准学派

标准学派的核心理念是：测试必须被管理起来，是可预见的、可重复的、计划好的。测试必须是高效的。测试对产品进行确认，利用测试来对开发进度进行度量。

标准学派研究出了很多跟踪矩阵来确保每一个需求都被测试到。标准学派的测试需要清晰

的边界来界定测试和其他活动，例如进入测试和退出测试的标准。标准学派倾向于抵制计划的变更，软件测试采用 V 模型。鼓励标准的使用，例如"最佳实践"的应用，如图 8.3 所示。

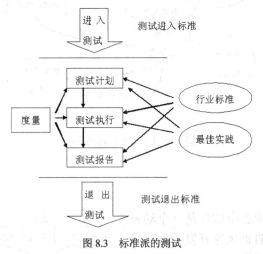

图 8.3　标准派的测试

标准学派的软件测试方法一般应用在企业级的 IT 和政府软件应用行业。

## 8.1.3　质量学派

质量学派强调制度，使用测试来判断开发的过程是否被严格遵循了。测试人员可能需要负责监督开发人员遵循规则。测试人员必须保护用户免受质量差的软件的伤害。

质量学派让测试人员充当守门员的角色，软件需要得到测试人员的批准才能发布，如图 8.4 所示。

质量学派把测试看成是 QA 的角色，测试是过程改进的阶梯。这一派的测试方法大部分应用在大机构、承受强大压力的组织。

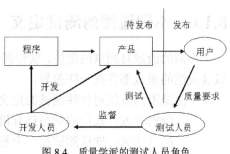

图 8.4　质量学派的测试人员角色

## 8.1.4　上下文驱动学派

在上下文驱动学派的核心理念中软件是由人创建的，人决定上下文。测试负责寻找 Bug。Bug 是指那些会让任何利益相关方困扰的问题。测试为项目提供信息。测试是一项技巧性的、智力活动。测试是一门包含各种学科知识的综合学科，如图 8.5 所示。

上下文驱动测试强调探索性测试，强调同时设计测试和执行测试，强调快速学习能力。上下文驱动测试拥抱变化。根据测试结果调整测试计划。测试策略的有效性只能通过实际的观察来判断。上下文驱动测试更关注技能，而不是所谓的"最佳实践"。

本派的测试方法主要应用在商业的、市场驱动的软件项目中。

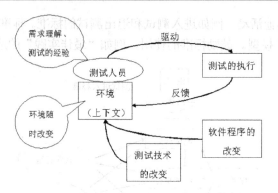

图 8.5  上下文驱动派的测试

### 8.1.5  敏捷学派

在敏捷学派的核心理念中软件是一个动态变化的过程，由测试来告诉大家开发的故事是否完成。测试必须被自动化，如图 8.6 所示。

敏捷学派非常强调单元测试。开发人员必须提供自动化框架。这一派的应用主要集中在 IT 顾问公司、互联网行业、云计算应用。

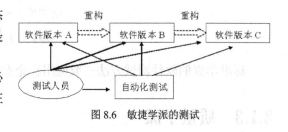

图 8.6  敏捷学派的测试

### 8.1.6  不同流派的测试定义

不同的流派对测试的定位，软件测试人员担任的角色，执行的职责和对测试人员的要求，以及关注的重点都存在一些差异。

下面是不同流派对软件测试的定义。

- 分析学派：软件测试是计算机科学和数学的分支。
- 标准学派：软件测试是一个管理的过程。
- 质量学派：软件测试是软件质量保证的分支。
- 上下文驱动学派：软件测试是开发的一个分支。
- 敏捷学派：软件测试是顾客角色的一部分。

对于同样一个项目，遵循不同学派的标准进行测试可能会有不同的做法。应该综合考虑项目的实际情况来借鉴和综合利用不同学派的测试方法。

James Bach 在上下文驱动测试方法论的基础上，融合了探索性测试（Exploratory Testing）、敏捷思想，形成了"快速测试"（Rapid Software Testing）方法论（见 satisfice 网站）。

## 8.2  软件测试的方法应用

针对不同的软件，企业会结合自己的产品特点，制定出一套测试方法论。这些不同公司的测试方法各有特色，值得读者去了解、学习和借鉴。

从关于测试目的出发，大概可以把测试分成两大类，一类是为了验证程序能正常工作的测试；另一类是为了证明程序不能正常工作的测试。

微软的测试综合利用了两类测试方法，以第一类测试方法为基础和主要线索，阶段性地运用第二类测试方法。

## 8.2.1　微软公司的第一类测试

第一类按步骤进行，分别是需求和设计的评审、设计阶段的测试、系统全面的测试。

在微软公司，测试人员需要与开发人员一起参与到需求和设计的评审中，测试人员从测试的角度出发对需求文档、设计文档进行可测试性、明确性、完整性、正确性等方面的审查，如图 8.7 所示。

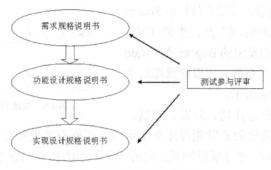

图 8.7　测试参与各类文档的评审

在评审的过程中，测试人员也在同时学习软件涉及的业务知识和技术，为后面的测试计划和测试用例设计做好准备。

在开发人员进行产品设计的过程中，测试人员开始依据需求文档编写测试计划、测试用例，编写出来的测试计划和测试用例需要与项目经理和开发人员一起评审，确保对项目和软件达成一致的认识。等到开发人员把设计做完，则需要根据设计文档适当补充和完善测试用例。

在进入正式的测试阶段之后，测试人员按照测试计划搭建测试环境，执行测试用例，编写自动化测试程序并重复运行。

测试采取的基本测试策略包括以下方面。

- 先执行简单测试用例，再执行复杂测试用例。
- 先验证单一的基本功能，再验证组合的功能。
- 先解决表面的、影响面大的 Bug，再解决深层的、不易重现的 Bug。

测试人员会每天执行自动化测试脚本，防止缺陷的重复出现。另外，还会及时补充完善和维护测试用例库中的测试用例。

## 8.2.2　微软公司的第二类测试

微软公司的第二类测试是阶段性的，通常叫作"Bug Bash"，即 Bug 大扫除。

Bug Bash 通常在项目的里程碑阶段的末期进行，例如在 Beta 版本发布之前，会专门预留几天的时间让项目组中所有人都参与到测试中来，尽力搜寻项目的 Bug。

除了 Bug Bash，微软还会组织一些专门的测试，例如安全性攻击测试，会邀请广大人员甚至安全专家来尝试攻击产品，找出产品的安全漏洞。

### 8.2.3 微软的缺陷管理

在微软的研发过程中，主要有 3 种角色，即项目经理、开发人员和测试人员。

三者分工明确，接口清晰。项目经理负责定义需求、编写需求规格说明书和设计文档；开发人员负责编写代码来实现需求和设计的规格定义；测试人员负责测试开发人员编写的代码是否符合项目经理定义的规格要求。三个角色之间没有必然的上下级关系，只是分工合作完成某个功能特性的研发。

项目经理把需求规格说明书保存到 SharePoint 中，所有人都可以随时查看；开发人员使用 Source Depot（微软的内部源代码管理工具，类似 CVS）来保存源程序；测试人员把发现的 Bug 记录到 Raid（微软的内部缺陷跟踪管理系统）中以便跟踪这个问题的处理流程，如图 8.8 所示。

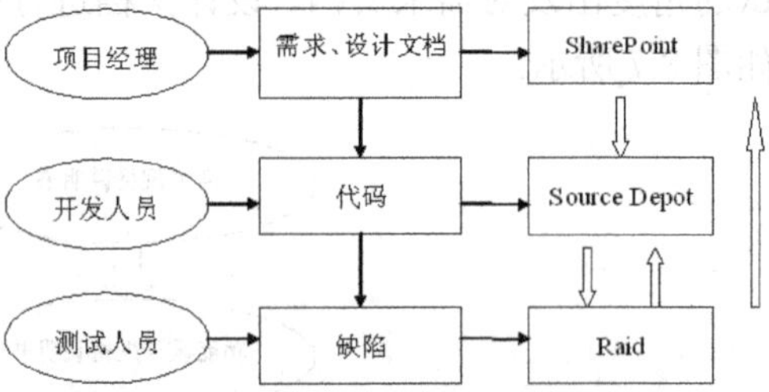

图 8.8　微软的研发过程与缺陷管理

微软的研发过程也分为计划、开发、测试、发布等几个阶段。但是微软的研发流程注重实用性，能够有效地控制住进度。

完成一个阶段版本后，进行项目回顾，找出这个版本的各种问题以便在下个版本中解决，这个过程被称为"Postmortem"，中文意思是"事后剖析"、"事后检讨"。在项目阶段结束后，对项目过程中的所有问题进行分析和回顾。

关于微软的软件测试方法，请读者参考《How We Test Software at Microsoft》（中文名《微软的软件测试之道》）一书和《测试有道：微软测试技术心得》一书，可以窥探一下微软的测试方法。

# 8.3 IBM 公司的软件测试方法

IBM 公司的软件测试是基于 RUP 的过程模型进行的。RUP，即 Rational 统一过程模型，是一个强调迭代开发、持续集成的软件开发过程模型。

### 8.3.1 回归测试

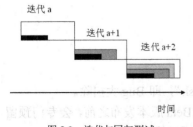

图 8.9　迭代与回归测试

作为 RUP 中的重要部分，RUP 非常注重回归测试，如图 8.9 所示。

迭代 a 中的大多数测试在迭代 a+1 中都用作回归测试。在迭代 a+2 中，将使用迭代 a 和迭代 a+1 中的大多数测试作为回归测试，后续迭代中采用的原则与此相同。因为相同的测试要重复多次，所以要投入一些精力将回归测试自动化。

## 8.3.2　测试的度量

RUP 的测试方法比较关注测试的度量，采用测试覆盖率和质量来对测试进行度量。测试覆盖是对测试充分程度的评价，测试覆盖包括以下方面。

● 测试需求的覆盖。

● 测试用例的覆盖。

● 测试执行代码的覆盖。

基于需求的测试覆盖在测试生命周期中要评估多次，并在测试生命周期的里程碑处提供测试覆盖的标识（如已计划的、已实施的、已执行的和成功的测试覆盖）。

基于代码的测试覆盖评估测试过程中已经执行代码的多少，与之相对的是要执行的剩余代码的多少。代码覆盖可以建立在控制流（语句、分支或路径）或数据流的基础上。控制流覆盖的目的是测试代码行、分支条件、代码中的路径或软件控制流的其他元素。数据流覆盖的目的是通过软件操作测试数据状态是否有效，例如，数据元素在使用之前是否已做定义。

质量是对测试对象（系统或测试的应用程序）的可靠性、稳定性以及性能的评价。质量建立在对测试结果的评估和对测试过程中确定的变更请求（缺陷）分析的基础上。

对于测试是否完成和测试是否成功也会采用一些客观的评价标准。例如，当成功执行 95% 的测试用例后，该标准可能允许软件进行验收测试。另一个标准是代码覆盖。在安全至上的系统中，该标准可能要求测试应该覆盖 100% 的代码。

## 8.3.3　用例驱动

RUP 的另外一个特点是用例驱动。用例（Use Case）是 RUP 方法论中一个非常重要的概念。简单地说，一个用例就是系统的一个功能。例如在一个航空电子订票系统中，预定机票就是系统的一个用例。在系统分析和设计中，把一个复杂的庞大的系统进行分割，定义成一个个小的单元，这些小单元就是用例，然后以小单元为对象进行开发。

按照 RUP 的指导思想，用例贯穿于整个软件开发的生命周期。在需求分析时，用户对用例进行描述；在系统设计时，设计人员对用例进行分析；在开发阶段，开发人员用代码来实现用例；在测试阶段，测试人员对针对产品，对照用例进行检验，如图 8.10 所示。

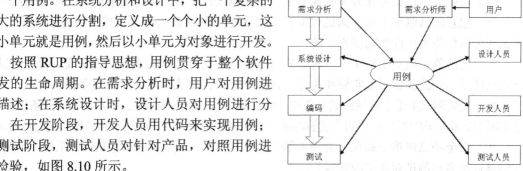

图 8.10　以用例为中心的开发过程

可以这样说，RUP 是一种以用例为中心的开发过程。而 RUP 的软件测试也是以用例为基本依据进行的。

## 8.3.4　RUP 对软件测试的分类

RUP 认为，对软件进行的测试远远不仅限于测试软件的功能、接口和响应时间特征。还需要注重软件其他特征和属性的测试，例如，完整性（防止失败的能力），在不同平台上安装和执行的能力，同时处理多个请求的能力等。

为此，需要实施和执行多种不同的测试，每种测试都有其具体的测试目标。每种测试都只侧重于对软件的某方面的特征或属性进行测试。测试类型包括可靠性、功能和性能三大类。

对于这三大类的测试，又可以进一步细分为不同的测试类型。RUP 对测试的分类如表 8-1 所示。

表 8-1                                        RUP 的测试分类

| 测 试 分 类 | 具体测试类型 |
| --- | --- |
| 可靠性 | 完整性测试 |
|  | 结构性测试 |
| 功能 | 配置测试 |
|  | 功能测试 |
|  | 安装测试 |
|  | 安全测试 |
|  | 容量测试 |
| 性能 | 基准测试 |
|  | 竞争测试 |
|  | 负载测试 |
|  | 性能曲线测试 |
|  | 强度测试 |

（1）可靠性的测试又可细分为完整性测试和结构性测试。

● 完整性测试侧重于评估测试对象的强壮性（防止失败的能力），语言、语法的技术兼容性以及资源利用率的测试。该测试针对不同的测试对象实施和执行，包括单元和已集成单元。

● 结构性测试侧重于评估测试目标是否符合其设计和构造的测试。通常对基于 Web 的应用程序执行该测试，以确保所有链接都已连接、显示正确的内容，以及没有孤立的内容。

（2）功能性测试又可细分为配置测试、功能测试、安装测试、安全测试、容量测试。

● 配置测试侧重于确保测试对象在不同的硬件和/或软件配置上按预期运行的测试。该测试还可以作为系统性能测试来实施。

● 功能测试侧重于核实测试对象按计划运行，提供需求的服务、方法或用例的测试。该测试针对不同的测试对象实施和执行，包括单元、已集成单元、应用程序和系统。

● 安装测试侧重于确保测试对象在不同的硬件和/或软件配置上，以及在不同的条件下（磁盘空间不足或电源中断）按预期安装的测试。该测试针对不同的应用程序和系统实施并执行。

● 安全测试侧重于确保只有预期的主角才可以访问测试对象、数据（或系统）的测试。该测试针对多种测试对象实施和执行。

● 容量测试侧重于核实测试对象对于大量数据（输入和输出或驻留在数据库内）的处理能力的测试。容量测试包括多种测试策略，如创建返回整个数据库内容的查询；或者对查询设置很多限制，以至不返回数据；或者返回每个字段中最大数据量的数据条目。

（3）性能测试又可细分为基准测试、竞争测试、负载测试、性能曲线测试、强度测试。

● 基准测试侧重于比较（新的或未知的）测试对象与已知的参照负载和系统的性能。

● 竞争测试侧重于核实测试对象对于多个主角对相同资源（数据记录、内存等）的请求处理是否可以接受的测试。

● 负载测试用于在测试的系统保持不变的情况下，核实和评估系统在不同负载下操作极限的可接受性。评估包括负载和响应时间的特征。如果系统结合了分布式构架或负载平衡方法，将执行特殊的测试以确保分布和负载平衡方法能够正常工作。

● 性能曲线测试监测测试对象的计时配置文件，包括执行流、数据访问、函数和系统调用，以确定并解决性能瓶颈和低效流程。

● 强度测试侧重于确保系统可在遇到异常条件时按预期运行。系统面对的工作强度可能包括过大的工作量、内存资源不足、不可用的服务/硬件或过低的共享资源。

### 8.3.5  RUP 对测试阶段的划分

在软件交付周期的不同阶段，通常需要对不同类型的目标应用进行测试。这些阶段是从测试小的构件（单元测试）到测试整个系统（系统测试）不断向前发展的。RUP 对测试阶段的划分如图 8.11 所示。

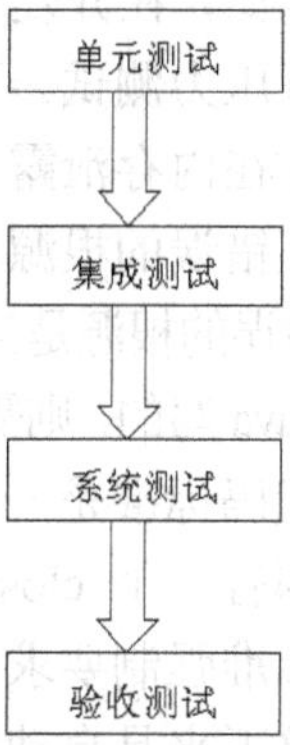

（1）单元测试在迭代的早期实施，侧重于核实软件的最小可测试元素。单元测试通常应用于实施模型中的构件，核实是否已覆盖控制流和数据流，以及构件是否可以按照预期工作。这些期望值建立在构件参与执行用例的方式的基础上。实施员在单元的开发期间执行单元测试。实施工作流程对单元测试做出了详细描述。

（2）执行集成测试是为了确保当把实施模型中的构件集成起来执行用例时，这些构件能够正常运行。测试对象是实施模型中的一个包或一组包。要集成的包通常来自于不同的开发组织。集成测试将揭示包接口规约中不够完全或错误的地方。

（3）当将软件作为整体运行或实施明确定义的软件行为子集时，即可进行系统测试。这种情况下的目标是系统的整个实施模型。

图 8.11  RUP 的 4 个测试阶段

（4）验收测试是部署软件之前的最后一个测试操作。验收测试的目的是确保软件准备就绪，并且可以供最终用户用于执行软件的既定功能和任务。

关于如何结合 IBM 的 Rational 工具实施 RUP，以及 RUP 模式下的软件测试方法，请读者参考《高品质软件成功之路——IBM Rational 软件交付平台全接触》一书。

# 8.4  自动错误预防（AEP）方法

AEP，即自动错误预防，是美国 Parasoft 公司提倡的一种软件测试方法，是一种以防止错误发生为主要目的的测试方法。

### 8.4.1  AEP 的基本概念

AEP 基于质量大师戴明的质量模型加入了自动化的元素。戴明提倡质量改进应该通过分析错误根源和消除错误原因。但是对于软件行业，这种手动的质量改进方式很难实现，需要花费大量的时间和精力，因此有必要引入自动化的实现方式。

Parasoft 公司提出的 AEP 方法论是对 AEP 概念的具体实现，旨在帮助软件企业从低效的错误检测转移到全面的自动化错误预防。

可以遵循以下 5 个特定的步骤来防止制造错误。

- 识别错误。
- 找出错误的原因。
- 定位产品产生错误的地方。
- 执行预防措施来确保相同的错误不再出现。
- 监视整个过程。

上述 5 个步骤可用图 8.12 来表示。

把这 5 个步骤用自动化的方式衔接并执行则形成了
AEP 的机制。AEP 把重点放在代码标准检查、单元测试方
面，应用相应的工具让这两个过程尽量自动化进行、持续地进行。

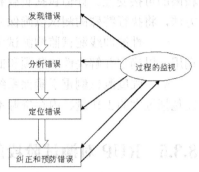

图 8.12 错误预防的 5 个步骤

例如，在开发一个 N 层架构的系统时，为了知道系统能处理怎样的通信量，测试人员需要执行压力测试。不幸的是，可能发现系统在压力面前垮掉了。原因是中间件在与数据库的连接存在内存泄露。通常，修正这个 Bug 很简单，但是不能防止类似的错误发生。AEP 希望能纠正错误的根源，从而防止内存泄露问题的出现。

错误的根源是当连接打开后没有被关闭。因此怎样防止它的出现呢？假设发生错误的中间件是用 Java 写的，则需要确保每个类的打开方法都有一个 finalize()方法来关闭连接或者有 finally 块。

代码标准是一个很好的方法，简单地创建一个规则来检查这个配对，确保每一个 open 方法都有一个 close 方法。通过创建这个规则，从压力测试错误"游"到上游，并建立一个代码标准强制要求所有的连接都应该关闭。

接下来是自动地实现这个改变，应该使用代码标准扫描工具来确保规则被用在开发组中。这才是真正的 AEP 实现。不仅改变了确保错误不再重现的做法，而且自动化了这个过程，并使用它的结果来度量改变如何有效地被整个开发组遵循。这使得判断改变是否有效成为可能，或者判断是否需要在过程中实现进一步的改变。

## 8.4.2 实现软件自动错误预防的五大法则

Parasoft 公司的 AEP 方法论提出了五大法则来实现软件的自动错误预防。

（1）自动错误预防法则一：应用行业最佳实践来防止普遍错误并建立全寿命的错误预防基础。

综合的最佳实践是软件行业专家研究不同语言的最普遍的错误而得出来的产物，然后形成设计的最佳实践用于预防这些普遍的错误。它们代表了前期大量的 AEP 概念的 5 个步骤循环积累而形成的知识财富。

通过借用这些已经形成的最佳实践，可以在自己实践 5 个循环步骤之前就能开始预防很多普遍的严重错误，尤其是不需要经过长时间的、大量的开发、测试来形成最佳实践，而是采用行业专家通过分析大量的代码和错误而得出的宝贵经验。

自动化是 AEP 的精华。如果缺少了自动化的技术，AEP 会变得很难实现，也不能彻底地始终如一地贯彻错误预防的思想。

（2）自动错误预防法则二：按需要修改实践来预防特殊的错误。

因为每一个开发过程和项目都有自己独特的挑战，因此某些错误是最佳实践不能预防的。AEP 通过一些机制来个性化地修改这些实践，从而预防那些错误。

如果发现逃过了现有的错误预防实践的错误，应该应用 AEP 的核心 5 个步骤。

● 识别错误。

● 找出错误原因。

● 定位产品产生错误的地方。

● 修改现有的实践（或者添加一些新的）来确保相同的错误不再出现。

● 坚持检查这个实践来监视实践是否被遵循了。

（3）自动错误预防法则三：确保每个小组正确地、始终如一地贯彻执行 AEP。

按小组逐个引入 AEP，从一个小组开始，等到这个小组已经有效地实行 AEP 了，然后才开始另外一个组。确保每个组都有一个合适的支持体系，在开始实行 AEP 之前，每个组都应该有能正常工作的源代码控制系统、自动化构建过程。

建立小组的工作流程来确保错误预防被恰当地执行。图 8.13 是一个推荐的工作流程。

（4）自动错误预防法则四：循序渐进地采用每一个实践。

最佳实践的贯彻执行会失败的其中一个原因是：开发人员一开始就接受大量的信息，以致拒绝接受，或忽略这些最佳实践的检查结果。

所以应该循序渐进地引入最佳实践。不要让项目组一开始就学习和遵循大量的新要求。其中一种策略是把实践分成几个等级：关键的、重要的、建议的，然后分阶段逐步引入每一个等级。或者把实践应用到某个预定的开发阶段完成后的修改和创建的代码文件。

（5）自动错误预防法则五：利用统计来稳定每一个过程，让它发挥价值。

只有过程是稳定的和有能力的，AEP 才能发挥它的最大价值。一个稳定的过程是可预见的，它的变量是受控的。另一个有能力的过程是稳定的，并且平均变化落在指定的限制范围内。

图 8.14 所示为用于度量小组对所有错误预防实践的坚持程度的置信因子曲线。

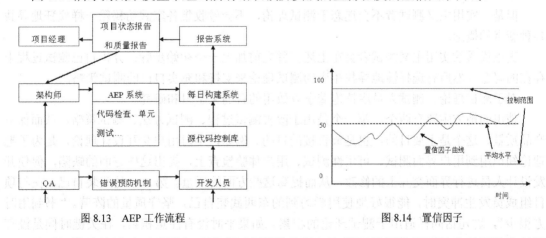

图 8.13　AEP 工作流程　　　　　　　　　图 8.14　置信因子

从时间推移的波动可以看出，这个过程是稳定的，但是平均置信因子的水平不够高，因此过程的能力还不够强。

## 8.5 小结

软件测试是一门讲究方法的学科，软件测试的方法也层出不穷，测试人员每时每刻都在使用着某些测试的方法进行测试。

学习和理解各种软件的测试方法有利于借他人之长，为己所用。著名的软件企业都有着自己的一套软件测试方法和管理流程，借鉴和熟悉这些方法可以让读者结合到自己的测试流程中，为提高和改善自己的测试工作服务。

## 8.6 新手入门须知

软件测试是一门需要不断学习补充新知识的学科，要想成为一名优秀的测试员就必须像成为一名武林高手一样不断研习武艺，博采众家之长，消化吸收后为己所用，这样才能最终称霸武林，并且立于不败之地。

测试的各种理论知识就像武功中的内功心法，各种测试技巧和测试工具则像招式和兵器，如果忽略了内功心法的修炼，即使招式和兵器熟练使用，也只是花拳绣腿，没有很强的杀伤力。

测试人员在面对各种各样的测试理论的时候，应该采取辩证的态度。

测试理论对于一个测试员来讲是必不可少的，就像前面讲的，它是内功心法，是基础。

但是有些人对测试理论不屑一顾，认为测试理论不过是那些学院的教授挤尽脑汁想出来唬人的东西。有些人认为测试理论只有大公司、大规模的测试团队才能应用得上。

实用主义的测试员会辨证地看待这些问题。实用主义测试者会分几步来看待这些理论。

（1）首先看这些理论是否有它的道理，它的应用条件是什么。

（2）然后看是否能马上应用到自己的测试过程中。

（3）如果不能照搬使用，再看是否能通过修改、调整来达到自己适用的目的。

但是，实用主义测试者不会迷恋于测试理论，不会像收集各家武功秘籍一样疯狂地寻找各种新奇的概念。

真正优秀的实用主义测试者会在上述步骤之前加上一个初始步骤：分析自己测试过程中存在的问题，然后有选择性地寻找相应的测试理论来支持和充实自己的测试策略。

对于测试理论，测试人员应该抱着学以致用的目的来学习和研究。

使用的地方主要有两个。第一个是用于改善测试过程、测试方法、测试策略，从而保证产品质量。这个是主要目的，也是最直接的目的。例如，学习用户交互设计理论，是为了把理论知识用到用户界面测试、可用性测试、用户体验检查上，提出这些方面的缺陷，促使开发设计人员进行界面交互上的修改，从而提高这些方面的质量。第二个是武装自己，在与项目组成员发生冲突时，能很好地使用学习到的东西武装自己，坚守质量的阵营。"书到用时方恨少"，这句话同样适用于测试理论的积累。如果平时没有注意积累，在关键时候是没有办法"捍卫"自己的，武林高手总是在陷入困境时能应用奇招脱险。

例如，界面测试发现的问题，往往修改率不高，原因当然有很多了，有考虑设计更改工作量的原因，有项目进度压力的原因。但是主要原因还是开发人员对待这些问题的态度。界面问题往往在某些公司认为是小问题，不值一提的问题，有些公司甚至禁止测试员录入这种类型的 Bug。有时开发人员也会对界面设计有自己的理解，虽然未必恰当，但是至少对这些问题进行了考虑，这是好事。但是问题是作为测试员是否能说服开发人员按"界面规范"修改呢？

这些问题的解决都需要测试员拥有深厚的"内功"，知道某些界面规范制定出来背后的支撑依据是什么？例如：为什么要尽量使用非模式的方式反馈信息，而不是弹出消息框？为什么要按一定的逻辑顺序排列界面元素？为什么要了解用户技能水平并对用户进行分类？这些都需要在平时就多想想，多找相关的理论知识充实自己，这样在跟开发人员"切磋"时才不至于哑口无言，适当时还能抛抛书袋，嘴角冒出一两个术语，将自己置于不败之地。

对于实用主义测试者而言，测试理论可以按以下方法进行分类。

（1）按理论化的程度划分为以下类别。

● 可直接使用类。

● 可借鉴概念类。

● 研究类。

① 可直接使用的理论知识是测试过程与使用条件相符合的情况，拿来即用。例如，冒烟测试的理论可直接应用在所有项目的测试中。

② 可借鉴概念类的理论知识是不具备使用的条件，但是理论提出的概念很好，可以借鉴或加以改造，从而为我所用。例如，AEP（Automated Error Prevention）的概念可以部分地用在测试过程，把每日构建、自动化冒烟测试整合在一起构成初步的 AEP 框架。

③ 研究类是理论化程度很深的东西，或者对于软件测试来讲还不是很成熟很实用的理论。对于这些理论只做了解，不深入研究，更不会去应用它。

对于测试理论，要把握学习的度，不要迷失在理论中不能自拔。例如，对于正交表测试用例设计理论，只需要了解正交表的基本原理、使用方法、应用范围即可把正交表试验法应用到测试用例的设计中来，而不需要深入探讨正交表的数学原理。

（2）按测试理论涉及的领域，则可分为以下类别。

● 测试方法类。

● 项目管理类。

● 开发心理类。

① 测试方法类是最需要掌握，也是最常接触的，包括如何进行各种类型的测试，例如安装包测试、用户手册测试、性能测试、GUI 自动化测试等。这些是测试人员需要修炼的"硬气功"。

② 项目管理类包括测试过程方法、质量管理、配置管理等关系到开发人员和测试人员一起工作的管理流程方面的理论，多看看 CMM、MSF、RUP 等软件过程管理的理论知识，可以让测试过程更好地进行，为测试争取更好的工作氛围。多点掌握这些知识可能在适当的时候让项目组的其他成员对自己刮目相看。这是测试人员需要修炼的"正气心法"。

③ 开发心理类，包括软件过程心理、开发人员心理、测试人员心理、用户心理等。平时多想想，尤其是换位想想，则会使它对自己的测试工作如虎添翼。这是测试人员需要修炼的"静心法"。

# 8.7 模拟面试问答

本章主要从测试的宏观方法上介绍了几种典型的测试方法论。优秀的软件企业如何组织和开展测试，它们的测试方法是怎样的，了解这些知识可以让你在回答面试官的一些问题时"旁征博引"，让面试官觉得你对测试比较了解，对测试方法有较深的理解。

（1）软件测试的流派有哪些？

参考答案：大概可以根据对测试的不同视角和理解划分成五大流派。

● 分析学派：分析学派认为测试是严格的技术性的，这一派在学术界有很多支持者。

● 标准学派：标准学派认为测试是用于衡量进度的一种方式，强调成本度量和可重复的标准。

● 质量学派：质量学派强调过程，测试人员像警察一样审判开发人员，又像守门员一样保证质量。

● 上下文驱动学派：上下文驱动学派强调人的作用，寻找利益相关方关心的 Bug。

● 敏捷学派：敏捷学派使用测试来验证开发是否完成，强调自动化测试。

其中分析学派是其他学派的根源，从分析学派发展出标准学派，再从标准学派衍生出其他的学派。对于同样一个项目，遵循不同的学派的标准进行测试可能会有不同的做法。应该综合考虑项目的实际情况来借鉴和综合利用不同学派的测试方法。

（2）您了解其他公司的软件测试是如何开展的吗？

参考答案：据我所知，微软的软件测试比较强调测试人员与开发人员的配合，测试人员需要与开发人员一起参与到需求和设计的评审中，测试人员从测试的角度对需求文档、设计文档进行可测试性、明确性、完整性、正确性等方面的审查。

微软的测试人员会在项目的里程碑阶段的末期组织大家进行 Bug Bash，即"Bug 大扫除"，例如在 Beta 版本发布之前，会专门预留几天的时间让项目组中的所有人都参与到测试中来，尽力搜寻项目的 Bug。

IBM 的软件测试则遵循 RUP 的做法，比较强调与迭代开发协调的回归测试、用例驱动测试。同时比较强调测试的度量，例如测试覆盖率的统计。

AEP 是美国 Parasoft 公司提倡的一种软件测试方法，是一种以防止错误发生为主要目的的测试方法，强调单元测试和代码标准规范性测试。AEP 方法论提出了五大法则来实现软件的自动错误预防。

● 应用行业最佳实践来防止普遍错误并建立全寿命的错误预防基础。

● 按需要修改实践来预防特殊的错误。

● 确保每个小组正确地、始终如一地执行 AEP。

● 循序渐进地采用每一个实践。

● 利用统计来稳定每一个过程，让它发挥价值。

# 第 9 章

# 软件测试的过程管理

软件测试的过程分成若干个阶段，每个阶段各有特点，有些阶段虽然不是测试的主要工作体现的地方，但是却是一个成功的测试不可或缺的重要组成部分，测试的各个阶段应该组成一个PDCA循环的整体，通过这个循环来达到提高测试质量的目的。

本章将详细介绍测试人员在软件的需求阶段、测试的计划和设计阶段、测试的执行阶段、测试的报告阶段各应该做哪些工作，应该注意哪些内容，怎样才能做好一次成功的测试。

# 9.1　软件测试的各个阶段

按照尽早进行测试的原则，测试人员应该在需求阶段就介入，并贯穿软件开发的全过程。就测试过程本身而言，应该包含以下几个阶段。

- 测试需求的分析和确定。
- 测试计划。
- 测试设计。
- 测试执行。
- 测试记录和缺陷跟踪。
- 回归测试；
- 测试总结和报告。

这几个阶段其实就是一个PDCA循环。PDCA循环也叫戴明循环，是一种质量改进的模型。P（Plan）代表计划，D（Do）代表执行，C（Check）代表检查，A（Action）代表处理。

首先在分析清楚需求的前提下对测试活动进行计划和设计，然后按既定的策划执行测试和记录测试，对测试的结果进行检查分析，形成测试报告，这些测试结果和分析报告又能指导下一步的测试设计。因此形成了一个质量改进的闭环，如图9.1所示。

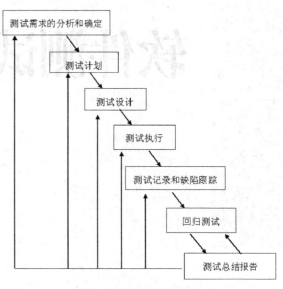

图 9.1　测试的各个阶段

# 9.2　测试需求

数据表明，超过50%以上的缺陷来源于错误的需求，如图9.2所示。

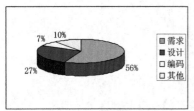

图 9.2　来源于错误的需求
导致的缺陷所占比例

研究报告指出，多年来，大部分的软件项目不能按计划完成，不能有效控制成本。大部分项目失败的首要原因是软件质量差，导致大量的返工、重新设计和编码。其中软件质量差的两大原因是软件需求规格说明书的错误、有问题的系统测试覆盖。

经常听到用户抱怨、甚至不用已经交付的软件，而这些软件还通过了严格的测试和质量保证人员的确认。对于这点也许不会感到惊讶，因为知道需求从一开始就是错误的。

一项调查表明 56% 的缺陷其实是在软件需求阶段被引入的，而这其中的 50% 是由于需求文档编写有问题、不明确、不清晰、不正确导致的，剩下的 50% 是由于需求的遗漏导致的。

 **技巧**

> 对于需求文档，应该遵循尽早测试的原则，对需求进行测试。

## 9.2.1　需求规格说明书的检查要点

测试人员经常抱怨测试缺乏需求文档，或者是需求文档不能够指导测试，测试缺乏依据。但是当面前出现一份厚厚的需求规格说明书时，测试人员是否只是盲目地接受它，照搬过来进行测试呢？

一般地，通过检查需求规格说明书的以下方面来衡量需求规格说明书的质量。

- 正确性：对照原始需求检查需求规格说明书。
- 必要性：不能回溯到出处的需求项可能是多余的。
- 优先级：恰当划分并标识。
- 明确性：不使用含糊的词汇。
- 可测性：每项需求都必须是可验证的。
- 完整性：不能遗漏必要和必需的信息。
- 一致性：与原始需求一致、内部前后一致。
- 可修改性：良好的组织结构使需求易于修改。

关于怎样才能做好软件的需求分析工作，以及度量软件需求，请读者参考温伯格的《探索需求——设计前的质量》一书（英文名称为 *Exploring Requirements: Quality Before Design*）。

## 9.2.2　需求文档的检查步骤

需求文档的一般检查步骤如图 9.3 所示，包括以下步骤的内容。

（1）获取最新版本的软件需求规格说明书，同时尽量取得用户原始需求文档。

（2）阅读和尝试理解需求规格说明书中描述的所有需求项。

（3）对照需求规格说明书检查列表进行检查并记录。

（4）针对检查结果进行讨论、修订需求规格说明书后回到第一步，直到检查列表中的所有项通过。

下面列举一个需求规格说明书检查列表的例子，如表 9-1 所示。

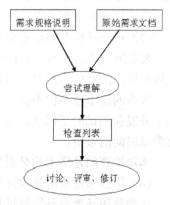

图 9.3　需求规格说明书检查步骤

表 9-1 需求规格说明书检查列表的一个例子

| 序　号 | 检 查 项 | 检 查 结 果 | 说　明 |
|---|---|---|---|
| 1 | 是否覆盖了用户提出的所有需求项 | 是[ ] 否[ ] NA[ ] | |
| 2 | 用词是否清晰，语义是否存在有歧义的地方 | 是[ ] 否[ ] NA[ ] | |
| 3 | 是否清楚地描述了软件系统需要做什么及不做什么 | 是[ ] 否[ ] NA[ ] | |
| 4 | 是否描述了软件使用的目标环境，包括软硬件环境 | 是[ ] 否[ ] NA[ ] | |
| 5 | 是否对需求项进行了合理的编号 | 是[ ] 否[ ] NA[ ] | |
| 6 | 需求项是否前后一致、彼此不冲突 | 是[ ] 否[ ] NA[ ] | |
| 7 | 是否清楚说明了系统的每个输入、输出的格式，以及输入输出之间的对应关系 | 是[ ] 否[ ] NA[ ] | |
| 8 | 是否清晰描述了软件系统的性能要求 | 是[ ] 否[ ] NA[ ] | |
| 9 | 需求的优先级是否合理分配 | 是[ ] 否[ ] NA[ ] | |
| 10 | 是否描述了各种约束条件 | 是[ ] 否[ ] NA[ ] | |

对照需求规格说明书以及表 9-1 中的每一项内容，逐条检查和判断，如果认为满足要求，则选择是；如果不满足要求，则选择否；如果某项在本次的检查或评审中不适用，则选择 NA。

在实际使用表 9-1 进行某个项目的需求文档审查时，需要根据本项目的实际需要进行删减、修改或补充，并在说明一栏填写评估检查项是否通过的依据和说明检查项的审查目的等内容。

下面对表 9-1 中的每一个检查项做出解释。

（1）第一项需要检查需求规格说明书是否满足了用户提出的每一项需求。

因此，需要找到用户的原始需求素材来进行对照检查，包括用户需求文档、用户提供的相关材料、调研记录、与用户的沟通记录等。

本项检查的主要是需求的完整性。

（2）第二项需要检查需求文档的用词用语问题。

因此需要查找诸如也许、可能、大概、大约等关键字，如果出现这些关键字，则需要看关键字出现的地方描述的内容是否能进一步地确定和明确。

需求是测试人员、开发人员、用户之间沟通的基础，如果需求规格说明书存在不明确的地方而没有进一步地确认清楚，则可能导致后期开发和测试之间缺乏对需求的统一理解，从而导致测试人员认为是缺陷的问题开发人员认为不是，缺陷跟踪库上出现大量的 Rejected 状态类型的 Bug。

本项检查的主要是需求的明确性。

（3）第三项检查的是需求规格说明书对需求覆盖是否准确。

覆盖应该不多不少，少了则是需求覆盖不充分（第一项要检查的）；多了则可能是不必要、强加给用户的功能，检查是否存在多余的需求项是本项检查的重点。

多余的需求项不但不会被用户使用到，而且可能造成用户的困扰。并且多余的需求项增加了开发和测试的工作量，还可能增加软件系统的复杂度，从而增加了软件实现的风险，还有测试时间的浪费。

本项检查的是需求的必要性。

（4）第四项检查的是软件使用环境的描述是否清晰。

软件使用环境是开发调试和测试的基础，测试人员需要根据这些使用环境进行测试环境的搭建，以便尽量真实地模拟软件将来在用户工作中的使用环境。

使用环境的描述应该包括软硬件环境和网络环境等。应该与目标用户通过充分地沟通获取这些信息。

本项检查的是需求的完整性。

（5）第五项检查的是需求规格说明书中的需求编号是否正确。

缺乏需求编号可能导致需求文档的可修改性和可追溯性不强，导致其他文档在需要引用某项需求时的麻烦。

错误的需求编号则会导致需求维护和管理的难度，通常出现的错误是编号重复（例如，两个需求项使用了同一个编号）、编号规则不统一、编号缺乏顺序性。建议使用某些需求管理软件进行需求管理和跟踪，这样编号问题也能通过工具自动解决。

本项检查的主要是需求的可修改性。

（6）第六项主要检查需求是否是自相矛盾的。包括需求描述的前后不一致和需求规格说明书与用户原始需求的不一致。

例如，有些需求规格说明书在描述软件使用环境时没有提到需要在 Linux 平台下使用，而在描述安装包的开发时则要求需要支持 Linux。需求的自相矛盾会让人产生疑惑，并且浪费很多时间在解析疑惑或弄清楚正确的需求上；更糟糕的是，大家会渐渐对这份需求规格说明书产生不信任感，从而放弃从文档获取正确的信息，放弃对文档进行更新和维护，如图 9.4 所示。

本项主要检查的是需求的一致性。

（7）第七项主要检查软件系统允许的输入与预期的输出。

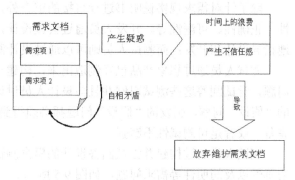

图 9.4　需求不一致可能导致的后果

是否清晰地定义了所有允许的输入，输入的格式，例如单位、范围、顺序等。是否清晰地定义了某个输入对应的可能输出是什么，以及输出的格式。

测试人员应该检查每类输入是否存在固定的输出，如果没有则不能指导下一步的测试活动，因为缺乏判断和验证系统正确性的依据。

本项主要检查的是需求的可测性。

（8）第八项检查的是软件系统的性能需求有没有得到清晰的表述。

实际上不仅仅是性能需求，还可能包括更多的其他需求，例如，如果对产品的安全性有很高的要求，则需要包括安全性的需求。

一般大部分的设计和开发主要关注功能的实现，因此容易遗漏其他需求的描述，测试人员在检查需求规格说明书时，应该关注这些需求是否经过调研可以省略不考虑，如果不是，则应该补充进来，并且测试的计划中应该包括这些方面的测试。

本项主要检查的是需求的完整性。

（9）第九项检查的是需求的关注重点和实现的先后顺序是否清晰地被描述出来。

一般软件的关键特性和重要特性应该尽早实现，用户关心的功能应该重点实现，用户迫切想要的功能应该及早提供。

需求的优先级别划分对于项目开发计划的制定、测试计划的制定都有影响，对测试人员的回归测试策略的定义也有非常重要的指导意义。

本项主要检查的是需求的优先级。

（10）第十项检查的是对软件系统的约束条件是否完整描述。

包括约束条件是否完整、约束条件是否合理，是否与用户的业务场景要求一致，等等。

此项检查比较考验测试人员对业务需求的理解能力、逻辑判断能力。约束条件也是测试人员在测试时需要重点关注的部分，因此如果约束条件描述不完整，可能造成漏测问题。

本项主要检查的是需求的可测性。

在实际的检查过程中，并不一定要严格按照顺序执行检查，而是可以综合在一起检查，例如，在检查第一项的时候就可以结合第四项一起检查，因为这两项在检查过程中都需要查阅用户提出的原始需求和相关文档材料。

### 9.2.3　通过编写测试用例来检查需求

除了针对需求规格说明书进行直接的审查外，还可以通过间接的方式来检验需求的完整性、正确性、可测性等。开发人员通过尝试设计，可以反过来验证需求规格说明书能否很好地指导设计和开发；而测试人员则可以通过设计测试用例来检查需求。

测试人员通过想象产品已经制造出来，构建一系列的测试用例，并且问一些"假设"的问题，尝试回答这些测试用例并且与设计人员讨论答案，试图认同答案通常会导致其他更多的"假设"问题，引发的"假设"问题都必须得到很好的回答，否则可认为需求还不够清晰、完备，或者是可测试性不够强。

测试人员通过构建并尝试回答设计的黑盒测试主要是为了测试需求的完备性、准确性、明确性以及简明性等需求问题，如图9.5所示。

下面举些简单的例子来说明这种需求检查的方法。

在进行环境测试时，首先需要知道软件系统将来的使用环境，然后尽量模拟这些可能出现的使用环境进行测试。当尝试在需求文档中找到详细的运行环境信息的时候，可能会发现这一部分需求的缺失，在进一步编写环境测试的用例之前，必须解决这部分需求文档的完备性问题。

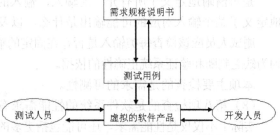

图9.5　通过编写测试用例来检查需求

如果对于下面一个简单的测试用例，想象软件产品已经存在，则测试人员尝试运行测试用例将会引发很多疑问。

```
测试用例编号：Input_001
测试优先级：中等
估计执行时间：2分钟
测试目的：验证业务单据数据的查询正确性。
标题：业务单据查询
步骤：
1. 打开查询界面。
2. 输入查询条件。
3. 确定并提交查询。
4. 查看并验证返回的信息。
```

如果按照这样一个初步设计的测试用例对产品进行"预演"测试，测试人员将会发出很多疑问，例如，可输入的查询条件包括哪些？提交查询之前是否会验证输入数据的正确性？输入数据的单位、范围有无限制？所有条件都不输入是否意味着查询出所有业务单据？

对于这些疑问，如果在需求文档中不能找到令人满意的答案，则可认为需求文档的完整性、明确性、可测试性都存在缺陷。在进一步编写测试用例和测试之前应该解决需求文档的这些问题。

> **说明**
>
> 除了上面说的两种检查需求的方法之外，还可以通过用户调查来测试需求，或利用现存的产品对需求进行测试。

# 9.3　测试计划

计划是关于如何做某样事情的思考。也可以把测试当成是一场战争，一场对所有软件 Bug 展开的歼灭战。对于这样一场战争，要考虑如何制定一个可行的计划。

## 9.3.1　为什么要制定测试计划

Ainars Galvans 认为：缺乏计划，授权给大家，依赖个人的技能、承诺、团队协作，这不仅不是银弹，而且有很多缺点。例如，没有历史记录的保持，更难衡量和评估每个人的工作成绩。

项目的成败由四大要素决定，如图 9.6 所示。

项目的 4 个因素由不同的文档来覆盖。

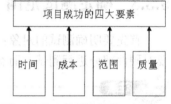

- 时间：由项目计划覆盖。
- 成本：由合同覆盖。
- 范围：由需求文档覆盖。
- 质量：由 QA 计划或测试计划覆盖。

图 9.6　项目成功的四大要素

测试计划通常作为关于质量的重要文档呈现给管理层，可分为内部作用和外部作用两方面。

（1）测试计划的内部作用有以下 3 个。

- 作为测试计划的结果，让相关人员和开发人员来评审。
- 存储计划执行的细节，让测试人员来进行同行评审。
- 存储计划进度表、测试环境等更多的信息。

（2）测试计划的外部作用是给顾客一个信心，通过向顾客交代有关于测试的过程、人员的技能、资源、使用的工具等的信息。

## 9.3.2　测试计划是对测试过程的整体设计

软件测试计划是对测试过程的一个整体上的设计。通过收集项目和产品相关的信息，对测试范围、测试风险进行分析，对测试用例、工作量、资源和时间等进行估算，对测试采用的策略、方法、环境、资源、进度等做出合理的安排。

因此，测试计划的要点包括以下内容。

- 确定测试范围。

- 制定测试策略。
- 测试资源安排。
- 进度安排。
- 风险及对策。

下面是某个项目的集成测试计划文档的纲要：

```
1 概述
1.1 测试模块说明
1.2 测试范围
2 测试目标
3 测试资源
3.1 软件资源
3.2 硬件资源
3.3 测试工具
3.4 人力资源
4 测试种类和测试标准
4.1 功能测试
4.2 性能测试
4.3 安装测试
4.4 易用性测试
5 测试要点
6 测试时间和进度
7 风险及对策
```

### 9.3.3　确定测试范围

首先要明确测试的对象：有些对象是不需要测试的，例如，大部分软件系统的测试不需要对硬件部分进行测试，而有些对象则必须进行测试。

> **注意**
>
> 很容易把用户手册、安装包、数据库等对象当成不需要测试的内容，实际上这些内容对用户而言也是非常重要的，它们的质量好坏也决定了一个产品的质量好坏。

有时候，测试的范围是比较难判断的，例如，对于一些整合型的系统，它把若干个已有的系统整合进来，形成一个新的系统，那么就需要考虑测试的范围是包括所有子系统，还是仅仅测试接口部分，需要具体结合整合的方式、系统之间通信的方式等来决定。

### 9.3.4　制定测试策略

测试的策略包括宏观的测试战略和微观的测试战术，如图 9.7 所示。

（1）测试战略。

测试的战略，也就是测试的先后次序、测试的优先级、测试的覆盖方式、回归测试的原则等。

为了设计出好的测试战略,需要了解软件的结

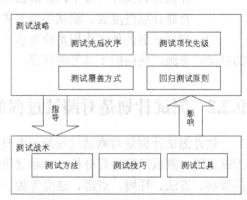

图 9.7　测试策略

构、功能分布、各模块对用户的重要程度等，从而决定测试的重点、优先次序等。

为了达到有效的覆盖，需要考虑测试用例的设计方法，尽可能用最少的测试用例发现最多的缺陷，尽可能用精简的测试用例覆盖最广泛的状态空间，还要考虑哪些测试用例使用自动化的方式实现、哪些使用人工方式验证等。

回归测试也需要充分考虑，根据项目的进度安排、版本的迭代频率等，合理安排回归测试的方式，同时也要结合产品的特点、功能模块的重要程度、出错的风险等来制定回归测试的有效策略。

（2）测试战术。

测试的战术也就是采用的测试方法、技巧、工具等。

制定测试计划时需要结合软件采用的技术、架构、协议等，来考虑如何综合各种测试方法和手段，是否需要进行白盒测试，采用什么测试的工具进行自动化测试、性能测试等。

### 9.3.5 安排好测试资源

通过充分估计测试的难度、测试的时间、工作量等因素，决定测试资源的合理利用。需要根据测试对象的复杂度、质量要求，结合经验数据对测试工作量做出评估，从而确定需要的测试资源。

确定测试人员的到位时间，参与测试的方式等。如果需要招聘，还要考虑招聘计划。还要对测试人员的技能要求进行评估，适当制定培训计划。

**技巧**

由于每个人的思维存在局限性，因此每项测试的安排最好不少于两个人参与，以便交叉测试，发现更多的 Bug。

### 9.3.6 安排好进度

测试的进度需要结合项目的开发计划、产品的整体计划进行安排，还要考虑测试本身的各项活动进行安排。把测试用例的设计、测试环境的搭建、测试报告的编写等活动列入进度安排表，如图 9.8 所示。

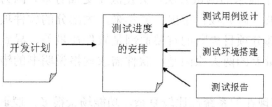

图 9.8 测试进度安排需要考虑的因素

不能完全按照开发计划一一对应过来，因为有些开发阶段出来的东西是不需要测试的，例如有些模块是基础模块、核心模块，只能进行白盒测试，而这些模块的这种类型测试可能是这个项目的测试活动不需要涉及的，或者是因为测试组没有这样的资源来进行这种类型的测试，或者是短时间的白盒测试不能取得明显的效果，倒不如留下资源通过其他方式进行测试。

**技巧**

每一项的测试之间最好能预留一段缓冲时间，缓冲时间一方面可以用于应对计划的变更，一方面可以让测试人员有时间完善和补充测试用例。

### 9.3.7 计划风险

最后不要忘记对测试过程可能碰到的风险进行估计，制定出相应的应对策略。

一般可能碰到的风险是项目计划的变更、测试资源不能及时到位等方面，制订测试计划时应该根据项目的实际情况进行评估，并制定出合理、有效的应对策略。

对于项目计划的变更，可以考虑建立更加通畅的沟通渠道，让测试人员能及时了解到变更的情况，以及变更的影响，从而可以做出相应的改变，例如，测试计划的调整等。

**技巧**

> 对于测试资源的风险，则可以考虑建立后备机制，尽可能让后备测试人员参与项目例会、评审、培训、交流等活动，让后备测试人员及时了解项目的动态，以及产品的相关信息，以便将来出现资源紧缺情况时能及时调遣使用。

# 9.4 测试的设计及测试用例

为什么要设计测试用例呢？测试用例的创建可能会有两个用途或目的。

● 测试用例被认为是要交付给顾客的产品的一部分。测试用例在这里充当了提高可信度的作用。典型的是 UAT（可接受）级别。

● 测试用例只作为内部使用。典型的是系统级别的测试。在这里测试效率是目的。在代码尚未完成时，基于设计编写测试用例，以便代码准备好后，就可以很快地测试产品。

测试用例的设计是对测试具体执行的一个详细设计，它是测试思维的集中反映。因此，不要过分地去追求测试用例的写作，而要更多地考虑测试用例设计的方法、设计的思路。

### 9.4.1 基于需求的测试方法

RBT（Requirements-Based Testing）是基于需求的测试方法，会使测试更加有效，因为它使测试专注于质量问题产生的根源，即需求。研究报告指出，多年来，大部分的软件项目不能按计划完成，不能有效控制成本。大部分项目失败的首要原因是软件质量差，导致大量的返工、重新设计和编码。其中软件质量差的两大原因是：软件需求规格说明书的错误、有问题的系统测试覆盖。

要获得满意的测试覆盖率是很难的。尤其现在的系统都比较复杂，功能场景很多，逻辑分支很多，要做到完全的覆盖几乎不可能。再者，需求的变更往往缺乏控制，需求与测试用例之间往往缺乏可跟踪性。

在使用基于需求的测试方法的过程中，保持对需求的可追踪性非常重要。保持需求与测试用例及测试之间的可追踪性有助于监视进度、度量覆盖率，当然也有助于控制需求变更。

基于需求的软件测试方法创始人及 BenderRBT 公司总裁 Richard Bender 说："基于需求的测试是软件测试的本质"。基于需求的测试是一种最根本的软件测试，重点关注以下两大关键问题。

（1）验证需求是否正确、完整、无二义性，并且逻辑一致。

（2）要从"黑盒"的角度，设计出充分并且必要的测试集，以保证设计和代码都能完全符合需求。

基于需求的测试设计需要一定的工具支持，例如从需求转换为测试用例、建立需求跟踪等。测试管理工具 QC（Quality Center）可以把需求项转换成测试计划和测试用例，如图 9.9 所示。并且支持需求与测试用例之间的链接，从而可以方便地统计和跟踪需求覆盖情况，如图 9.10 所示。

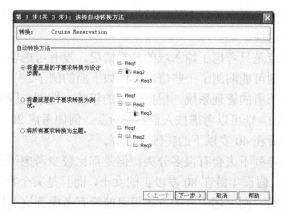

图 9.9　在 QC 中把测试需求转化成测试用例

| Name | Direct Cover Status | 覆盖范围分析 | | |
|---|---|---|---|---|
| 1 - Mercury Tours Application | ✖ Failed | | | 7 |
| 　1.1 - Online Travel Booking Services | ? Not Covered | | 1 | 3 |
| 　　1.1.1 - Products/Services On Sale | ? Not Covered | | | 3 |
| 　　　1.1.1.1 - Flight Tickets | ✖ Failed | ◆ Failed | | |
| 　　　1.1.1.2 - Hotel Reservations | ? Not Covered | ○ Not Covered | | |
| 　　　1.1.1.3 - Car Rentals | ? Not Covered | ○ Not Covered | | |
| 　　　1.1.1.4 - Tours/Cruises | ? Not Covered | ○ Not Covered | | |
| 　1.2 - Online Travel Information Source | ? Not Covered | | | 4 |
| 　　1.2.1 - Itineraries Information | ? Not Covered | ○ Not Covered | | |
| 　　1.2.2 - Maps | ? Not Covered | ○ Not Covered | | |
| 　　1.2.3 - Travel Guides | ? Not Covered | ○ Not Covered | | |
| 　　1.2.4 - Tips & FAQ | ? Not Covered | ○ Not Covered | | |
| 　1.3 - Profiling | ✖ Failed | ◆ Failed | | |
| 2 - Cruise Reservation | ? Not Covered | | | 2 |
| 3 - Application Security | ? Not Covered | 2 1 | | 15 |
| 4 - Application Client System | ? Not Covered | | | 5 |

图 9.10　QC 中的测试需求覆盖视图

## 9.4.2　等价类划分法

等价类是指某个输入域的集合，在这个集合中每个输入条件都是等效的。等价类划分法认为：如果使用等价类中的一个条件作为测试数据进行测试不能发现程序的缺陷，那么使用等价类中的其他条件进行测试也不能发现错误。

等价类是典型的黑盒测试方法，不需要考虑程序的内部结构，只需要考虑程序的输入规格即可。例如，一个计算三角形面积的程序，需要输入 3 条边的值，可以考虑下面的等价类划分方法。

首先，从默认的规则出发，可以考虑 A>0、B>0、C>0；然后，从三角形的特性考虑，可以划分成 A+B>C、A+C>B、B+C>A；从其他不同的角度考虑，还可以列出更多的划分方式。

基本上所有的输入都可划分为两大等价类。

● 有效等价类。

● 无效等价类。

因此可利用画等价类表的方式来帮助划分等价类，如表9-2所示。

表9-2                    等价类表

| 输入条件 | 有效等价类 | 无效等价类 |
|---|---|---|
| A、B、C | A>0、B>0、C>0 | A=0、B=0、C=0 |
| A、B、C | A+B>C、A+C>B、B+C>A | A+B<C、A+C<B、B+C<A |
| … | … | … |

等价类划分法的优点是考虑了单个输入域的各类情况，避免了盲目或随机选取输入数据的不完整和覆盖的不稳定性。

等价类划分法的缺点是只考虑了输入域的分类情况，没有考虑输入的组合情况。如果仅仅使用等价类划分法，则可能漏测了一些情况，例如下面的例子。

假设有一个婚姻介绍所的管理系统，根据输入的年龄、性别、国籍来匹配合适的婚姻对象。如果用等价类划分法，则可以考虑按人群特征分类。例如考虑20～30年龄段的未婚中国女性，曾经结过婚的年龄在40岁以下的美国女性等。

但是读者会发现这样列下去会有很多分类，但是都比较少考虑组合的情况，尤其是一些组合的逻辑关系。例如，假设年龄在80岁以上的女士，而且是某个特定国籍的，不被婚姻介绍所考虑为服务对象的话，则上述的分类方式很可能没有考虑到这些情况。

 **说明**

> 等价类划分法虽然简单易用，但是没有对组合情况进行充分的考虑。需要结合其他测试用例设计的方法进行补充。

## 9.4.3   边界值分析法

首先看看下面的几段简单代码，它们是几种常见的循环体的编写方式：

```
for( int i = 0; I < 100; i++ )
{
    //循环地做某件事情...
}

for( int i = 1;I < 100; i++ )
{
//循环地做某件事情...
}

for( int i = 0;I <= 100; i++ )
{
    i+1;
    //循环地做某件事情...
}
```

通过简单的分析就可以看出，每一段代码循环的次数都是不一样的，因此循环涉及的边界范围也是不一样的。而从表面看起来，这三段代码很相似，程序员在编写类似的代码时是很容易混淆和出错的，而且错误的地方大部分是在循环的边界范围，例如循环到最后一个时才出现"数组越界"之类的错误。

边界值分析法假设大多数的错误发生在各种输入条件的边界上，如果在边界附近的取值不会导致错误，那么其他取值导致出错的可能性也很小。

同样是前面的三角形的例子，如果把 A>0 的条件换成 A>=0 则很可能触发程序的错误。

很多人在使用边界值法设计测试用例的时候还喜欢略为结合一下前面讲的等价类划分法，例如在上边界和下边界中间再取一个标准值。这样的话，对于一个范围为 1~10 的输入条件，可以用边界值分析法得到以下输入数据：0、1、5、10、11。

边界值的取值依据输入的范围区间不同而有所不同。但是都需要把上点值、离点值和内点值取到，只是取点的位置不一样。

如果是闭区间，例如[1，10]，如图 9.11 所示。

闭区间的取值如下。

- 上点：1、10。
- 内点：5。
- 离点：0、11。

如果是开区间，例如（1，10），如图 9.12 所示。

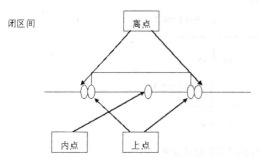

图 9.11　闭区间的取值

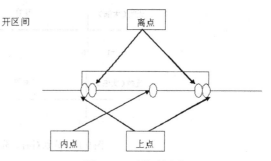

图 9.12　开区间的取值

开区间的取值为如下。

- 上点：1、10。
- 内点：5。
- 离点：2、9。

如果是半开半闭区间，例如（1，10]，如图 9.13 所示。

半开半闭区间的取值如下。

- 上点：1、10。
- 内点：5。
- 离点：2、11。

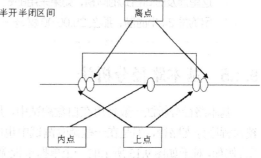

图 9.13　半开半闭区间的取值

如果是对于婚姻介绍所管理系统的例子采用边界值方法，在输入年龄时需要考虑输入范围，假设要求年龄范围在 20～80 岁，则可以考虑输入数据：19、20、40、80、81。

说明

边界值分析法的优点是简单易用，只需要考虑单个输入的边界附近的值，并且这种方法在很多时候是非常有效的揭露错误的方法。但是它跟等价类划分的方法一样没有考虑输入之间的组合情况。因此需要进一步结合其他测试用例设计方法。

另外，边界值在关注边界范围的同时，可能忽略了一些输入的类型，例如在婚姻介绍所管理系统的例子中，如果输入的年龄数据为 20.5 这样的小数时，可能导致系统的错误。

### 9.4.4 等价类+边界值

通常结合等价类划分和边界值分析法，对软件的相关输入域进行分析，常见的分析域包括整数、实数、字符和字符串、日期、时间、货币等。

假设需要测试一个订票系统，需要输入航班的出发时间。这里就涉及时间作为分析域。综合应用等价类和边界值对时、分、秒的输入范围进行分析，如图 9.14 所示。

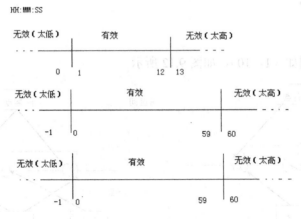

图 9.14 分别对时、分、秒的输入范围进行分析

 **注意**

> 这里涉及时间格式的问题，如果采用的是 12 小时制，那么 13:00:00 就是一个无效值。如果采用的是 24 小时制，那么 25:00:00 就是一个无效值。

### 9.4.5 基本路径分析法

基本路径分析法一般使用在白盒测试中，用于覆盖程序分支路径，但是在一些黑盒测试中也能使用。例如，对于如图 9.15 所示的一个单据审批流程，可以采用基本路径分析法进行测试用例的设计。

可以沿着箭头的方向找到所有可能的路径。按照基本路径分析，可以简单地归纳出以下几个需要覆盖的流程。

● 编辑申请单→确认→审批通过→生成申请报告。

● 编辑申请单→确认→取消确认→重新编辑。

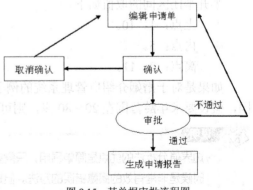

图 9.15 某单据审批流程图

- 编辑申请单→确认→审批不通过→重新编辑。

基本路径分析法的重点在于覆盖流程，确保让程序体现所有可能的逻辑。但是这种方法也存在一定的缺点，就是基本路径分析法只覆盖一次流程，对于一些存在循环的流程没有考虑。

例如，在图 9.15 的例子中，如果确认申请单后，取消确认，回到编辑申请单，重新编辑后再次确认，然后再次取消确认时才出错；或者在审批退回后，虽然可以再次编辑和确认，但是再次审批时由于单据号没有更新，程序没有很好地判断单据号重复的情况，也可能出错。

 **注意**

> 这些错误都是比较容易出现的，但是基本路径覆盖未必能找出来。因此，还需要结合其他的测试用例设计方法进行考虑，例如错误猜测法、场景分析法等。

## 9.4.6　因果图法

因果图是一种简化了的逻辑图，能直观地表明程序输入条件（原因）和输出动作（结果）之间的相互关系。因果图法是借助图形来设计测试用例的一种系统方法，特别适用于被测试程序具有多种输入条件、程序的输出又依赖于输入条件的各种情况。

因果图法设计测试用例的步骤如下。

（1）分析所有可能的输入和可能的输出。

（2）找出输入与输出之间的对应关系。

（3）画出因果图。

（4）把因果图转换成判定表。

（5）把判定表对应到每一个测试用例。

现在举某个项目中的一个业务单据处理规则为例子，看如何通过因果图法设计测试用例。假设业务单据的处理规则为：“对于处于提交审批状态的单据，数据完整率达到 80%以上或已经过业务员确认，则进行处理”。

对于这条业务规则，首先通过分析所有可能的输入和可能的输出，可以得到如下结果。

- 输入：处于提交状态、数据完整率达到 80%以上、已经过业务员确认。
- 输出：处理、不处理。

然后，需要进行第二步，找出输入与输出之间的对应关系。通过分析，可以看出有以下的对应关系。

（1）单据处于提交审批状态且数据完整率达 80%以上，则处理。

（2）如果单据不处于审批状态，则不处理；如果单据处于提交审批状态，且已经过业务员确认，则处理。

（3）如果单据处于提交审批状态，数据完整率未达到 80%以上，但经过了业务员的确认，则处理。

为了方便画出因果图和判定表，需要对所有输入和输出编号，现在编号如下。

对所有输入项编号如下。

- 1：处于提交状态。
- 2：数据完整率达到 80%以上。

- 3：已经过业务员确认。

所有输出项编号如下。

- 21：处理。
- 22：不处理。

对于输入和输出的对应关系，需要结合实际业务的逻辑要求进行分析，并画出如图 9.16 所示的因果图。

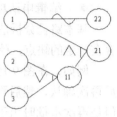

图 9.16　因果图

把因果图转换成如表 9-3 所示的判定表。

表 9-3　　　　　　　　　　　　　　　　判定表

|  |  | 1 | 2 | 3 | 4 | 5 | 6 | 7 | 8 |
|---|---|---|---|---|---|---|---|---|---|
| 条　件 | 1 | Y | Y | Y | Y | N | N | N | N |
|  | 2 | Y | Y | N | N | Y | Y | N | N |
|  | 3 | Y | N | Y | N | Y | N | Y | N |
| 中 间 结 果 | 11 | Y | Y | Y | N | Y | Y | Y | N |
| 动　作 | 21 | Y | Y | Y | N | N | N | N | N |
|  | 22 | N | N | N | Y | Y | Y | Y | Y |

最后一个步骤就是把判定表中的 8 列转换成一个个测试用例。当然也可以先把判定表简化、合并后再转换成测试用例。

> **说明**
>
> 因果图法设计测试用例的好处是让测试人员通过画因果图，能更加清楚输入条件之间的逻辑关系，以及输入与输出之间的关系。缺点是需要画图和转换成判定表，对于比较复杂的输入和输出会需要花费大量的时间。

## 9.4.7　场景设计法

场景设计法是由 Rational 的 RUP 开发模式所提倡的测试用例设计思想。

现在的软件大部分是由事件触发来控制流程的，事件触发时的情景就是所谓的场景。在测试用例设计过程中，通过描述事件触发时的情景，可以有效激发测试人员的设计思维，同时对测试用例的理解和执行也有很大的帮助。

如果需求规格说明书是采用 UML 的用例设计方式进行的，那么测试人员可以比较轻松地通过把系统用例影射成测试用例的方法来设计测试用例。需要覆盖系统用例中的主成功场景和扩展场景，并且需要适当补充各种正反面的测试用例和考虑出现异常的情形。

场景设计法需要测试人员充分发挥对用户实际业务场景的想象。例如，图 9.17 所示为单据审批流程。

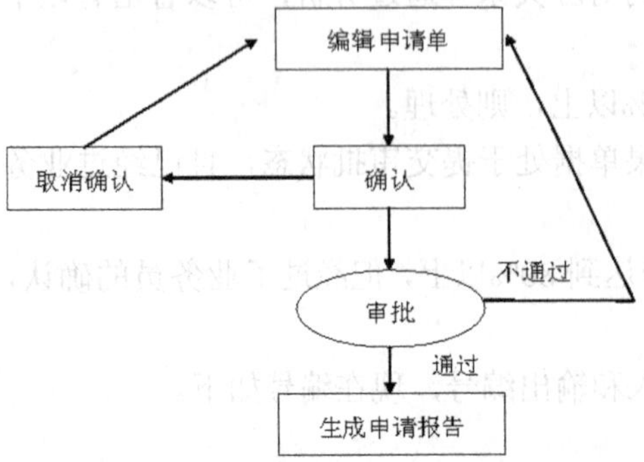

图 9.17　某单据审批流程图

可以想象用户在实际工作中会发生的审批过程，至少能考虑到下面几个需要进行测试的要点。

（1）用户编辑申请单，然后必须先确认申请单的有效性，确认动作是编辑者本人，确认的目的是让系统帮助编辑者校验申请数据的正确性、是否满足逻辑约束，避免生成一份无效的申请单。

对于这个场景，测试人员需要考虑验证一份正确输入数据的申请单，系统可以正确地通过确认。还需要考虑验证一份错误输入数据的申请单，系统会检查出相应的错误，并提示用户。因此可以设计出正反两个场景的测试用例。

（2）对于一份通过确认的申请单，如果用户此时发现误录了一些数据，应该可以取消确认。因为此时单据尚未提交审批，应该给用户纠正错误的余地。因此，测试人员需要设计一个测试用例，执行确认动作后，再立即执行取消确认动作，看系统是否允许重新编辑申请单。

（3）申请单审批通过则系统自动生成申请报告，否则退回给申请人重新编辑。对于这样一个过程，测试人员首先需要设计一个测试用例来验证审批通过后系统是否正确地生成了相应的申请报告。其次，确认审批不通过，申请单的状态是否会变成退回状态，在申请单编辑人的界面是否能看到被退回的申请单据，并且状态表明审批不通过，被退回。

## 9.4.8 错误猜测法

错误猜测法是测试经验丰富的测试人员喜欢使用的一种测试用例设计方法。

错误猜测法通过基于经验和直觉推测程序中可能发生的各种错误，有针对性地设计测试用例。因为测试本质上并不是一门非常严谨的学科，测试人员的经验和直觉能对这种不严谨性做出很好的补充。

例如，对于一个调用 Excel 的程序，直觉告诉测试人员，它可能发生的错误是在调用的前后过程，比如，用户的计算机没有安装 Excel，则调用可能失败，甚至抛出异常，因此要做一下环境测试；又如调用了 Excel 后忘记释放对 Excel 的引用，从而导致 Excel 的进程驻留，因此需要检查一下进程的列表看 Excel 进程是否在程序关闭后仍然存在。

除了上面说的几种测试用例设计方法外，还可以使用判定表法、因果图法等基本的测试用例设计方法。在设计测试用例的过程中往往需要综合使用几种测试用例设计方法。

 **技巧**

> 最重要的是要思考和分析测试对象的各个方面，多参考以前发现的 Bug 的相关数据、总结的经验，个人多考虑异常的情况、反面的情况、特殊的输入，以一个攻击者的态度对待程序，就能够设计出比较完善的测试用例来。

## 9.4.9 正交表与 TCG 的使用

正交表法是一种有效减少测试用例个数的设计方法。为了说明正交法设计测试用例的过程，先来看一下某个应用程序的输入条件组合：

**姓名：填、不填。**
**性别：男、女。**
**状态：激活、未激活。**

对于这样的输入条件，3 个条件分别有两个输入参数，如果要全部覆盖它们的输入组合，需要下面 8 个测试用例：

```
1：填写姓名、选择男性、状态设置为激活。
2：填写姓名、选择女性、状态设置为激活。
3：填写姓名、选择男性、状态设置为未激活。
4：填写姓名、选择女性、状态设置为未激活。
5：不填写姓名、选择男性、状态设置为激活。
6：不填写姓名、选择女性、状态设置为激活。
7：不填写姓名、选择男性、状态设置为未激活。
8：不填写姓名、选择女性、状态设置为未激活。
```

这只是一个小测试的范围覆盖，如果要考虑更多的条件和输入参数，则有可能需要成千上万个测试用例，例如，对于需要输入 5 个条件，每个条件的参数个数为 5 个的界面，如果考虑全面覆盖，则需要 5×5×5×5×5=3125 个测试用例，这对于测试人员来说是一个很大的执行工作量。

如何简化测试用例，用最少的测试用例获得尽可能全面的覆盖率呢？通过正交表可以有效减少用例个数。利用正交表设计测试用例的步骤如下。

（1）确定有哪些因素。因素是指输入的条件，例如上面的姓名、性别、状态，共有 3 个因素。

（2）每个因素有哪几个水平。水平是指输入条件的参数，例如上面姓名因素的水平有两个，即"填写"和"不填写"。

（3）选择一个合适的正交表。确定了因素和水平后，就可以查找合适的正交表。在一些数学书的后面或者网站上可以找到大量的正交表。

对于上面的简单例子，可以找到正好适用的正交表 L4（2^3），4 表示采用这个正交表需要执行 4 个测试用例，2 表示水平数（即输入条件的参数个数），3 表示因素数（即输入条件个数），这个正交表如下：

```
000
011
101
110
```

（4）把变量的值映射到表中。需要把这里的 0 和 1 影射成条件和参数，例如第一列代表姓名，第一列的 0 代表填，1 代表不填；第二列代表性别，0 代表男，1 代表女；第三列代表状态，0 代表激活，1 代表未激活，则得出如下结果：

```
姓名    性别    状态
填      男      激活
填      女      未激活
不填    男      未激活
不填    女      激活
```

（5）把每一行的各因素水平的组合作为一个测试用例。这样就把前面的 8 个测试用例简化到 4 个测试用例。分别如下：

```
1：填写姓名、性别为男，状态设置为激活。
2：填写姓名、性别为女，状态设置为未激活。
3：不填写姓名、性别为男，状态设置为未激活。
4：不填写姓名、性别为女，状态设置为激活。
```

**注意**

并不是每一个输入条件和参数的组合都能找到现成合适的正交表，有些时候需要进一步地通过拟水平法、拟因素法等来变换正交表以便适应实际的情况。

正交表法的依据是 Galois 理论，从大量的实验数据中挑选适量的、有代表性的点，从而合理地安排实验的一种科学实验设计方法。在测试用例的设计中，可以从大量的测试用例数据中挑选适量的、有代表性的测试数据，从而合理地安排测试。

应用正交表进行测试的难点是查找合适的正交表，读者可到 york 官网和 sas 官网查找正交表。

另外，人工查找正交表并映射成测试用例的过程比较烦琐，可借助一些正交表设计工具，例如如图 9.18 所示的 TCG 是笔者编写的一个小工具，用于实现自动查找正交表并映射测试用例。

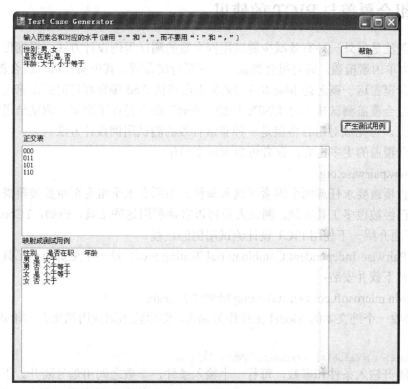

图 9.18　TCG 的使用

读者可 csdn 网站下载这个工具的源代码。

## 9.4.10　利用均匀试验法设计测试用例

均匀试验法是与正交表法类似的一种测试用例设计方法。正交表的特点是整齐可比性和均衡分散性。

在同一张正交表中，每个因素的每个水平出现的次数是完全相同的。由于在试验中每个因素的每个水平与其他因素的每个水平参与试验的概率是完全相同的，这就保证在各个水平中最大程度地排除了其他因素水平的干扰。因而，能最有效地进行比较和做出展望，容易找到好的试验条件。

并且在同一张正交表中，任意两列（两个因素）的水平搭配（横向形成的数字对）是完全相同的。这样就保证了试验条件均衡地分散在因素水平的完全组合之中，因而具有很强的代表性，容易得到好的试验条件。而均匀表则是放弃了整齐可比性，仅考虑均匀分散性的一种试验方法。它的好处是进一步减少了试验的次数。

**说明**

> 利用均匀试验法设计测试用例与利用正交表法类似。同样需要经过分析输入条件和参数、选择合适的均匀表、影射因素和水平，转换成测试用例等几个步骤。

## 9.4.11 组合覆盖与 PICT 的使用

组合覆盖法是另外一种有效减少测试用例个数的测试用例设计方法。根据覆盖程度的不同，可以分为单因素覆盖、成对组合覆盖、三三组合覆盖等。其中又以成对组合覆盖最常用。

成对组合覆盖这一概念是 Mandl 于 1985 年在测试 Aad 编译程序时提出来的。Cohen 等人应用成对组合覆盖测试技术对 UNIX 中的"Sort"命令进行了测试。测试结果表明覆盖率高达 90%以上。可见成对组合覆盖是一种非常有效的测试用例设计方法。

关于组合覆盖的更多内容，读者可参考这个网站：

http://www.pairwise.org/

成对组合覆盖要求任意两个因素（输入条件）的所有水平组合至少要被覆盖 1 次。组合覆盖的算法已经被很多工具实现，测试人员可以直接利用这些工具，例如，TConfig、微软的 PICT 等。下面介绍一下使用 PICT 设计测试用例的过程。

PICT（Pairwise Independent Combinatorial Testing tool）是一个免费的小工具，读者可以到微软的网站下载并安装：

http://msdn.microsoft.com/en-us/testing/bb980925.aspx

PICT 接收一个纯文本的 Model 文件作为输入，然后输出测试用例集合。Model 文件的格式如下：

```
<ParamName> : <Value1>, <Value2>, <Value3>, ...
```

用冒号隔开输入条件和参数，每行一个输入条件，参数之间用逗号隔开。下面是设计一个测试磁盘分区创建功能的 Model 文件的例子。输入条件有分区类型、大小、格式化方式、文件系统类型、簇大小、是否压缩。各项输入条件分别有不同的参数选择：

```
Type: Primary, Logical, Single, Span, Stripe, Mirror, RAID-5
Size: 10, 100, 500, 1000, 5000, 10000, 40000
Format method: quick, slow
File system: FAT, FAT32, NTFS
Cluster size: 512, 1024, 2048, 4096, 8192, 16384, 32768, 65536
Compression: on, off
```

把上面的内容存为 Model.txt 文件。存储在某个目录，例如 C:\Program Files\PICT\，然后在命令行中输入以下命令：

```
C:\Program Files\PICT>PICT "C:\Program Files\PICT\Model.txt"
```

则可产生下面的测试用例：

```
Type     Size   Format method  File system  Cluster size  Compression
Mirror   10     quick          FAT          32768         off
RAID-5   10     slow           FAT32        512           on
Stripe   500    quick          NTFS         512           off
Span     1000   slow           NTFS         1024          on
Primary  100    quick          FAT32        16384         off
Single   1000   slow           FAT          8192          off
Primary  5000   slow           FAT          2048          on
RAID-5   40000  quick          NTFS         8192          on
```

| Logical | 10 | slow | NTFS | 65536 | on |
|---|---|---|---|---|---|
| Span | 100 | quick | FAT | 65536 | off |
| Mirror | 10000 | slow | FAT32 | 65536 | on |
| Logical | 1000 | quick | FAT32 | 512 | off |
| Logical | 40000 | slow | FAT | 4096 | off |
| Single | 1000 | quick | NTFS | 4096 | on |
| Stripe | 500 | slow | FAT32 | 32768 | on |
| Mirror | 100 | quick | NTFS | 2048 | off |
| Span | 10 | slow | FAT32 | 4096 | off |
| Single | 40000 | quick | FAT32 | 65536 | off |
| RAID-5 | 5000 | quick | FAT | 65536 | off |
| Stripe | 1000 | slow | FAT32 | 2048 | on |
| Primary | 10000 | quick | NTFS | 8192 | off |
| Span | 10000 | slow | FAT | 16384 | on |
| Primary | 1000 | slow | FAT32 | 65536 | on |
| Single | 5000 | quick | FAT32 | 1024 | off |
| RAID-5 | 100 | slow | FAT | 1024 | on |
| Single | 500 | slow | NTFS | 2048 | off |
| Mirror | 500 | quick | FAT | 1024 | on |
| Stripe | 100 | quick | FAT | 4096 | on |
| Primary | 40000 | quick | FAT32 | 1024 | off |
| Single | 10 | quick | NTFS | 16384 | on |
| Logical | 5000 | slow | NTFS | 32768 | off |
| Stripe | 10 | slow | FAT | 1024 | off |
| Primary | 500 | slow | NTFS | 4096 | off |
| Mirror | 1000 | quick | FAT | 16384 | on |
| Stripe | 40000 | quick | FAT | 16384 | off |
| Mirror | 10 | slow | FAT32 | 8192 | on |
| Span | 40000 | quick | NTFS | 32768 | off |
| Logical | 10000 | slow | NTFS | 1024 | off |
| Span | 5000 | quick | FAT | 512 | on |
| Logical | 100 | slow | FAT32 | 8192 | off |
| RAID-5 | 500 | quick | NTFS | 16384 | on |
| Stripe | 5000 | slow | NTFS | 8192 | off |
| Mirror | 5000 | slow | NTFS | 4096 | off |
| Span | 500 | quick | FAT | 65536 | off |
| Span | 10000 | slow | NTFS | 2048 | on |
| Stripe | 10000 | quick | FAT32 | 65536 | off |
| Primary | 10 | quick | FAT | 2048 | off |
| RAID-5 | 10000 | slow | NTFS | 4096 | on |
| Primary | 10000 | quick | NTFS | 32768 | on |
| RAID-5 | 1000 | quick | FAT32 | 32768 | on |
| Primary | 10000 | quick | FAT | 512 | off |
| Mirror | 40000 | slow | FAT32 | 512 | on |
| Single | 100 | slow | NTFS | 512 | off |
| Logical | 500 | quick | FAT32 | 16384 | off |
| Single | 100 | slow | NTFS | 32768 | on |
| Mirror | 5000 | quick | FAT32 | 16384 | off |
| Span | 500 | slow | FAT | 8192 | on |
| RAID-5 | 40000 | slow | FAT | 2048 | off |
| Logical | 10 | quick | FAT | 2048 | off |
| Single | 10000 | slow | FAT32 | 65536 | on |

如果想把产生的测试用例存储到某个文件，则可输入以下命令：

```
C:\Program Files\PICT>PICT "C:\Program Files\PICT\Model.txt" > "C:\Program
Files\PICT\OutPut.txt"
```

这样，处理 Model.txt 文件中的输入所产生的测试用例就会存储到 "C:\Program Files\PICT\"

目录下一个名为 OutPut.txt 文件。更多关于 PICT 的使用方法请读者参考 PICT 的帮助文档。

除了 PICT 外，还有很多类似的工具，读者可参考：

http://www.pairwise.org/tools.asp

## 9.4.12　分类树与 TESTONA 的使用

分类树方法是由 Grochtmann 和 Grimm 在 1993 年提出的，是在软件功能测试方面一种有效的测试方法，通过分类树把测试对象的整个输入域分割成独立的类。

按照分类树方法，测试对象的输入域被认为是由各种不同的方面组成并且都与测试相关。对于每个方面，分离和组成各种类别，而分类结果的各类又可能再进一步地被分类。这种通过对输入域进行层梯式的分类表现为树状结构。随后，通过组合各种不同分类的结果来形成测试用例。

使用分类树方法，对于测试人员来说最重要的信息来源是测试对象的功能规格说明书。使用分类树方法的一个重要的好处是，它把测试用例设计转变成一个组合若干结构化和系统化的测试对象组成部分的过程——使其容易把握，易于理解，当然也易于文档化。

分类树方法的基本原理是：首先把测试对象的可能输入按照不同的分类方式进行分类，每一种分类要考虑的是测试对象的不同方面。然后把各种分开的输入组合在一起产生不冗余的测试用例，同时又能覆盖测试对象的整个输入域。

因此，可以把使用分类树方法设计测试用例的过程分为 3 个步骤。

（1）识别出测试对象并分析输入空间。

（2）对测试对象的输入空间进行分类。

（3）画出分类树、组合成测试用例。

下面举一个例子来说明如何通过 3 个步骤，应用分类树方法进行测试用例的设计。假设需要测试的是一个图像识别系统。该图像识别软件系统提供了辨别各种形状、各种颜色和各种大小的平面图形的功能。

在第一个步骤中，测试人员需要确定与测试相关的方面。每个方面应该有精确的限制，从而可以清晰地区别测试对象的可能输入。例如，软件系统需要识别如图 9.19 所示的不同尺寸、不同颜色和不同形状共同组成了测试对象的可能输入的方面。

在接下来的步骤，依据测试对象的每个方面对可能的输入进行划分，这个划分就是数学上说的"分类"，分类的结果就形成了各种"类"。因此一个"分类"的结果代表了测试对象的某个方面的输入。例如，尺寸方面的可能输入是大或者小；颜色方面的可能输入是红色、绿色、蓝色等；形状方面的可能输入是圆形、矩形、多边形等。这样就可以画出如图 9.20 所示的分类树。

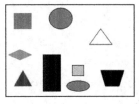

图 9.19　识别分类

图 9.20　画出分类树

最后一个步骤是形成测试用例。测试用例是由不同分类的类组合形成，在组合类的时候需要注意逻辑兼容性，也就是说交集不能为空。测试人员组合类形成需要的测试用例，以便覆盖测试对象的所有方面并充分考虑它们的组合。

如图 9.21 所示标识出测试用例的组合。测试用例 1 考虑了小尺寸、红颜色、圆形的输入。测试用例 2 考虑了大尺寸、绿颜色、矩形、多边形的输入组合。测试用例 3 考虑了大尺寸、蓝颜色、多边形的输入组合。这里只是列出了 3 种组合，还可以组合出更多的测试用例，实际应用中应该组合出更多的测试用例。

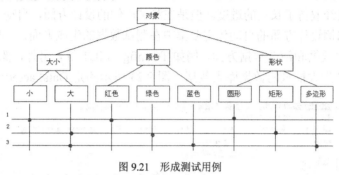

图 9.21  形成测试用例

**注意**

在这里可以结合正交表法，或者是均匀试验法，或者是组合覆盖法来作为生成测试用例的策略考虑。

分类树方法最大的好处是，它让测试人员通过画分类树的过程，更加深入地分析测试的输入域，它让测试人员通过分析和归纳测试对象的类别，思考测试对象的输入类型和范围的组合选择。因此，与其说分类树方法是一种设计测试用例的方法，倒不如说它是一种测试对象的分析方法，以及测试思维的激发工具。

更多关于分类树方法的内容，请读者参考：

http://www.berner-mattner.com/en/products/testona/index.html

分类树设计测试用例的核心思想是分类树的构建。而 TESTONA 就是这样一个可以有效辅助测试人员设计分类树的工具，如图 9.22 所示。

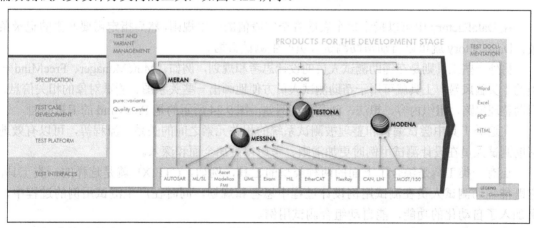

图 9.22  TESTONA 的使用

TESTONA 当前最新版本是 4.1.1，可通过下面的地址进行下载：

http://www.testona.net/cms/upload/3_Raw/testonaLightSetup_4.1.1.exe

### 9.4.13　测试用例设计的自动化

测试用例对于测试而言是非常重要的一项工作，目前，测试用例设计大部分需要手工进行，这也是由于设计的复杂性和灵活性决定的。在自动化测试领域，测试的执行是首先被自动化的一个方面，目前已经取得了长足的进度。但是在测试用例的设计方面，自动化程度非常低。

目前在测试用例设计方面的自动化主要集中在测试数据的生成方面，一些工具也是集中在帮助测试人员产生数据和筛选数据方面，例如 TConfig、PICT 等。另外，像 DataFactory 这样的工具则专注于产生大批量的数据库表数据，图 9.23 所示的是 DataFactory 编辑界面。

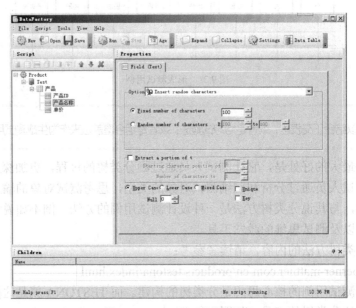

图 9.23　DataFactory 的编辑界面

在 DataFactory 中可以指定每个表的各个字段值的产生规则，然后指定需要产生的记录条数，DataFactory 就可以自动帮助测试人员产生测试数据。

另外一些工具则是在辅助测试人员的设计思考和规划，例如，MindManager、FreeMind 一类的"头脑风暴"工具就可用于帮助测试人员方便地画出一些关系图、测试对象的相关信息，帮助整理思路，组织内容、想法、创意等。例如，图 9.24 所示的是 FreeMind 的编辑界面。

在这类工具中尝试编辑和整理被测试系统的相关元素之间的关系、流程等，可以有效地帮助测试人员在设计测试用例时更加清晰、考虑得更加全面和深入。

还有一类工具是综合了上面的两种类型的工具，例如，CTE XL 就是这样的一类工具，它既能辅助测试人员在测试用例设计过程中思考和规划，同时在产生测试用例的过程中，又加入了自动化的功能，能自动组合测试用例。

将来的发展方向有可能是根据 UML 图或者模型驱动设计的方式，直接就能得到一些基本的测试用例组合。测试人员再加入自己的创造性思维，进一步地优化测试用例的设计，如图 9.25 所示。

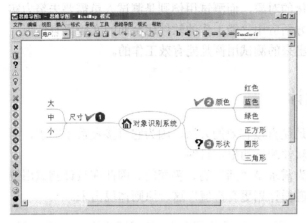

图 9.24  FreeMind 的编辑界面

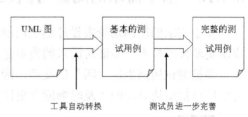

图 9.25  测试用例设计可能的发展方向

## 9.4.14　敏捷测试用例设计

并非每个企业都能严格按敏捷的相关开发方法进行项目管理，例如，测试驱动、XP、SCRUM 等。也并非都需要按这些方式管理才能实现敏捷。只要理解了敏捷的原则和精髓，很多地方都可以应用敏捷的思想，实现敏捷的管理。测试用例的设计是其中一项。

## 9.4.15　测试用例的粒度

测试用例可以写得很简单，也可以写得很复杂。最简单的测试用例是测试的纲要，仅仅指出要测试的内容，如探索性测试（Exploratory Testing）中的测试设计，仅会指出需要测试产品的哪些要素、需要达到的质量目标、需要使用的测试方法等。而最复杂的测试用例就像飞机维修人员使用的工作指令卡一样，会指定输入的每项数据，期待的结果及检验的方法，具体到界面元素的操作步骤，指定测试的方法和工具等。

（1）测试用例写得过于复杂或详细，会带来两个问题：一个是效率问题，另一个是维护成本问题。另外，测试用例设计得过于详细，留给测试执行人员的思考空间就比较少，容易限制测试人员的思维。

（2）测试用例写得过于简单，则可能失去了测试用例的意义。过于简单的测试用例设计其实并没有进行"设计"，只是把需要测试的功能模块记录下来而已，它的作用仅仅是在测试过程中作为一个简单的测试计划，提醒测试人员测试的主要功能包括哪些而已。测试用例的设计的本质应该是在设计的过程中理解需求，检验需求，并把对软件系统的测试方法的思路记录下来，以便指导将来的测试。

大多数测试团队编写的测试用例的粒度介于两者之间。而如何把握好粒度是测试用例设计的关键，也将影响测试用例设计的效率和效果。应该根据项目的实际情况、测试资源情况来决定设计出怎样粒度的测试用例。

软件是开发人员需要去努力实现敏捷化的对象，而测试用例则是测试人员需要去努力实现敏捷化的对象。要想在测试用例的设计方面应用"能工作的软件比全面的文档更有价值"这一敏捷原则，则关键是考虑怎样使设计出来的测试用例是能有效工作的。

### 9.4.16  基于需求的测试用例设计

基于需求的用例场景来设计测试用例是最直接有效的方法，因为它直接覆盖了需求，而需求是软件的根本，验证对需求的覆盖是软件测试的根本目的。

要把测试用例当成"活"的文档，因为需求是"活"的、善变的。因此在设计测试用例方面应该把敏捷方法的"及时响应变更比遵循计划更有价值"这一原则体现出来。

**注意**

> 不要认为测试用例的设计是一个阶段，测试用例的设计也需要迭代，在软件开发的不同阶段都要回来重新审视和完善测试用例。

### 9.4.17  测试用例的评价

测试用例设计出来了，如何提高测试用例设计的质量？就像软件产品需要通过各种手段来保证质量一样，测试用例的质量保证也需要综合使用各种手段和方法，如图9.26所示。

（1）测试用例的检查可以有多种方式，但是最敏捷的应当属临时的同行评审。同行评审，尤其是临时的同行评审，应该演变成类似结对编程一样的方式。从而体现敏捷的"个体和交互比过程和工具更有价值"，要强调测试用例设计者之间的思想碰撞，通过讨论、协作来完成测试用例的设计，原因很简单，测试用例的目的是尽可能全面地覆盖需求，而测试人员总会存在某方面的思维缺陷，一个人的思维总是存在局限性。因此需要一起设计测试用例。

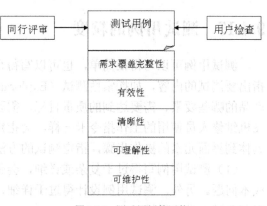

图 9.26  测试用例的评价

（2）除了同行评审，还应该尽量引入用户参与到测试用例的设计中来，让用户参与评审，从而体现敏捷的"顾客的协作比合同谈判更有价值"这一原则。这里顾客的含义比较广泛，关键在于如何定义测试，如果测试是对产品的批判，则顾客应该指最终用户或顾客代表（在内部可以是市场人员或领域专家）；如果测试是被定义为对开发提供帮助和支持，那么顾客显然就是程序员了。

**注意**

> 参与到测试用例设计和评审中的人除了测试人员自己和管理层外，还应该包括最终用户或顾客代表，还有开发人员。

（3）测试用例的评价质量因素包括测试用例对需求的覆盖完整性、测试用例的有效性、测试用例描述的清晰程度、测试用例的可理解性、测试用例的可维护性等。

### 9.4.18　测试用例数据生成的自动化

在测试用例设计方面最有希望实现自动化的，要属测试用例数据生成的自动化了。因为设计方面的自动化在可想象的将来估计都很难实现，但是数据则不同，数据的组合、数据的过滤筛选、大批量数据的生成等都是计算机擅长的工作。

很多时候，测试用例的输入参数有不同的类型、有不同的取值范围，需要得到测试用例的输入参数的不同组合，以便全面地覆盖各种可能的取值情况。但是全覆盖的值域可能会很广泛，又需要科学地筛选出一些有代表性的数据，以便减轻测试的工作量。在这方面可利用正交表设计数据或成对组合法设计数据。还可利用一些工具，例如 TConfig、PICT 等来产生这些数据。

在性能测试、容量测试方面，除了设计好测试用例考虑如何测试外，还要准备好大量的数据。大量数据的准备可以使用多种方式。

（1）编程生成。

（2）SQL 语句生成（基于数据库的数据）。

（3）利用工具生成。

工具未必能生成所有满足要求的数据，但是却是最快速的，编程能生成所有需要的数据，但是可能是最复杂、最慢的方式。所以应该尽量考虑使用一些简单实用的工具，例如 DataFactory 等。

# 9.5　测试的执行

需求的分析和检查、测试的计划、测试用例的准备，都是为了执行测试准备的。测试执行阶段是测试人员的主要活动阶段，是测试人员工作量的主要集中阶段，同时也是测试人员智慧体现的阶段、测试人员找到工作乐趣的一个重要过程。

### 9.5.1　测试用例的合理选择

测试用例的选择是一个战术问题，是一个考验测试人员智慧的过程，如图 9.27 所示。

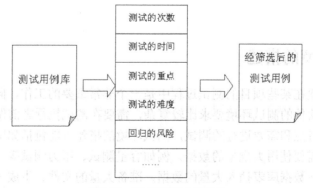

图 9.27　测试用例的合理选择

测试用例的选择需要考虑本次测试的上下文，是第一次测试，还是回归测试？测试持续的时间有多长？自动化脚本的准备情况怎么样了？界面和用户体验的测试什么时候进行？性能是用户关心的吗？如果等到最后才做性能测试，是否会加大修改的难度？

（1）对于第一次执行的测试，一个基本的测试用例选择策略是：先执行基本的测试用例，再执行复杂的测试用例；先执行优先级高的测试用例，再执行优先级低的测试用例。

（2）对于回归测试的测试用例选择则复杂一点，因为大部分测试人员不想花费太多的时间和精力在一些已经执行过的测试用例上，但是又害怕程序员修改的地方会引发已经稳定的模块问题。

> 回归测试的测试用例选择必须综合考虑测试资源和风险。采用基于风险的回归测试方法。

## 9.5.2　测试的分工与资源利用

测试的分工能避免测试人员的思维局限性，即使是同样一个用例，由不同的人来执行，可能会发现不同的问题。因为测试用例只是一个测试的指导，即使写得非常详细，仍然有很多空间留给测试人员在真正执行测试的时候去思考。不同的测试人员的思维方式和经验也不一样。

> 合理分工、交叉测试能避免"漏网之鱼"。

（1）如果测试组由新人和有经验的测试工程师搭配，则分工可以帮助新人更快地成长。例如，可以让新人从简单模块的功能测试开始，执行简单的测试用例，让其先获得一个直观的认识和自信，然后再让其执行复杂的测试用例。也可以让新手先进行每一项测试，然后再由有经验的测试人员再重复执行一次，对照发现新手遗漏的地方，这也是让新手快速学习和进步的一种好方法。

（2）除了测试组本身的测试资源的利用之外，还要合理寻找和请求其他的测试资源。例如，实施人员和用户培训人员在项目的早期一般比较空闲，这时候可让其协助做一些简单的测试，减轻测试人员的工作量，同时也可以增加测试的覆盖面，做更全面的测试。

（3）如果公司有多个项目，则可能出现不同的项目进度不一样、所处的阶段不一样，因此也可以请其他比较空闲的项目组的测试人员协助测试。尤其是可以协助进行界面交互测试、用户体验相关的测试、易用性测试、界面美观程度评价等方面的测试，避免"同化效应"导致的"Bug免疫"。

## 9.5.3　测试环境的搭建

测试环境的搭建在某些项目的测试过程中是一个非常重要的工作，同时也可能是一项很耗时的工作。有些软件的测试环境要求比较复杂，需要在测试执行之前做好充分的准备。

根据具体产品特点和需要进行的测试，测试环境的搭建可能包括如图9.28所示的内容。

（1）有些测试需要使用大批量的数据，例如容量测试、压力测试等。根据产品的具体测试要求，可能需要在数据库表插入大量的数据，准备大量的文件、生成大量的Socket包等。

（2）有些测试需要使用专门的外部硬件设备，例如打印机、条码识别器、读卡机、指纹仪等。如果是手机的应用测试，则可能要把所有支持的型号的手机都准备好。这些设备有些可以使用模拟器来模拟，有些则不能。

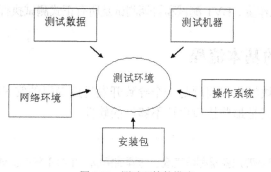

图 9.28　测试环境的搭建

要尽量准备好这些真正的设备，至少在这些设备上执行一次测试以验证真正的效果。

经常碰到在手机模拟器上可以执行的程序，在真正的手机上运行则会出问题。或者在 PC 上查看的报表格式正确，真正打印出来则会移位、走样。

（3）有些产品需要支持多种操作系统，那么在做兼容性测试之前就需要准备好包含各种操作系统的计算机，或者考虑使用虚拟操作系统工具来安装多个操作系统，例如 VM Ware、Virtual PC 等。

（4）有些测试需要部署到多台机器，并且需要设置各种参数，那么就需要在测试之前准备好各种安装包。

（5）有些测试需要用到网络，设置需要考虑网络的路由设置、拓扑结构等，那么在测试之前就要准备好这样的网络设备和网络环境配置。

## 9.5.4　BVT 测试与冒烟测试

BVT 测试，也叫编译检查测试，主要检查源代码是否能正确编译成一个新的、完整可用的版本。如果 BVT 测试不通过，则测试人员不能拿到新的版本进行测试。

冒烟测试的概念来源于硬件生产领域，硬件工程师一般通过给制造出来的电路板加电，看电路板是否通电，如果设计不合理，则可能在通电的同时马上冒出烟，电路板不可用。因此也没有必要进行下一步的检测。

软件行业借用了这个概念，在一个编译版本出来后，先运行它的最基本的功能，例如启动、登录、退出等。如果连这些简单的功能运行都错误，那么测试人员没有必要进行下一步的深入测试，可直接把编译版本退回给开发人员修改。

需要注意的是，冒烟测试的测试用例应该是随着开发的深入而不断演进的。开始可能只需要验证程序是否能正常启动和退出，后来则加入验证某些界面的打开和关闭功能，再后来，则需要进一步验证某个功能流程是否能走通。

BVT 测试和冒烟测试的目的是检查程序是否完整，是否实现了最基本的可测试性要求。能有效减少测试人员不必要的工作量。BVT 测试和冒烟测试是所有正式测试执行之前的第一个步骤。

## 9.5.5　每日构建的基本流程

大家都知道程序模块的集成问题是一个导致开发进度受阻的常见原因。缺陷也往往在集成阶段才集中出现，尤其是那些接口设计不够好的软件。

 **说明**

> 解决集成问题的最好办法就是尽早集成、持续地集成、小版本集成。通过每日构建可以达到持续集成、小版本集成以及版本集成验证的目的。

简单而言，每日构建就是每天定时把所有文件编译、连接、组成一个可执行的程序的过程。通常把每日构建放在晚上，利用空余时间自动进行，因此也叫每晚自动构建。一个简单的每日构建流程图如图 9.29 所示。

据说，微软在开发 Windows NT 3.0 的项目中，独立的版本构建组就有 4 名全职的项目组成员。到了产品快要发布的时候，Windows NT 3.0 包含 4 万多个文件，共 560 万行代码。一个完整的构建过程会花费多台机器设备 19 小时不间断的运行时间，但是 NT 的开发团队仍然能坚持设法进行每日构建。

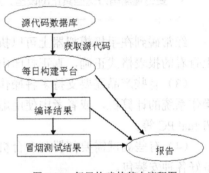

图 9.29　每日构建的基本流程图

开发人员和项目经理对构建失败的原因进行分析，追究引起失败的代码负责人，给予 5 美元一次的罚款。在发布前的最后阶段，甚至给每位开发人员配上报警器，一旦构建失败，则通知开发人员立即进行修改。

而笔者所在的项目，则是规定引起构建失败超过 3 次的程序员要请全项目组人员喝汽水。这项规定得到了有效的执行，大家都能严格遵守，互相督促，从而大大减少了因为版本编译产生的问题。

## 9.5.6　通过每日构建来规范源代码管理

每日构建除了可以解决部分版本集成的问题外，还可以对程序员的源代码签入签出行为做出规范性约束。

大家都知道，如果程序员没有遵循一定的规范签入、签出源代码，就很可能导致其他程序员的代码模块失效或者混乱。一个正确而谨慎的做法应该是每次签入自己修改的代码之前，先获取所有新版本并把所有代码编译通过，确保不会影响别人的代码时才签入，否则必须先把问题解决掉，如图 9.30 所示。

所以，如果程序员没有按源代码控制规范修改代码，那么每日构建很可能发现编译问题。

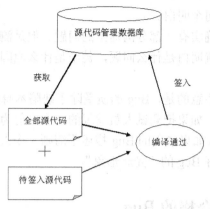

图 9.30　正确的源代码签入行为

### 9.5.7　通过每日构建来控制版本风险

每日构建除了自动编译程序外，还可以结合自动化的冒烟测试，在编译通过后，自动运行冒烟测试用例的自动化脚本，从而使编译版本的初步质量得到评估和报告。还可以结合自动化的单元测试、代码规范检查等，可以说，每日构建是一个无人值守的自动化的基础平台。

（1）每日构建能降低出现"次品"的风险，防止程序质量失控，使系统保持在一个可知的良好状态。并且能使故障的诊断变得容易，一旦每日构建不通过，则几乎可以马上判定问题是昨天的某个修改导致的。

（2）每日构建可以有效地帮助测试人员自动执行某些类型的测试，达到持续测试的效果。同时还能节省测试人员的时间，测试人员在拿到一个新版本后，马上能投入正式的测试，不会因为一些无谓的错误导致测试无法执行下去。

（3）每日构建同时还是一个提高士气的机制，每天项目组的所有人都能看到构建出来的新版本增加了哪些新特性，看到能工作的产品，并且每天都比前一天多一些、增强一些，就像看到自己的孩子在茁壮地成长着，给所有人一种信心和鼓舞。

# 9.6　测试的记录和跟踪

测试的执行只能有两个结果：测试通过和测试不通过。测试不通过的话，测试人员就应该把发现的错误及时记录下来，报告给开发人员做出相应的修改。

Bug 记录是测试人员工作的具体表现形式，是测试人员与开发人员沟通的基础。因此，如何录入一个高质量的 Bug 是每一位测试人员都要考虑的问题。

缺陷也是有生命的，它从开发人员的手中诞生，到被测试人员发现，就像一个魔鬼被逮住了，又交回给开发人员亲手把它毁灭，当然也有魔鬼复活的时候，所以缺陷的跟踪对于缺陷的彻底清除来说是非常重要的。

### 9.6.1　Bug 的质量衡量

某些测试人员认为录入的 Bug 描述不清晰不要紧，如果导致开发人员误解的话，开发人员就应该主动来找测试人员问个明白。

这话有一定的道理，也确实有一部分沟通上的问题。但是测试人员如果尽量清晰地描述缺陷，尽量让开发人员一看就明白是什么问题，甚至是什么原因引起的错误，这样岂不是节省了更多沟通上的时间？

因此需要引起测试人员注意的是，Bug 的质量除了缺陷本身外，描述这个 Bug 的形式载体也是其中一个衡量的标准。如果把测试人员发现的一个目前为止尚未出现的高严重级别的 Bug 称之为一个好 Bug，那么如果录入的 Bug 描述不清晰，令人误解，难以按照描述的步骤重现，就会大大地有损这个好 Bug 的"光辉形象"。

## 9.6.2 如何录入一个合格的 Bug

如何录入一个大家认为好的，尤其是开发人员认为好的 Bug 呢？撰写缺陷报告的一个基本原则是客观地陈述所有相关事实。

一个合格的 Bug 报告应该包括完整的内容，至少包括如图 9.31 所示的方面。

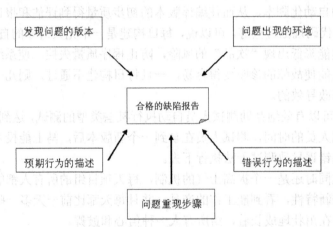

图 9.31 合格的缺陷报告需要包括的方面

## 9.6.3 报告发现问题的版本

开发人员需要知道问题出现的版本，才能获取一个相同的版本进行问题的重现。并且版本的标识有助于分析和总结问题出现的集中程度，例如，版本 1.1 出现了大量的 Bug，则需要分析是什么原因导致这个版本出现了大量的问题。

需要注意的是，有些 Bug 在不同的版本出现，例如，某个 Bug 在版本 1.1 的时候出现了，测试人员录入了 Bug，ID 为 101，开发人员也进行了修改，经验证关闭了。但是到了版本 1.4 时又出现了，这时候，有些测试人员把 Bug101 的状态改成 Reopen，这是错误的。因为这个 Bug 是在新的版本出现的，即使是同一个现象，甚至是同一个原因造成的，也不应该 Reopen，而是新加一个，因为这代表了一个质量回归问题，这个缺陷确实又出现了，大家因为这个缺陷造成了损失，测试人员需要重新测试和验证、报告，开发人员需要再次修改程序、编译；如果改为 Reopen，则可能造成质量统计时漏算了一个缺陷。

### 9.6.4　报告问题出现的环境

问题出现的环境包括操作系统环境、软件配置环境，有时候还需要包括系统资源的情况，因为有些错误只有在资源不足时才出现。

由于开发环境与测试环境存在差异，往往导致有些问题只有在测试环境下才能出现，例如开发环境中使用的某些第三方组件在测试环境没有注册。这时，测试人员应该把这些差异写清楚，以便开发人员在重现问题和进入调试之前把环境设置好。

### 9.6.5　报告问题重现的操作步骤

应该描述重现问题所必须执行的最少的一组操作步骤。

有些测试人员往往一发现问题就把重现步骤录入，报告 Bug。这些重现步骤可能是非常冗长的一个操作，而实际上可能仅仅是其中的一两个关键步骤的组合才会出现这样的错误。因此要开发人员重新执行这些多余的步骤其实是在谋杀开发人员的宝贵时间，因为调试的周期会因此加长。

 **技巧**

> 正确的做法是，录入之前再多做几次尝试，尽量把操作步骤缩减到必须要执行才能重现错误的几个步骤。

应该尽量地简化问题，例如一个 100 行的 SQL 语句执行时出错，可能仅仅是其中的某几行语句有问题导致的，如果能把 SQL 语句简化到 3 行，而问题依然存在，这样的报告更容易让开发人员接受。

### 9.6.6　描述预期的行为

要让开发人员知道什么才是正确的。尤其是要从用户的角度来描述程序的行为应该是怎样的。例如，程序应该自动把文档同步到浏览界面。

经常见到一些测试人员描述的 Bug 模棱两可，例如，"编辑单据时，列表中不出现日期信息"。

让人一眼看上去不能知道，列表中应该出现日期信息还是不要出现日期信息。尤其对于一些不熟悉需求的开发人员来说，不清楚测试人员是要求这样做，还是指出这样做的错误。

 **技巧**

> 明确地说明程序的预期行为才能更好地表达需求。

### 9.6.7　描述观察到的错误行为

描述问题的现象，例如，"程序抛出异常信息如下……"。

 **技巧**

> 记住在描述这些错误的行为时要客观地反映事实，不要夸大，更不要讽刺。

除了上面说的 Bug 的版本、出现的环境、重现的步骤、预期的行为、错误的行为这些必须录入的缺陷信息外，还有一些是需要及时登记，以备将来统计和报告用的。例如，缺陷的严重程度、出现的功能模块、缺陷的类型、发现的日期等信息。

## 9.6.8　Bug 报告应该注意的几个问题

Bug 的报告是测试人员辛勤劳动的结晶，也是测试人员价值的体现。同时也是与开发人员交流的基础，Bug 报告是否正确、清晰、完整直接影响了开发人员修改 Bug 的效率和质量。因此，在报告 Bug 时，需要注意以下几个问题。

（1）不要出现错别字。

测试人员经常找出开发人员关于界面上的错别字、用词不当、提示信息不明确等的问题。可笑的是，测试人员在录入 Bug 的时候却同样是一大堆的错别字，描述不完整、不清晰，测试人员应该停止这样的无聊游戏，正所谓"己所不欲，勿施于人"。

（2）不要把几个 Bug 录入到同一个 ID。

即使这些 Bug 的表面现象类似，或者是在同一个区域出现，或者是同一类问题，也应该一个缺陷对应录入一个 Bug。因为这样才能清晰地跟踪所有 Bug 的状态，并且有利于缺陷的统计和质量的衡量。

（3）附加必要的截图和文件。

所谓"一图胜千言"，把错误的界面屏幕截取下来，附加到 Bug 报告中，可以让开发人员清楚地看到 Bug 出现时的情形，并且最好能在截图中用画笔圈出需要注意的地方。

> **技巧**
>
> 必要的异常信息文件、日志文件、输入的数据文件也可作为附件加到 Bug 报告中，方便开发人员定位和重现错误。

（4）录入完一个 Bug 后自己读一遍。

就像要求程序员在写完代码后要自己编译并做初步的测试一样，应该要求测试人员在录入完一个 Bug 后自己读一遍，看语意是否通顺，表达是否清晰。

## 9.6.9　如何跟踪一个 Bug 的生命周期

测试人员应该跟踪一个 Bug 的整个生命周期，从 Open 到 Closed 的所有状态。通常一个典型的缺陷状态转换流程如图 9.32 所示。

- New：新发现的 Bug，未经评审决定是否指派给开发人员进行修改。
- Open：确认是 Bug，并且认为需要进行修改，指派给相应的开发人员。
- Fixed：开发人员进行修改后标识成修改状态，有待测试人员的回归测试验证。
- Rejected：如果认为不是 Bug，则拒绝修改。
- Delay：如果认为暂时不需要修改或暂时不能修改，则延后修改。
- Closed：修改状态的 Bug 经测试人员的回归测试验证通过，则关闭 Bug。

● 　　Reopen：如果经验证 Bug 仍然存在，则需要重新打开 Bug，开发人员重新修改。

图 9.32 也是一个基本的缺陷状态变更流程，每个项目团队的实际做法可能不大一样。并且需要结合实际的开发流程和协作流程来使用。

例如，测试人员新发现的 Bug，必须由测试组长评审后才决定是否 Open 并分派给开发人员。测试人员 Open 的 Bug 可以直接分派给 Bug 对应的程序模块的负责人，也可以要求都先统一提交给开发主管，由开发主管审核后再决定是否分派给开发人员进行修改。

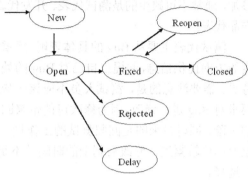

Bug 的跟踪以及状态变更应该遵循一些基本原则。

图 9.32　缺陷状态转换图

● 　　测试人员对每一个缺陷的修改必须重新取一个包含更改后的代码的新版本进行回归测试，确保相同的问题不再出现，才能关闭缺陷。

● 　　对于拒绝修改和延迟修改的 Bug，需要经过包含测试人员代表和开发人员代表、用户方面的代表（或代表用户角度的人）的评审。

## 9.6.10　如何与开发人员沟通一个 Bug

能让开发人员解决最多 Bug 的测试人员是最优秀的测试人员。如果能正确地、高质量地录入一个 Bug，那么基本上已经成功地与开发人员沟通了一大半的关于 Bug 的信息。但是总有"书难达意"的时候，这时就需要测试人员主动与开发人员进行沟通了。

如果测试人员发现在写完一个缺陷后，好像还有很多关于 Bug 的信息没有表达出来，或者很难用书面语言表达出来时，就应该在提交 Bug 后，马上找相关的程序员解释刚才录入的 Bug，确保程序员明白 Bug 描述的意思，而不要等待开发人员找自己了解更多的信息。

 **注意**

> 在表述一个 Bug 的时候应该始终抱着公正客观的态度来描述事实。

另外，应该让开发人员了解到 Bug 对用户可能造成的困扰，这样才能促使开发人员更加积极地、高质量地修改 Bug。

## 9.6.11　Bug 评审要注意的问题

缺陷管理的目的是适当地保存缺陷的历史记录，以备将来的分析和统计。因此需要借助缺陷管理工具来管理，千万不要把缺陷保存在个人的电脑中，或者仅仅通过邮件来发送 Bug。

缺陷的评审应该包括以下两个层面。

● 　　决定如何处理 Bug。

● 　　分析缺陷产生的原因，找出预防的对策。

对 Bug 进行评审需要多方的代表参与，如图 9.33 所示。

（1）决定如何处理 Bug。

这一方面评审需要项目组各个方面的代表参加，通常不可缺少的是测试代表、开发代表、产品代表。

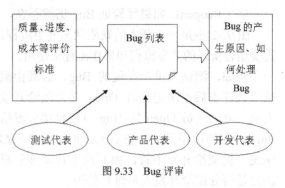

图 9.33 Bug 评审

测试代表主要从 Bug 的具体表现、严重程度等方面提供信息，并提出自己对 Bug 的处理意见。需要注意的是，测试人员不应该一味地要求对 Bug 进行修改，因为修改可能带来回归的风险，同时带来的是回归测试的工作量，如果时间比较紧迫，修改后剩余的时间若不足以做一次有效的回归测试，可能不修改是个明智的选择。

开发代表主要从修改缺陷的难度和风险出发，考虑缺陷修改需要付出的代价，以及可能影响的范围、可能引发的风险等，如果决定要修改，还要讨论出修改的初步方案。

产品代表主要从产品的整体计划、用户的要求等方面对缺陷的修改必要性、缺陷修改的时间和版本提出自己的意见。

这在微软的做法叫"Bug 三方讨论会"，参加者一般是测试人员、开发人员和项目经理。

（2）分析缺陷产生的原因，找出预防的对策。

缺陷评审还应该包括原因分析，找出 Bug 出现的原因，尤其是那些重复出现的 Bug。应该找出出现错误的根源，并且制定出相应的预防措施，确保同类型的 Bug 不再出现。

有些 Bug 出现的原因不是简单的"引用为空"之类，而是开发人员的编码不规范或者编程习惯不好而导致，所以必须建立起正确的编程方式才能预防这些错误的出现，否则只是在玩无聊地重复发现相同的 Bug 的游戏。

**注意**

应该让测试人员和开发人员都积极地参与到这个过程中来。

## 9.6.12 基于 QC 的缺陷管理

QC（Quality Center）是一个综合的测试管理工具，其中包含了缺陷管理和跟踪功能。

基于 QC 可以定制很多缺陷管理的功能，包括自定义缺陷状态名、缺陷状态变更权限和流程、自定义缺陷分类等。

另外 QC 还提供了多种方式的缺陷报告，例如，缺陷分类图、缺陷趋势图等，方便测试人员生成测试报告。

QC 还支持通过邮件发送缺陷，测试人员和开发人员可利用 QC 作为一个 Bug 的沟通平台。QC 的 R&D Comments 界面让开发人员和测试人员之间可以针对每一个 Bug 进行讨论。开发人员还可以把缺陷的修改过程和修改方法、错误出现的原因记录下来，作为开发知识库的使用。

在后面的章节将会详细介绍如何利用 QC 来进行缺陷管理。

# 9.7　回归测试

回归测试是测试人员最头疼的事情，因为回归测试意味着测试人员需要重复地执行相同的测试很多遍，很容易引起疲劳和失去测试的兴趣。频繁的回归测试也会使测试人员精力疲惫，渐渐失去了测试的创新。

## 9.7.1　为什么会回归

经常听到开发人员大叫起来："它仅仅是一个很小很小的改动！我们怎么会预先想到它会造成这么大的问题？"但是，确实会出现这样的情况，而且经常出现。

这就是软件的回归问题。所谓回归，也叫衰退，是指产品的质量从一个较高的水平回落到一个较低的水平。

（1）回归（向后追溯）是软件系统的现实情况。即使之前是很好地工作的，但是不能确保它会在最近的"很小"的改变后也能工作。模块设计和充分的系统架构可以减少这种问题的出现，但是不能完全消除。

（2）回归的问题根源是软件系统的内在复杂性。随着系统复杂性的增加，更改产生难以预见的影响的可能性也增加了，即使开发人员使用最新的技术也不可避免。

（3）随着系统构建的时间增长，回归的问题也会增多。在几年后，可能已经被更改了很多次，通常是由那些原本不在开发组中的人来修改的。即使这些人努力理解底层的设计和结构，更改与原本设计主题思想非常匹配也是很难做到的。这样的更改越多，系统变得越复杂，直到变得非常脆弱。

脆弱的软件就像脆弱的金属。被弯曲和扭转了这么多次以致对它做的任何事都可能导致它的破裂。当一个软件系统变得脆弱，人们实际上会很害怕改变它。因为知道对它做的任何事情都可能导致更多的问题。

> 易脆（不可维护）是旧的软件系统被替换的主要原因之一。

## 9.7.2　回归测试的难度

因为任何系统都需要回归，所以回归测试非常重要。但是谁有时间对每一个小的更改都完全地重新测试系统呢？对一个只是一周多点的开发，肯定不能承受一个月的完全重新测试整个系统。有一个星期的时间测试就很幸运了；更通常的情况是，只允许几天的时间。

时间紧迫是回归测试的最大困难，这是客观难度。但是更难的是要克服测试人员的疲劳思维这一主观上的难度。对于重复操作的相同功能，很难让人提起兴趣，就像每天吃鱼翅海鲜，要不了多久也会感到腻了。

> 对于一直能正常工作的功能模块，测试人员很容易潜意识上相信它是稳定的，不会出错的。

### 9.7.3 基于风险的回归测试

回归测试是永远都需要的。但是在非常有限的时间里测试一个"很小"的改动，怎么进行充分的回归测试呢？怎么知道查找哪些方面？怎么减少出现问题的风险呢？

现实中，总是有测试压力，即使是测试一个新的系统。总是不够时间去完成所有应该完成的测试，因此必须充分利用可用的时间，用最好的方法去测试。在这种情况下必须使用"基于风险的测试方法"。

> **说明**
>
> 基于风险测试的本质是评估系统不同部分蕴含的风险，并专注于测试那些最高风险的地方。这个方法可能让系统的某些部分缺乏充分的测试，甚至完全不测，但是它保证了这样做的风险是最低的。

"风险"对于测试与风险对于其他任何情况是一样的。为了评估风险，必须认识到它有两个截然不同的方面，即可能性和影响。如图 9.34 所示。

● "可能性"是指可能出错的机会。不考虑影响程度，仅仅考虑出现问题的机会有多大。

● "影响"是确实出错后会造成的影响程度。不考虑可能性，仅仅考虑出现的问题的情况会有多么的糟糕。

假设一个会计系统，更改了分期付款的利息。程序更改会用 3 天的时间，测试人员会用 2 天的时间来测试。因为不能在两天时间内完全充分测试这个会计系统，需要评估所做的更改给其他系统部分带来的风险。

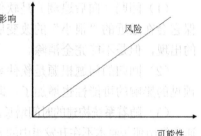

图 9.34 风险的高低由两方面决定

● 分期付款模块的功能很可能出错，因为这些是更改的部分。它们同时是对系统来说相对影响重大的部分，因为它们影响收入。既是高可能性的，又是高影响程度的，意味着系统的这部分必须投入充分的测试。

● 应收款模块拥有中等程度的错误可能性，因为改变的功能是这个模块的一个紧密组成部分。因为收款模块影响收入，因此出错的影响程度是高的。所以收款模块也需要投入足够的测试关注，因为它拥有中-高程度的风险。

● 总账模块拥有低程度的错误可能性。但是如果错误就会对公司有重大的影响。因此总账模块拥有低-高程度的风险。

● 最后，应付款出错的可能性很低，因为更改功能与它没有什么关系。而且这个模块错误后的影响最多也是中等程度的。因此拥有低-中程度风险，不需要投入太多的测试。

通过分析和利用这些风险信息，可能选择这样分配测试资源。

● 50%的测试专注于新改的分期付款模块。

● 30%的测试放在应收款模块。

● 15%的测试放在总账模块。

● 5%的测试时间放在应付款模块。

使用基于风险的测试策略不能保证完全没有回归。但是会显著地减少对一个大系统进行的小更改引起的风险。

**说明**

虽然使用基于风险的测试策略也能部分地解决测试人员的思维疲劳问题，因为它通过一些策略性的删减，使测试重复量减少了，但是它不能完全消除这种疲劳思维。因此还需要在测试的适当阶段引入新的测试人员来补充测试，让新加入的测试人员带入新的"空气"。

# 9.8　测试总结和报告

测试人员的工作通常不能像开发人员那样能直接体现出来，被大家直观地看到。开发人员做的是建设性的工作，开发了哪些功能，写了几行代码，设计了几个类，都能直观地看到，最重要的是软件能很鲜活地演示开发人员的工作。

但是测试人员的工作相对隐蔽一点，测试人员做的是破坏性的工作，并且没有很多可以直观地体现测试人员的贡献的东西。笔者曾经听到公司人事部的一位同事说："你们做测试的真好，整天坐在那。"当然这是外行人看内行说的话。但是给笔者的一个启示是：测试人员需要更多地表现自己，展现自己的工作。

**说明**

测试报告是一个展示自己工作的机会。缺陷列表太细了太多了，测试用例有点过于专业，很多人对其不感兴趣。但是测试报告是很多人会看的一份文档。

下面是某个项目的测试报告的纲要：

```
1 简介
1.1 编写目的
1.2 项目背景
1.3 术语和缩略词
1.4 参考资料
2 目标及范围
2.1 测试目的及标准
2.2 测试范围
3 测试过程
3.1 测试内容
3.2 测试时间
3.3 测试环境
3.4 测试方法及测试用例设计
4 测试情况分析
4.1 测试概要情况
4.2 测试用例执行情况
4.3 缺陷情况
4.4 测试覆盖率分析
4.5 产品质量情况分析
5 测试总结
5.1 测试资源消耗情况
5.2 测试经验总结
6 附件
附件 1 测试用例清单
附件 2 缺陷清单
```

## 9.8.1　缺陷分类报告

缺陷分类报告是测试报告的重要组成部分，可以再细分为缺陷类型分布报告、缺陷区域分布报告、缺陷状态分布报告等。

## 9.8.2　缺陷类型分布报告

缺陷类型分布报告主要描述缺陷的类型分布情况，看缺陷主要是哪些类型的错误，这些信息有助于引起开发人员的注意，并分析为什么集中在这种类型。例如，如果缺陷主要是界面类型的，界面提示信息不规范、界面布局凌乱等问题，那么就要讨论看是否需要制定相应的界面规范，让开发人员遵循，从而防止类似问题的出现。

缺陷类型分布报告一般用饼图或柱形图画出。图9.35所示为用饼图表示几种类型的缺陷各占了多少百分比。

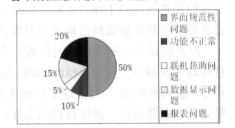

图9.35　缺陷分布报告

## 9.8.3　缺陷区域分布报告

缺陷区域分布报告主要描述缺陷在不同功能模块出现的情况，这些信息有助于开发人员分析为什么缺陷集中出现在某个功能模块，例如，如果缺陷主要集中在单据的审批过程，那么就要分析是否是审批流程调用的工作流接口设计不合理。

缺陷区域分布报告一般使用饼图或柱形图表示。图9.36所示为用柱形图表示缺陷分布在不同的功能模块的个数。

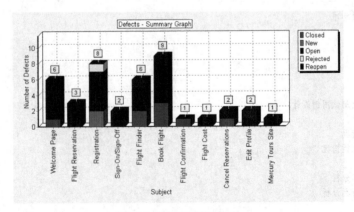

图9.36　缺陷区域分布报告

## 9.8.4　缺陷状态分布报告

缺陷状态分布报告主要描述缺陷中各种状态的比例情况，例如Open、Fixed、Closed、Reopen、

Rejected、Delay 的 Bug 分别占了百分之多少。这些信息有助于评估测试和产品的现状。

● 如果 Open 的 Bug 比例过高，则可能要考虑让开发人员停止开发新功能，先集中精力修改 Bug。

● 如果 Fixed 状态的 Bug 很多，则要考虑让测试人员停止测试新功能，先集中精力做一次回归测试把修改的 Bug 验证完。

● 如果 Closed 的 Bug 居多，则可能意味着功能模块趋于稳定。

● 如果 Reopen 的 Bug 比较多，则需要分析开发人员的开发状态，是什么原因造成缺陷修改不彻底。

● 如果 Rejected 的 Bug 比例过高，则要看开发人员与测试人员是否对需求存在理解上的分歧。

● 如果 Delay 的 Bug 比例过高，则要考虑这个版本是否满足用户的要求，是否缺少了太多应该在这个版本出现的功能特性。

缺陷状态分布报告一般使用饼图或柱形图表示。图 9.37 所示为用饼图表示各种状态的缺陷个数以及所占的百分比。

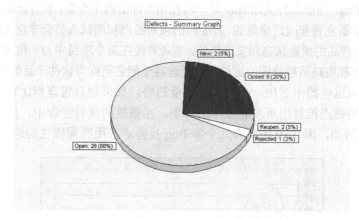

图 9.37　缺陷状态分布报告

**注意**

还有其他的缺陷分类报告可以写到测试报告中，例如，严重级别分类报告、优先级别分类报告、负责人分类报告、发现人分类报告、版本分类报告等。但是要注意用这些分类报告来说明问题，而不要用来指责别人。

## 9.8.5　缺陷趋势报告

缺陷趋势报告主要描述一段时间内的缺陷情况，如果项目管理比较规范，缺陷管理和测试流程比较正常，从缺陷趋势报告还可以估算出软件可发布的日期。

例如，图 9.38 的缺陷趋势图，表示在 2001 年 9 月 3 日到 2001 年 9 月 24 日之间的 Bug 状态变化。

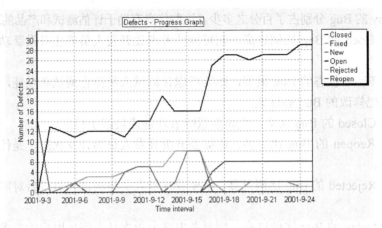

图 9.38　缺陷趋势图

从图 9.38 可以看出，Open 状态的 Bug 在不断地增加，Fixed 状态的 Bug 在 2001 年 9 月 16 日后开始骤然下降，有可能是这段时间开发人员在集中开发新的功能，忽略了 Bug 的修改工作。

发现并录入 Bug，与修改并关闭 Bug 是一对互相对冲的两个变量，软件产品就是在这样的此消彼涨的过程中不断完善和改进质量的。有经验的项目经理和测试人员会非常关注这样的发展曲线，从而判断项目产品的质量状态和发展趋势。笔者曾经在某个项目中与一位项目经理在项目的待发布阶段每天都观察缺陷趋势图，这位项目经理甚至把它笑称为软件产品的"股市"技术图。

但是确实能从这些图中看出一个产品的质量趋势，如果项目管理得比较规范，甚至可以从这些图的某些关键点推算出可发布版本的日期。在微软的项目管理中，把这种关键点称为零 Bug 反弹点。例如，图 9.39 中就有几个零 Bug 反弹点（用圆圈圈住的地方）。

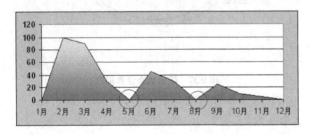

图 9.39　零 Bug 反弹

项目在第一次达到零缺陷，即所有 Bug（或者大部分 Bug）都基本处理掉了，没有发现新的 Bug 时，还不能马上发布版本。因为 Bug 会反弹，由于缺陷的"隐蔽特性"和"免疫特性"，第一个零缺陷点是一个质量安全的假象，测试人员很快就会在新版本中发现更多的 Bug，有些项目甚至要到了第三个或第四个零 Bug 点才能安全地发布。这取决于项目的实际控制方式。

### 9.8.6　典型缺陷与 Bug 模式

软件开发有设计模式，测试其实也有模式存在，需要测试人员进行总结和归纳。从经常重复出现的 Bug 中学习，总结出 Bug 模式，用于指导测试，如果开发人员能关注这些 Bug 模式，还能起到预防错误的效果。

要成为典型缺陷，必须满足以下条件。

- 重复出现、经常出现。
- 能代表某种类型的错误。
- 能通过相对固定的测试方法或手段来发现这些错误。

总结这些典型缺陷出现的现象、出现的原因以及测试的方法，就成为一个 Bug 模式。

 **说明**

> Bug 模式根据不同的开发平台、开发工具、开发语言、产品类型、采用的架构等，可以总结出不同的模式，某种模式可能在某些平台、语言、产品类型才会出现。测试人员应该总结适合自己项目产品特点的 Bug 模式。

提炼 Bug 模式的一般步骤如下。

（1）分析缺陷报告，找出经常出现的 Bug 类型。

（2）分析 Bug 的根源，找出 Bug 产生的深层次原因。

（3）分析找到 Bug 的方法，总结如何才能每次都发现这种类型的 Bug。

下面举一个例子来说明这个过程。

首先，测试人员在分析缺陷报告时发现，有一类 Bug 经常出现，并且错误现象一致：执行某功能时提示 Time Out。

测试人员跟程序员一起分析原因，发现这些错误都是发生在操作数据库时，发送的 SQL 语句被数据库长时间执行未返回，因此提示 Time Out，进一步的分析表明，.NET 的 SqlCommand 的 CommandTimeOut 属性是用于获取或设置在终止执行命令的尝试并生成错误之前的等待时间。等待命令执行的时间（以秒为单位）默认为 30 秒。而数据库操作在较大的数据量的情况下一般都需要超过这个时间，因此会提示超时的错误信息。

这样就可以把这种类型的 Bug 归纳为数据库操作超时 Bug 模式。

那么如何才能找出这样的 Bug 呢？一般情况下，这类 Bug 基本上不会出现，只有数据量达到一定的程度才会出现，因此需要设置大批数据，结合性能测试或压力测试来发现此类问题。当然也可以通过白盒的方式，查找程序在使用 SqlCommand 的时候是否合理地设置了 CommandTimeOut 的属性，这样更有针对性地揭露上述的错误。

这样就完成了一个 Bug 模式的归纳、提炼和总结了，如果程序员积极地参与到这个总结和分析的过程中来，则可形成一个良性的反馈，下次程序员在写相同的程序时就会避免类似的错误了。

## 9.8.7　测试中的 PDCA 循环

PDCA 循环是一个放之四海皆准的原则。在软件测试的过程中，也充斥着各种 PDCA 循环。PDCA 循环是一个自我完善和改进的全闭环模型，如图 9.40 所示。对于质量的不断提高和改进非常有效。

在软件测试中应用 PDCA 循环的目的是为了提高测试质量和产品质量。大到整个测试的过程，小到一个测

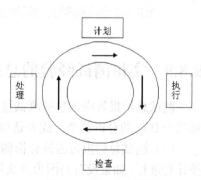

图 9.40　PDCA 循环模型

试执行或者录入一个 Bug，都可以体现 PDCA 的精神。

（1）制订好测试计划，执行测试计划，通过测试执行和结果来检查测试计划制定的合理性，然后分析计划偏离的原因，把总结出来的经验用于指导下一次测试的计划，这样就形成了一个 PDCA 循环过程。

（2）编写一份测试报告或者一个 Bug 也可以应用 PDCA 循环，先策划好报告的主题和内容，打好腹稿，再写下来，写完要检查，看是否准确，是否有错别字，然后提交审核，对提出的意见进行分析，总结写得不好的地方，把总结的经验用于指导下一次报告的编写，这样的过程同样是一个 PDCA。

（3）编写测试用例也是一个 PDCA，计划测试用例的编写方式，先搭建起测试用例的大纲和框架，然后设计和编写测试用例，再自己检查或与同行一起交叉检查，最后通过评审来发现更多的问题，看自己还有哪些没有考虑周全的，设计得不完善的地方，或者通过执行测试用例，发现 Bug，再根据执行的情况和 Bug 的情况来分析测试用例的有效性，把这些总结出来的经验用于指导下一次的测试用例设计。

（4）测试的执行过程则是一个可间接用于改进产品质量和程序员能力的 PDCA 循环。首先开发人员写出代码，策划出拥有一定质量水平的产品，测试人员对产品执行测试，发现 Bug，通过分析 Bug 出现的原因，对开发人员的开发方式做出新的指导，从而避免下一次错误的出现。通过这种方式改进质量，同时也提高了程序员编写高质量代码的能力，把错误遏制在产生的源头地带。

## 9.8.8　客观全面的测试报告

测试需要以一个完美的方式结束，编写一份出色的测试总结报告可为一个完美的测试过程划上一个完美的句号。

一份测试报告应该包括测试的资源使用情况：投入了多少测试人员，多长时间。还应该包括执行了多少测试用例，覆盖了多少功能模块等。

当然少不了对测试对象的缺陷分析，包括共发现了多少缺陷，缺陷的类型主要是哪些，缺陷集中在哪些功能模块，缺陷主要发生在哪几个开发人员的身上。这些信息都是大家关心的，需要及时报告出来，项目经理或 QA 需要根据这些信息做出决策。

报告应该尽可能客观、尽可能全面地反应测试的情况和缺陷的情况。

## 9.8.9　实用测试经验的总结

测试总结报告应该包括测试过程的成功和失败经验。大到测试的过程管理经验，小到具体某个 Bug 的分析总结，或者是与开发人员合作交流的经验，都可以总结出来。

（1）测试总结报告应该分析测试的整个过程，是否合理安排了测试资源，测试进度是否按计划进行，如果没有是因为什么原因，如何避免下次出现类似的问题。风险是如何控制的？出现了什么意外情况？下次能否预计到这些问题？等等。

（2）测试报告还可以包括某些专门类型的测试的经验总结，例如性能测试采用了什么好的方法？碰到的问题是如何解决的？自动化测试脚本如何编写？应该选取哪些功能模块进行自动化测试？等等。

（3）测试总结报告应该包括对测试用例的分析，测试用例的设计经验总结，哪些用例设计得好，能非常有效地发现 Bug，这些总结的东西既对本项目组的测试人员有很好的借鉴作用，对于其他项目组的测试人员也会有很多启发作用。

（4）如果能分析总结出 Bug 模式，那么总结报告还应该包括 Bug 模式的总结。

# 9.9　小结

软件测试过程应该是一个完整的 PDCA 循环。测试不应该在执行完最后一个测试用例后就戛然而止了，应该用一份出色的测试总结报告给这次测试画上一个句号，并且使用这次测试总结出来的经验和教训指导下一次测试的设计和执行。

测试就像进行一场战争，敌人不是开发人员，而是可恶的、狡猾的、隐蔽的 Bug。测试人员应该与开发人员成为亲密的战友，共同对万恶的 Bug 展开一场轰轰烈烈的歼灭战，并且最好能把它们消灭在产生的源头。

# 9.10　新手入门须知

新手往往忽略了需求阶段的测试，需求规格说明书的评审和检查是需求阶段乃至整个软件开发过程最重要的质量环节之一。需要注意把缺陷堵在源头，重在预防错误的出现。

新手往往缺乏检查需求文档的意识，同时也可能缺乏检查需求文档的技巧。需要在实践中不断摸索和积累经验。

对于新手而言，在设计测试用例时，应该从简单有效的方法开始。需要注意的是，不要把测试用例的设计看成是测试用例的编写。测试用例的设计旨在"设计"，重在测试"思想"。为什么有经验的测试人员设计的测试用例往往能发现更多的 Bug？因为这些测试人员从很多的 Bug 中总结出了所谓的"Bug 模式"。

新手一般不重视 Bug 描述的质量，只是一味地强调找到 Bug，没有注意好好地重现一个 Bug、描述一个 Bug、与开发人员沟通一个 Bug。要注意发现最多 Bug 的测试人员未必是最好的测试人员，而能让开发人员修改最多 Bug 的测试人员才是最好的测试人员。

新手一般缺乏编写测试报告的经验和技巧，大部分新手在写测试报告之前都忙着找模板。其实模板只是一个格式上的参考，以及对需要报告哪些内容做出规定，真正要写好一份测试报告，需要从报告的内容出发，把测试的客观情况反映出来，把自己的测试心得体会贡献出来，要能体现出报告的价值，而不是盲目地按照模板来填充内容。

# 9.11　模拟面试问答

本章主要讲了完整的软件测试过程的几个阶段，这些内容也是面试官在面试过程中会重点问到的，因为面试官需要了解您对这些过程的理解程度，对每个阶段工作的内容和工作的方法的了解程度等。读者可利用本章学习到的各种知识来回答面试官提出的问题。

（1）一个完整的测试过程一般包括哪些阶段？

参考答案：一般一个完整的测试过程包括测试需求的分析和测试计划的定义、测试用例的设计、测试环境的搭建、测试执行、缺陷分析和报告、测试总结。

（2）对于需求文档如何进行测试？

参考答案：对于需求文档，应该遵循尽早测试的原则，对需求进行测试。一般地可通过检查需求规格说明书的几个方面来衡量需求规格说明书的质量，包括以下内容。

- 正确性：对照原始需求检查需求规格说明书。
- 必要性：不能回溯到出处的需求项可能是多余的。
- 优先级：恰当划分并标识。
- 明确性：不使用含糊的词汇。
- 可测性：每项需求都必须是可验证的。
- 完整性：不能遗漏必要和必需的信息。
- 一致性：与原始需求一致、内容前后一致。
- 可修改性：良好的组织结构使需求易于修改。

除了通过对照 CheckList 来检查需求文档外，还可以通过编写测试用例这种间接的方式来检验需求的完整性、正确性、可测性等。

（3）如何制订测试计划？

参考答案：软件测试计划是对测试过程的一个整体上的设计。通过收集项目和产品相关的信息，对测试范围、测试风险进行分析，对测试用例、工作量、资源和时间等进行估算，对测试采用的策略、方法、环境、资源、进度等做出合理的安排。因此，测试计划的要点包括以下内容。

- 确定测试范围。
- 制定测试策略。
- 测试资源安排。
- 进度安排。
- 风险及对策。

（4）测试用例的设计一般采用哪些方法？

参考答案：一般常用的测试用例设计方法有等价类划分法、边界值分析法、基本路径分析法、因果图法、场景设计法、错误猜测法。

另外，还有以下几种测试用例设计方法是用于有效减少测试用例个数的，包括正交表法、均匀试验法、组合覆盖法。还可以利用分类树法辅助进行测试用例的设计。

（5）测试分工有什么好处？

参考答案：测试的分工能避免测试人员的思维局限性，即使是同样一个用例，由不同的人来执行，可能发现不同的问题。因为测试用例只是一个测试的指导，即使写得非常详细，仍然有很多空间留给测试人员在真正执行测试的时候去思考。不同的测试人员的思维方式和经验也不一样。因此，合理分工、交叉测试能避免"漏网之鱼"。

（6）测试环境的搭建需要注意哪些方面？

参考答案：根据具体产品特点和需要进行的测试工作，测试环境的搭建可能包括几方面的内容，例如测试数据的准备、测试工具的准备、测试机器和操作系统的准备、安装包的准备、网络环境的搭建、服务器的配置和搭建等。

（7）进入正式的测试之前还有什么工作要做吗？

参考答案：进入正式的测试之前，应该先进行 BVT 测试和冒烟测试，这些测试都通过后才能进入正式的测试。这些测试可以利用一个每日构建平台来自动进行，每天晚上从源代码库获取最新的源代码进行版本编译，编译通过后则运行一些基本的自动化测试用例脚本来验证该版本的程序是基本工作的。这样第二天测试人员过来，就可以直接取版本进行正式的测试了。

（8）您认为应该如何衡量一个 Bug 的质量呢？

参考答案：Bug 的质量除了缺陷本身外，描述这个 Bug 的形式载体也是其中一个衡量的标准。因此还要考虑录入 Bug 的质量，一个合格的 Bug 报告应该包括完整的内容，至少要包括发现问题的版本、问题出现的环境、问题重现的操作步骤、预期行为的描述、观察到的错误行为的描述。

Bug 报告是否正确、清晰、完整直接影响了开发人员修改 Bug 的效率和质量。因此，在报告 Bug 时，需要注意不要出现错别字、不要把几个 Bug 录入到同一个 ID、附上必要的截图和日志文件、在录入完一个 Bug 后自己要读一遍，看语义是否通顺，表达是否清晰。

（9）如何跟踪一个 Bug 的整个生命周期？

参考答案：测试人员应该跟踪一个 Bug 从 Open 到 Closed 的所有状态，Bug 的跟踪以及状态变更应该遵循一些基本原则，例如测试人员对每一个缺陷的修改必须重新取一个包含更改后的代码的新版本进行回归测试，确保相同的问题不再出现，才能关闭缺陷；对于拒绝修改和延迟修改的 Bug，需要经过包含测试人员代表和开发人员代表、用户方面的代表（或代表用户角度的人）的评审。

（10）回归测试需要注意哪些问题？

参考答案：首先应该充分意识到回归测试的必要性，还要明白不可能每次的回归测试都有充分的时间进行，因此必须基于风险来选择需要回归测试的测试用例，充分考虑修改的地方可能造成的影响以及影响的程度，考虑测试的时间，在有限的时间内选择最合适的测试用例进行回归测试。

（11）一般缺陷报告应该报告哪些内容？

参考答案：一般缺陷报告应该包括缺陷分类报告和缺陷趋势报告，缺陷分类报告又可分为缺陷类型分类报告、缺陷区域分类报告、缺陷状态分类报告等。缺陷趋势报告主要描述一段时间内的缺陷情况，如果项目管理比较规范、缺陷管理和测试流程比较正常，从缺陷趋势报告还可以估算出软件可发布的日期。

（12）测试结束后应该做哪些工作？

参考答案：测试结束后应该及时进行测试报告的编写和测试经验的总结。应该客观全面地报告测试的过程、缺陷的情况、软件的质量情况等。还要及时总结测试经验，提炼出一些经常出现的典型的 Bug 类型，总结成 Bug 模式，对于一些能有效发现 Bug 的测试用例也要善于提炼出来，供其他测试人员学习和借鉴。

# 第10章

# 软件测试的度量

测试人员每时每刻都在度量别人的工作成果，而测试人员的工作成果又由谁来度量呢？度量的标准和依据是什么呢？软件测试的度量是测试管理必须仔细思考的问题。缺乏尺度会让测试失去平衡，缺乏标准会让测试工作难以衡量。

本章介绍软件测试的度量目的以及度量的方法。

# 10.1　软件测试度量的目的

度量是指给出一个系统或过程的某些属性的程度方面的测量。软件的度量包括对软件产品自身的测量以及产生软件产品的过程的测量。软件测试的度量则包括对软件测试的产出物以及测试的过程的测量。

当然，由于产品是人生产的，因此对于人的度量也是必不可少的一部分。软件度量与软件测试度量，以及测试人员的度量的关系如图 10.1 所示。

任何度量的行为都是有目的进行的，度量的数据用于说明某些问题。软件测试的度量是为项目质量服务的，选取的度量标准和方法都是为了能让测试进行得更加科学和规范，创造更多的测试价值。

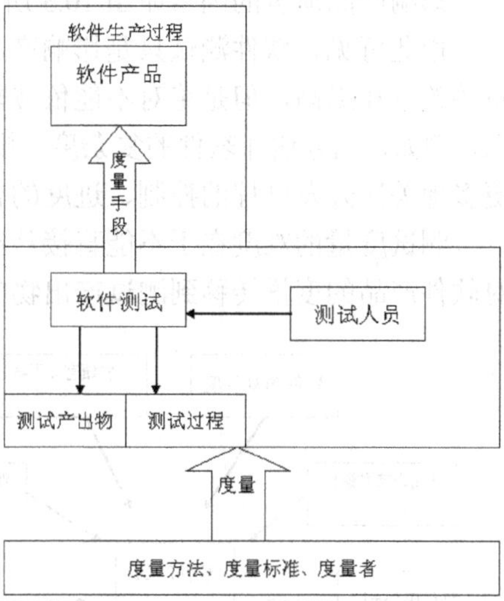

图 10.1　软件测试度量的关系图

## 10.1.1　测试度量的难度

软件测试是用于度量软件质量的一种手段，通过测试发现产品缺陷，从而评估软件的整体质量。那么测试本身的质量如何度量呢？开发人员开发产品、测试人员测试产品，真实可见的是软件产品的质量，软件产品的质量可直接反映开发人员的工作效果。但是能否反映测试人员的工作效果呢？

开发人员、测试人员以及软件产品之间的关系如图 10.2 所示。

关于产品的质量能否直接反映测试人员的工作效果，可以举一个简单的例子。假设 A 项目的研发时间充裕，同时也配备了充足的资源、优秀的设计架构师、优秀的开发人员，并且与顾客能充分地沟通；B 项目则有点窘迫，进度明显很慢，还刚刚走了几个开发人员，剩下的开发人员虽然很负责任，但是明显有些士气低落了。

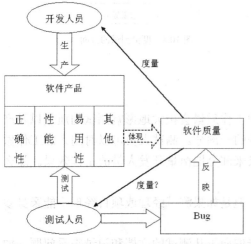

图 10.2　开发人员、测试人员、软件产品之间的关系

那么如果在 A 项目做测试，最终的产品结果不出意外的话，质量过关，受到用户的好评，当然也可以认为测试是其中有功劳的一分子。但是想想在 B 项目做测试的人，是否会有点可怜，因为即使测试人员很努力地加班加点地测

试，可能也是"回天乏术，仰天长叹"。

从这个例子，可以得到两个启示。

（1）测试不能提高质量，软件的质量是固有特性，测试人员只能通过测试来评估产品的质量，产品质量的提高有赖于开发人员的努力。

（2）测试人员的工作效果不能从软件的产品质量或软件的最终结果得到科学的评估。不能用最终产品来决定一个测试是否成功，或者测试人员是否优秀，而要考虑测试过程的更多因素。

影响产品质量的因素如图 10.3 所示。

由此可见，软件测试只是影响产品质量的其中一个因素，软件测试做得不好，会影响质量的改进和提高，但是绝对不能依赖软件测试来提高产品质量，而是要更多地从其他方面投入，例如，充分估计软件的复杂度，投入足够的开发资源、选用合理的体系架构和开发工具，更多地关注开发过程的控制、进度的合理安排、适当的代码评审等。

测试度量的难度在于不能直接从产品的质量反映测试的效果。对于测试的度量，应该从对软件产品的度量转移到测试产出物的度量，以及测试过程的度量，如图 10.4 所示。

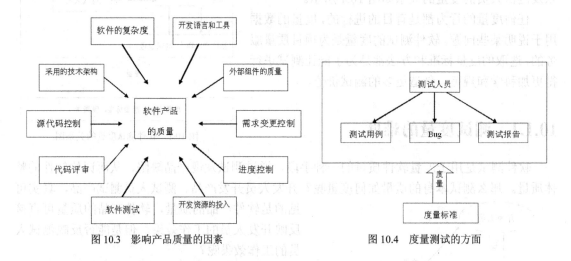

图 10.3　影响产品质量的因素　　　　图 10.4　度量测试的方面

## 10.1.2　测试人员工作质量的鉴定

测试人员是测试过程的核心人物，测试人员的工作质量会极大地影响测试的质量以及产品的质量。对测试人员的度量是测试度量不可缺少的一部分。测试人员可以对别人的工作做出侧面的评价，因为可以通过测试人员的测试结果来部分地衡量开发人员的工作效果。那么谁来对测试人员的工作做出评价呢？

（1）测试经理或项目经理当然是其中之一了，但是如果测试经理或项目经理不能亲身参与到测试工作中，那么评价是否不够全面呢？

（2）QA 也是理所当然的一个，但是 QA 可能偏向于从测试的文档和记录来看问题，如果测试过程中的记录和留证工作做得不够好，这样的评价可能也会有失偏颇。

（3）开发人员是否也能评价测试方面的工作呢？虽然开发和测试看起来有点像一对冤家，但是开发人员的评价还是具备一定的参考意义的，如果开发人员没有被 Bug 困扰得有点神经质的话。

因此，衡量测试人员的工作质量的人应该包括测试人员、测试管理者、开发人员、QA 等人的 360° 的评价，如图 10.5 所示。

图 10.5　测试人员的 360°评价

## 10.1.3　度量的目的

虽然度量起来有困难，但是还是要考虑对测试工作的评价，因为只有进行评价，才能了解到不足，只有清楚了不足之处，才能改进不足，从而提高测试的质量，这就是软件测试度量的目的。

软件测试度量的目的是为了改进软件测试的质量，提高测试效率，改进测试过程的有效性，而不是局限在对测试人员的考核方面。人员考核是另外一方面的内容，不是本文关注的重点，更不是软件测试度量的最终目的。

由度量的目的产生了度量的原则，对测试的度量应该遵循以下原则。

● 要制定明确的度量目标。
● 度量标准的定义应该具有一致性、客观性。
● 度量方法应该尽可能简单、可计算。
● 度量数据的收集应该尽可能自动化。

上面这些原则，具体描述如下。

（1）应该制定明确的度量目标，例如度量测试用例的覆盖率，目标是系统测试的测试用例覆盖率要达到 90%。具有明确的度量目标，才能让测试人员知道努力的方向。

（2）度量标准的定义应该具有一致性、无二义性，任何人对定义的理解都是相同的。只有这样才能确保度量的客观公正。例如，测试覆盖率是指对需求的覆盖，还是指测试用例执行的覆盖程度，对于每一个度量标准要给出计算的公式。

（3）度量的方法应该简单，具有可计算性。尽可能定量地衡量。使用比值、加权等方式科学地简化度量的计算公式。例如给每个缺陷级别一个权值，让缺陷乘上对应的权值来得到测试效果的评价。

（4）度量数据的收集应该是在过程中采集，不要等到要考核时才去翻查数据或推导数据。另外，应该尽量让度量数据的收集自动化，适当使用过程管理工具，让测试人员在项目过程中记录数据，或者让工具帮助自动收集数据。

尽量让度量可以随时进行。例如把缺陷率的统计结合到每日构建框架中，每天都从缺陷库中统计出当前所有 Bug 的数量，以及从源代码配置管理库中统计源代码的代码行数，计算两者的比值。每天都进行缺陷率的统计，让所有人能及时地、直观地看到软件产品的"健康程度"。

一个科学的、客观公正的、高效率的度量模型如图 10.6 所示。

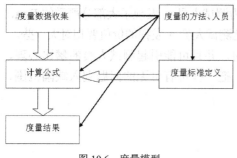

图 10.6　度量模型

# 10.2　软件测试的度量方法及其应用

软件测试的度量方法有很多，根据测试的产出物的不同需要定义不同的度量方法。对测试人员的度量则要考虑更多的因素。

**技巧**

一个好的度量方法能激发测试人员的工作激情，让测试人员找到测试的成就感。

## 10.2.1　Bug 的数量能说明什么

Bug 的数量能说明什么问题呢？对于这个问题的思考确实存在一些矛盾心理。用 Bug 数量来考核测试效率，人们很容易受到这个想法的引诱，并且有些公司确实就是用这种方式来衡量测试工作的。但是这是个不科学的方法，同时也是个危险的方法。

## 10.2.2　度量 Bug 的数量

首先，不同的项目存在不同的上下文，Bug 出现的概率受很多因素的影响，尤其受软件设计水平和开发人员质量意识的影响。如果一个很糟糕的设计加上不负责任的开发人员，按照这种衡量测试工作的方式，在这个项目组工作可能成为测试人员的"天堂"，因为可以发现太多的 Bug 了，随时都能碰到。但是，估计没有多少测试人员希望在这种环境下工作，因为它缺乏挑战性。

在一个产品设计的质量很高并且有大批经验丰富的开发人员的项目中工作则是测试人员的"地狱"。因为这些测试人员可能很难发现 Bug，并且花了九牛二虎之力才找到的 Bug，却被人认为太少了。可怜的测试人员要欲哭无泪了。

Bug 的数量不能证明测试人员的能力，但是它是否有一定的参考意义呢？如果把 Bug 的数量加上一些前置条件，则会有一定的说明意义。例如，在同一个项目中，两个测试人员参与同样的测试工作，统计出以下数据：

测试人员 A：发现级别为 1 的缺陷 100 个，级别为 2 的缺陷 150 个，级别为 3 的缺陷 250 个。
测试人员 B：发现级别为 1 的缺陷 10 个，级别为 2 的缺陷 200 个，级别为 3 的缺陷 350 个。

虽然测试人员 B 发现的 Bug 比测试人员 A 要多一些，但是不会认为测试人员 A 比测试人员 B 逊色，甚至可以认为测试人员 A 要更优秀一点，因为测试人员 A 发现了大部分严重的 Bug，修改这些严重的 Bug 对于用户来说是至关重要的，因此测试人员 A 发挥的价值要相对大一些。

仅仅用 Bug 的数量来评估测试的效果是不科学的，并且可能引起测试人员的攀比心理，出现一些重复录入 Bug 的情况，或者为了追求数量，把一些可有可无的问题列入缺陷范围，从而激发测试人员与开发人员之间的矛盾。

## 10.2.3　加权法度量缺陷

正确的做法应该是在 Bug 的数量度量基础上加入两方面的修正。

- 给缺陷加权。
- 度量筛选后的 Bug。

仅仅统计缺陷的个数会忽略了对缺陷的质量的评估，给缺陷加权是指对于每一个 Bug，都赋予一定的权值，从而体现出该 Bug 的质量方面的属性。例如，按缺陷的严重程度分级，然后每一个级别的权值由高到低对应，如图 10.7 所示。

加权能体现缺陷的价值，让测试效果的度量从 Bug 数量的统计转移到对 Bug 价值的计算。例如，某位测试人员 A 在某个项目的测试中发现的缺陷如表 10-1 所示。

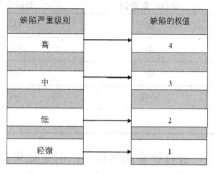

图 10.7　按缺陷严重级别定义权值

表 10-1　　　　　　　　　　　　　测试人员 A 发现的 Bug

| 缺陷严重级别 | 缺 陷 个 数 |
| --- | --- |
| 高 | 100 |
| 中 | 200 |
| 低 | 300 |
| 轻微 | 400 |

而测试人员 B 在该项目中的测试发现的缺陷如表 10-2 所示。

表 10-2　　　　　　　　　　　　　测试人员 B 发现的 Bug

| 缺陷严重级别 | 缺陷个数 |
| --- | --- |
| 高 | 150 |
| 中 | 350 |
| 低 | 300 |
| 轻微 | 200 |

如果想考核两位测试人员的测试效果，也就是说要考核两位测试人员发现的缺陷的价值，可以通过加权的方式进行计算。测试人员 A 的计算结果如表 10-3 所示。

表 10-3　　　　　　　　　　　测试人员 A 的 Bug 价值计算

| 缺陷严重级别 | 缺陷个数 | 权值 | 缺陷价值 |
| --- | --- | --- | --- |
| 高 | 100 | 4 | 400 |
| 中 | 200 | 3 | 600 |
| 低 | 300 | 2 | 600 |
| 轻微 | 400 | 1 | 400 |
| 总计：2000 | | | |

测试人员 B 的计算结果如表 10-4 所示。

可以看出，虽然测试人员 A 与测试人员 B 发现的缺陷总数相等，但是通过加权计算可知缺陷的总体价值却不一样。另外，还可以考虑其他的加权因素，例如缺陷的类型、缺陷发现的及时性、缺陷的重现率等。

表 10-4                  测试人员 B 的 Bug 价值计算

| 缺陷严重级别 | 缺陷个数 | 权值 | 缺陷价值 |
| --- | --- | --- | --- |
| 高 | 150 | 4 | 600 |
| 中 | 350 | 3 | 1050 |
| 低 | 300 | 2 | 600 |
| 轻微 | 200 | 1 | 200 |
| | | 总计：2450 | |

加权计算虽然科学，但是如果基于未加过滤的 Bug 来计算，则会多少有些不公平。例如，不同的测试人员对于 Bug 的严重程度的理解可能存在偏差。解决的办法是制定缺陷级别评估规范，用于指引测试人员进行 Bug 等级的划分。另外，每个缺陷的等级划分应该等到评审，对于不符合划分标准的予以纠正。对于那些经确认拒绝处理的 Bug，也不能纳入统计范围。

通过筛选和加权的缺陷，能真正体现测试效果以及测试人员的贡献，如图 10.8 所示。

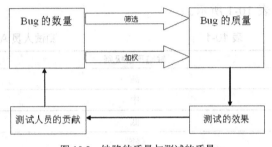

图 10.8   缺陷的质量与测试的质量

## 10.2.4   Bug 的定性评估

除了上面讲的定量的缺陷价值评估外，还可以适当加入定性的评估。定性的评估是指对测试人员发现 Bug 的质量进行相对主观的衡量，可包括以下评价。

- Bug 类型的分布。
- Bug 重现率。
- Bug 录入的清晰程度、简明程度等。
- Bug 的新颖性。

（1）Bug 的类型分布应该比较平均，能涉及多方面、多种类型的 Bug。例如，既有功能性的 Bug、又有性能、易用性方面的 Bug；既有程序异常方面的 Bug，又有业务逻辑方面的 Bug。

（2）大部分的 Bug 应该是可重现的，而且是重现率高的。

（3）录入的 Bug 能清晰地描述、简明易懂，重现步骤精简，没有错别字、语病，描述的 Bug 不会造成误解。

（4）发现的 Bug 与以前的不重复，而且能发现一些以前没有的 Bug 类型和方面，能发现别人没有发现过的 Bug。

## 10.2.5   Bug 综合评价模型

在加入了定性的评估后，可以形成一个如图 10.9 所示的综合评价模型，用来对测试人员发现 Bug 的能力、发现 Bug 的质量等进行综合的评价。

同时，从图 10.9 中还可以得到一些启示，在对测试人员发现的 Bug 进行定量和定性评价的同时，还应该考虑测试过程对缺陷发现率的影响，应该考虑如何规范化测试过程、提高测试人员的素质，从而提高 Bug 的发现率和 Bug 的质量。

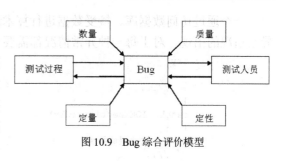

图 10.9　Bug 综合评价模型

## 10.2.6　测试覆盖率统计

统计测试的覆盖率是一种衡量测试工作的方法。因为只有测试充分覆盖了产品的方方面面，才能发现尽可能多的 Bug，才能给项目经理足够的信心去告诉用户放心地使用这个软件产品。

测试覆盖率可分为代码覆盖、功能模块覆盖、需求覆盖等统计方式。

## 10.2.7　代码覆盖率

代码覆盖是指测试执行遍历了代码的哪些区域，测试执行经过的代码行数与总的代码行数的比例。可使用以下公式来计算代码覆盖率：

```
代码覆盖率 = ( 已执行测试的代码行 / 总的代码行 ) * 100%
```

代码覆盖率对于一些在安全性上要求比较高的软件系统来说是非常重要的。代码覆盖率可借助一些工具来进行统计，例如 AQTime、DevPartner、Clover.NET 等。图 10.10 所示为使用 DevPartner 的代码覆盖率统计工具运行程序后的结果。

图 10.10　使用 DevPartner 进行代码覆盖率统计

 **注意**

不能追求过高的代码覆盖率，因为有些代码只有在非常罕见的特殊情况才能出现。

一个通过访问数据库、接受数据进行算术运算后把结果存到文件中的程序可能引发各种异常情况的出现，对于每一种异常情况都需要分别处理，例如：

```
try
{
    //...
}
catch (IOException IOEx)
{
    //I/O 错误的异常
    //...
}
catch (DataException DataEx)
{
    //数据访问异常
    //...
}
catch (ArithmeticException ArEx)
{
    //算术运算异常
    //...
}
catch (DivideByZeroException DivEx)
{
    //除以零时引发的异常
    //...
}
catch (OutOfMemoryException MeryEx)
{
    //没有足够的内存继续执行程序时的异常
    //...
}
```

可以看到，有些异常情况是很难出现的，例如"OutOfMemoryException"，有些异常则不会出现，如果程序代码写得正确，例如"DivideByZeroException"，那么这些异常相对应的处理代码就很可能不会被测试执行到。

**注意**

> 对于代码覆盖率只能作为测试充分程度的参考，因为即使代码覆盖率达到百分之百也很可能是测试不充分的。

例如下面的代码：

```
if( a == 1 || b == 1 )
{
MessageBox.Show("OK!");
}
```

如果变量 a 和 b 是输入参数，那么只要 a 或 b 有一个为 1 就可以覆盖所有代码行，但是其他使用到 a 或 b 的地方则有可能受到不同取值的影响而产生不同的结果。如果仅仅满足于代码覆盖，那么测试是不充分的。

## 10.2.8 功能模块覆盖率

功能模块覆盖是一种比较粗的衡量方式，主要用在系统功能比较多或者包含很多子系统、

子模块的产品,并且通常用在回归测试时衡量测试的覆盖面。计算公式为:

功能模块覆盖率 = ( 已执行测试的功能模块数 / 总的功能模块数 ) * 100%

图 10.11 所示为功能模块覆盖统计的示意图。

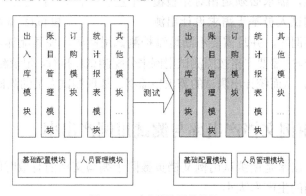

图 10.11　功能模块覆盖统计

假设某个项目包括 7 个主要模块,在某次测试中,测试人员对其中的 3 个模块进行了测试,其他模块未进行测试,则可统计出功能的覆盖率为 3/7,即 42.8%。

在制定功能模块覆盖率的衡量标准时,需要注意系统的各个功能模块之间是有关联的。例如,测试人员在测试库存模块时,可能需要先在基础配置模块中先初始化一些库存信息,而这也就顺带地测试了基础配置模块的一部分功能;另外,有些模块在单元测试中已经详细地测试,并且核心代码已经受控,则没有必要每次都进行详细的测试。因此不能每次都要求很高的功能模块覆盖率。

除了功能模块覆盖率,还有一种覆盖率统计方法是介于代码覆盖率与功能模块覆盖率之间的,叫数据库覆盖率。数据库覆盖率指的是测试人员测试的功能模块对数据库表的访问面积的覆盖率。这种方法只能应用在数据库软件系统的测试覆盖率统计上。统计的方法是在测试过程中跟踪程序访问数据库的操作产生的 SQL 语句。根据 SQL 语句覆盖到的表和存储过程、视图、函数、触发器等数据库对象的面积来统计测试覆盖率。

基于数据库的测试覆盖率计算公式如下:

数据库覆盖率 = ( SQL 语句中出现的数据库对象数 / 数据库总的对象数 ) * 100%

 **注意**

计算数据库覆盖率时需要注意清除数据库中没用的对象,统计应该基于数据库的用户对象,不能包括数据库中的系统对象。

## 10.2.9　需求覆盖率

需求覆盖率是基于需求项的覆盖度量,主要通过分析测试用例的执行情况来衡量对需求的满足程度。计算公式为:

需求覆盖率 = ( 已执行的测试用例数 / 总共设计的测试用例个数 ) * 100%

这种计算方法的前提是测试用例设计比较完善,并且通过了评审,测试用例能很好地体现对各项需求的测试,如图 10.12 所示。

需求覆盖率能较好地体现测试的覆盖率和测试人员的工作效率，但是这种统计方式要求比较规范的测试过程，需求必须是相对完整覆盖用户的要求的，测试人员基于需求设计出测

图 10.12　需求覆盖率

试用例，纳入测试用例库，并且需要不断地维护测试用例库，使其能体现测试的需求。

在测试的执行过程中需要严格按照测试用例来分配测试和执行、记录测试状态。这样才能收集到需要统计的数据，从而统计出测试的需求覆盖率，体现测试人员的测试工作量和工作效率。

## 10.2.10　测试用例文档产出率与测试用例产出率

测试用例文档产出率是用测试用例文档页数除于编写文档的有效时间获得，用于考察测试人员测试用例文档的生产率大小。

公式：Σ测试用例文档页数（页）/Σ编写测试用例文档有效时间（小时）

参考指标：根据项目汇总得出平均在 1.14 页 / 小时左右，高于此值为优，低于此值为差。

作为上述指标值的补充，测试用例产出率用于考察测试人员测试用例产出率大小。测试文档页数可能包含的冗余信息较多，因此要查看文档中测试用例的多少。方法是测试用例文档中测试用例编号总和数除以编写文档的有效时间。

公式：Σ测试用例数（个）/Σ编写测试用例文档有效时间（小时）

参考指标：平均 4.21 个用例/小时。

## 10.2.11　考核测试人员的硬指标和软指标

首先必须清楚，对测试人员的考核不是度量软件测试的目的，而是通过考核测试人员的工作表现来促使测试人员意识到自己的不足，从而改进自己的工作，提高工作效率和有效性，如图 10.13 所示。

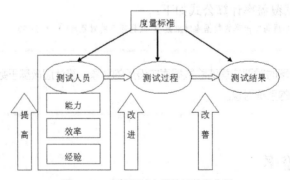

图 10.13　考核测试人员的目的和作用

## 10.2.12　硬指标

缺陷逃逸率是可用于考核的指标之一。缺陷逃逸是指有些缺陷本来应该在测试阶段发现的，由于测试人员的漏测而逃逸到了用户的手中，用户在使用过程中发现的缺陷。

按照软件测试的 Pareto 原则，80%的 Bug 在分析、设计、评审阶段都能被发现和修正，剩下的 16%则需要由系统的软件测试来发现，最后剩下的 4%左右的 Bug 只有在用户长时间的使用过程中才能暴露出来。因此，统计缺陷逃逸率有助于敦促测试人员在测试阶段尽量多地发现 Bug。缺陷逃逸的过程如图 10.14 所示。

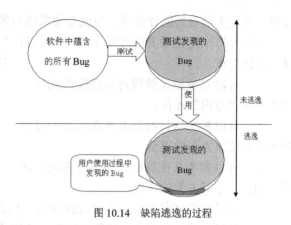

图 10.14　缺陷逃逸的过程

0.5%是一个缺陷逃逸率的经验参考数值，应该按照具体项目的质量要求和对测试的要求来定义一个合理的缺陷逃逸率。缺陷逃逸率的考核公式如下：

缺陷逃逸率 =（ 用户发现的缺陷个数 / 总共出现的缺陷个数 ） * 100%

当然，还可以进一步细化这个公式，把缺陷分级别统计，例如严重级别的缺陷逃逸率不能超过多少，中等级别的缺陷逃逸率不能超过多少，轻微级别的缺陷逃逸率不能超过多少等。

 **注意**

> 缺陷逃逸率始终是一种事后检查，对造成的损失于事无补。如果要防范于未然，还应该考虑更多过程中的考核方法。

如果测试用例设计比较完善，按照测试用例执行测试，还可以用它来衡量测试人员的测试效率。测试效率的考核公式如下：

测试效率 = 执行的测试用例个数 / 测试执行的工作日

**注意**

> 统计测试效率需要注意测试人员的工作日计算，测试人员除了执行测试用例外，还有其他的工作要做，应该统计真正用于测试执行的工作时间。

## 10.2.13　软指标

除了一些可以统计的硬指标可以用于考核测试人员之外，还可以综合其他的软指标来衡量测试人员的工作质量。例如，评价一个测试人员的 Bug 报告和测试报告。通过这些报告，可以看出一个测试人员究竟有没有真正用心去做好测试工作。

（1）如果一个测试人员录入的 Bug 经常被 Rejected，可能要问一下这个测试人员是否存在一些需求上的理解与开发人员的分歧。

（2）如果某个测试人员录入的 Bug 偏向单一的类型，例如，绝大部分是界面上的问题。那么就要看这个测试人员是否存在测试思维上的某些局限，需要进一步地突破和提高。

（3）一个测试人员只有真正认真地投入到测试工作中，才能写出出色的测试报告，写出来的报告应该有充分的各类数据说明某些问题，应该包含很多总结出来的经验教训，能给其他测试人员学习和借鉴，甚至对程序员有很好的指导意义。

（4）其他软指标包括测试主管对其的评价、项目经理对其的评价、其他测试人员对其的评价、开发人员对其的评价等。也就是通常所说的 360° 的评价，如图 10.15 所示。

可参考每个角色对其的评价来综合评估测试人员的工作。

● 可以参考测试经理对其在任务执行、工作效率等方面的评价。

● 可以参考项目经理对其在提供产品质量相关的信息方面的评价。

● 可以参考其他测试人员对其在团队建设、知识共享等方面的评价。

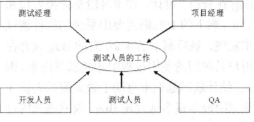

图 10.15　360° 考核和评价

● 可以参考开发人员对其在 Bug 报告、协助调试、沟通等方面的评价。

● 可以参考 QA 对其文档编写情况、流程的遵循情况、质量改进等方面的评价。

## 10.2.14　考核表

综合前面的一些度量方法和评估指标，测试部门可以制定相应的符合自己公司实际情况的考核表，表 10-5 是某公司软件测试部门的测试人员考核表，仅供读者参考。

表 10-5　测试人员考核表

| 姓名： | | | | 日期： |
| --- | --- | --- | --- | --- |
| 序　号 | 考核项目 | 基　准　分 | 自评评分 | 经理评分 |
| 1 | 测试进度 | 15 | 0 | 0 |
| 1.1 | 单元任务测试进度符合程度 | 5 | | |
| 1.2 | 阶段任务测试进度符合程度 | 5 | | |
| 1.3 | 总体任务测试进度符合程度 | 5 | | |
| 2 | 测试质量 | 15 | 0 | 0 |
| 2.1 | 集成测试质量情况 | 5 | | |
| 2.2 | 整合测试质量情况 | 5 | | |
| 2.3 | 阶段测试质量情况 | 5 | | |
| 3 | 合作情况 | 20 | 0 | 0 |
| 3.1 | 和上司沟通情况 | 5 | | |
| 3.2 | 和同事沟通情况 | 5 | | |
| 3.3 | 工作报告情况 | 5 | | |
| 3.4 | 和客户沟通情况 | 5 | | |
| 4 | 需求跟踪情况 | 10 | 0 | 0 |
| 4.1 | 需求分析评审满足情况 | 3 | | |
| 4.2 | 测试与需求符合情况 | 3 | | |
| 4.3 | 需求跟踪达标情况 | 2 | | |
| 4.4 | 客户需求跟踪反馈情况 | 2 | | |
| 5 | 实施情况 | 10 | 0 | 0 |
| 5.1 | 实施计划执行情况 | 5 | | |
| 5.2 | 实施达标情况 | 5 | | |

续表

| 姓名: | | | | 日期: |
|---|---|---|---|---|
| 序　号 | 考 核 项 目 | 基　准　分 | 自 评 评 分 | 经 理 评 分 |
| 6 | 服从项目经理情况 | 10 | 0 | 0 |
| 6.1 | 项目经理交待任务完成情况 | 5 | | |
| 6.2 | 任务汇报情况 | 5 | | |
| 7 | 工作态度 | 10 | | |
| 7.1 | 对客户热情，客户非常满意 | 5 | | |
| 7.2 | 及时响应客户需求 | 5 | | |
| 人事评分 | | | | |
| 8 | 人事考评 | 10 | 0 | |
| | 公司考勤制度执行情况 | 10 | | |
| 9 | 总分/得分 | 100 | 0 | |

## 10.3　小结

把武功秘籍分层、分段、分级，是为了给练武之人一个不断提高自己的台阶，练好了一式再练一式。练武能很好地验证功力所达到的境界，而软件测试所达到的"境界"就不大好评价了。

度量是走向专业化、职业化的成熟表现。无论是 ISO，还是 CMM，都定义了度量方面的指引。例如，CMM 的三级主要解决的问题就是过程的度量、过程分析的量化，从而获得更高的生产率和质量。

考核测试虽然存在一定的难度，但是数据充分、过程规范，还是可以比较科学、客观、公正地进行度量的。

最后需要注意的是度量是要付出代价的，度量需要成本。支持度量的是基础数据的记录和收集，这无疑或多或少地加重了测试人员的工作量，但是它换来的价值是客观的，它促使测试得到不断地改进，它让测试人员的能力得到不断的提高。

因此应该尽量让度量自动化地进行。适当使用工具帮助自己记录和收集数据。在面对流程改进的附加工作要求时，不要消极地应付，而是积极主动地想办法解决，建立更多的自动化过程来帮助解决数据收集、记录、分析统计的工作。

## 10.4　新手入门须知

新入门的测试人员如果能进入一个相对规范的公司进行测试，则可能会感到奇怪，几个 QA 总是提醒测试人员要注意记录和收集一些数据，而这些数据在测试人员的眼中看来没什么价值。

这时就要注意补充自己对软件工程的知识了，QA 们在做的工作是让整个团队的运作更加顺畅，让每个人的工作都能得到客观的体现，让每个人都能发挥更大的价值。

新入门的测试人员进入一个缺乏管理规范的公司时，往往会感到一些困惑。一方面自己在每天度量别人的工作，另一方面，自己的工作却好像没有什么人管。有些测试人员则因此渐渐失去了工作的动力和学习的积极性。

这是非常危险的情况，这也是很多测试人员做了多年的测试仍然缺乏有效的提高和改进的原因。

测试人员应该主动地记录和收集一些数据，尽量让自己的工作可量化地度量，当别人问自己下面的问题时，能自信地、有说服力地回答。

- "你的测试起到了什么作用？"
- "你发现了所有 Bug 吗？"
- "你的测试覆盖了所有需求吗？"
- "你如何改善自己的工作？"

# 10.5　模拟面试问答

本章主要介绍了软件测试的质量度量方法，对于测试管理者而言，会比较关注这些方面的内容，测试人员如果能理解这些度量的方法，无疑对测试管理和测试质量的提高都有好处。面试官们也会比较关注您是否理解这些质量度量方面的知识，是否具备测试质量的意识。读者可利用在本章学习到的知识来问答这些问题。

（1）软件测试的质量如何度量？如何知道测试工作做得好还是不好？

参考答案：测试度量的难度在于不能直接从产品的质量反映测试的效果。对于测试的度量，应该从对软件产品的度量转移到测试产出物的度量，以及测试过程的度量。

可通过测试发现的缺陷来度量测试工作，但是要注意适当地加权计算，例如不同等级的 Bug，权值不一样。还可以通过测试的覆盖率来度量测试的工作，包括对需求的覆盖面、测试用例的执行率、对代码的覆盖率等的统计。

（2）测试度量的目的和原则是什么？

参考答案：软件测试度量的目的是为了改进软件测试的质量，提高测试效率，改进测试过程的有效性，而不是局限在对测试人员的考核方面，人员考核不是软件测试度量的最终目的。

对测试的度量应该遵循一些原则：要制定明确的度量目标，度量标准的定义应该具有一致性、客观性，度量方法应该尽可能简单、可计算，度量数据的收集应该尽可能自动化。

（3）如何对测试人员进行考核？

参考答案：对测试人员的考核可从一些硬性的数据指标来考核，例如，缺陷逃逸率，测试用例的执行效率等。另外还要注意考核测试人员对测试团队的贡献，例如测试知识的共享、交流的积极性、录入 Bug 的质量、测试报告的质量等。可以采用 360° 的考核办法，从开发人员、项目经理、QA 等方面获取对测试人员的综合评价。

（4）测试覆盖率如何统计？

参考答案：统计测试的覆盖率是一种衡量测试工作的方法。因为只有测试充分覆盖了产品的方方面面，才能发现尽可能多的 Bug，才能给项目经理足够的信心去告诉用户放心地使用这个软件产品。

测试覆盖率可分为代码覆盖、功能模块覆盖、需求覆盖等统计方式。代码覆盖是指测试执行遍历了代码的哪些区域，测试执行经过的代码行数与总的代码行数的比例。功能模块覆盖是一种比较粗的衡量方式，主要用在系统功能比较多或者包含很多子系统、子模块的产品，并且通常用在回归测试时衡量测试的覆盖面。需求覆盖率是基于需求项的覆盖度量，主要通过分析测试用例的执行情况来衡量对需求的满足程度。

第 11 章

# 实用软件测试技术

　　软件测试是一门需要不断学习和补充新知识的学科，要想成为一名优秀的测试员就必须像练武之人想成为一名武林高手一样不断研习武艺，博采众家之长，消化吸收后据为己有，这样才能最终称霸武林，并且立于不败之地。

　　本章主要介绍软件测试的各种主要技术，这些技术需要结合到具体的项目和软件中使用，任何抛开具体上下文的软件测试技术都是虚谈。

# 11.1　软件测试技术的发展

　　软件测试是一门从软件开发衍生出来的学科，最早的软件测试雏形就是软件开发中的调试。程序员通过在代码中设置断言、输出值的信息等来判断程序是否正常工作。现在的编程语言依然保留了对这种传统做法的支持。例如在 Visual Studio.NET 2005 中，用 C#可以像下面的代码一样，设置断言来进行程序的调试：

```
private void button1_Click(object sender, EventArgs e)
{

AUTPath = this.richTextBox1.Text;

DeBug.Assert(AUTPath.Length <= 0, "空路径", "被测试程序的路径不能为空！");

DeBug.Assert(Directory.Exists(AUTPath), "路径不存在", "被测试程序的路径不存在！");

//…

}
```

如果没有在输入框中输入任何字符，则会出现如图 11.1 所示的断言失败的提示信息。

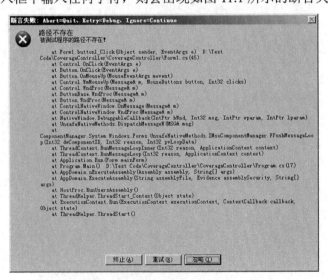

图 11.1　断言失败的提示对话框

　　现在敏捷开发、极限编程极力推崇的单元测试其实是很早的技术，只是以前的单元测试没有现在的很多测试框架支持，需要自己写断言、写驱动函数、桩函数。白盒测试技术也是很早就已经出现的软件测试技术，白盒测试技术对那些不能轻易运行程序来试验的程序有很大的作用。

随着网络的发展，软件从以单机运行的模式过渡到了基于网络的协同工作模式，这促使了新的软件测试技术的出现。性能测试、压力测试变得越来越重要。同样伴随着网络出现的问题是安全问题、黑客问题，因此也促进了安全性测试技术的出现，人们一面开始怀念当年那些只要锁住机器就万事大吉的美好时光，一面寻求更安全的软件应用。安全性测试可以说是给了用户和软件开发商一支"安神剂"。

随着操作系统的发展，各种平台和版本的操作系统不断涌现，给人们带来新的卓越体验的同时，也给软件企业带来了烦恼，因为如果想尽可能让更多的用户使用自己的产品，就需要支持各种各样的使用环境。

今天，软件再也不是只有在大型机器上才有的神秘东西，不仅充斥了个人电脑、网络，近年还基本蔓延到了每个人都拥有的手机。因此，手机的软件测试也由于其特殊性而渐渐地有成为一个分支的趋势。

# 11.2　软件测试技术

在外行人看来，软件测试其实没什么技术可言，甚至有人认为测试无非是摆弄一下软件的功能，只要懂得使用鼠标就足够了。按这种观点来看，测试人员只要练好鼠标移动和精确定位技术、练好键盘输入技术、打字速度足够快就可以了，但这些无疑是不够的。

## 11.2.1　不管黑盒、白盒，找到 Bug 就行

很多测试人员喜欢讨论黑盒测试与白盒测试的区别，也有些测试人员感觉白盒测试很神秘，很高深，自己没有足够的开发技术是不可能进行白盒测试的。

那么什么是黑盒测试，什么是白盒测试呢？

## 11.2.2　黑盒测试

黑盒测试把软件产品当成是一个黑箱，这个黑箱有入口和出口，测试过程中只需要知道往黑箱输入什么东西，知道黑箱会出来什么结果就可以了，不需要了解黑箱里面具体是怎样操作的。这当然很好，因为测试人员不用费神去理解软件里面的具体构成和原理。测试人员只需要像用户一样看待软件产品就行了，如图 11.2 所示。

例如，银行转账系统提供给用户转账的功能，则测试人员在使用黑盒测试方法时，不需要知道转账的具体实现代码是怎样工作的，只需要把自己想象成各

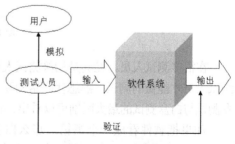

图 11.2　黑盒测试方法

种类型的用户，模拟尽可能多的转账情况来检查这个软件系统能否按要求正常实现转账功能即可。

但是如果仅仅像用户使用和操作软件一样去测试是否足够呢？黑盒测试可能存在一定的风险。例如某个安全性要求比较高的软件系统，开发人员在设计程序时考虑到记录系统日志的必要性，把软件运行过程中的很多信息都记录到了客户端的系统日志中，甚至把软件客户端连接服务

器端的数据库连接请求字符串也记录到了系统日志中，像下面的一段字符串：

```
"Data Source=192.168.100.99;Initial Catalog=AccountDB;User ID=sa;PassWord=123456;
```

那么按照黑盒测试的观点，这是程序内部的行为，用户不会直接操作数据库的连接行为，因此检查系统日志这方面的测试是不会做的。而这明显构成了一个 Bug，尤其对于安全性要求高的软件系统，因为它暴露了后台数据库账号信息。

有人把黑盒测试比喻成中医，做黑盒测试的测试人员应该像一位老中医一样，通过"望、闻、问、切"的方法来判断程序是否"有病"。这比单纯的操作黑箱的方式进了一步，这个比喻给测试人员一个启示，不要简单地看和听，还要积极地去问，积极地去发现、搜索相关的信息。应该综合应用中医看病的各种"技术"和理念来达到找出软件"病症"的目的，具体如下所示。

- "望"：观察软件的行为是否正常。
- "闻"：检查输出的结果是否正确。
- "问"：输入各种信息，结合"望"、"闻"来观察软件的响应。
- "切"：像中医一样给软件"把把脉"，敲击一下软件的某些"关节"。

## 11.2.3　白盒测试

如果把黑盒测试比喻成中医看病，那么白盒测试无疑就是西医看病了。测试人员采用各种仪器设备对软件进行检测，甚至把软件摆上手术台解剖开来看个究竟。白盒测试是一种以理解软件内部结构和程序运行方式为基础的软件测试技术。通常需要跟踪一个输入在程序中经过了哪些函数的处理，这些处理方式是否正确，这个过程如图 11.3 所示。

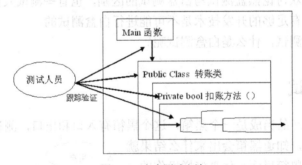

图 11.3　白盒测试方法

在很多测试人员，尤其是初级测试人员看来，白盒测试是一种只有非常了解程序代码的高级测试人员才能做的测试。熟悉代码结构和功能实现的过程当然会对测试有很大的帮助，但是从黑盒测试与白盒测试的最大区别可以看出，有些白盒测试是不需要测试人员懂得每一行程序代码的。

如果把软件看成一个黑箱，那么白盒测试的关键是给测试人员戴上一副 X 光透视眼镜，测试人员通过这副 X 光透视眼镜可以看清楚给软件的输入在这个黑箱中是怎样流转的。

一些测试工具就像医院的检测仪器一样，可以帮助了解程序的内部运转过程。例如，对于一个与 SQL Server 数据库连接的软件系统，可以简单地把程序的作用理解为：把用户输入的数据通过 SQL 命令请求后台数据库，数据库把请求的数据返回给程序的界面层来展示给用户。SQL Server 自带的工具事件探查器则可以说是一个检查 SQL 数据传输的精密仪器。它可以记录软件客户端与服务器数据库之间交互的一举一动，从而让测试人员可以洞悉软件究竟做了哪些动作。

在测试过程中，应该综合应用黑盒测试和白盒测试，按需要采用不同的技术组合。不要用黑盒测试和白盒测试来划分自己属于哪一类测试人员，一个优秀的测试人员应该懂得各种各样的测试技术和找 Bug 的手段。

## 11.2.4　手工测试、自动化测试，一个都不能少

手工测试和自动化测试也是很多测试人员争相讨论的两种测试方法。有人对自动化测试趋之若鹜，也有人对自动化测试嗤之以鼻。在做出如何看待自动化测试的决定之前，首先要对自动化测试有一个清晰的概念。

自动化测试是对手工测试的一种补充，自动化测试不可能完全替代手工测试，因为很多数据的正确性、界面美观、业务逻辑的满足程度等都离不开测试人员的人工判断，而仅仅依赖手工测试的话，则会让测试过于低效，尤其是回归测试的重复工作量对测试人员造成了巨大的压力。

因此，可以得出一个结论：手工测试、自动化测试，一个都不能少。关键是在合适的地方使用合适的测试手段。

## 11.2.5　自动化测试的目的

自动化测试是软件测试发展的一个必然结果。随着软件技术的不断发展，测试工具也得到长足的发展，人们开始利用测试工具来帮助自己做一些重复性的工作。软件测试的一个显著特点是重复性，重复让人产生厌倦的心理，重复使工作量倍增，因此人们想到用工具来解决重复的问题。

很多人一听到自动化测试就联想到基于 GUI 录制回放的自动化功能测试工具，例如 QTP、Robot、WinRunner、Selenium 等。实际上自动化测试技术包括了广泛的方面，包括任何帮助流程的自动流转、替换手工的动作、解决重复性问题、大批量产生内容，从而帮助测试人员进行测试相关工作的技术或工具的使用。

例如，一些测试管理的工具帮助测试人员自动地统计测试结果产生测试报告，编写一些 SQL 语句插入大量数据到某个表，编写脚本让版本编译自动进行，利用多线程技术模拟并发请求，利用工具自动记录和监视程序的行为以及产生的数据，利用工具自动执行界面上的鼠标单击和键盘输入等。

 **注意**

自动化测试的目的是帮助测试，它可能部分地替代手工测试，但是在最近的将来都不可能完全替代测试。

## 11.2.6　手工测试的不可替代性

手工测试有其不可替代的地方，因为人是具有很强智能判断能力的事物，而工具是相对机械、缺乏思维能力的东西。手工测试不可替代的地方至少包括以下几点。

- 测试用例的设计：测试人员的经验和对错误的猜测能力是工具不可替代的。
- 界面和用户体验测试：人类的审美观和心理体验是工具不可模拟的。
- 正确性的检查：人们对是非的判断、逻辑推理能力是工具不具备的。

但是自动化测试有很强的优势，它的优势是借助了计算机的计算能力，可以重复地、不知疲倦地运行，对于数据能进行精确的、大批量的比较，而且不会出错。由此看来，手工测试和自动化测试一个都不能少，而且应该有机结合，充分利用各自的优势，为测试人员寻找Bug 提供各种方法和手段。

**注意**

自动化测试的应用是一个需要详细考虑的问题，尤其是自动化测试工具的引入问题。

不要为了应用工具而进行自动化测试，工具是为了自动化测试而产生的，有些时候工具可能完全失效，因为工具不可能满足和适应所有软件的具体上下文。这时，就需要测试人员自己动手编写程序或脚本来实现自动化了。

## 11.2.7　探索性测试的"技术"

探索性测试可以说是一种测试思维技术，它没有很多实际的测试方法、技术和工具，却是所有测试人员都应该掌握的一种测试思维方式。探索性强调测试人员的主观能动性，抛弃繁复的测试计划和测试用例设计过程，强调在碰到问题时及时改变测试策略。

对探索性测试的最直白的定义是：同时设计测试和执行测试。探索性测试有时候会与即兴测试（ad hoc testing）混淆。即兴测试通常是指临时准备的、即席的 Bug 搜索的测试过程。从定义可以看出，谁都可以做即兴测试。由 Cem Kaner 提出的探索性测试，相比即兴测试是一种精致的、有思想的过程。

在对测试对象进行测试的同时学习测试对象、设计测试，在测试过程中运用获得的关于测试对象的信息设计新的更好的测试。这个有趣的过程如图 11.4 所示。

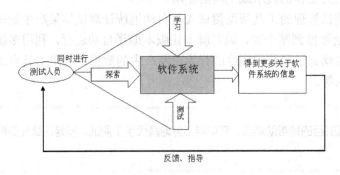

图 11.4　探索性测试

探索性测试强调测试设计和测试执行的同时性，这是相对于传统软件测试过程中严格的"先设计，后执行"来说的。测试人员通过测试来不断学习被测系统，同时把学习到的关于软件系统的更多信息，通过综合的整理和分析，创造出更多的关于测试的主意。

## 11.2.8　探索性测试的基本过程

探索性测试的一个基本过程包括以下内容。

（1）识别出软件系统的目的。

（2）识别出软件系统提供的功能。

（3）识别出软件系统潜在的不稳定的区域。

（4）在探索软件系统的过程中记录下关于软件的信息和问题。

（5）创建一个测试纲要，使用它来执行测试。

**注意**

> 上面的过程是一个循环的过程，并且没有很严格的执行顺序，完全可以先创建测试纲要，执行测试，然后在测试中学习软件系统；也可以先探索一下软件系统的各个区域，然后再列出需要测试的要点。

探索性测试强调创新的测试想法，在测试的过程中不断地出现很多关于测试的新的主意，因此就像一把叉。图 11.5 所示的是一个所谓的"探索叉"（Exploratory Forks）。

探索性测试强调测试过程中要有更多的发散思维，这也是跟传统的测试方式的最大区别。传统测试方式强调设计完善的测试用例，测试人员严格按测试用例执行测试，这多少限制了测试人员的测试思维，测试人员往往缺乏主观能动性。

图 11.6 展示了一个发散思维的过程，探索性测试强调发散，但是不是盲目地发散，在适当的时候还要收敛回来，例如当发现在一个测试的分支路径上已经花了很长时间也没有找到问题的答案，则可以考虑先放弃那个区域的探索，因为有一个主线的测试任务。

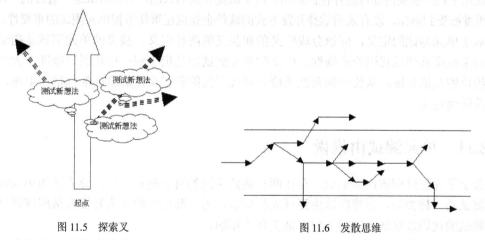

图 11.5　探索叉　　　　　　　　　　　图 11.6　发散思维

探索性测试尤其适合于那些需求不是很明确的测试任务，或者是一名刚刚接手一项新的测试任务的测试人员使用。

## 11.2.9　探索性测试的管理

看起来探索性测试是一种不是很严谨的测试方法，缺乏强的可管理性和度量性。因此，

James Bach 提出了基于任务的测试管理（Session-Based Test Management）。Session-Based 测试管理是用于度量和管理探索性测试的一种方法。

（1）测试人员在采用探索性测试方法的测试过程中，应该及时记录下所谓的"测试故事"，把所有关于测试中学习到的关于软件系统的知识要点、问题和疑问、测试的主意、进行了怎样的测试等相关信息记录下来，然后周期性地与测试组长或其他测试人员基于记录的"测试故事"展开简短的讨论。

（2）测试组长基于这些记录的结果来判断测试的充分性，测试人员通过讨论可以共享学习到的软件系统相关的信息，交流测试的主意，总结出测试的经验，激发更多的测试主意，从而指导下一次测试任务的执行。

在这种方式的测试管理中，测试组长就像一个教练，但是需要参与到测试的实际任务中，指导测试人员测试的方向和重点，提供更多的关于软件系统相关的信息给测试人员，授予测试人员更多的测试技术。

**说明**

未必需要完全采用探索性测试的方法，但是可把探索性测试方式作为传统测试方式的补充，在每一项测试后留下一定的时间给测试人员做探索性的测试，以弥补相对刻板的传统测试方式的不足，并且应该更多地采用探索性测试的思维方式，将其应用在日常测试工作中。

## 11.2.10　单元测试的定义

单元测试是针对软件设计中的最小单位——程序模块进行正确性检验的测试工作。其目的在于发现每个程序模块内部可能存在的差错。由于敏捷开发的兴起，单元测试这个曾经的"昔日黄花"再度被受到追捧。没有采用敏捷开发方式的软件企业也在重新审视单元测试的重要性。

对于单元测试的定义，应该分成广义的和狭义的两种定义。狭义的单元测试是指编写测试代码来验证被测试代码的正确性。广义的单元测试则是指小到一行代码的验证，大到一个功能模块的功能验证，从代码规范性的检查到代码性能和安全性的验证都包括在里面，视单元的范围而定义。

## 11.2.11　单元测试由谁做

关于单元测试应该由谁来做，存在两种截然不同的对立观点。一部分人认为单元测试既然是测试的一种类型，当然应该由测试人员负责；另一部分人则认为开发人员应该通过编写单元测试的代码来保证自己写的程序是正常工作的。

（1）支持单元测试应该由开发人员执行的人认为，单元测试是程序员的基本职责，程序员必须对自己所编写的代码保持认真负责的态度。由程序员来对自己的代码进行测试的代价是最小的，却能换来优厚的回报。在编码过程中考虑测试问题，得到的是更优质的代码，因为这个时候程序员对代码应该做什么了解得最清楚。

如果不这样做，而是一直等到某个模块崩溃，到那时候则可能已经忘记代码是怎样工作的，需要花费更多的时间重新弄清楚代码的思路，而且唤回的理解可能不是那么完整，因此修改的代码往往不会那么彻底。

（2）但是基于程序员不应该测试自己的代码的原则，也有不少人认为单元测试应该由测试人员来做。程序员往往有爱护自己的程序的潜在心理，所以不忍心对程序进行破坏性的测试，另外，程序员往往缺乏像测试人员一样敏锐的测试思维，很难设计出好的测试代码。

 **说明**

> 广义的单元测试不仅仅包括编写测试代码进行单元测试，还包括很多其他的方面，例如代码规范性检查，则完全可以由测试人员借助一些测试工具进行。

## 11.2.12　结对单元测试

关于单元测试应该由谁来完成，两边各持己见，争论了很多年直到极限编程、测试驱动开发模式（TDD）出现了，好像把两边的观点做了一个综合。

TDD 把单元测试的地位提高到了史无前例的最高点，倡导测试先行、用测试驱动开发。测试是最好的设计，在编写代码之前就要把测试想好，这样在编写代码时才胸有成竹。有人举了两个工匠砌墙的例子来说明 TDD。

工匠一的做法：先将一排砖都砌完，再拉上一根水平线，看看哪些砖有问题，再进行调整，如图 11.7 所示。

工匠二的做法：先拉上一根水平线，砌每一块砖时，都与这根水平线进行比较，使得每一块砖都保持水平，如图 11.8 所示。

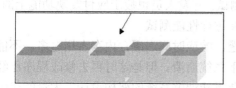

图 11.7　工匠一的做法

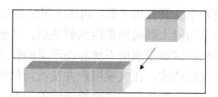

图 11.8　工匠二的做法

一般会认为工匠一浪费时间，然而想想平时在编写程序的时候很多人不也是这样干的吗？

TDD 认为应该尽早进行测试，甚至在代码还没出来之前就先编写测试代码进行测试。如果是这样的话，很明显应该由开发人员进行单元测试了，程序员责无旁贷地要担负起单元测试的职责。

但是反对这样做的人的观点怎么办呢？测试人员应该与开发人员进行结对的单元测试，测试人员的优势是敏锐的测试思维和测试用例设计能力，应该充分利用测试人员的这些优点。一个可行的办法是：把两种观点结合在一起，让测试人员设计测试用例，开发人员编写测试代码实现测试用例，再由测试人员来执行测试用例。也就是让测试人员和开发人员结对进行单元测试，如图 11.9 所示。

开发人员与测试人员在单元测试的过程中必须紧密

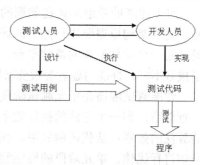

图 11.9　结对单元测试

地合作，一起讨论应该进行哪些测试。测试的思路是怎样的，应该添加哪些测试的数据。

（1）开发人员提供程序设计的思路、具体实现过程、函数的参数等信息给测试人员。

（2）测试人员根据了解到的需求规格、设计规格进行测试用例的设计，指导开发人员按照测试用例进行测试代码的设计。

（3）测试人员运行开发人员编写的测试代码进行单元测试以及结果的收集、分析，或者利用单元测试工具让单元测试代码自动运行。

结对单元测试要求测试人员对需求的把握能力比较强，而且对设计和编码有基本的认识。开发人员在结对单元测试中能更好地按需求进行代码设计，同时也能从测试人员身上学到更多关于测试的知识，提高代码质量意识，以及养成防出错的代码编写习惯。

## 11.2.13　单元级别的性能测试

随着网络的发展，软件也越来越复杂，从独立的单机结构，到 C/S 结构的、B/S 结构的、多层体系架构的，面向服务的（SOA），集成的软件技术也来越来越多，支持的软件用户使用个数也越来越多。一个凸显在人们面前的问题是性能问题。很多软件系统在开发测试时没有任何问题，但是上线不久就崩溃了，原因就是因为缺少了性能方面的验证。

## 11.2.14　性能测试"从小做起"

是否在上线之前进行性能测试就能解决问题呢？不一定，如果性能测试进行得太晚，会带来修改的风险。很多软件系统在设计的时候没有很好地考虑性能问题和优化方案。等到整个软件系统开发出来后，测试人员忙着集成测试，开发人员也疲于应付发现功能上的 Bug，等到所有功能上的问题都得到解决后，才想到要进行性能测试。

性能测试结果表明系统存在严重的性能问题，响应时间迟缓，内存占用过多，不能支持大量的数据请求，在大量用户并发访问的情况下系统崩溃。但是这时再去修改程序已经非常困难了，因为如果要彻底地解决性能问题，需要重新调整系统的架构设计，大量的代码需要重构，程序员已经筋疲力尽，不想再进行代码的调整了，因为调整带来的是大量的编码工作，同时可能引发大量功能上的不稳定和再次出现大量的 Bug。

这给测试人员一个启示，性能测试不应该只是一个后期的测试活动，更不应该是软件系统上线前才进行的"演练"，而是应该贯穿软件的生产过程，如图 11.10 所示。

对于性能的考虑应该在前期的架构设计的时候就开始，对于架构原型要进行充分的评审和验证。因为架构设计是一个软件系统的基础平台，如果基础不好，也就是根基不牢，性能问题就会根深蒂固，后患无穷。

性能测试应该在单元测试阶段就开始。从代码的每一行效率，到一个方法的执行效率，再到一个逻辑实现的算法的效率；从代码的效率，到存储过程的效率，都应该进行优化。单元阶段的性能测试可以从以下几个方面进行考虑。

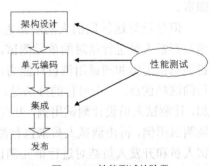

图 11.10　性能测试的阶段

- 代码效率评估。
- 应用单元性能测试工具。
- 数据库优化。

应该注意每一行代码的效率，所谓"积少成多，水滴石穿"，一些看似细小的问题可以经过多次的执行累积成一个大的问题，就是一个量变到质变的过程。例如，在用 C#编写代码的时候，有些程序员喜欢在一个循环体中使用 string 变量来串接字符，类似下面的代码：

```
static void Loop1()
{
        string digits = string.Empty;

        for(int i=0;i<100;i++)
        {
                //累加字符串
                digits+=i.ToString();
        }
        Console.WriteLine(digits);
}
```

这样一段代码其实是低效率的，因为 String 是不可变对象，字符串连接操作并不改变当前字符串，只是创建并返回新的字符串，因此速度慢，尤其是在多次循环中。应该采用 StringBuilder 对象来改善性能，例如下面的代码就会快很多：

```
static void Loop2()
{
    //新建一个 StringBuilder 类
    Stringbuilder digits = new StringBuilder();

    for(int i=0;i<100;i++)
    {
        //通过 StringBuilder 类来累加字符串
        Digits.Append(i.ToString());
    }
    Console.WriteLine(digits.ToString());
}
```

类似的问题有很多，它们的特点是单个问题都很小，但是在一个庞大的系统中，经过多次的调用，问题会逐渐地被放大，直到爆发。这些问题都可以通过代码走查来发现。

> **技巧**
>
> 如果测试人员不熟悉代码怎么办呢？可以借助一些代码标准检查工具，例如 FxCop、.TEST 等，来帮助自动查找类似的问题。

测试人员可以使用一些代码效率测试工具来帮助找出哪些代码或者方法在执行时需要耗费比较长的时间，例如 AQTime 是一款可以计算出每行代码的执行时间的工具。从图 11.11 所示的图中可以看到每一个方法甚至每一行代码的执行时间是多少。这对开发人员在寻找代码层的性能瓶颈时会有很大的帮助作用。

除了代码行效率测试工具外，最近还出现了一些开源的单元级别的性能测试框架，可以像使用 XUnit 这一类的单元测试框架一样，但是不是用于测试单元代码的正确性，而是用于测试函数、方法的性能是否满足要求。例如，NTime 就是这样的一个小工具。

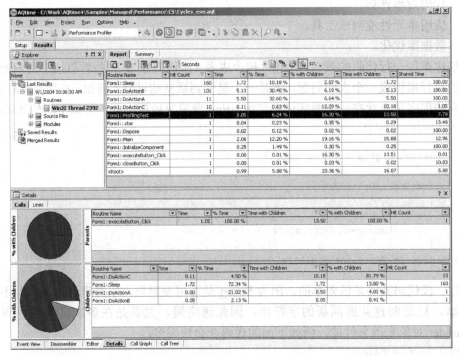

图 11.11　使用 AQTime 寻找低效率的代码行

NTime 可以并发地运行同一个方法多次，看能否达到预期的性能指标。例如，下面的代码使用 NTime 框架启动 2 个线程，在 1 秒钟内并发地执行 MyTest 方法多次：

```
[TimerHitCountTest(98,Threads = 2,Unit = TimePeriod.Second)]
Public void MyTest()
{
        //调用被测试的方法
        MethodToBeTest();
}
```

如果测试结果表明能执行超过 98 次，则认为"MethodToBeTest"方法的性能达标，否则将被视为不满足性能的要求。

## 11.2.15　数据库性能检查

前面讲的都是代码层的性能测试，而目前很多软件系统都需要应用到数据库，数据库也往往成为性能的瓶颈之一。图 11.12 所示的是一个简单 C/S 结构系统可能出现性能瓶颈的地方。

那么测试人员应该如何发现数据库相关的性能问题呢？

首先要分析什么会引起数据库的性能问题，一般来说有两个主要原因，即数据库的设计和SQL 语句。

（1）数据库的设计又分为数据库的参数配置

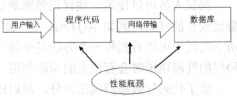

图 11.12　简单 C/S 结构系统可能出现性能瓶颈的地方

和逻辑结构设计，前一种比较好解决，后一种则是测试人员需要关注的，糟糕的表结构设计会导致很差的性能表现。例如没有合理地设置主键和索引则可能导致查询速度大大降低。没有合理地选择数据类型也可能导致排序性能降低。

（2）低效率的 SQL 语句是引起数据库性能问题的主要原因之一。其中又包括程序请求的 SQL 语句和存储过程、函数等 SQL 语句。对于这些语句的优化能大幅度地提高数据库性能，因此是测试人员需要重点关注的对象。

> 可以借助一些工具来帮助找出有性能问题的语句，例如 SQL Best Practices Analyzer、SQL Server 数据库自带的事件探查器和查询分析器、LECCO SQLExpert 等。

## 11.2.16 软件的"极限考验"——压力测试

是否想知道软件系统在某方面的能力可以达到一个怎样的极限呢？软件项目的管理者还有市场人员会尤其关心压力测试（Stress Testing）的结果，想知道软件系统究竟能达到一个怎样的极限。压力测试就是一种验证软件系统极限能力的性能测试。

压力测试与负载测试（Load Testing）的区别在于，负载测试需要进行多次的测试和记录，例如随着并发的虚拟用户数的增加，系统的响应时间、内存使用、CPU 使用情况等方面的变化是怎样的；而压力测试的目的很明确，就是找到系统的极限点，在系统崩溃或与指定的性能指标不符时的点，就是软件系统的极限点，如图 11.13 所示。

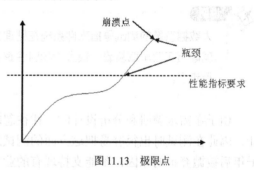

图 11.13 极限点

> 实际上，在做性能测试的过程中不会严格区分这些概念，它们的界限有些模糊。对于测试人员来说，更关心的是如何满足性能需求，如何进行性能测试。

经常碰到性能需求不明确的时候。用户通常不会明确地提出性能需求，在进行需求分析和设计时也通常把性能考虑在后面。即使提出了性能上的要求，也是很模糊的，例如，"不能感觉到明显的延迟"。

对于不明确的性能需求，通常需要进行的不是极限测试，而是负载测试，需要逐级验证系统在每一个数据量和并发量的情况下的性能响应，然后综合分析系统的性能表现形式。

## 11.2.17 软件的容量如何

人们对于性能测试和压力测试的理解往往来源于对网站的体验，例如访问某个网站的页面，10 秒钟还没出来，于是大部分人都选择了放弃。一个关于网站响应时间对用户的影响的调查结果显示如图 11.14 所示。

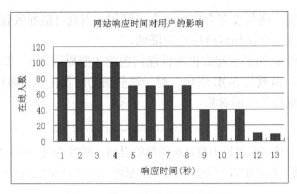

图 11.14　网站响应时间对用户的影响

　　根据图 11.14 所示的结果表明，响应时间在 4 秒以内，大部分用户可以接受，4～9 秒以内，30%用户选择离开，8～9 秒，则有 60%的用户选择离开，超过 10 秒，则 90%以上的用户选择离开。

　　B/S 结构的软件系统的性能问题往往是由于不能支持大量的并发用户造成的，因此在很多人的眼里，性能测试就是模拟并发量的测试，于是一提起性能测试首先是去找 LoadRunner 之类的工具。但是忽略了性能测试的另外一个重要方面，即大数据容量的测试。

 **说明**

　　大数据容量的测试是指软件系统在处理大数据量或者是加载了大批量数据时的性能表现。就像货车空车或装载比较少货物时会跑得比较快，在装载了比较多的货物时则只能慢速地行走了。

　　由于在需求调研和分析设计时，往往忽略了对用户若干年后的数据量和业务单据量的估计，因此在测试时也很容易把这方面的测试忽略掉。这也是为什么一些业务系统在使用了若干年后被抛弃掉的原因，不能支持现有的业务量处理能力。因此要考虑软件的大数据容量测试，尤其是对于那些会随着软件系统的持续使用而增加大量数据的业务系统。大数据容量测试的过程可以参考图 11.15 所示的步骤。

　　在生成大批量数据之前，首先需要估算一下软件系统将来使用的业务数据量。

**技巧**

　　大数据容量测试的关键点是模拟大批量的用户业务数据，因此首先要估算好用户若干年后可能出现的最大数据量。

　　业务数据量不能凭空估算，最好能与用户一起研究业务的发展情况，充分估计可能出现的业务量和单据量。除了估算业务量，还要看哪些功能操作是比较频繁使用的，哪些功能操作是不常使用的，以便性能测试和调优有重点地进行。

　　如果某些功能操作是用户经常使用的，就要求响应时间更短些；如果某些功能操作是用户不常用的，例如一些年度统计报表，虽然数据量大，可能导致查询统计的时间比较长，但是因为执行的次数不多，所以即使运行时间比较长也不会对用户造成太大的困扰。

　　在估算好数据量后，下一步就是用各种手段来模拟生成业务数据量。找出需要进行大数据量性能测试的功能模块，然后分析该功能模块用到了什么数据库表，然后往这些表插入估算的数据量的业务数据，如图 11.16 所示。

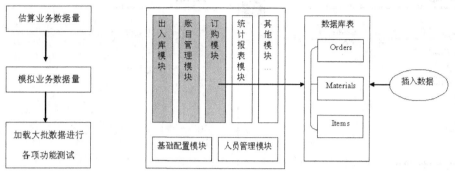

图 11.15　大数据量性能测试的步骤　　　　图 11.16　往功能模块对应的数据表插入数据

 **技巧**

模拟大批量的数据可以采用一些数据生成工具，例如 DataFactory 等，也可以自己编写 SQL 语句插入数据库表或者编写程序产生大批数据。

下面以 DataFactory 5.6 为例，简单介绍一下用 DataFactory 生成大批量数据的过程。

（1）首先选择需要插入数据的数据库类型，如图 11.17 所示。

（2）在这个界面中单击"下一步"按钮，出现如图 11.18 所示的界面。

图 11.17　选择数据库类型　　　　　　　图 11.18　配置数据库连接

（3）在这个界面中指定数据库连接的账号，单击"下一步"按钮，则出现如图 11.19 所示的界面。

（4）在这个界面中，选择需要插入数据的表，然后单击"下一步"按钮，则出现如图 11.20 所示的界面。

（5）在这里，给即将生成的数据输入一个名称，然后单击"下一步"按钮，则出现如图 11.21 所示的界面。

（6）这个界面提示设置完成，单击"完成"按钮，确认各项设置，则出现如图 11.22 所示的界面。

图 11.19　指定需要插入数据的表　　　　　　图 11.20　指定生成数据的名称

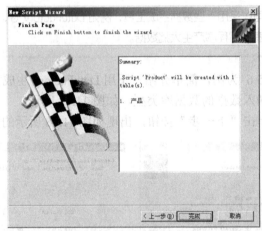

图 11.21　设置完成

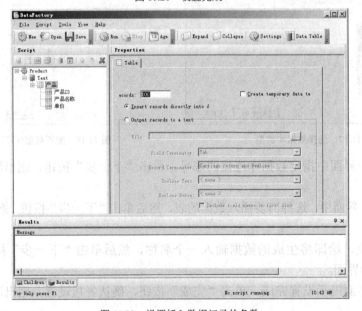

图 11.22　设置插入数据记录的条数

（7）在这个界面中，选择需要插入数据的表格节点，指定即将插入的数据行数。选择表格节点下的字段节点，则出现如图 11.23 所示的界面。

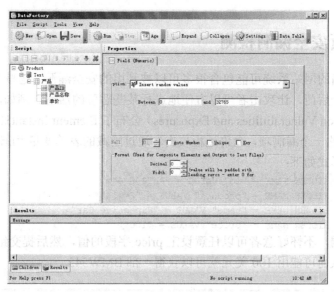

图 11.23　设置字段数据生成的规则

（8）在字段节点的属性界面可设置字段数据的生成规则，把所有字段都设置完毕后，在工具栏中单击"Run"按钮，DataFactory 就会自动按照设置的要求生成数据，生成完毕后，出现如图 11.24 所示的对话框。

图 11.24　数据生成完毕

> 生成的数据应该尽量真实地模拟用户业务数据，而不仅仅是数据量上的模拟。

有些测试人员在生成一个库存表时，把每条记录中的备注字段的数据都填满（而这个备注字段是一个长度为 500 的 varchar 类型），因为数据的失真而造成了虚假的性能问题，用户在实际使用中很少会填写这个字段的内容，即使填写也不可能每个都填满 500 的长度。

在生成了大批量的数据后，接下来需要把这些数据加载到软件系统进行功能测试。在准备好数据后应该执行所有的功能，找出响应时间明显迟缓的功能操作，同时在执行功能的时候应该监视和记录客户端和服务器的内存使用情况、CPU 使用情况、网络传输量和速度、数据库的性能参数等。

## 11.2.18　安全性测试

是否还记得个人电脑 286、386 的时代？那时候的部分机器会随机附送一个钥匙，它是用来打开锁住计算机开关的。伴随着网络出现的问题是安全问题、黑客问题，仅仅锁住电脑或者关掉电源就万事大吉的时代一去不复返了。人们在上网的时候经常担心病毒、黑客。B2B、B2C 等网上交易、电子商务也因为安全的原因发展速度不快。

安全性测试是一个迫切需要进行的测试，测试人员需要像一个黑客一样攻击软件系统，找到软件系统包含的安全漏洞。

## 11.2.19　网页安全漏洞检测

一些设计不当的网站系统可能包含很多可以被利用的安全漏洞，这些安全漏洞如同给远程攻击者开了一个后门，让攻击者可以方便地进行某些恶意的活动。例如，公共漏洞和披露网站 CVE（Common Vulnerabilities and Exposures）公布了 Element InstantShop 中的 Web 网页 add_2_basket.asp 的一个漏洞项，允许远程攻击者通过隐藏的表单变量"price"来修改价格信息。这个表单的形式如下：

```
<INPUT TYPE = HIDDEN NAME = "id" VALUE = "AUTO0034">
<INPUT TYPE = HIDDEN NAME = "product" VALUE = "BMW545">
<INPUT TYPE = HIDDEN NAME = "name" VALUE = "Expensive Car">
<INPUT TYPE = HIDDEN NAME = "price" VALUE = "100">
```

利用这个漏洞，不怀好意者可以任意设定 price 字段的值，然后提交给 InstantShop 网站的后台服务器，从而可能用 100 美元就可以获得一部 BMW545。

 **技巧**

> 发现类似的安全漏洞的最好方法是进行代码审查。除了代码审查，测试人员还可以利用一些测试工具进行检查，例如，Paessler Site Inspector、Web Developer 等。

## 11.2.20　SQL 注入

SQL 注入是另外一个经常忽略的安全漏洞，但是 SQL 注入同时也是一种非常普遍的代码漏洞，它会导致数据库端的敏感数据泄露，或者服务器受到黑客的控制。例如，下面的一段代码就存在 SQL 语句的注入漏洞：

```
SqlConnection sqlcon = sqlconnA;

//打开连接
sqlcon.Open();

//组合一条查询语句
SqlCommand cmd = "select count(*) from User where LogonName = '" + this.textBox1.
Text +"' and Password = '"+this.textBox2.Text;

SqlDataAdapter adpt = new SqlDataAdapter(cmd, sqlcon);

DataSet ds = new DataSet();
adpt.Fill(ds);
//关闭连接
sqlcon.Close();

//如果返回数据不为空，则验证通过
If(ds.Tables[0].Rows.Count>0)
{
   retuen true;
}
```

```
            else
            {
              Return false;
            }
```

这段代码从 textBox1 获得用户输入的用户名，从 textBox2 获得用户输入的密码，然后执行数据库查询动作。假设在 textBox1 的输入框输入一个已知的用户名，然后再做一些手脚，则可以不输入密码登录系统。这个字符串利用了 SQL Server 对单引号的处理方式，只要简单地组合成类似下面的字符串并输入到 textBox1 的输入框中即可：

```
Admin' or '1' = '1
```

这样就可以利用已知的 Admin 账号，不输入密码登录系统。因为给预期的 SQL 语句注入了额外的语句，所以实际上提交到 SQL Server 数据库执行的语句变成了如下所示的语句：

```
select count(*) from user where LogonName = 'Admin' or '1'='1' and Password=''
```

由于 1=1 是恒等的，因此返回的结果肯定为真，从而干扰了用户信息的正常验证，导致能绕过密码验证而登录系统。

> 检查是否存在 SQL 语句注入漏洞的最好办法是代码审查，看所有涉及 SQL 语句提交的地方，是否正确处理了用户输入的字符串。

## 11.2.21　缓冲区溢出

不仅仅是联上互联网的软件系统才会有安全问题，个人软件系统或公司内部的软件系统也存在安全问题，这些安全问题不会导致信用卡密码的泄露，但是可能导致工作成果的丢失。如果软件系统是采用 C 语言这类容易产生缓冲区溢出漏洞的语言开发，那么作为测试人员就要注意检查可能造成系统崩溃的安全问题了。

例如，下面的两行 C 语言代码就可能造成缓冲区的溢出问题：

```
char buf[20];
gets(buf);
```

如果使用 gets 函数来从 stdin 读入数据，则可能出现缓冲区溢出的问题，示例代码如下：

```
char buf[20];
char prefix[] = "http://";
strcpy(buf,prefix);
strncat(buf,path,sizeof(buf));
```

这里问题出现在 sizeof 的参数不应该是整个 buf 的大小，而是 buf 的剩余空间大小。

> 测试人员需要对每一个用户可能输入的地方尝试不同长度的数据输入，以验证程序在各种情况下正确地处理了用户的输入数据，而不会导致异常或溢出问题。或者通过代码审查来发现这些问题。还可以利用一些工具来帮助检查这类问题，例如 AppVerifier 等。

## 11.2.22　安装测试

现在的软件系统很多都通过安装包的方式发布。用户通过安装包安装软件系统。安装包在安装的过程中就把很多参数和需要配置的东西设置好，用户安装好软件就可以马上使用。

安装测试需要注意以下几点。

（1）安装过程是否是必要的：有些软件系统根本不需要在安装过程中设置什么参数，不需要收集用户计算机的相关信息，并且软件不存在注册问题，软件系统是为某些用户定制开发的，则这些软件系统的安装过程是不必要的。

（2）安装过程：安装过程是否在正确的地方写入了正确的内容？安装之前是否需要什么必备组件，如果缺少了这些组件是否能提示用户先安装哪些组件？能否自动替用户安装？安装过程的提示信息是否清晰，能否指导用户做出正确的选择？安装过程是否能在所有支持的操作系统环境下顺利进行？

（3）卸载：能否进行卸载？卸载是否为用户保存了必要的数据？卸载是否彻底删除了一些不必要的内容？卸载后是否能进行再次安装？

（4）升级安装：如果是升级安装的话，是否考虑到了用户旧系统的兼容性，尤其是旧数据的兼容性。

（5）安装后的第一次运行：安装后的第一次运行是否成功？第一次运行是否需要用户设置很多不必要的东西？

（6）利用工具辅助测试：安装测试可以利用一些工具辅助进行，例如，InstallWatch 可用于跟踪安装过程中产生的所有文件和对注册表进行的修改。

DevPartner 的 System Comparison 工具则可以创建系统的某个时间点的快照，还可以将两个快照文件进行对比，找出不同的地方，这在安装测试过程中也非常有用，可以清楚地知道安装前和安装后操作系统的不同之处。下面简要介绍一下 System Comparison 工具的使用过程。

（1）首先打开 System Comparison，如图 11.25 所示。

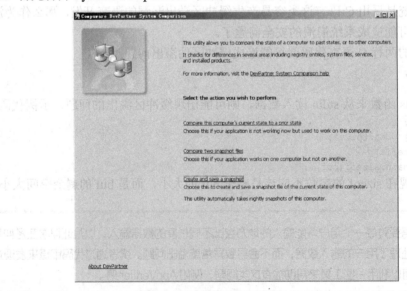

图 11.25　打开 System Comparison 工具

（2）选择对当前操作系统拍一个"快照"，把系统的信息保存起来。在这个界面中选择"Create and Save a snapshot"选项，则出现如图 11.26 所示的界面。

（3）在这个界面中选择需要保存"快照"文件的目录，然后单击"确定"按钮。System

Comparison 就会自动开始收集操作系统的信息，出现如图 11.27 所示的界面。收集完操作系统信息后，则会出现如图 11.28 所示的界面。

图 11.26　选择保存"快照"文件的路径

图 11.27　收集操作系统信息

（4）完成后，测试人员就可以进行一些其他操作，例如运行安装包，或卸载程序，运行完后重复刚才的步骤再次获得一个操作系统的"快照"文件。这样就可以利用两个"快照"文件之间的差异来判断安装或卸载程序是否正确地修改了操作系统的相关信息。

（5）在如图 11.25 所示的界面中选择"Compare tow snapshot files"按钮，则出现如图 11.29 所示的界面。

图 11.28　"快照"完成

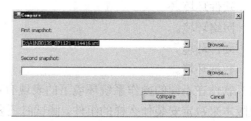

图 11.29　比较两个"快照"文件

（6）在这个界面中，选择需要比较的两个"快照"文件，然后单击"Compare"按钮，则会分析两个文件之间的区别，然后得出如图 11.30 所示的结果。

图 11.30　比较的结果

（7）从结果中可以看出，在操作系统的 System32 目录下，有几个系统文件的版本改变了。通过这种方式，测试人员可以轻松地检查安装过程修改文件的正确性。

## 11.2.23 环境测试

有人戏称微软的某些测试工程师为"八爪鱼"，因为这些工程师的工作台上会摆满很多机器，测试工程师在同时操作着这些机器。其实很多时候是在进行环境测试，验证在不同的机器环境下软件系统是否正常工作。环境测试，也有人叫兼容性测试、配置测试等，是指测试软件系统在不同的环境下是否仍然能正常使用。

软件系统往往在开发和测试环境中运行正常，但是到了用户的使用环境则会出现很多意想不到的问题。因为现在的用户一般不会仅仅使用一个软件系统，可能会同时运行多个软件系统。而且不同的用户有不同的使用习惯和喜好，会安装各种各样的其他软件系统。这些都可能会造成软件发布后出现很多兼容性的问题，以及一些与特定环境设置有关的问题。

软件系统的应用环境越来越复杂，现在的软件系统一般涉及以下几方面的环境。

- 操作系统环境。
- 软件环境。
- 网络环境。
- 硬件环境。
- 数据环境。

（1）软件在不同的操作系统环境下的表现有可能不一样。安装包可能需要判断不同的操作系统版本来决定安装什么样的组件。测试时还要注意即使是同一个版本的操作系统，SP 的版本不一样也可能会有所区别。

（2）软件环境包括被测试软件系统调用的软件，或与其一起出现的常见软件。例如，有些软件需要调用 Office 的功能；一些特定的输入法软件也可能导致问题的出现。例如，通过 DevPartner 的覆盖率分析工具的命令行来启动一个.NET 的程序，再使用 TestComplete 进行录制，回放时遇到 TextBox 控件输入的地方则输入不了中文字符。这种就是典型的两个软件之间的兼容性问题。

（3）对网络环境的测试是指采用的网络协议和结构不一样时软件系统能否适应。最简单直接的测试方法是拔掉网线，模拟断网的情况，看软件系统是否出现异常，能否正确提示用户。

（4）对硬件环境的测试一般与性能测试结合在一起，包括检查软件系统在不同的内存空间和 CPU 速度下的表现。或者有些软件需要操作外部硬件，如打印机、扫描仪、指纹仪等，需要测试对一些主流产品的支持。

（5）有些软件系统需要导入用户提供的一些真实的基础数据，作为后续系统使用的基础，对于这些类型的软件系统应该在发布之前进行至少一次的加载用户数据后的全面功能测试。

 **技巧**

环境测试一般使用组合覆盖测试技术进行测试用例的设计。

例如某个软件系统需要运行在下面的环境中。

- 操作系统：Windows 8.1 或 Windows 2008。
- Office 版本：Office 2007 或 Office 2010。
- 内存配置：1GB 或 2GB。

如果全覆盖，则需要执行 2×2×2=8 项测试，如果没有足够的时间做这么多次的测试，则可以利用正交表法或成对组合覆盖等方法减少测试次数。

# 11.3 实用软件测试技术的综合应用

前面章节介绍的都是基本的测试技术，需要在具体的项目和产品环境中综合使用多种方法和技术进行软件产品的测试。下面介绍一下在很多实际的应用类型和测试类型中如何综合应用这些测试技术。

## 11.3.1 跟踪法测试

跟踪法测试技术是一种介于黑盒测试和白盒测试之间的测试技术，也可以把它叫作"灰盒测试技术"。跟踪法测试技术的要点是跟踪程序的运转过程，特别是输入数据的流转过程。例如，用户在界面输入一个数据，软件系统把它转换成一定的格式后发往服务器，服务器处理完请求后返回数据给客户端，在客户端的界面展示给用户。

对于这样一个过程，可以把它跟踪起来，看每一步是否正确。跟踪法测试技术没有像白盒测试方法一样剖开程序来分析它的结构，但是又不像黑盒测试方法一样只管输入和输出，跟踪法测试技术关心中间的一些环节是否也是正确的。

## 11.3.2 跟踪法的典型应用

跟踪法测试技术的典型应用包括以下 3 方面。

- 跟踪 SQL 语句。
- 跟踪网络 Socket 包。
- 跟踪日志。

（1）跟踪 SQL 语句：可以简单地把需要与数据库打交道的软件系统理解成软件把用户的输入组合拼凑成一条条的 SQL 语句提交给数据库处理，如图 11.31 所示。

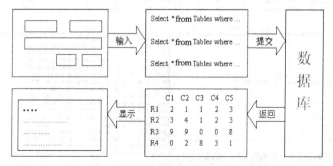

图 11.31　简单数据库应用的原理

由此可见如何正确地把用户的输入组合转换成 SQL 语句，然后正确地发送到数据库，再正确地接收数据库返回的数据，正确地在界面中显示出来，是这一类型软件的主要工作。因此跟踪 SQL 语句的过程是否正确就显得非常重要了。

因此需要把这个数据的输入、提交过程跟踪起来，而跟踪的关键是截获 SQL 语句。如果软件系统使用的是 SQL Server，可以用事件探查器来截获 SQL 语句。例如，图 11.32 是一个截获了应用程序提交的 SQL 语句的界面。

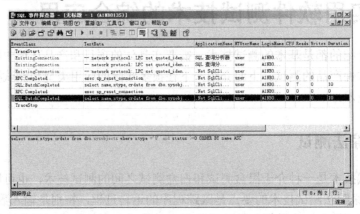

图 11.32　SQL 事件探查器跟踪提交到数据库的语句

> **注意**
>
> 需要结合数据库的设计来检查这些 SQL 语句是否操作的是正确的数据库表、存储过程和函数。因此需要测试人员了解数据库的设计和具备一定的 SQL 脚本的阅读能力。

（2）跟踪网络 Socket 包：有些系统采用了自定义的通信协议，可以使用一些网络监视工具来截获网络 Socket 包，然后看这些通信的内容和格式是否正确。例如，图 11.33 所示的是利用工具 SockMon 截获的 Socket 包。

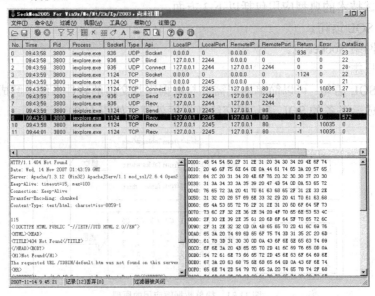

图 11.33　SockMon 的 Socket 包截获功能

（3）跟踪日志：很多系统会把一些操作错误信息和异常信息记录在日志中。写日志的目的一般有两个，一个是方便用户追溯软件系统的操作历史，另一个是方便后期软件维护的问题诊断和定位。如果忽略了对这些日志的跟踪可能导致一些错误很长时间才被发现。

图 11.34 所示为某个应用程序记录在 Windows 操作系统日志中的一个错误，可以通过 Windows 的事件查看器来查看程序记录了什么内容。

双击选中的日志，则出现如图 11.35 所示的界面。

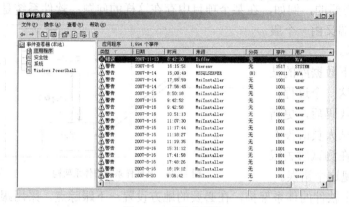

图 11.34　事件查看器　　　　　　　　　　　　　图 11.35　事件属性

在界面中显示了详细的事件描述信息，包括错误发生的函数调用序列。

日志跟踪测试需要注意以下方面的检查。

● 该写日志的地方是否有写日志。

● 日志是否妥当地标识、分类，是否易于查找。

● 是否出现不该写的日志。

检查软件系统是否在应该写日志的地方写了日志，例如，按设计的要求，所有程序发生异常的地方都要写日志，那么就要检查，当异常出现时，在日志中是否多了异常信息的记录。

检查日志是否记录得规范，例如是否准确记录事件的来源？是否正确地标识了事件的类型（是否把操作信息标识成了错误类型）？

还要注意检查日志是否暴露了不该出现的信息，例如下面的日志则暴露了敏感的业务数据信息：

XX 材料在 2 号货架上库存不足，现在库存为 20。

而下面的日志则暴露了数据库密码：

无法连接数据库：Data Source=192.168.100.1;Initial Catalog = t_common User ID = sa;Password=abcd
A connection was successfully established with the server , but then an error occurred during
the login process.(provider: TCP Provider , error: 0 - 远程主机强迫关闭了一个现有的连接。)

## 11.3.3　跟踪法测试的好处

跟踪法测试技术能及时发现问题，从而节省一些测试的时间，例如，在检查截获的 SQL 语句时可能就已经发现了问题，而不用重复地在界面上操作很多繁琐的步骤、设计很多输入的组合、综合几个界面上的功能操作才找出相同的错误。

跟踪法测试技术能发现一些隐蔽的问题。例如，有些系统的数据库设计比较混乱，相类似的数据库表或函数比较多，不仅名称相似，结构也很类似，程序员容易查询到错误的表或调用错误的存储过程，甚至使用了一些已经过时的、被废弃的表。而这些操作的结果有可能在测试人员的黑盒测试中是很难发现错误的。

## 11.3.4　跟踪法测试的必要性

跟踪法测试技术甚至是非常必要的，例如，在某个项目中存在这样的问题：软件系统是一个 C/S 结构的软件系统，服务端又由一个服务和数据库组成，如图 11.36 所示。

服务会每隔一段时间更新一下数据库的某些数据。但是测试人员漏了跟踪这一个过程，在某天开发人员重构了一下服务代码后，更新的动作不再成功执行了，但是测试人员既没有去检查服务器端的日志，也没有在测试时去跟踪这个更新过程，导致很晚才发现这个错误。

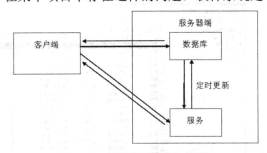

图 11.36　某软件系统的体系架构

如果测试人员能了解一下这个软件的体系架构，在必要的地方设置一下跟踪点，采用跟踪法进行测试，就会避免很多测试的遗漏了。

## 11.3.5　C/S 结构软件系统的测试

C/S 结构的软件系统是一般的应用型业务系统、MIS 系统经常采用的系统架构。而 B/S 结构的软件系统则更多地面向广大互联网用户。最简单的 C/S 结构系统是物理上只有两层的架构，客户端直接访问服务端的数据库。复杂的 C/S 结构系统会在服务器端部署复杂的应用组件和服务。C/S 结构的软件系统测试需要注意以下几点。

（1）易用性测试。

因为 C/S 结构的系统一般是为某个行业的企业用户设计的，典型的像 OA 系统、业务处理系统、ERP 系统等。这些系统的上线有一个普遍的特点，就是用户对软件一般会有抵触情绪。因为很多时候在用户还没有意识到软件系统的优越性、软件系统对工作效率的提高、对业务流程的规范化管理的重要性之前，用户往往认为软件系统加重了工作负担，尤其是在软件的用户体验设计得比较差时。

 **注意**

需要对软件系统的易用性进行比较充分的测试，确保一些明显的易用性问题得到发现和解决。

（2）服务器端的测试。

如果服务器端的结构比较复杂，则应该对服务器端进行专门的测试，例如，对部署的 WebServices 进行专门的功能验证测试。对某些组件和服务进行长时间不间断的请求，看是否会出现内存泄露方面的问题。

（3）性能测试。

如果系统需要支持比较多的用户并发量，或者需要支持大容量的数据，则需要进行性能测试。需要对企业用户使用系统的模式进行调查。例如，典型的 OA 系统会有几个登录系统的高峰时间段和在线时间段，要找出每个时间段的并发量和在线量，以及持续的时间等方面的信息，从而有针对性地模拟上线后的系统使用情形。确保系统满足一定的性能要求。

（4）安全性测试。

C/S 结构的系统也需要进行安全测试，不要以为都是内部网、企业网就没有安全上的隐患。实际上，很多黑客事件都是内部好事者的杰作。况且，企业内部也有不同等级划分和权限划分，低级别的人应该只能使用低级别的权限，查阅与其相匹配的信息。

> **注意**
>
> C/S 结构的系统尤其要注意 SQL 注入类型的安全漏洞测试，特别是那种客户端直接访问数据库的软件系统。

（5）安装部署测试。

安装部署测试是 C/S 结构的系统很可能需要特别关注的测试，因为很多这种类型的系统都需要不断地升级，升级过程除了需要配置很多参数，还要更换很多组件，更新数据库表结构和某些数据。复杂的过程意味着出错的概率的增加，因此安装部署过程的测试是很有必要的。

## 11.3.6　B/S 结构软件系统的测试

B/S 结构的软件系统有其特殊性，决定了对其进行的测试和采用的测试技术也有所特殊。B/S 结构的系统有以下特征。

- 客户端使用浏览器访问后台服务。
- 以网页表单的形式展示界面。
- 采用 B/S 结构的软件系统的客户端一般只能完成浏览、查询、数据输入等简单的功能，绝大部分工作由服务器承担。
- 采用 Cookies 保存用户信息。
- 信息可能经过万维网传送。

由于 B/S 结构软件系统具有以上特征，因此对它的测试可能需要包括下面几个与其他软件系统测试不一样的方面。

## 11.3.7　链接测试

链接是基于 Web 软件系统的一个主要特征，它是页面切换和引导用户去不同的功能页面的主要途径。链接测试主要验证链接页面是否存在。链接目的地是否正确。

> **技巧**
>
> 可以利用一些工具自动进行链接测试，例如 Xenu 等。图 11.37 所示的界面就是使用 Xenu 检查某个 URL 时显示的界面。

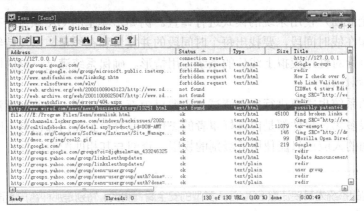

图 11.37　用 Xenu 检查链接页面的情况

## 11.3.8　Cookies 测试

Cookies 通常用于存储用户信息，当用户使用 Cookies 访问某些页面时，Web 服务器将发送关于用户的信息，把该信息以 Cookies 的形式存储在客户端计算机上，可用来创建动态和自定义页面，或者存储登录信息等。

如果 B/S 结构的应用系统使用了 Cookies，就需要检查 Cookies 是否能正常工作，对 Cookies 中的相关信息已经加密。测试包括 Cookies 是否起作用，是否按预定的时间进行保存，刷新对 Cookies 有什么影响等。

## 11.3.9　兼容性测试

兼容性测试主要检查在不同的浏览器和同一款浏览器中的不同版本或者是浏览器的不同设置对应用系统的影响，确保能够兼容主流的浏览器、一般的设置。例如，不同的浏览器在图片的现实、HTML 语言的解释上有细微的差异，可能导致应用程序的错误。

 说明

兼容性测试还包括检查对不同版本的 HTML 语言、脚本语言的支持。

## 11.3.10　并发访问测试

由于 B/S 结构的计算工作量主要发生在服务器端，因此对服务器的并发测试显得尤为重要。如果是面向公众的基于 Web 的网站应用系统，则尤其要注意页面连接速度的测试，因为大部分用户在超过 5 秒仍未获得页面响应时会选择放弃并离开。

## 11.3.11　手机应用测试的要点

从十多年前的奢侈品到现在几乎人手一台的大众消费品，手机的相关技术不断发展，伴随而来的是手机应用软件的快速发展，同时给测试人员也带来了一个崭新的测试领域。

手机的诸多特点，决定了测试手机应用软件需要特别注意的地方。例如手机的小巧，显示屏幕偏小就需要测试人员更加注意界面显示的合理性检查。目前全球最小的手机只有 70mm×32mm×10.7mm 大小，实际重量只有 32 克，机身正面配备一块 1.0 英寸的屏幕，键盘采用传统的九宫格形式，可支持 2 小时通话或 12 天待机，如图 11.38 所示。

图 11.38 手机测试图

## 11.3.12 手机应用软件的特点

一般手机的应用具有以下特点。

● 屏幕小。相比 PC 电脑的显示器，手机的显示区域要小得多。手机的应用程序界面要在手掌大小的区域充分展示必要的信息给用户，这不是一件容易的事情。

● 内存低、计算速度没有 PC 快。手机的应用程序所能使用的内存相对要少很多，程序的运行速度也要比 PC 电脑的速度慢。

● 对手机应用的操作主要依赖拇指的操作。手机没有 PC 电脑一样的大键盘和鼠标，只有小区域的按键，用户在输入和处理信息方面要相对慢很多，也没有 PC 电脑方便。

## 11.3.13 手机应用软件的测试要点

由于手机的某些局限性和手机应用软件的特点，决定了测试人员在对手机的应用程序进行测试时需要注意以下要点。

● 由于手机的显示区域小，不能有太丰富的展示效果，因此要求设计要精简而不失表达能力，测试人员需要注意界面美观和简洁度的测试。而且不同型号的手机屏幕大小不一致，设置形状不一致，因此需要注意测试图片的自适应问题、界面元素的布局问题等。

● 手机的操作主要依赖拇指，所以交互过程不能设计得太复杂，交互步骤不能太多，应该尽量多设计快捷方式，测试人员需要注意易用性和用户体验的测试。

● 不同型号的手机支持的图片格式、声音格式、动画格式不一样，需要选择尽可能通用的格式，或者针对不同的型号进行配置选择，测试人员需要注意兼容性测试。

● 由于内存限制，并且某些手机应用采用的是 C++一类的语言编写，很容易出现内存泄露、越界等问题，因此需要注意这方面的测试。

● 有些手机应用需要满足特定标准规范的要求，例如 Brew 手机应用就需要满足高通公司定义的标准，因此，测试人员需要对照标准规范对手机应用程序进行详细的检查。

● 要注意手机应用在操作过程中断电、重启、断网等意外情况发生时的处理是否正确，也就是所谓的"暴力测试"。

● 由于不同款式的手机在实现同一平台时存在细微的差异，因此不要仅仅在手机模拟器上测试，还要放到真正的手机上进行测试。

### 11.3.14  游戏软件系统的测试重点是"玩"

爱玩是人类的天性，不管多么刻板的人，总有一个游戏适合他。个人电脑除了带给人们文字和数据的处理能力外，还给人们带来了充满声色的生活。游戏软件是最近十几年才兴起的软件类型，它具有很多吸引人的地方。有些游戏能让人第一眼看上去就有想玩的感觉。而某些游戏更是成为经典流传，例如俄罗斯方块就是这一类型，在谷歌网上可以搜索出成千上万个不同的俄罗斯方块游戏的版本，如图11.39所示。

图11.39　经典的俄罗斯方块游戏

对游戏类型的软件系统进行测试需要注意很多不同于普通软件的地方。游戏软件系统又分单机游戏软件和网络游戏两大类。这两类游戏之间存在一些显著的区别，也会给测试带来不同的侧重点。游戏软件系统一般具有以下特点。

● 要求界面美观，能吸引玩家，可玩性要强。
● 故事情节要完整有趣，并且提供多条路径供玩家选择。
● 有些游戏对硬件要求比较高，尤其是对显卡的要求。
● 不同玩家的水平不一致，导致对游戏的难易程度的理解不一致。
● 网络游戏拥有一个后台服务器，存储了玩家的关键信息。

游戏软件系统的独特性，决定了游戏软件测试的特殊性，测试人员更多的时候不是在测试游戏的功能，而是在"玩"游戏。

### 11.3.15  游戏可玩性的测试

一个游戏只有可玩性强才能有市场，游戏的可玩性是游戏软件的质量属性之一。测试人员需要特别注意游戏可玩性的测试，如图11.40所示。

可玩性包括界面的美观程度测试，判断人物造型是否特性鲜明、可爱，对故事情节的完整性、有趣性进行测试，对游戏涉及的文化氛围和风格进行测试。

可玩性还包括竞争平衡测试，这对于网络游戏尤其重要，玩家可能会对一个充满了作弊行为和不公平竞争的游戏失去信心，因为它没有维护好游戏

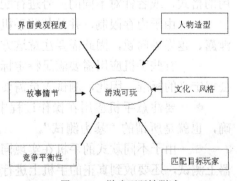

图11.40　游戏可玩性测试

的经济平衡性。测试人员需要注意检查各种可能的不公平竞争手段的出现。

由于"可玩性"是一个很主观的判断,因此测试人员需要避免过于主观的思维主导,应该站在普遍玩家的角度看待游戏,尽量分析游戏针对的目标人群的心理特征,可适当组织更多的人参与可玩性的测试,甚至组织公众实测。

## 11.3.16 游戏的环境测试

由于游戏玩家的机器会存在不同的配置和环境,因此游戏软件应该尽可能支持大部分主流的操作系统、平台、硬件,游戏测试人员更应该充分测试游戏的环境兼容性。

## 11.3.17 网络游戏的安全性测试

网络游戏的一个普遍特点是在服务器端存储了玩家的关键信息,包括账号信息、装备信息、经验值信息等,而部分信息可能是玩家辛辛苦苦"修炼"回来的,拥有无形甚至有形的价值。

因此,游戏系统能否正确保存这些信息,不受窃取和篡改就是一个测试的关键点。测试人员需要扮演黑客的角色,尝试对后台服务器系统进行各种攻击,以验证游戏系统的安全性。

## 11.3.18 游戏的性能测试

游戏的性能对于玩家来讲也是关键的,如果对软硬件要求过高,玩家市场就会相对变窄。对于网络游戏而言,能支持同时在线的人数是一个关键测试要点,测试人员应该尽量模拟游戏目标要支持的同时在线用户数来对游戏进行性能测试。

还需要分析游戏针对的玩家人群的特征,例如,如果某款网络游戏针对的是白领阶层,则可能同时在线的峰值在晚上 8 点到 9 点左右,而这时也往往是网络流量比较大、速度比较慢的时候,测试时也需要注意模拟这些情况。

## 11.3.19 界面交互及用户体验测试

界面是软件系统与用户交互的渠道,用户通过界面输入需要处理的数据,系统通过界面反馈信息给用户。因此,界面的用户体验决定了一个软件的受欢迎程度,甚至决定了一个软件项目的成败。

## 11.3.20 使用用户模型对界面交互进行测试

在界面设计中,通常有 3 种模型,包括设计者模型、实现者模型和用户模型,而用户模型往往在用户界面的开发过程中被过多地忽略。

(1)设计者模型通常关注的是对象、表现、交互过程等。

(2)用户模型通常关注目标、信心、情绪等。

(3)实现者模型则更多地关注数据结构、算法、库等界面实现时要考虑的问题。

**说明**

> 界面开发过程应该综合考虑三种模型。

很多软件项目缺乏界面设计阶段，或者是由开发人员在编码阶段即兴为之，结果往往导致界面效果偏向于实现者模型。例如，经常会看到某些系统的界面有很多冗余对象是用户不会用到的，究其原因则是开发人员为了重用某个界面的设计，直接继承了界面父类，这些明显是过分考虑实现模型而导致的恶果。

用户界面最终要给用户使用，由用户判断界面的可用性、易用性、用户体验等，因此，在界面开发的过程中应该更多地关注用户概念模型，测试人员尤其需要站在用户模型的基础上对软件系统的界面进行测试。通常看到的和接触到的软件界面上的东西其实只是用户体验的冰山一角而已（如图11.41所示）。在视觉效果和交互方式下面掩盖的是硕大的用户概念模型。

一个系统的用户概念模型是用户在与系统交互时下意识形成的心智映像。人们通过把解释某个情形的潜规则和模式的集合放在一起来创建心智模型。人们通常很难描述自己的心智模型，而且通常在很多情况下，人们甚至没有意识到它们的存在。心智模型不一定准确地反映实际情况和它的组成。但是，心智模型仍然能够帮助人们预料某种情况下会发生的事情。

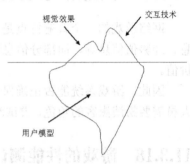

图11.41　用户模型是界面设计的基础

用户概念模型是基于每一个用户对系统的期待和理解，包括系统提供的功能和对象、用户与系统交互时如何反馈、用户在交互过程中想要完成的目标。这些期待、理解和目标受用户的经验所影响，包括与其他系统的交互，例如打字机、计算器、电视等。

**注意**

> 因为每个用户的概念模型是由不同的经验所影响的，所以没有两个概念模型是一模一样的，每个用户在看到一个界面时的观点也会有略微不同。

### 11.3.21　界面和用户体验测试的要点

界面和用户体验测试的要点包括以下内容。

● 制定界面设计规范。
● 理解用户的目标。
● 对界面原型进行测试。
● 防止界面的"审美疲劳"。

（1）在项目组中制定一份界面设计规范，并通过全体组员的评审。这份界面规范既是开发人员设计界面的参考规范，也是测试人员在测试界面时的依据。制定统一的界面规范有利于测试和开发之间达成共识，避免在一些界面的小问题上纠缠不清。

（2）理解用户的目标：测试人员在测试时必须从用户的使用场景出发，根据用户使用某个功能的目的来考量界面设计及交互过程是否符合要求，是否足够简练、是否易于操作。

（3）如果设计了界面原型，就应该尽早开始针对界面进行检查，不要等到系统开发的后期才对界面提出修改建议，这时可能已经迟了，开发人员基于这些界面已经做了很多代码工作，对界面层的依赖可能导致对界面的小修改造成严重的问题。

（4）测试人员应该慎防界面的"审美疲劳"，在发现界面操作不方便、感觉不美观时要马上记录下来，否则一段时间后，由于操作的熟练，可能导致忽略了界面易用性和美观程度的测试。

## 11.3.22　数据库测试

现在的软件系统，尤其是业务应用系统，后台都连接着一个数据库。数据库中存储了大量的数据，数据库的设计是否合理和完善，SQL 语句编写是否正确、高效，都直接影响了一个软件系统的功能正确性和性能表现。对数据库相关方面的测试需要注意以下方面。

- 数据库设计的测试。
- SQL 代码规范性测试。
- SQL 语句效率测试。
- SQL 数据库兼容性测试。

## 11.3.23　数据库设计的测试

不合理的数据库设计可能导致功能实现上的一些问题。

例如，一个人员管理模块表的设计，从人员出生日期可以算出年龄，那么界面上就没有必要同时出现两个字段要求编辑输入，如果年龄字段没有其他地方需要引用，则可以把这个字段省略掉，界面显示可以通过出生日期即时动态计算出来。但是，如果在其他地方需要频繁使用或查询这个字段的内容，则不应该省略，为了性能考虑保持适当的冗余。这些都是测试人员在测试数据库的设计是否合理时要考虑到的内容。

糟糕的表结构设计还可能会导致很差的性能表现。例如没有合理地设置主键和索引则可能导致查询速度大大降低。没有合理地选择数据类型也可能导致排序性能降低。

数据库设计的检查和测试需要测试人员了解逻辑设计文档和数据库设计方面的知识。另外还应该注意检查设计文档与实际数据库结构之间的差异，有没有及时同步。数据库中是否存在冗余的对象，是否可能造成程序员的误用。开发库的数据结构与测试库的数据结构是否一致。

## 11.3.24　SQL 代码规范性测试

SQL 语句、存储过程、函数、视图等语句的编写是否规范可能对查询性能、可维护性等产生一定的影响。例如，规则 Use of Schema Qualified Tables/Views 就提示，虽然在访问某个数据库对象时可以省略 server、database 和 owner（schema），但是推荐在存储过程、函数、视图或触发器中访问表或视图时指定 schema。这样程序的可维护性更强，并且可能带来性能上的略微提高。

**技巧**

测试人员可适当利用一些工具来帮助检查 SQL 代码的规范性。例如，SQL Best Practices Analyzer，简称 SQL BPA，是微软提供的用于检查 SQL Server 数据库是否符合某些最佳实践的免费工具，目的在于提高数据库性能和效率。

SQL BPA 能检查包括数据库备份和恢复、配置、数据库设计、管理、T-SQL 等方面的内容。对于质量保证人员和测试人员来说，可以利用这个工具来检查数据库设计是否满足规范要求、存储过程等 T-SQL 语句是否满足标准规范，从而确保系统在数据库设计方面满足一定的质量要求。SQL BPA 的一个规范遵循报告界面如图 11.42 所示。

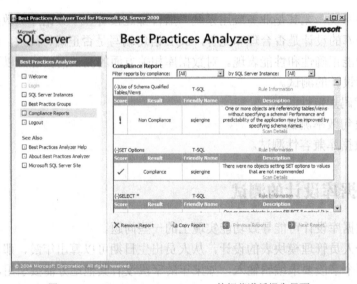

图 11.42　SQL Best Practices Analyzer 的规范遵循报告界面

## 11.3.25　SQL 语句效率测试

SQL 的执行效率是影响系统整体性能的关键因素之一，尤其是在数据量比较大的情况下。SQL 的编写方法不同，数据库的执行计划会有所差别，执行的效率也不一样。因此需要进行效率测试，分析 SQL 代码的执行效率瓶颈。

 **技巧**

可借助一些工具来分析 SQL 语句的执行效率，如果使用的是 SQL Server 数据库，则可借助 SQL Server 自带的事件探查器和查询分析器。

例如图 11.43 显示的是 SQL 查询分析器对某条复杂语句的分析统计结果。

在 SQL 查询分析器中还能查看 SQL 语句的执行计划，分析 SQL 语句的执行过程以及每一部分的成本。其他类型的数据库也有类似的分析工具。LECCO SQLExpert 是一款可以自动分析 SQL 语句的执行效率，并提出建议的可改进的 SQL 语句写法的工具，同时比较语句之间的执行时间差异。

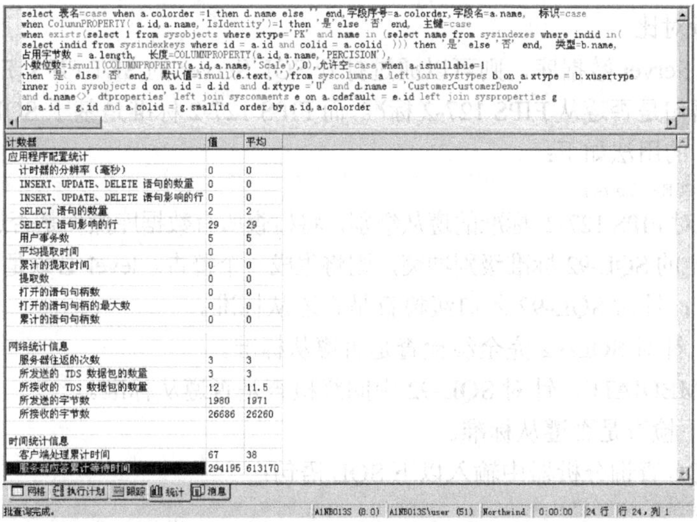

图 11.43　SQL 查询分析器的分析统计功能

## 11.3.26　SQL 数据库兼容性测试

SQL 兼容性测试是那些需要支持多种类型数据库产品的软件系统可能要进行的测试。不同的数据库类型之间存在很多差异，虽然很多数据库厂商都声称支持标准 SQL，但是在实现上还是存在很多差异。例如 SQL Server 和 Oracle 之间就存在很多差异。

有很多函数是 SQL Server 和 Oracle 都有的，但是实现的功能有所区别。例如 Conver 函数，Oracle 定义为把一个字符串从一个字符集转到另外一个字符集，而 SQL Server 的定义为将某种数据类型的表达式显式地转换成另外一种数据类型。有些函数实现了相同的功能，但是函数名称和参数不一致，例如，SQL-99 关于 SUBSTRING 的标准语法规范如下：

```
<charater substring function>::=
SUBSTRING <left paren><character value expression> FROM <start position>
[FOR<string length>]<right paren>
```

但是不同的数据库厂商却各有各的"创意"：

```
SQLServer : SUBSTRING( expression ,start , length ).
Oracle: SUBSTR( char , m [,n]).
MySQL: SUBSTRING(str,pos);
       SUBSTRING(str FROM pos);
       SUBSTRING(str,pos,len);
       SUBSTRING(str FROM pos FOR len).
PostgreSQL: substr( s , n [,1] ).
SAPDB: SUBSTR( x , a , [b] ).
```

Access 则直接使用 VBA 的语法：Mid( string ，start [ , length ] )。

由此可见，各数据库厂商在实现 SQL-99 标准时并没有非常严格地贯彻标准的定义。对于 SQL 数据库兼容性的测试主要有以下两种方法。

- 与 SQL 标准规范进行比较。
- 对不同的数据库自动执行 SQL 语句，根据结果判断是否兼容。

第 1 种方法主要是对软件系统中执行的所有 SQL 语句进行审查，看是否只能在指定的数据库执行，而不能兼容其他类型的数据库，审查主要通过将 SQL 语句与标准的 SQL-92 或 SQL-99 规范进行对比。

如果是 SQL Server 数据库，则可以通过打开 SQL Server 的 SET FIPS_FLAGGER 命令来指定检查 SQL 语句是否遵从 FIPS 127-2 标准，而 FIPS 127-2 标准是基于 SQL-92 标准的。SET FIPS_FLAGGER 的用法如下：

```
SET FIPS_FLAGGER level
```

参数 level 是对 FIPS 127-2 标准的遵从级别，将检查所有数据库操作是否达到该级别。如果数据库操作与选定的 SQL-92 标准级别冲突，则将生成一个警告。level 必须是下列值中的一个。

- ENTRY：针对 SQL-92 入口级检查是否遵从标准。
- FULL：针对 SQL-92 完全级检查是否遵从标准。
- INTERMEDIATE：针对 SQL-92 中间级检查是否遵从标准。
- OFF：不检查是否遵从标准。

例如，在 SQL 查询分析器中输入以下 SQL 语句：

```
SET FIPS_FLAGGER 'FULL';

USE pubs

GO

SELECT SUBSTRING(title, 1, 30) AS Title, ytd_sales
FROM titles
WHERE CAST(ytd_sales AS char(20)) LIKE '3%'
Order by Title

GO
```

执行 SQL 语句可得到以下返回消息：

```
FIPS 警告: 第 1 行有非 ANSI 语句 'SET'
FIPS 警告: 第 3 行有非 ANSI 语句 'USE'
FIPS 警告: 第 1 行有非 ANSI 函数 'substring'

(所影响的行数为 4 行)
```

提示了 3 个 FIPS 警告，可以看到 SUBSTRING 函数的使用存在不规范的地方，在 SQL Server 可以使用，在其他数据库就不一定兼容了。但是，也不能完全信任 SQL Server 的 SET FIPS_FLAGGER 命令，因为它只检查是否遵循 FIPS 127-2 标准，虽然 FIPS 127-2 标准基于 SQL-92 标准，但与 SQL-92 标准还是存在一些小的差异。

因此，需要采用第 2 种方法：对不同的数据库自动执行 SQL 语句，根据结果判断是否兼容。这种方法是把 SQL 语句在需要兼容的数据库上逐一执行，根据返回结果判断是否兼容 SQL 语句。首先把需要兼容的数据库都安装好，然后在每个数据库上逐一执行 SQL 语句，也可以设计一个如图 11.44 所示的小工具来批量执行。

先连接好各个数据库，然后输入需要测试的

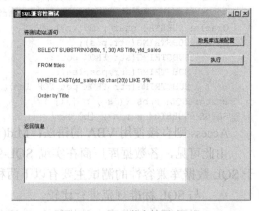

图 11.44　SQL 兼容性测试工具

SQL 语句，批量地执行，根据返回的信息来判断是否都执行成功了。如果执行成功则认为是兼容的，如果有一个以上的数据库返回的信息提示执行不成功，则认为 SQL 语句不兼容。

## 11.3.27　Web Services 的测试

Web Services 是一种新的使用基于 XML 标准和协议来交换信息的 Web 应用程序。它不像传统 C/S 应用程序那样拥有图形界面，因为它不是设计成与用户交互的，而是提供编程接口把功能服务暴露给客户端程序调用，例如 Web 页面或可执行程序。

Web Services 是基于 SOAP 消息的应用协议。基于 Web Services 构建的应用系统称之为 SOA（面向服务的架构）。基于 Web Services 构建的应用程序通常具有更强的可测性。对于 Web Services 的自动化测试更容易进行。测试人员应该充分利用一些测试工具构建软件系统的自动化测试框架。

SOA 通过有机地集成各种 Web 服务来组成系统，系统的性能取决于服务组件的单独性能以及接口性能。测试人员应该注意这类软件系统的性能测试。通常一个完整的 Web Services 组件提供相对丰富的功能接口，而软件系统可能仅仅使用了它的其中一部分，那么对于使用到的部分需要进行测试，没有使用到的部分呢？是否也需要进行测试呢？这对于测试策略的制定造成一定的影响。

通常 Web Services 组件会不断地演化，对于软件系统中不断被替换进来的组件，持续的回归测试显得非常有必要。

> **技巧**
>
> 对于 Web Services 的性能测试可以通过 LoadRunner、TestComplete 等所有支持 SOAP 协议的测试工具进行测试。对于 Web Services 的功能测试可以使用很多工具自动化地进行，例如 WebInject、soapUI、SOAPtest、TestComplete 等。

下面介绍使用 TestComplete 6.0 进行 Web Services 测试的一个简单过程。

（1）首先指定需要测试的 Web Services 的 WSDL，通过 Get Services 来获取 WSDL 指定的服务列表，如图 11.45 所示。

（2）TestComplete 会把该 Web Services 包含的所有方法以及参数的数据类型返回并展示出来，如图 11.46 所示。

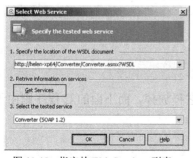

图 11.45　指定的 Web Services 列表

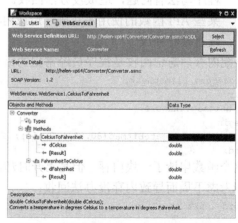

图 11.46　返回 Web Services 包含的方法和参数

（3）根据这些方法和参数，可以编写测试脚本进行测试，一般调用方法如下：

```
WebServices.WebServiceName.MethodName(parameters)
```

通过调用所暴露的方法，取得返回结果与预期结果进行比较，从而检查 Web Services 是否正确工作，例如，以下脚本调用 FahrenheitToCelcius 方法并传入参数，取得返回结果后与预期结果进行比较，如果比较结果不相等则 log 一个错误信息：

```
var tFahrenheit, tCelsius, result;
// 指定测试数据: 212 F = 100 C
tFahrenheit = 212;
tCelsius = 100;
// 测试 FahrenheitToCelcius 方法
result = WebServices.WebService1.FahrenheitToCelcius(tFahrenheit);

msgEx = "期待 " + tFahrenheit + " F 是: " + tCelsius + " C\r\n" + "实际结果: " + result + " C";

// 返回结果和预期结果进行比较
if (result == tCelsius)
  Log.Message("FahrenheitToCelcius 方法工作正确.", msgEx)
else
  Log.Error("FahrenheitToCelcius 方法错误!", msgEx);
```

## 11.3.28　内存泄漏测试

很多软件系统都存在内存泄漏的问题，尤其是缺乏自动垃圾回收机制的"非托管"语言编写的程序，例如 C、C++、Delphi 等。从用户使用的角度来看，内存泄漏本身不会造成什么危害，一般用户可能根本不会感觉到内存泄漏的存在。但是内存泄漏是会累积的，只要执行的次数足够多，最终会耗尽所有可用内存，使软件的执行越来越慢，最后停止响应。可以把这种软件的问题比喻成软件的"慢性病"。

## 11.3.29　造成软件内存泄漏的原因

造成内存泄漏的原因有很多，最常见的有以下几种。
● 分配完内存之后忘了回收。
● 程序写法有问题，造成没办法回收。
● 某些 API 函数的使用不正确，造成内存泄露。
● 没有及时释放。

分配内存后忘记回收是程序员经常犯的错误，例如以下 Delphi 程序：

```
procedure BitmapLeak;
var
   hBitmap:THandle;
begin
   hBitmap:=CreateBitmap(80,80,1,8,nil);
end;
```

这个函数申请了一块内存，但是离开时却没有把它释放掉，而下面的 C 程序则由于程序的逻辑考虑不周而导致内存没办法回收：

```
Void Leak(int nSize)
{
     char*p=new char[nSize];
```

```
    if(!GetStringFrom(p,nSize))
    {
            MessageBox("Error");
            return;
    }
    //...
    delete p;
}
```

虽然程序在最后释放了指针，但是如果在中间出现错误，程序马上返回，后面的"delete p"语句永远也执行不到，从而造成内存泄漏。

某些 API 函数的使用不正确，造成内存泄漏，例如 FormatMessage。在 Windows 提供的 API 函数中有一个比较特殊的 API 叫 FormatMessage，如果给它的参数中包含 FORMAT_MESSAGE_ALLOCATE_BUFFER，系统会在函数内部新开一块内存，但是这块内存需要调用 LocalFree 函数来释放，如果忘了调用则会造成内存泄漏。

有些程序则因为没有及时地释放内存，导致程序在运行过程中不断地申请内存，直到退出程序时才释放内存，导致程序运行占用的内存越来越多，程序操作越来越慢。避免类似的问题应该在写程序的时候尽量使用"防御性"编程方法。一个典型的资源保护模块的格式代码如下：

```
Begin
    {资源的分配}
Try
    {资源的使用}
Finally
    {资源的释放}
End;
```

## 11.3.30　如何检测内存泄漏

对于不同的程序可以使用不同的方法来进行内存泄漏的检查，还可以使用一些专门的工具来进行内存问题的检查，例如 MemProof、AQTime、Purify、BundsChecker 等。

有些开发工具本身就带有内存问题检查机制，要确保程序员在编写程序和编译程序的时候打开这些功能，例如 MS C-Runtime Library 内建了内存检查功能。Delphi 2006 也带有内存检查功能，在项目工程中加入以下语句就可以打开：

```
ReportMemeoryLeaksOnShutdown := True
```

还有一种简单的办法可以判断程序是否存在内存问题，就是利用 Windows 自带的 Perfmon，可以利用 Perfmon 来监控程序进程的 handle count、Virtual Bytes 和 Working Set 这 3 个计数器。Handle Count 记录了进程当前打开的句柄个数，监视这个计数器有助于发现程序是否存在句柄类型的内存泄漏；Virtual Bytes 记录了程序进程在虚拟地址空间上使用的虚拟内存的大小，Virtual Bytes 一般总大于程序的 Working Set，监视 Virtual Bytes 可以帮助发现一些系统底层的问题；Working Set 记录了操作系统为程序进程分配的内存总量，如果这个值不断地持续增加，而 Virtual Bytes 却跳跃式地增加，则很可能存在内存泄露问题。

## 11.3.31　对内存问题测试的分工与合作

内存问题有可能是很隐蔽的 Bug，并且有时候很难重现，因此不能仅仅依赖测试人员找出这些问题，开发人员需要积极配合。在内存问题的测试方面，一个合理的分工应该如下。

（1）测试人员：在做功能测试的过程中看有没有内存问题出现，例如，程序不稳定、经常自动关闭、运行一段时间后程序明显变慢等。如果有类似的迹象，则可利用工具检查和大致定为内存问题，把检查结果形成内存问题测试报告。

（2）开发人员：开发人员需要根据测试人员提交的报告分析并尝试精确的定位问题、跟踪调试问题、修改问题。

## 11.3.32　检查程序员的编码规范

"勿以善小而不为"，软件系统是由一行行代码、一个个函数和方法、一个个类组成的，如果不注意每一小行代码的规范编写，不仅会造成阅读理解和维护的困难，甚至可能造成安全上的、性能上的严重问题，因为很多问题是由小累积而成的。代码标准检查是保证小问题不会演变成大问题的一种手段，测试人员可以充分利用各种工具来达到这种保证目的。下面举个例子说明这个过程。

VisualStudio.NET 2013 提供了一个静态代码分析的工具 FxCop，可以用于分析所写的代码是否满足特定的.NET 编码规则，规则包括了安全性、可靠性、可维护性、性能、命名等方面的编码标准。下面是它的使用方法和步骤。

（1）首先在项目属性中的代码分析页，选中启动代码分析即可使用代码分析功能，如图 11.47 所示。

（2）设置完后，代码分析会在程序编译后自动启动。当然，也可以在菜单直接选择对项目进行单独的代码分析。代码分析结果会在输出窗口显示：

```
D:\Test Code\FxCopTest\FxCopTest\Form1.cs(24): warning : CA1818 : Microsoft.Performance :
将 Form1.button1_Click(Object,EventArgs):Void 更改为使用 StringBuilder 而不使用 String.Concat 或+=
代码分析完成-- 0 个错误，个警告
```

同时也会在错误列表窗口显示，如图 11.48 所示。

图 11.47　启用代码分析功能

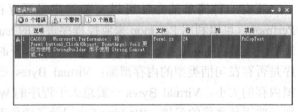

图 11.48　错误列表显示窗口

（3）分析出错原因。

在这里，由于代码没有按标准规范使用字符串连接，因此提示违反了 **Performance** 分类标准的 CA1818 规则：不要在循环中串联字符串。而代码是这样写的：

```
string str = "";
for (int i = 0; i < 100; i++)
```

```
{
        str += i.ToString();
}
```

（4）建议开发人员修正错误。

建议开发人员改用 StringBuilder 类的 Append 方法来连接字符串就可以修复这个对规则的违反，从而排除警告。

如果对于某些规则不是很理解，或不知道如何修正，则可以访问 MSDN 联机帮助，查找规则 ID，例如上面的就可以查找 CA1818，帮助文档会列出这个规则的说明、怎样修复冲突、还可能列出正面和反面的例子说明。

（5）代码规范检查的管理。

很多项目组尝试对程序员实行代码规范的检查，但是不能坚持下去，原因是没有遵循"循序渐进"的原则，一开始检查的内容太多，尤其是一些命名规范之类的规范性检查太多，容易引起开发人员的抵触情绪。

 **技巧**

> 正确的做法应该是先加入迫切需要检查的、受到关注、开发人员普遍认同的标准，例如性能方面的、安全性方面的、可维护性方面的规范。等开发人员养成了解决这些问题的习惯，不再犯类似的错误后，再逐步考虑加入其他的规范。

此外，有些代码规范检查工具支持规范的编辑和添加功能。可充分利用这些功能把一些开发人员经常犯的低级错误归纳成模式，编辑出一个规则来检查这些问题的出现，从而防止开发人员再次犯类似的错误。例如，图 11.49 所示为 DevPartner 代码标准检查工具提供的规则编辑功能。

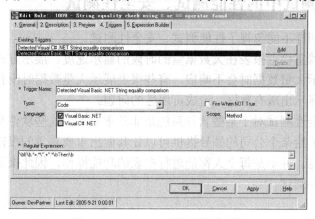

图 11.49　Devpartner 的规则编辑功能

## 11.3.33　报表测试

报表是大部分业务应用系统都会有的一个功能模块。目前出现了很多报表编辑和显示工具、组件、控件等。比较出名的如水晶报表（Crystal Report）、Reporting Services 等。报表可能并不是软件设计和编码的难点，但是却很可能是用户的关注重点，因为一张报表很可能影响的是用户对于某项业务的决策。

报表测试需要注意的是数据展示的正确性、是否满足一定的格式要求、是否恰当地进行了分页显示、数据来源是否正确等。另外，还要注意区分是报表控件本身的问题还是使用不正确造成的问题。

### 11.3.34　报表测试的业务基础

报表测试要求测试人员对业务有一定的了解，否则可能仅仅关注了报表功能的正确性，而忽略很多业务逻辑上的错误。例如报表的命名、专业术语是否贴合用户的语言，是否能被用户理解，报表中展示的数据是否是用户最关心的数据，报表展示的方式是否符合用户的习惯等。

### 11.3.35　报表测试中的细节问题检查

报表测试需要注意一些细节问题的处理，例如数据的四舍五入、单位转换、日期格式等。

（1）有些软件在数据库中的数据都是存储的正确的，但是由于报表显示时进行了截断或四舍五入，导致数据"失真"。

（2）有些数据在不同的报表可能需要采用不同的单位进行显示，例如千克、吨等，要注意是否进行了单位的正确转换。

（3）对于报表中日期的格式需要注意不同的人的查看习惯，例如中文的日期显示习惯与美国的日期显示顺序就不一样，如果软件系统的报表需要给不同的人查看，则需要注意检查是否兼容这些日期的格式，是否会自动转换。

### 11.3.36　报表测试中的性能测试、安全性测试

对报表的测试同样不能忽视了性能测试、安全性测试。

（1）性能测试着重检查报表在大数据量的时候的显示速度、展示方式是否存在问题。例如，有些报表在显示大量数据时会不响应，有些报表展示大量数据时没有考虑排版、分页等问题，在同一页中显示出所有数据，造成可用性的问题。

（2）报表的安全性测试对于某些软件系统是非常重要的，这些软件系统的所有功能的最终目的可能就是为了给某个公司的领导提供可以让其做出重要决策的报告，这份报告可能包含了非常重要的信息。并不是每个人都能进行报表的功能操作，因此报表测试还要结合权限控制功能进行安全性测试。

### 11.3.37　报表的保存和打印测试

报表的保存问题也是一个不能忽视的测试点。很多报表提供导出、保存、打印等功能，要注意这些报表在导出到其他文件时是否正确、保存是否完整、是否会丢失数据、打印出来的报表格式是否会走样。

### 11.3.38　报表的格式测试

很多软件系统的报表格式都是依据用户提供的单据格式、报告模板等文件的格式来设计

的，因此，测试人员在测试报表的格式时需要找到这些原始的材料来进行对照，看是否一致，有没有满足用户的需求。

## 11.3.39 联机帮助和用户手册的测试

联机帮助和用户手册很可能是用户接触软件系统的第一个方面。用户通过用户手册来对软件系统进行安装、配置，运行后打开联机帮助来指导自己进行软件的功能使用。如果手册的质量有问题，则即使软件系统质量比较好，也会给用户不好的第一印象，并且会影响用户学习和使用软件系统的进度。因此，联机帮助和用户手册的测试是必不可少的一环。在软件系统发布给用户使用之前，一定要抽出时间进行检查。

## 11.3.40 联机帮助的测试要点

联机帮助是用户使用软件系统时的"在线支持人员"，它应该是用户的好帮手，是问题的解决者和建议者，是一个在用户需要的时候能马上出现、在用户不需要的时候静静守候的"好朋友"。图 11.50 所示为 Word 的联机帮助，在用户按下 F1 功能键时，它会马上出现。

在不同的功能界面按下 F1 功能键，出现的内容会跟随变化，自动定位到与界面显示的功能一致的帮助内容。例如，在"字体"界面按下 F1 功能键，则显示如图 11.51 所示的界面。

图 11.50 Word 的联机帮助

图 11.51 Word 的"字体"界面对应的联机帮助

联机帮助会定位到与"字体"界面相关的联机帮助文档中。联机帮助的测试需要注意的检查要点包括以下内容。

● 是否能随时访问，有没有快捷键，快捷键是否在任何时候都生效。

- 联机帮助的内容是否全面。
- 联机帮助的内容和截图是否与软件的界面一致。
- 联机帮助的描述是否清晰、能指导用户进行功能操作和问题的解决。

### 11.3.41　用户手册的测试要点

用户手册与联机帮助的区别是联机帮助只有在软件系统已经安装后才生效。用户手册则通常是随软件或软件安装包出现。用户手册再细分，可分为安装手册、使用手册、维护手册等。安装手册主要指导用户如何进行软件的安装过程，使用手册则基本与联机帮助一致，维护手册主要描述软件系统的备份、还原、设置、修改、扩展等方面的内容。

最简单的用户手册是只有简单介绍软件系统功能和使用方法的"ReadMe"文件。用户手册通常使用的格式是 CHM、Word、PDF、HTML 等。下面给出基于 Word 文档类型的用户手册的检查要点。

- 封面的检查：封面是否简明，标题是否清晰，有没有直观地告诉用户本手册的内容是什么。
- 目录检查：是否与内容同步，目录链接是否有效。
- 错别字检查：例如"登录系统"写成"登陆系统"、"印象"写成"映像"、"账目"写成"帐目"等。
- 截图检查：截图是否与操作描述的上下文一致，截图是否为反映功能操作的最新版本，截图是否清晰，截图中的内容是否尽量接近用户实际业务。
- 图表的编号是否正确：是否遵循一定的编号规则，内容描述时引用的图表编号是否存在、是否正确。
- 控件操作描述的检查：当描述涉及操作某些控件时，对控件名称的描述是否正确、统一。
- 描述语言是否通顺、简明易懂。
- 描述段落是否正确缩进、换行。
- 功能描述是否与软件实际功能矛盾。
- 文档总体结构是否合理，信息归类是否合理，查找是否方便。

### 11.3.42　缺乏工具支持的性能测试

大家都知道了性能测试的重要性，也知道性能测试工具在性能测试中发挥了重要的作用。但是问题是并不是所有的测试项目都能使用得上合适的测试工具。那么在缺乏工具支持的性能测试中，应该如何进行？

笔者曾经碰到过这样的一个例子，客户端程序接收读卡器的刷卡信息后进行处理，然后提交到后台服务器，如图 11.52 所示。对于这样的简单场景，需要测试 100 个用户并发刷卡的性能表现。

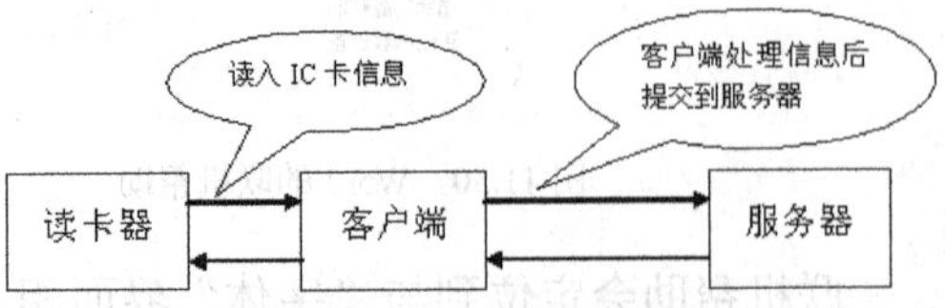

图 11.52　刷卡过程的例子

对于这样一个过程，用类似 LoadRunner 这样的工具是没办法模拟读卡器到客户端程序的这一段传输过程的，因为这一段过程采用的是 RS232 的串行通信协议，工具不支持这种协议的模拟。那么是否就不能进行性能测试呢？

这需要转换一下思维，读卡器刷卡的数据传输到客户端程序的这段过程其实是可以省略不进行性能测试的。因为每个读卡器刷卡和通过串口传输很少量的数据到客户端程序的过程是很快的，读卡器的读卡速度由硬件指标决定，一般只要客户端程序能及时响应和接收数据就不会出现性能问题，而这个过程都是单个读卡器对单个客户端程序的传输，因此出现性能瓶颈的机会非常小。

因此，我们只要测试客户端提交处理后的卡信息到服务器这段过程即可。而这段过程的传输可以利用 LoadRunner 这类工具来模拟。如果想通过录制的方式来获得测试脚本，则可以让程序员在客户端程序增加一个调用接口，再写一个小程序来调用这个接口，代替读卡器传输卡信息到客户端程序，如图 11.53 所示。

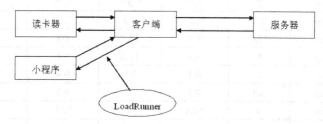

图 11.53　替换读卡器的传输过程

这样就可以替换读卡器的传输过程，然后用 LoadRunner 加载小程序来进行脚本的录制。

> 在某些工具不能派上用场的地方，要善于转换思路，详细分析清楚软件系统的整个数据传输过程，这样才能做好性能测试。

## 11.3.43　借助其他小工具和自己开发的小程序来解决问题

如果没有合适的性能测试工具，仍然可以进行性能测试。性能测试工具解决的主要是数据的模拟、协调同步、性能参数的监控和收集等问题。那么只要把这些问题都用其他手段解决就可以完成性能测试。

（1）性能数据的收集问题，可以借助一些免费的小工具，或者利用 Windows 的 Perfmon 中的性能计数器日志来记录测试过程中的某些对象的性能参数变化情况。

（2）并发数据的产生可以利用多线程或多进程调用的方式来模拟并发用户的访问。调用的方式可以是调用自己写的协议模拟器，例如自己编写一个封装 Socket 包的小程序，然后通过多线程的方式调用，从而产生对服务器的访问压力。

（3）也可以调用被测试程序的核心访问服务器模块的代码。只要被测试程序的结构分层足够清晰。例如通过多线程的方式直接调用业务逻辑层的代码，从而对服务器施加压力。

（4）协调同步则可采用 UDP 协议来定义各个客户端和控制程序之间的通信和同步。

> 采用多台客户端来产生大量虚拟用户的压力时，需要充分估计和尝试每台客户端的负载能力，不能让客户出现过载的情况，导致性能数据的失真。

各种不同的应用程序或协议在不同操作系统上的线程和进程的平均占用内存资源会有所不同，可以参考 LoadRunner 的 VU 在各种 Windows 的操作系统平台下模拟不同应用或协议时的内存占用表，如表 11-1 所示。

表 11-1　　　　　　　　　　LoadRunner 的 VU 内存资源占用表

| 操作系统 | | Win2000 Advanced Server sp3 | | Windows XP sp1 | | Windows NT 4 SP 6a | |
|---|---|---|---|---|---|---|---|
| 协议 | | Process (MB) | Thread (MB) | Process (MB) | Thread (MB) | Process (MB) | Thread (MB) |
| SAPGUI | Ram | 26 | 6.2 | 26 | 6.2 | 26 | 6.2 |
| | Swap | 26 | 6.7 | 26 | 6.7 | 26 | 6.7 |
| C | Ram | 3 | 0.27 | 3 | 0.28 | 3.6 | 0.29 |
| | Swap | 2.7 | 0.27 | 2.5 | 0.27 | 2.2 | 0.26 |
| CITRIX | Ram | 15.4 | 8.8 | 15.4 | 8.8 | 15.4 | 8.8 |
| | Swap | 12.5 | 8.4 | 12.5 | 8.4 | 12.5 | 8.4 |
| COM/DCOM | Ram | 7 | 0.4 | 5.8 | 0.4 | 5.8 | 0.4 |
| | Swap | 3.5 | 0.3 | 3.2 | 0.3 | 2.9 | 0.3 |
| CTLIB | Ram | 4 | N/A | 4 | N/A | 4 | N/A |
| | Swap | 3.5 | N/A | 3.5 | N/A | 3.5 | N/A |
| DBLIB | Ram | 4 | N/A | 4 | N/A | 4 | N/A |
| | Swap | 3.5 | N/A | 3.5 | N/A | 3.5 | N/A |
| DB2 | Ram | 7 | 0.8 | 6.9 | 0.5 | 7.2 | 0.96 |
| | Swap | 5.2 | 0.97 | 5 | 0.95 | 4.8 | 0.8 |
| DNS | Ram | 3.4 | 0.3 | 3.3 | 0.3 | 3.9 | 0.3 |
| | Swap | 2.9 | 0.3 | 2.7 | 0.3 | 2.4 | 0.3 |
| FTP (C) | Ram | 3.1 | 0.26 | 3.1 | 0.25 | 3.6 | 0.28 |
| | Swap | 2.7 | 0.25 | 3.1 | 0.25 | 2.4 | 0.25 |
| INFORMIX | Ram | 5.1 | N/A | 5.1 | N/A | 5.1 | N/A |
| | Swap | 2.6 | N/A | 2,7 | N/A | 2.6 | N/A |
| IMAP (C) | Ram | 3.4 | 0.3 | 3.4 | 0.3 | 4 | 0.3 |
| | Swap | 2.8 | 0.3 | 3 | 0.3 | 2.5 | 0.27 |
| JAVA General | Ram | 10.5 | 0.6 | 10.5 | 0.6 | 10.5 | 0.6 |
| | Swap | 12.7 | 0.6 | 12.7 | 0.6 | 12.7 | 0.6 |
| MAPI | Ram | 4.2 | 0.3 | 4.8 | 0.31 | 5 | 0.33 |
| | Swap | 2.8 | 0.27 | 3.8 | 0.27 | 2.5 | 0.28 |
| MMS | Ram | 9.9 | 2.8(30) | 8.4 | 2.5 | 9 | 2.5 |
| | Swap | 5.7 | 2.8(30) | 4.9 | 2.5 | 5.7 | 2.5 |
| MS-SQL | Ram | 3.1 | 0.27 | 3.1 | 0.26 | 3.6 | 0.28 |
| | Swap | 2.7 | 0.26 | 2.7 | 0.25 | 2.2 | 0.25 |
| .NET (C) | Ram | 3.1 | 0.3 | 3.1 | 0.3 | 3.1 | 0.3 |
| | Swap | 2.9 | 0.3 | 2.9 | 0.3 | 2.9 | 0.3 |
| .NET (C#) | Ram | 7.6 | 0.4 | 7.6 | 0.4 | 7.6 | 0.4 |
| | Swap | 5.7 | 0.35 | 5.7 | 0.35 | 5.7 | 0.35 |
| .NET (VB) | Ram | 7.7 | 0.4 | 7.7 | 0.4 | 7.7 | 0.4 |
| | Swap | 5.7 | 0.4 | 5.7 | 0.4 | 5.7 | 0.4 |

续表

| 操作系统 | | Win2000 Advanced Server sp3 | | Windows XP sp1 | | Windows NT 4 SP 6a | |
|---|---|---|---|---|---|---|---|
| ODBC | Ram | 10.6 | 0.6 | 10.6 | 0.6 | 11.5 | 0.6 |
| | Swap | 8.3 | 0.6 | 8.3 | 0.6 | 8.4 | 0.6 |
| ORACLE 7 | Ram | 7 | 0.4 | 7 | 0.4 | 7 | 0.4 |
| | Swap | 4.5 | 0.4 | 4.5 | 0.4 | 4.5 | 0.4 |
| ORACLE 8 | Ram | 7.8 | 0.6 | 8.5 | 0.6 | 8.6 | — |
| | Swap | 4.9 | 0.6 | 6 | 0.5 | 4.7 | 7 |
| ORACLE NCA 11i | Ram | 5.6 | 0.5 | 5.9 | 0.6 | 6.1 | 0.6 |
| | Swap | 5.1 | 0.6 | 5.6 | 0.6 | 4.6 | 0.6 |
| POP3 (C) | Ram | 3.2 | 0.26 | 3.2 | 0.26 | 3.7 | 0.28 |
| | Swap | 2.9 | 0.26 | 2.8 | 0.26 | 2.5 | 0.25 |
| PS TUXEDO | Ram | 4.4 | N/A | 5 | N/A | 5.2 | N/A |
| | Swap | 3 | N/A | 2.9 | N/A | 2.7 | N/A |
| REAL (RTSP) | Ram | 7 | 0.6 | 6.5 | 0.6 | 5 | 0.6 |
| | Swap | 5.5 | 0.5 | 6 | 0.5 | 3.5 | 0.5 |
| RTE (5250 IBM) | Ram | 6 | 1.2 | 6 | 1.2 | 6.5 | 1.2 |
| | Swap | 3.5 | 0.8 | 3.6 | 0.8 | 3 | 0.75 |
| SMTP (C) | Ram | 4 | 0.3 | 4 | 0.3 | 4 | 0.3 |
| | Swap | 3 | 0.3 | 3 | 0.3 | 3 | 0.3 |
| TUXEDO | Ram | 4.2 | N/A | 5 | N/A | 5.2 | N/A |
| | Swap | 3 | N/A | 2.9 | N/A | 2.8 | N/A |
| VB SCRIPT | Ram | 8.2 | 0.45 | 8 | 0.5 | 7.6 | 0.6 |
| | Swap | 5.7 | 0.4 | 5.5 | 0.5 | 5.4 | 0.6 |
| VB | Ram | 5.5 | 0.4 | 5.5 | 0.4 | 5.6 | 0.4 |
| | Swap | 4.3 | 0.3 | 4.4 | 0.4 | 4 | 0.4 |
| WEB (URL) | Ram | 5 | 0.5 | 5 | 0.5 | 5 | 0.5 |
| | Swap | 4.5 | 0.51 | 4.5 | 0.51 | 4.5 | 0.5 |
| WinSoket | Ram | 3.9 | 0.35 | 3.8 | 0.35 | 4.5 | 0.4 |
| | Swap | 3 | 0.35 | 3 | 0.35 | 2.9 | 0.38 |
| Siebel Web | Ram | 5.2 | 0.6 | 5.2 | 0.6 | 5.2 | 0.6 |
| | Swap | 4.2 | 0.6 | 4.2 | 0.6 | 4.2 | 0.6 |
| WEB/NCA | Ram | 5.6 | 0.9 | 5.8 | 0.9 | 6.3 | 0.9 |
| | Swap | 4.5 | 0.85 | 4.3 | 0.8 | 4 | 0.8 |

## 11.3.44  手工的性能测试

很多性能测试的书籍或测试的培训课程都喜欢在开头的地方描述一下测试人员在没有使用测试工具的情况下进行测试是如何的窘迫，例如，几十号人同时坐在电脑前，听一个人喊"1，2，3"，然后同时按下鼠标操作同一个功能来模拟多用户并发的性能测试。

但是这种测试方法是否没有价值呢？不是的，性能测试可以人工进行，只要条件合适，人工进行的性能测试同样有效。

如果软件系统只需要支持 100 人左右的同时访问，而公司目前有 50 台左右的机器可以提供性能测试调用，那么可以模拟 10 台机器并发、20 台机器并发、30 台机器并发、50 台机器并发这四个数量级的并发情况，然后把数据收集整理分析，画出随参与并发的机器数量增加而变化的性能曲线，再估计 60、70、80、90、100 个并发的性能情况。

（1）在手工的性能测试进行之前，应该安排好参加的人员以及机器，设计好测试用例，并分配给参加测试的人员，在测试过程中按测试用例执行测试。测试用例中应该包括测试的开始时间和结束时间。这样才能模拟多个场景的并发情况，而不用每次都依赖某个人来协调同步。

（2）在测试之前应该准备好程序安装部署包，并在参与测试的机器上准备好。程序应该把所有运行需要参数都设置好，并且在程序内部加入必要的时间戳和日志输出功能。

**技巧**

> 手工进行的性能测试需要组织好，规划好，做好性能数据的收集和分析，同样能有效地完成性能测试工作。

## 11.3.45　本地化测试与国际化测试

软件的国际化和软件的本地化是开发面向全球不同地区用户使用的软件系统的两个过程。而本地化测试和国际化测试则是针对这类软件产品进行的测试。由于软件的全球化普及，还有软件外包行业的兴起，软件的本地化和国际化测试俨然成为了一个独特的测试专门领域。

经常看到一些软件在输入中文时不能显示或显示乱码，其实，这主要是因为软件没有进行本地化处理。而通常看到网上出现的某某软件汉化版，实际上就是做了本地化处理的软件。

本地化是对软件进行语言转换和处理，生成不同语言版本的过程和技术。本地化测试就是测试这个过程的结果是否满足要求。本地化的英文也叫"L10N"，是"Localization"的缩写，由于"Localization"单词比较长，所以为了书写简单，通常缩写为"L10N"，10 表示中间省略的 10 个字母。

软件国际化是指软件的设计是针对全球用户使用设计的。面向国际化的软件必须在设计阶段就考虑，使软件具备国际市场的普遍适用性，从而不需要重新设计就可以适应多种语言和文化习俗，例如在设计阶段加入功能和代码处理日期格式、排序、度量单位等。国际化测试就是测试软件是否具备国际化的特征。国际化也叫"I18N"，即"Internationalization"的缩写，18 代表中间省略的 18 个字母。

## 11.3.46　本地化软件测试和国际化测试的要点

本地化和国际化测试与其他类型的测试存在很多不同之处。下面是本地化和国际化测试的一些要点。

● 本地化后的软件在外观上与原来版本是否存在很大的差异，外观是否整齐、不走样。

● 是否对所有界面元素都进行了本地化处理，包括对话框、菜单、工具栏、状态栏、提示信息（包括声音的提示）、日志等。

● 在不同的屏幕分辨率下界面是否正常显示。

- 是否存在不同的字体大小，字体设置是否恰当。
- 日期、数字格式、货币等是否能适应不同国家的文化习俗。例如，中文是年月日，而英文是月日年。
- 排序的方式是否考虑了不同语言的特点。例如，中文按照第一个字的汉语拼音顺序排序，而英文按照首字母排序。
- 在不同的国家采用不同的度量单位，软件是否能自适应和转换。
- 软件是否能在不同类型的硬件上正常运行，特别是在当地市场上销售的流行硬件上。
- 软件是否能在 Windows 的当地版本上正常运行。
- 联机帮助和文档是否已经翻译，翻译后的链接是否正常。正文翻译是否正确、恰当，是否有语法错误。

## 11.3.47　本地化软件测试和国际化测试对测试人员的要求

软件本地化和国际化测试是一个综合了翻译行业和软件测试行业的测试类型。它要求测试人员具备一定的翻译能力、语言文化，同时具备测试人员的基本技能。

本地化测试需要用到环境测试、兼容性测试、界面测试、安装测试等测试技术。

## 11.3.48　本地化软件测试和国际化测试工具的使用

很多软件的联机帮助都是 Html 文件格式的。HtmlQA 是一款用于测试本地化的 HTML 文件的工具，是思迪公司针对软件本地化行业开发的专业工具，用于测试源语言和本地化语言的项目文件的本地化质量。

HtmlQA 可以执行一系列本地化 HTML 文件检查，以确定本地化后的 HTML 文件与源语言的 HTML 文件具有一致性。经过本地化的 HTML 文件经常会产生影响文档功能的 Bug。例如，链接丢失、图像引用错误，遗漏翻译的字符串等。HtmlQA 对这些问题都能逐一找出来。

另外，本地化测试还需要经常使用一些资源查看和搜索工具，例如 eXeScope、Resource Explorer 等。这些工具用于检查是否存在遗漏的尚未本地化的信息。例如，图 11.54 所示的界面就是用 eXeScope 打开 "winamp.exe" 文件查看各种资源信息的本地化情况，包括文本、位图、菜单、对话框等信息，逐一查看是否有尚未本地化的信息，或者翻译不正确的信息。这比打开被测试的软件，逐一遍历界面、

图 11.54　利用 eXeScope 查看软件的资源信息

操作各种功能来调出相应的对话框来查看的方式要快速和直接得多。

## 11.3.49　可访问性测试

可访问性测试（Accessibility Testing）是外包测试中可能碰到的一种测试类型，尤其是对美外包。美国是一个对残疾人的权益非常重视的国家，在美国有19%的残疾人，残疾人也有使用软件系统的权利，残疾人可以通过屏幕阅读器、盲文显示器等转换设备来访问软件系统。可访问性测试是保证一个软件系统对于残疾人具有可访问性的过程。

## 11.3.50　Section 508 Web 指南

如果软件系统是为美国政府机构设计的，则必须满足某些可访问性指南的规范和要求，否则将违反美国的联邦法律。Section 508 Web 指南就是这样一套指南，它详细描述了 16 项具体的要求，要求一个网站必须满足与 Rehabilitation Act 法案的"第 508 项修正"相一致，这个修正案要求任何为美国政府机构或由美国政府机构自己生产设计的技术都必须对于残疾人具有可访问性。

这些指南的大部分都着眼于保证将页面优秀地转换到一系列的装置中，使内容在这些装置中具有可理解性与可浏览性。尽管这些指南被专门设计来用于联邦机构和为联邦机构做设计开发者，但它们已经成为了许多 Web 开发人员用来测试网站可达性的标准。Section 508 的 16 条标准如下。

- 对每一个非文本元素都应该提供一个等同的文本（例如，提供"alt"、"longdesc"等元素）。
- 任何多媒体演示的等同替代内容都应该与该演示同步。
- Web 页应该经过设计，以便所有通过颜色传达的信息无需颜色也可获得，如通过上下文或者标记来获得。
- 文档应该经过组织，这样它们无需关联的样式表也可阅读。
- 应该为服务器端图像映射的每个活动区域都提供冗余的文本链接。
- 应该提供客户端图像映射而非服务器端图像映射，除非区域不能用一个几何图形来定义。
- 应该为数据表标识行、列标题。
- 对于具有两个或多个逻辑层次的行或列标题的数据表，应该使用标记为这些数据表关联数据单元格和标题单元格。
- 应该使用有助于框架标识和导航的文本来为框架加上标题。
- 页面应该经过设计，避免在频率大于 2Hz 并小于 55Hz 的情况下导致屏幕闪烁。
- 当以任何其他方法都无法达到符合性时，应该提供一个有等同信息或功能的纯文本页以使 Web 站点符合这部分的规定。只要主页面更改，纯文本页的内容就应该更新。
- 当页面使用脚本语言来显示内容或创建界面元素时，由脚本提供的信息应与辅助技术可以阅读的功能文本一致。
- 当 Web 页要求客户端系统上要有小程序、插件或其他应用程序来解释页面内容时，该页必须提供一个到这些插件或小程序的链接。
- 当电子表单设计为在线完成时，应该允许用户使用辅助技术来访问、填写提交表单所需的信息、字段元素和功能，包括所有的说明和提示。

● 应该提供一个方法允许用户跳过重复的导航链接。

● 当需要一个定时响应时，应该警告用户并给予其充分的时间以指示需要更多的时间。

### 11.3.51 可访问性测试工具

对于可访问性的测试，可以通过审查软件系统是否符合规范指南的要求，也可以通过一些专门的测试工具来进行可访问性测试，例如 Rampweb_ToolBar、Bobby、Watchfire WebXACT、Parasoft WebKing、QTP 等。图 11.55 是 WebXACT 对 Google 网站进行的可访问性分析结果。

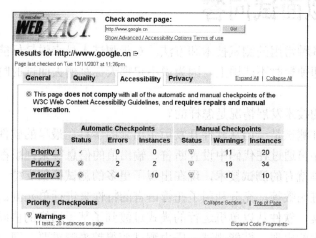

图 11.55　WebXACT 的可访问性测试

## 11.4　小结

实用的软件测试技术对于测试人员来说就像内功，练就深厚的内功对于行走于测试的险恶江湖中、对付可恶的 Bug 来说是非常重要的立身之本。

测试技术是从一般的测试理论提炼出来的测试方法和手段，在不同的测试领域和软件系统上下文中应该使用不同的测试技术。就像南拳北腿各有所长，以强制强，还是以柔克刚，需要测试人员综合自己的理论知识和借鉴前人的经验，根据具体的环境去灵活应用。

当然，如果能达到无招胜有招的境界则是大善之极。

## 11.5　新手入门须知

各种测试技术对于新手而言可谓眼花缭乱，目不暇接。

对于这些软件测试技术，新入门的测试人员不应该盲目地强求样样精通，而是应该遵循了解、储备、使用的原则和顺序。

先把各种测试技术的基本原理和方法大概地了解到，储备这些测试技术的相关材料、工具等，然后当测试项目涉及或需要用到这些内容时，能迅速地找到相关的材料和工具，进行快速而深入的学习和理解，掌握相关的技术，应用到测试项目中去。

有些测试技术是相通的，可用在很多类型的测试项目中，例如界面测试、可用性测试可以用在 C/S 结构软件系统的测试、B/S 结构软件系统的测试，也可以用在手机软件的测试。

有些测试技术则比较专门，例如本地化测试和国际化测试、可访问性测试的某些技术是专门为这类测试设计的。

对于通用的测试技术，新入门的测试人员应该尽量多掌握，对于专门的测试技术，则要看是否属于本公司测试项目范围，如果是，则应该专心研究；如果不是，则仅作了解即可，作为扩展知识面，或者为将来做储备。

# 11.6 模拟面试问答

本章主要讲到各种常用的测试技术和方法，对于测试人员来说最好能多了解不同类型的测试方法和技术，即使暂时不能用上，因为说不定哪天你跳槽去面试的时候，面试官就会问到这些方面的知识。

（1）软件测试的技术发展情况是怎样的？

参考答案：软件测试是一门从软件开发衍生出来的学科，最早的软件测试雏形就是软件开发中的调试。程序员通过在代码中设置断言、输出值的信息等来判断程序是否正常工作。

单元测试是很早就有的测试技术，现在出现了更多的测试框架支持，帮助测试人员写断言、写驱动函数、桩函数等，充分利用了托管语言的特性来进行单元测试代码的编写。

随着网络的发展，软件从以单机运行的模式过渡到了基于网络的协同工作模式，这促使了新的软件测试技术的出现。性能测试、压力测试变得越来越重要。同样伴随着网络出现的问题是安全问题、黑客问题，因此也促进了安全性测试技术的出现。

软件从以前只有在大型机器上才有，到现在的个人电脑、网络、各种嵌入式设备都有，近年还蔓延到了基本上每个人都拥有的手机，手机的软件测试也渐渐地成为了一个重要的方面。

（2）白盒测试更有效还是黑盒测试更有效？

参考答案：黑盒测试不需要了解程序代码的内部结构，对测试人员在代码方面的要求不高，但是需要等到软件能运行和工作后或者有交互界面后才能进行测试。白盒测试则可以在代码基本完成或者开发了一部分时就进行，但是要求测试人员对代码比较熟悉，具备一定的阅读代码、分析代码甚至编写代码的能力。

在测试过程中，应该综合应用黑盒测试和白盒测试，按需要采用不同的技术组合。不要用黑盒测试和白盒测试来划分自己属于哪一类测试人员，一个优秀的测试人员应该懂得各种各样的测试技术和找 Bug 的手段。

（3）谈谈您对探索性测试的理解。

参考答案：探索性测试是指同时设计测试和执行测试。探索性测试有时候会与即兴测试（Ad Hoc testing）混淆。即兴测试通常是指临时准备的、即席的 Bug 搜索的测试过程。从定义可以看出，谁都可以做即兴测试。由 Cem Kaner 提出的探索性测试，相比即兴测试是一种精致的、有思想的过程。

探索性测试可以说是一种测试思维技术。它没有很多实际的测试方法、技术和工具，但是却是所有测试人员都应该掌握的一种测试思维方式。探索性强调测试人员的主观能动性，抛弃繁复的测试计划和测试用例设计过程，强调在碰到问题时及时改变测试策略。

（4）您了解的测试类型有哪些？

参考答案：一般软件的测试主要包括功能测试、性能测试、安装测试、环境测试，有些对安全性要求比较高的软件系统还要求有安全性测试。

（5）C/S 结构的软件系统的测试与 B/S 结构的软件系统的测试有什么不同？

参考答案：这要从 C/S 结构软件系统与 B/S 结构软件系统的特点出发来分析，C/S 结构的软件系统是一般的应用型业务系统、MIS 系统经常采用的系统架构。而 B/S 结构的软件系统则更多地面向广大互联网用户。最简单的 C/S 结构系统是物理上只有两层的架构，客户端直接访问服务端的数据库。复杂的 C/S 结构系统会在服务器端部署复杂的应用组件和服务。因此，C/S 结构的软件系统的测试需要注意易用性测试、服务器端的测试、性能测试、安全性测试、安装部署测试等方面。

而 B/S 结构的软件系统具有一些自己的特点，例如，客户端使用浏览器访问后台服务，以网页表单的形式展示界面，采用 B/S 结构的软件系统的客户端一般只能完成浏览、查询、数据输入等简单的功能，绝大部分工作由服务器承担，采用 Cookies 保存用户信息，信息可能经过万维网传送。因此需要注意链接测试、Cookies 测试、兼容性测试、并发访问测试等。

（6）手机软件测试的特点是什么？

参考答案：由于手机的显示区域小，不能有太丰富的展示效果，因此测试人员需要注意界面美观和简洁度的测试。手机的操作主要依赖拇指，测试人员需要注意易用性和用户体验的测试。还需要注意兼容性测试、内存使用的测试。有些手机应用需要满足特定标准规范的要求，例如 Brew 手机应用就需要满足高通公司定义的标准，因此，测试人员需要对照标准规范对手机应用程序进行详细的检查。还要进行所谓的"暴力测试"，注意手机应用在操作过程中断电、重启、断网等意外情况发生时的处理是否正确。

（7）游戏类型的测试需要注意什么？

参考答案：游戏软件系统的独特性决定了游戏软件测试的特殊性，测试人员更多的时候不是在测试游戏的功能，而是在"玩"游戏。对游戏进行测试需要注意可玩性的测试、游戏的环境测试，如果是网络游戏，还需要注意安全性测试和性能测试。

（8）如何进行内存泄露测试？

参考答案：对于不同的程序可以使用不同的方法来进行内存泄露的检查，还可以使用一些专门的工具来进行内存问题的检查，例如 MemProof、AQTime、Purify、BundsChecker 等。内存问题有可能是很隐蔽的 Bug，并且有时候很难重现，因此不能仅仅依赖测试人员找出这些问题，开发人员需要积极配合。

（9）报表测试需要注意哪些方面？

参考答案：报表测试需要在理解业务的基础上进行，例如需要知道报表的命名、专业术语是否贴合用户的语言，是否能被用户理解，报表中展示的数据是否是用户最关心的数据，报表展示的方式是否符合用户的习惯等。

报表测试还需要注意一些细节问题的处理，例如数据的四舍五入、单位转换、日期格式等。报表测试也可能需要进行性能测试，要着重检查报表在大数据量的时候的显示速度、展示方式是否存在问题。

（10）用户手册和联机帮助怎么检查？

参考答案：联机帮助的测试需要注意的检查要点包括检查是否能随时访问，有没有快捷键，快捷键是否在任何时候都生效；联机帮助的内容是否全面；联机帮助的内容和截图是否与软件的界面一致；联机帮助的描述是否清晰、能指导用户进行功能操作和问题的解决。

用户手册通常使用的格式是 CHM、Word、PDF、Html 等。一般像 Word 文档类型的用户手册的检查需要注意检查封面是否简明，标题是否清晰，有没有直观地告诉用户本手册的内容是什么；目录是否与内容同步，目录链接是否有效；还要注意错别字的检查；例如"登录系统"写成"登陆系统"、"印象"写成"映像"、"账目"写成"帐目"等；检查截图是否与操作描述的上下文一致，截图是否反映功能操作的最新版本，截图是否清晰，截图中的内容是否尽量接近用户实际业务；检查图表的编号是否正确，是否遵循一定的编号规则，内容描述时引用的图表编号是否存在、是否正确；当描述涉及操作某些控件时，注意检查对控件名称的描述是否正确、统一；还要注意检查文档的描述语言是否通顺、简明易懂，描述段落是否正确缩进、换行，功能描述是否与软件实际功能矛盾，文档总体结构是否合理，信息归类是否合理，查找是否方便等。

（11）您了解什么是本地化测试和国际化测试吗？

参考答案：软件的国际化和软件的本地化是开发面向全球不同地区用户使用的软件系统的两个过程。而本地化测试和国际化测试则是针对这类软件产品进行的测试。

本地化和国际化测试需要注意以下几点。

● 本地化后的软件在外观上与原来版本是否存在很大的差异，外观是否整齐、不走样。

● 是否对所有界面元素都进行了本地化处理，包括对话框、菜单、工具栏、状态栏、提示信息（包括声音的提示）、日志等。

● 在不同的屏幕分辨率下界面是否正常显示。

● 是否存在不同的字体大小，字体设置是否恰当。

● 日期、数字格式、货币等是否能适应不同国家的文化习俗。例如，中文是年月日，而英文是月日年。

● 排序的方式是否考虑了不同语言的特点。例如，中文按照第一个字的汉语拼音顺序排序，而英文按照首字母排序。

● 在不同的国家采用不同的度量单位，软件是否能自适应和转换。

● 软件是否能在不同类型的硬件上正常运行，特别是在当地市场上销售的流行硬件上。

● 软件是否能在 Windows 的当地版本上正常运行。

● 联机帮助和文档是否已经翻译，翻译后的链接是否正常。正文翻译是否正确、恰当，是否有语法错误。

（12）您了解什么是可访问性测试吗？

参考答案：可访问性测试是保证一个软件系统对于残疾人具有可访问性的过程。对于可访问性的测试，可以通过审查软件系统是否符合规范指南的要求，也可以通过一些专门的测试工具来进行可访问性测试，例如 Rampweb_ToolBar、Bobby、Watchfire WebXACT、Parasoft WebKing、QTP 等。

第 12 章

# 测试管理工具 QC 的应用

软件测试过程以及测试人员的工作都需要严谨的管理，从测试需求的分析到测试计划、测试用例、测试的执行、缺陷的登记和跟踪，都需要管理。

本章将结合目前流行的测试管理工具 QC（Quality Center）讲解软件测试的过程管理。

# 12.1　测试管理平台

就测试过程本身而言，应该包含以下几个阶段。

- 测试需求的分析和确定。
- 测试计划。
- 测试设计。
- 测试执行。
- 测试记录和缺陷跟踪。
- 回归测试。
- 测试总结和报告。

一个好的测试管理工具应该能把以上几个阶段都管理起来。

测试人员每时每刻都在度量别人的工作成果，而测试人员的工作成果又由谁来度量呢？度量的标准和依据是什么呢？软件测试的度量是测试管理必须仔细思考的问题。缺乏尺度会让测试失去平衡，缺乏标准会让测试工作难以衡量。

一个好的测试管理平台应该能够收集各种度量信息和数据，为软件过程度量、软件质量度量提供实时的数据和报表。

## 12.1.1　测试过程管理规范化

测试过程管理规范化的首要问题是流程的规范化。

（1）测试进入和退出标准。

（2）协作流程。

（3）缺陷跟踪管理流程。

（4）工具平台的引入。

按照 CMM 等标准在制度上规范了测试的过程之后，可依托统一的测试管理平台来实施。关于目前主流测试管理平台与缺陷跟踪工具可参考图 12.1 和图 12.2 所示的调查。

图 12.1　主流的测试管理平台

图 12.2　主流的缺陷管理工具

## 12.1.2 测试管理平台——QC 简介

HP 公司的 QC（Quality Center）是目前主流的测试管理平台之一，其前身是 TD（Test Director）。QC 的标准测试管理流程如图 12.3 所示。

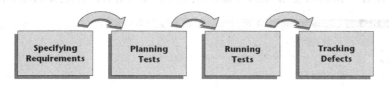

图 12.3　QC 的标准测试管理流程

QC 的标准测试管理流程中涵盖了测试需求、测试计划、测试执行和缺陷跟踪管理 4 个测试过程的主要方面。

- QC 支持的应用服务器包括 Jboss、WebLogic、WebSphere。
- QC 支持的数据库包括 Oracle、SQL Server。
- QC 支持的操作系统包括 Windows、Linux、Solaris。

由于 QC 支持群集（Cluster），因此即使是大型的多项目的团队也可以使用 QC 满足日常测试工作的管理，如图 12.4 所示。

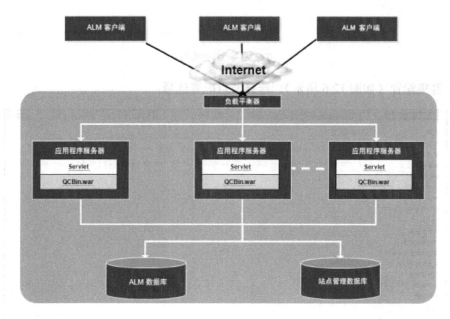

图 12.4　QC 的群集

## 12.1.3 QC 安装

下面以 QC 11.0 为例，介绍如何在 Windows 2008 服务器上进行安装。读者也可以参考 QC 的安装指南文档《Install》来进行安装。安装 ALM Platform 可在单个节点上安装，也可作为群集安装。在群集上安装 ALM Platform 时，所有节点都必须相同。例如，所有节点都必须使用相同的应用服务器、操作系统、ALM Platform 目录位置和"站点管理"数据库。此外，必须在所有节点上安装相同版本的 ALM Platform。

（1）许可证配置（如图 12.5 所示）。选择 ALM Platform 许可证文件的路径。如果没有许可证文件，使用评估密钥以使用 ALM Platform 的 30 天试用版，并选择 ALM 版本。

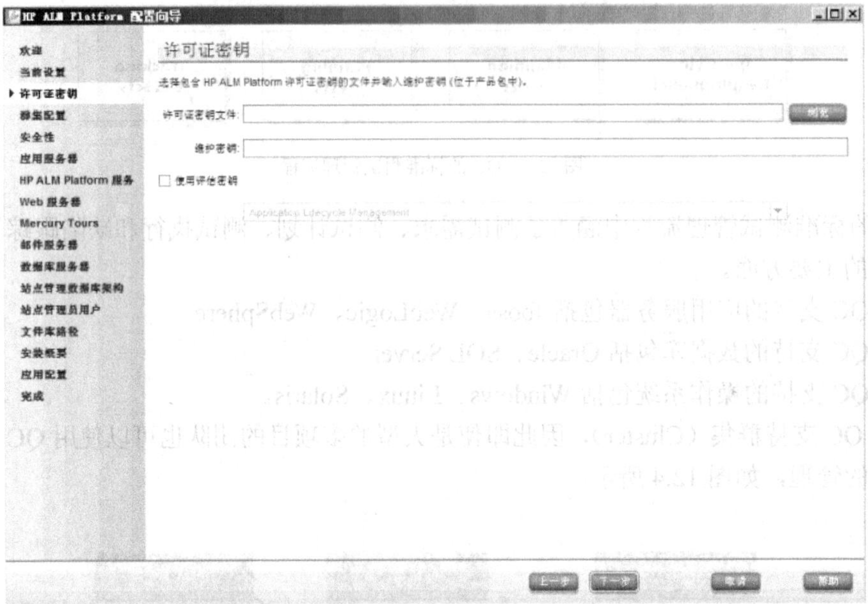

图 12.5　许可证密钥

（2）群集配置（如图 12.6 所示）。选择节点配置选项：

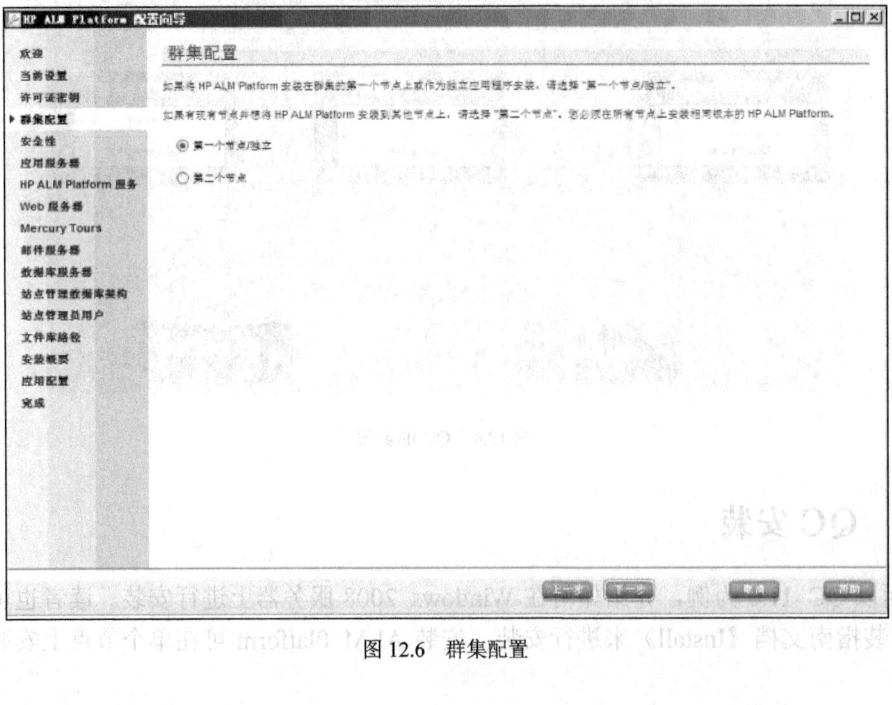

图 12.6　群集配置

① 第一个节点/独立。在群集的第一个节点上安装 ALM Platform，或作为独立应用程序安装。

② 第二个节点。如果有现有节点，在另一个节点上安装 ALM Platform 以创建群集。

（3）安全性配置（如图 12.7 所示）。输入机密数据密码短语，在加密之后，ALM Platform 存储用于访问外部系统（数据库和 LDAP）的密码。

图 12.7　安全性配置

（4）应用服务器配置（如图 12.8 所示）。默认选择 JBoss 应用程序服务器，JBoss 服务器的 HTTP 默认端口号是 8080。其他应用服务器也可以选择 WebLogic 或 WebSpere。

图 12.8　应用服务器配置

（5）HP ALM Platform 配置（如图 12.9 所示）。如果选择了 JBoss 应用服务器，则打开了 HP ALM Platfrom 服务页。输入用于作为服务运行 JBoss 的用户名、密码和域，JBoss 服务即可访问本地网络。

图 12.9　HP ALM Platform 服务配置

（6）邮件服务器配置（如图 12.10 所示）。如果需要 ALM Platform 将电子邮件发送给 ALM 项目中的用户，可以选择邮件协议。对于 SMTP 服务器，输入服务器名称即可。

图 12.10　邮件服务器配置

（7）数据库服务器配置（如图 12.11 所示）。在"数据库类型下"，为"站点管理"数据库架构选择数据库类型，可选的包括：SQL SERVER、ORACLE。

图 12.11　数据库服务器配置

（8）站点管理员用户配置（如图 12.12 所示）。可以使用这里定义的站点管理员名称和密码来第一次登录"站点管理"。

图 12.12　站点管理员用户配置

（9）文件库路径配置（如图 12.13 所示）。在文件库路径框中，单击"浏览"按钮选择库路径或接受默认路径。注意，务必为库文件夹输入唯一名称，字母大小写不同的现有文件夹的相同名称将不视为是唯一的。

图 12.13　文件库路径配置

（10）启动 JBoss，完成配置（如图 12.14 所示）。如果应用服务器是 JBoss，则选中启动 JBoss 复选框，将立即启动 JBoss 服务器。

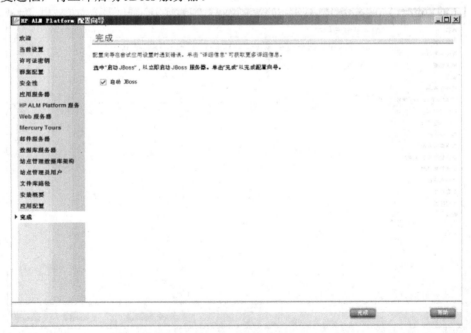

图 12.14　完成 HP ALM Platform 配置向导

# 12.2  测试需求管理

测试要尽早进行，所以测试人员应该在需求阶段就介入，并贯穿软件开发的全过程。

## 12.2.1  定义测试需求

定义测试需求是为了覆盖和跟踪需求，确保用户的各项需求得到了开发和测试的验证。在 QC 中，提供了测试需求的管理功能，如图 12.15 所示。

图 12.15  测试需求的管理模块

在这个视图中，可选择"需求"→"新建需求"选项来添加需求项。

## 12.2.2  把需求项转换成测试计划

QC 支持从录入的需求项直接转换成测试计划中的测试主题（范围）、测试步骤。在需求模块中选中需要转换的测试需求项，然后选择菜单"需求"→"转换为测试"→"转换选定需求"选项，则出现如图 12.16 所示的向导界面。

接下来就按照向导的指引一步步将测试需求项转换成所需要的测试用例、测试步骤，转换后在测试计划模块可以查看转换的结果，如图 12.17 所示。

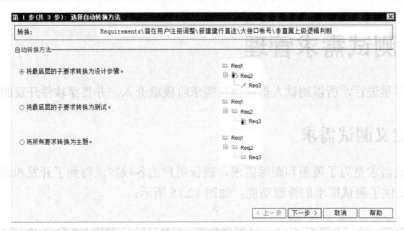

图 12.16　转换向导

图 12.17　转换后可在测试计划模块看到转换的结果

# 12.3　测试计划管理

在测试计划模块中，可以用一个树形的结构来组织测试用例。

## 12.3.1　测试用例的管理

测试用例是测试计划的细化表现，测试用例告诉测试人员如何执行测试，覆盖测试需求，测试用例的设计和编写是测试过程管理的重点。QC 在测试计划模块提供了测试计划树（如图 12.18 所示），用于组织测试范围、主题和要点，测试用例则挂接在测试计划树中，QC 提供了完善的测试用例编辑和管理功能。

图 12.18　测试用例编辑和管理功能

## 12.3.2　设计测试步骤

在 QC 中设计测试用例的各个步骤，首先要选中某个主题，例如下面为 Cruises Reservation 主题中的 Cruise Booking 测试用例添加测试步骤。

（1）在设计步骤界面，选择新建测试步骤，出现如图 12.19 所示的设计步骤编辑器界面。

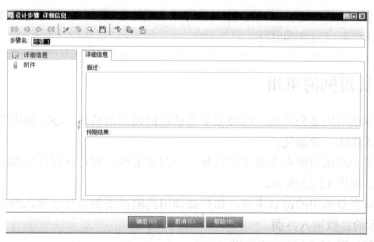

图 12.19　设计步骤编辑器界面

（2）在"步骤名"中填写测试步骤的名称，在"描述"中填写测试步骤的具体描述，在"预期结果"中填写执行测试步骤后的预期结果，如图 12.20 所示。

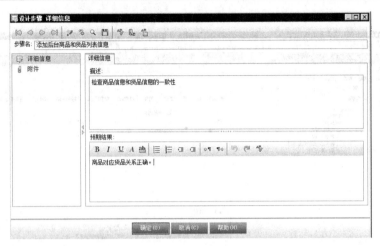

图 12.20 填写详细信息

（3）按照类似的方式添加和编辑其他的测试步骤。最后得到如图 12.21 所示的测试用例及其详细的测试步骤。

图 12.21 最终的测试用例及其详细的测试步骤

> **技巧**
>
> QC 支持测试步骤的复制，复制步骤（Ctrl+C），然后粘贴步骤（Ctrl+V）。这样方便重用某些类似的测试步骤，节省编辑时间。

### 12.3.3 测试用例的重用

对于一些测试用例是公共的，可被很多测试用例调用的情况，QC 提供了复用机制，让测试用例设计模块化、参数化。

例如，在某个测试用例中需要调用另外一个测试用例，则可在设计步骤界面中选择"调用测试"选项，如图 12.22 所示。

查找并选择需要调用的测试用例，如果被调用的测试用例设计了输入的参数，则会出现如图 12.23 所示的参数输入界面。

最后将得到如图 12.24 所示的结果。

可以看到在这个测试用例中的第一个步骤，调用了一个名为"Connect And Sign-On"的测试用例，也就是说在执行这个测试用例的时候，第一步是执行"Connect And Sign-On"这个测试用例。

图 12.22　在设计步骤界面中选择"调用测试"　　　　图 12.23　参数输入界面

图 12.24　最终的测试用例

## 12.3.4　测试用例对需求项的覆盖

设计测试用例的目的是用于覆盖测试需求项，只有测试需求项都得到了一定程度的覆盖，并且执行了相应的测试用例，才能说用户的需求得到了充分的验证。

下面介绍如何将测试需求项链接到测试用例。在测试计划树中选择某个测试用例，例如图 12.25 中的"后台商品列表"，然后在右边界面选择"需求覆盖率"选项卡。

图 12.25　选择"需求覆盖率"选项卡

# 12.4  测试执行

在设计测试用例之后，如果被测试的程序也准备就绪了，就可以进行测试任务的定义以及测试任务的分配，由测试人员来执行测试用例。QC 在测试实验室（Test Lab）模块提供了定义测试集、选择测试用例、执行测试用例、登记测试执行情况的功能。

## 12.4.1  定义测试集

为了方便测试任务的分配，可以把一些测试用例打包成测试集（Test Sets），对测试集分配工作周期、添加附件，还可以对测试集添加概要图，以便进行活动分析。

## 12.4.2  为测试集添加测试用例

添加测试集后，就可以为测试集添加测试用例了，如图 12.26 所示。

图 12.26　为测试集添加测试用例

## 12.4.3  执行测试

创建了测试集并添加相应的测试用例之后，就可以选择测试集执行测试，选择"运行"→"手工运行"选项，出现如图 12.27 所示的执行界面。

选择"开始运行"选项，如果运行的测试用例设置了输入参数，则会要求参数值的设置，出现如图 12.28 所示的界面。

输入参数，一步步执行测试用例中的测试步骤，如图 12.29 所示。在"实际"中输入实际测试结果，标记测试步骤是否通过。

图 12.27 执行测试界面　　　　　　　　　　　　图 12.28 输入参数值

图 12.29 执行测试步骤

# 12.5 缺陷登记与跟踪

在执行测试的过程中，如果发现了被测试程序的缺陷，则需要将 Bug 录入到 QC 中进行跟踪。

## 12.5.1 添加新缺陷

可以在测试实验室的测试执行过程中登记和录入缺陷，也可以切换到缺陷模块，在缺陷模块中新建缺陷，如图 12.30 所示。

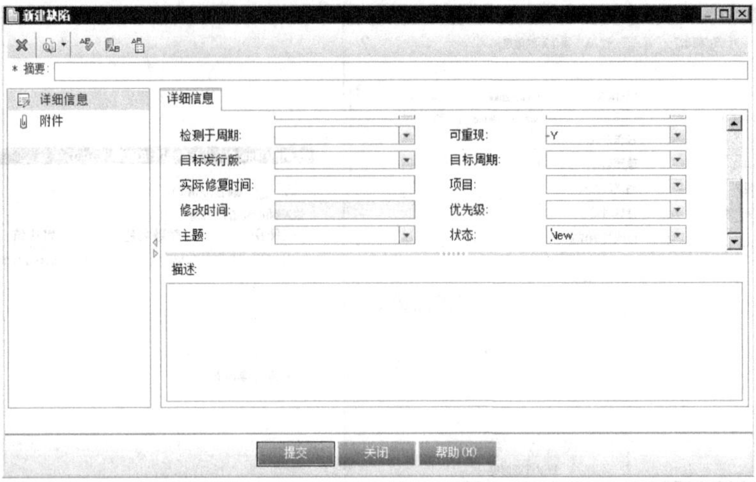

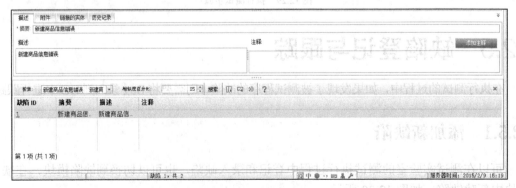

图 12.30　在缺陷模块中新建缺陷

一般常见的缺陷登记字段包括以下内容。

- 摘要：缺陷的简要描述、标题。
- 优先级：选择缺陷的优先级。
- 严重程度：缺陷的严重级别。
- 状态：缺陷生命周期中的各个状态。
- 检测于版本：在软件的哪个版本发现的缺陷。
- 描述：缺陷的具体描述。

**技巧**

除了描述文字外，还可以通过附加 URL、附加截图、文件的方式来描述缺陷。

## 12.5.2　如何避免录入冗余的缺陷

QC 中提供了避免录入冗余缺陷的辅助功能，例如，已经录入了一个缺陷，ID 号为 37，如果想查找与 ID 为 37 的缺陷类似的缺陷，可以选中 37 号缺陷，然后选择"查找类似缺陷"选项，QC 会根据缺陷描述内容的相似度提示用户有哪些缺陷是类似的，如图 12.31 所示。

图 12.31　查找类似缺陷

**注意**

> 如果发现缺陷相似度超过 80%，则要仔细分析是否录入了冗余的缺陷，是否应该去掉。

## 12.5.3　Bug 的生命周期

录入缺陷后，测试人员应该跟踪一个缺陷的整个生命周期，从 Open 到 Closed 的所有状态。通常一个典型的缺陷状态转换流程如图 12.32 所示。

● New：新发现的 Bug，未经评审决定是否指派给开发人员进行修改。

● Open：确认是 Bug，并且认为需要进行修改，指派给相应的开发人员。

● Fixed：开发人员进行修改后标识成修改状态，有待测试人员的回归测试验证。

● Rejected：如果认为不是 Bug，则拒绝修改。

● Delay：如果认为暂时不需要修改或暂时不能修改，则延后修改。

图 12.32　缺陷状态转换图

● Closed：修改状态的 Bug 经测试人员的回归测试验证通过，则关闭 Bug。

● Reopen：如果经验证 Bug 仍然存在，则需要重新打开 Bug，开发人员重新修改。

图 12.50 也是一个基本的缺陷状态变更流程，每个项目团队的实际做法可能不大一样，并且需要结合实际的开发流程和协作流程来使用。

例如，测试人员新发现的 Bug，必须由测试组长评审后，才决定是否 Open 并分派给开发人员。测试人员 Open 的 Bug 可以直接分派给 Bug 对应的程序模块的负责人，也可以先统一提交给开发主管，由开发主管审核后再决定是否分派给开发人员进行修改。

Bug 的跟踪以及状态变更应该遵循一些基本原则。

● 测试人员对每一个缺陷的修改必须重新取一个包含更改后的代码的新版本进行回归测试，确保相同的问题不再出现，才能关闭缺陷。

● 对于拒绝修改和延迟修改的 Bug，需要经过包含测试人员代表和开发人员代表、用户方面的代表（或代表用户角度的人）的评审。

**注意**

> 在 QC 中，主要是通过工作流来跟踪管理缺陷的，不同的角色在做好自己的工作之后，就可以查找相应的缺陷，修改缺陷的状态（Status 字段）。

## 12.5.4　把缺陷链接到测试

把录入的缺陷链接到测试，这样有利于统计测试用例执行的缺陷发现率。链接的方法是打开测试计划树，选择某个测试用例，例如图 12.33 中的后台商品列表。

在右边部分选择"链接的缺陷"选项，然后选择"链接现有缺陷"→"选择"选项，在如图 12.34 所示的界面中选择要链接到测试用例的缺陷。

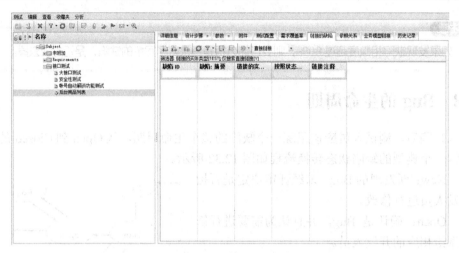

图 12.33　链接的缺陷界面

图 12.34　选择要链接到测试用例的缺陷

链接之后，在缺陷模块中被链接的缺陷也可以看到链接的测试用例有哪些。在如图 12.35 所示的"链接的实体"界面中可以看到所链接的测试用例。

图 12.35　"链接的实体"界面

# 12.6 在 QC 中生成测试报告的图表

在做完一轮测试之后，测试人员应该编写测试报告，详细描述测试的过程和测试的结果，分析软件的质量情况。在 QC 中可以生成各种类型的报告图表，例如需要生成缺陷的状态报告图表，可以在缺陷模块中选择"分析"菜单，然后选择缺陷分析中的"图"，再选择"<摘要> - 按"状态"分组"，如图 12.36 所示。

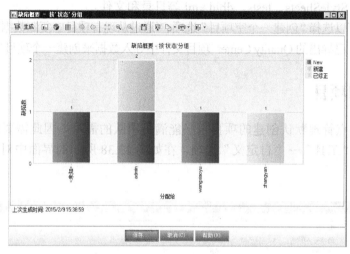

图 12.36 生成缺陷的状态报告图表

生成的图表可以复制，然后粘贴到测试报告的适当位置，这样就可以形成一份"图文并茂"的测试报告了。

# 12.7 基于 QC 的测试项目管理

测试项目的管理包括流程的管理、人员的管理、权限的管理等方面，基于 QC 来实施测试项目的管理可以节省大量的工作，大家围绕着 QC 来实施自己的工作，与其他项目组成员协作、交流。

## 12.7.1 QC 的库结构

QC 的库主要分为 QC 项目库和站点管理库（SA），如图 12.37 所示。

其中 QC 库又可以分为不同的域，每个域中可以有多个项目库。

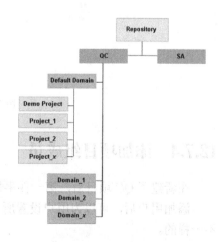

图 12.37 QC 库结构

## 12.7.2  创建 QC 项目库

当创建 QC 项目库时，可以选择把项目数据（主要是图片、附件、设置、脚本等文件）存储在项目的数据库中，也可以把项目数据存储在文件系统中。

如果选择存储在项目的数据库中，QC 项目库的 REPOSITORY 表将存储这些数据。如果把项目数据存储在文件系统中，QC 将在创建的 QC 库的指定目录建立 attach、components、script_templates、StyleSheets、tests、dbid.xml 等目录和文件。

创建项目时可以选择"创建一个空项目"选项、"通过从现有项目中复制数据来创建一个项目"选项或者"通过从已导出的 Quality Center 项目文件中导入数据来创建一个项目"选项。

## 12.7.3  定制项目

通过 QC 站点管理默认创建的项目未必能满足团队的需求，因此需要进行定制，方法是在 QC 中选择"工具"→"自定义"选项，在如图 12.38 所示的界面中对 QC 项目进行自定义。

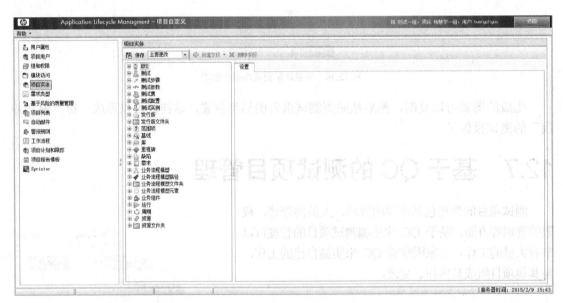

图 12.38  QC 项目自定义界面

## 12.7.4  添加项目组成员

在新建了 QC 项目后，第一件事情就是为这个项目设置项目组用户，如图 12.39 所示。

添加用户后，可以为用户设置所属的角色，如图 12.40 所示，每个角色所拥有的权限是不一样的。

图 12.39　设置项目用户

图 12.40　为用户设置所属的角色

 说明

> QC 默认定义的用户组权限有 TDAdmin、Project Manager、QATester、Developer、Viewer，
> 我们可以基于这些默认的角色再创建新的角色。

## 12.7.5　自定义 QC 的数据字段

有些时候我们需要在描述缺陷时增加额外的字段，这时就需要在定制 QC 项目时定义 QC 的项目实体，可以为"缺陷"、"TEST"、"测试步骤"、"需求"、"测试集"等项目实体增加额外的字段，如图 12.41 所示。

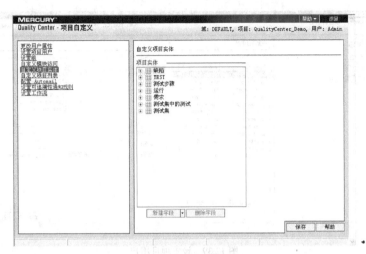

图 12.41　自定义项目实体

　　具体方法是，选择"缺陷"→"用户字段"→"新建字段"选项，在如图 12.42 所示的界面中填写新建字段的信息。

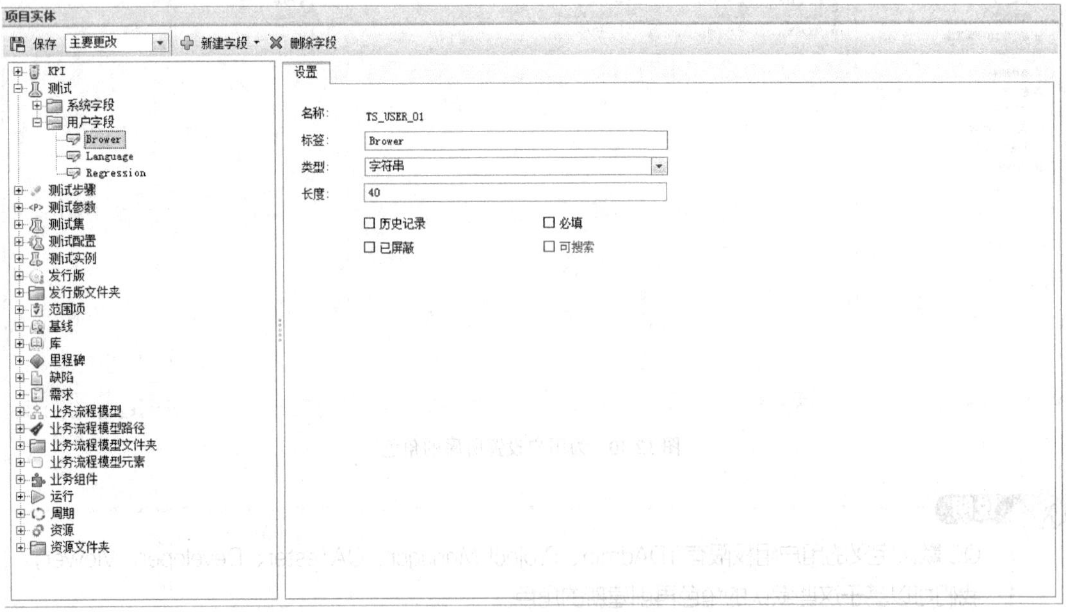

图 12.42　填写新建字段的信息

　　例如，为缺陷添加的界面增加一个字段标签 Database，用于选择缺陷出现的数据库。这样就需要再定义一个项目列表，用于包含 Database 的数据库项，在如图 12.43 所示的界面新建一个列表项。

　　在新建列表的对话框中填写列表名，例如"DB"，然后在如图 12.44 所示的界面中，为"DB"列表项添加各项数据库名称。

图 12.43　新建列表

图 12.44　定义列表项

添加完毕后，需要把列表项绑定到前面添加的"Database"字段，如图 12.45 所示。

图 12.45　把列表项绑定到字段

这样，在缺陷模块中新建缺陷时，就会多出一个"Database"选择框，用于选择各项数据库类型，如图 12.46 所示。

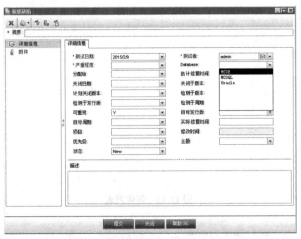

图 12.46 新建缺陷时可以选择列表项

## 12.7.6 配置跟踪提醒规则

QC 支持为某些规则触发并发送邮件通知。这个功能有利于缺陷的自动跟踪、及时通知相关人员处理，提高缺陷跟踪管理的效率。

首先需要登录站点管理（SiteAdmin），在站点管理中为项目配置自动发送邮件，如图 12.47 所示。

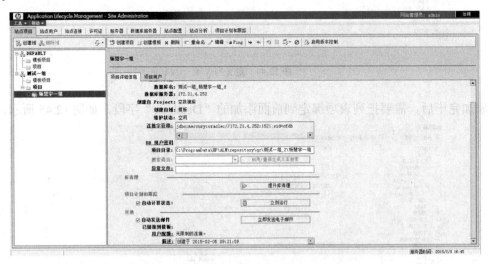

图 12.47 在站点管理中为项目配置自动发送邮件

在"站点用户"界面，可以为每个用户设置邮件地址，如图 12.48 所示。

在"站点配置"界面，可以设置发送邮件的间隔，如图 12.49 所示。

在站点管理中设置好邮件自动发送之后，就可以回到 QC 项目自定义界面，选择"自动邮件"选项，来定制自动发送邮件的规则，如图 12.50 所示。

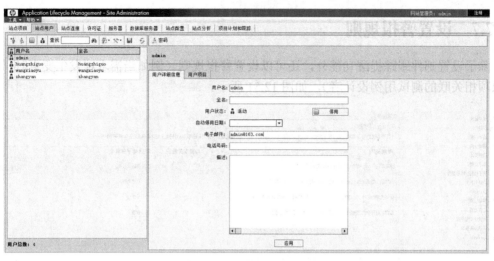

图 12.48　为用户设置邮件地址

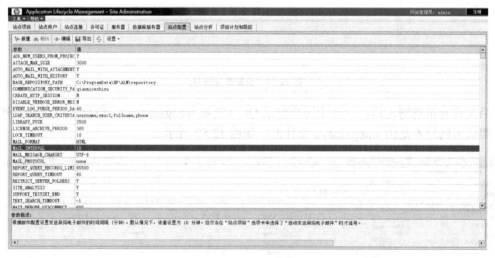

图 12.49　设置发送邮件的间隔

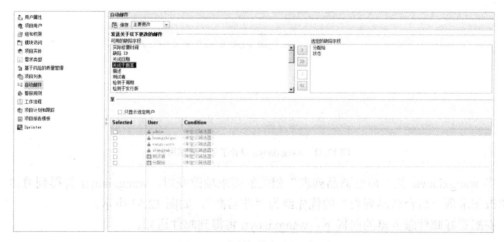

图 12.50　定制邮件自动发送规则

### 12.7.7 设置警报规则

除了设置邮件跟踪提醒功能外，还可以设置警报规则（例如当需求项发生变更时，通知需求项相关联的测试用例设计者），如图 12.51 所示。

图 12.51　设置警报规则

当设置警报规则之后，以某个用户登录 QC（例如 wangxiaoyu），假设"后台商品列表"这个测试用例原本是由 wangxiaoyu 设计的，如图 12.52 所示。

图 12.52　wangxiaoyu 设计了某个测试用例

当 wangxiaoyu 把"后台商品列表"相关的需求项改变时，wangxiaoyu 将得到通知，例如修改需求项"后台商品列表"的优先级为"非常高"，如图 12.53 所示。

在配置好邮件服务器的前提下，wangxiaoyu 将得到邮件通知。

图 12.53  wangxiaoyu 修改了需求项

做好上述配置之后，需求发生更改时，wangxiaoyu 将得到通知，例如，修改需求项"后台商品列表"的优先级为"Urgent"，在配置好邮件服务器的前提下，wangxiaoyu 将得到邮件通知。

## 12.7.8  设置工作流

通过设置工作流，可以限制和动态更改 QC 模块中的字段和值，可以用多种方式来定制工作流，包括使用脚本生成器和脚本编辑器，如图 12.54 所示。

图 12.54  可以用多种方式来定制工作流

## 12.7.9  "缺陷模块"列表自定义

使用脚本生成器，可以定义缺陷模块的列表的字段更改规则。例如，在如图 12.55 所示的界面中，定义了当"Project"字段的值发生改变时，"Detected in Version"的选择列表也将随之更改。

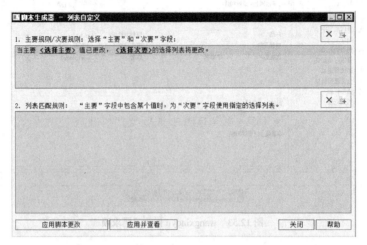

图 12.55　定义缺陷模块的列表的字段更改规则

这样设置之后，在 QC 的缺陷模块录入缺陷时，当选择"Project"字段的不同值时，"Detected in Version"字段的列表项也随之变化。

## 12.7.10　脚本编辑器

除了利用脚本生成器进行工作流的定制外，还可以直接使用脚本编辑器，通过编写 VBS 脚本的方式来定制工作流，如图 12.56 所示。

图 12.56　脚本编辑器

脚本编辑器中用函数定义了各种可触发的事件，可以在函数中编写自定义的处理，从而实现工作流的定义。

例如，下面的脚本用于自定义 Bug 状态修改规则：

```
Sub Defects_Bug_FieldChange(FieldName) 'added by upgrade process
  Fields = Bug_Fields
  '***********************************************
  'Sub Bug_FieldChange (FieldName)
'Enter code to be executed after a bug field is changed

  ' Set lists for version fields
    ' (Detected In Version, Planned Closing Version and Closed In Version)
    ' according to the value in Project field
  If FieldName = "BG_PROJECT" Then
    SetVersionList
    ' Set RDComments_IsChanged flag if the R&D Comments field was changed
  ElseIf FieldName = "BG_DEV_COMMENTS" Then
        RDComments_IsChanged = True
    ' Set Status_IsChanged flag if the Status was changed to 'Rejected' or 'Reopen'
  ElseIf FieldName = "BG_STATUS" Then
If Fields("BG_STATUS").Value = "Rejected" Or Fields("BG_STATUS").Value = "Reopen" Then
    Status_IsChanged = True
      Else
    Status_IsChanged = False
      End If
  End If

  '添加自定义的处理规则
  IF FieldName = "BG_STATUS" THEN
IF Fields("BG_STATUS").Value = "Rejected" Then
        Msgbox "请注意填写 Rejected 的原因。"
  END IF
  End IF

'End Sub
'***********************************************
WizardListCust ' 由向导添加

End Sub
```

首先找到 Defects_Bug_FieldChange 函数，然后在其中添加自定义的处理规则，例如当缺陷状态发生改变并且被修改为"Rejected"状态时，弹出一个对话框，提醒修改者要注意填写 Rejected 的原因。

## 12.7.11  QC 项目的导入导出

在站点管理中，可以使用多种方式对 QC 项目进行备份管理。可以通过导入导出的方式进行，也可以通过备份还原的方式进行。

需要注意的是，只能导出那些"项目库（Project repository）"是设置为存储在数据库中的 QC 项目。也就是说，在创建 QC 项目时，需要选择"将项目的库存储在数据库中"，如图 12.57 所示。

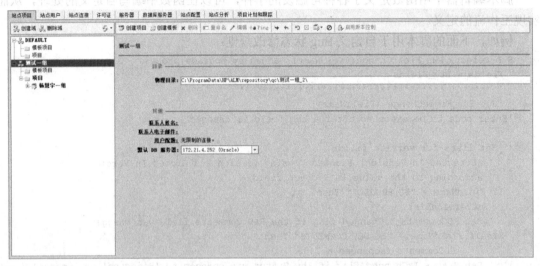

图 12.57　创建 QC 项目时选择"将项目的库存储在数据库中"

否则在导出项目时将提示"您只能在升级项目并将其库从文件系统移到数据库之后将其导出"。

 **注意**

导出项目前需要将项目停用。

从 QC 项目文件导入项目的操作如下：

（1）在如图 12.58 所示的界面中选择之前导出的项目文件。

（2）设置需要创建的项目名称，选择所在的域，如图 12.59 所示。

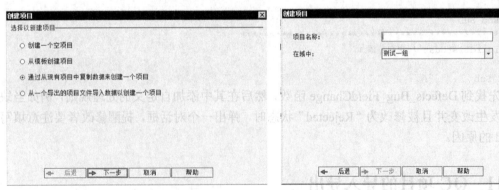
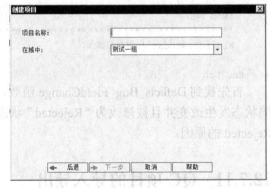

图 12.58　选择导入 QC 项目的文件　　　　　　　图 12.59　设置需要创建的项目名称

（3）设置项目的数据库连接，如图 12.60 所示。

（4）添加项目管理员，如图 12.61 所示。

（5）下一步，选择"激活项目"并"创建"项目，如图 12.62 所示。

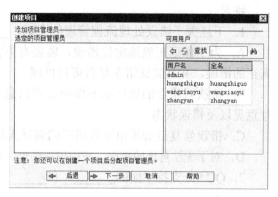

图 12.60　设置项目的数据库连接　　　　图 12.61　添加项目管理员

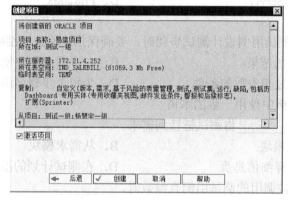

图 12.62　"激活项目"并"创建"项目

# 12.8　其他资源

1. Ron Patton《Software Testing》Chapter 19. Reporting What You Find

2. IEEE 829-1998《Standard for Software Test Documentation》

3. QC 官方下载地址：

https://h10078.www1.hp.com/cda/hpms/display/main/hpms_content.jsp?zn=bto&cp=1-11-127-24_4000_100__

4. QC 数据库表结构：

http://blog.csdn.net/Testing_is_believing/archive/2010/01/24/5251802.aspx

5. QC 论坛：

http://www.sqaforums.com/postlist.php?Cat=0&Board=UBB32

# 12.9　练习和实践

实践：

安装 QC 11.0，熟悉 QC 基本功能的操作以及站点管理的基本功能。

练习：

1．下述关于错误处理流程管理的原则，_____的说法是不正确的。

A．为了保证正确地定位错误，需要有丰富测试经验的测试人员验证发现的错误是否是真正的错误，并且验证错误是否可以再现

B．每次对错误的处理都要保留处理信息，包括处理人姓名、处理时间、处理方法、处理意见以及错误状态

C．错误修复后必须由报告错误的测试人员确认错误已经修复，才能关闭错误

D．对于无法再现的错误，应由项目经理、测试经理和设计经理共同讨论决定拒绝或者延期

2．QC 9.0 支持下面的_____和_____两种数据库。

A．Access                          B．Sybase

C．Microsoft SQL Server            D．Praradox

E．Oracle

3．当在 QC 中为测试用例设计测试步骤时，要确保描述清楚、准确，必须_____。

A．指定所有真实的结果            B．在步骤名称中使用参数

C．为步骤指定通过和失败的条件    D．为每个步骤名添加数字

E．在所有测试用例中使用一致的术语

4．在 QC 中可以_____将测试链接到需求。

A．从测试实验室模块            B．从需求模块

C．在测试计划的详细信息页      D．在测试计划的附件页

5．在 QC 中，当被调用的测试用例有参数时，_____。

A．在调用的测试用例中填写参数值      B．在测试执行时参数值必须填写

C．在测试设计或执行时可以赋值给参数  D．在测试设计时，调用测试时必须赋值

第 13 章

# 功能自动化测试
# 工具 UFT 的应用

自动化测试可以把软件测试人员从枯燥乏味的机械性手工测试中解放出来，以自动化测试工具取而代之，使测试人员可以腾出更多的精力在发现深入、隐蔽的缺陷上面。

本章将结合目前流行的功能自动化测试工具 UFT（Unified Functional Testing）讲解自动化测试的过程和相关技术。

# 13.1　如何开展功能自动化测试

自动化测试应该被当成一个项目来开展，自动化测试工程师应该具备额外的素质和技能，并且在开展自动化测试的过程中，要注意合理地管理和计划，从而确保自动化测试成功实施。

## 13.1.1　选取合适的测试项目来开展自动化测试

自动化测试只有在多次运行后，才能体现出自动化的优势，只有不断地运行自动测试，才能有效预防缺陷、减轻测试人员手工回归测试的工作量。如果一个项目是短期的或一次性的项目，则不适合开展自动化测试，因为这种项目得不到自动化测试的应有效果和价值体现。

另外，不宜在一个进度非常紧迫的项目中开展自动化测试。有些项目经理期待在一个进度严重拖延的项目中引入自动化测试来解决测试的效率问题，结果适得其反。这是因为，自动化测试需要测试人员投入测试脚本的开发，同时，需要开发人员的配合，提供更好的可测试的程序，有可能需要对被测试的软件进行改造，以适应自动化测试的基本要求，如果在一个已经处于进度 Delay 状态的项目中开展自动化测试，则很可能带来反效果。

## 13.1.2　自动化测试工程师的知识体系

自动化测试项目依赖人，需要人来使用自动化测试工具、编写自动化测试脚本。作为一名专业的自动化测试工程师，不应该仅仅局限于对工具的掌握和使用，应该建立测试的自动化知识体系（ABOK，Automation Body of Knowledge），包括以下内容。

（1）自动化在软件测试生命周期（STLC）中的角色。例如，软件测试自动化与软件测试之间的区别、测试工具选购与整合、自动化的益处与误解、自动化的 ROI 计算等方面的知识。

（2）测试自动化的类型和接口类型。例如，自动化除了功能测试自动化外，还可以包括单元测试自动化、回归测试自动化、性能测试自动化等。需要知道，除了 GUI 类型的自动化测试外，还有命令行接口、应用程序编程接口（API）的自动化测试。

（3）自动化测试工具。了解各种类型的自动化测试工具，知道如何进行测试工具选型。

（4）测试自动化框架，包括自动化的范围、角色和职责的定义，了解框架的发展过程。

（5）自动化框架设计。掌握自动化测试框架设计思想和开发流程。

（6）自动化测试脚本思想，包括测试用例的选择、自动化测试的设计和开发、自动化测试的执行、分析和报告。

（7）自动化测试脚本质量优化。考虑自动化测试脚本的可维护性、可移植性、灵活性、健壮性、可扩展性、可靠性、可用性、效率等方面的问题。

（8）编程思想。掌握包括变量、控制流、模块化、面向对象等方面的编程思想。

（9）自动化对象，包括识别应用程序对象、对象映射、对象模型、动态的对象行为等方面的知识。

（10）调试技巧。了解常见的测试脚本编程错误类型，懂得相关的调试技巧的使用。

（11）错误处理。了解错误处理的常用手段，掌握错误处理脚本的开发过程（诊断错误→定义错误捕获机制→建立出错日志→创建错误处理函数）。

（12）自动化测试报告。一般包括高层（测试集/测试脚本）报告和底层（验证点）报告。

## 13.1.3　自动化测试工具选型

在自动化测试领域有很多的工具，但是在选择工具应用到项目的自动化脚本开发之前，需要仔细进行工具的选型。

大部分商业测试工具会指定某种语言，例如，WinRunner（TSL）、SilkTest（4test）、Robot（Test Basic），但是，一些新的工具也开始使用标准语言，例如，UFT（VB Script）、XDE Tester（Java）。所以，在选择测试工具时要考虑这点。最好选择支持标准语言的测试工具，而且尽量与所在项目组的开发人员所使用并熟悉的语言一致。这样可以充分利用现有的编程知识和语言知识，而不需要花时间去熟悉厂商特定的语言（这些语言只能在这个工具上可用），并且可以借助开发人员丰富的开发知识来协助进行测试脚本的设计和编写。

大部分商业测试工具没能很好地支持新的平台和很多的第三方控件、个性化控件。例如，新的.NET 版本、操作系统，以及普遍使用的第三方控件，如 Component One、Infragistics、Janus 等。如果项目中使用这些较新的平台或大量使用这些第三方控件，就要小心选择测试工具了，否则会导致后面的脚本编写难度加大。建议在选用之前，充分评估并在项目的应用程序上试用。

总地来说，在为自动化测试项目做工具选型时，需要考虑以下几方面的因素来决定选择哪个自动化测试工具。

- 对不同类型的应用程序和平台的支持。
- 对不同类型的操作系统的支持。
- 对不同的测试类型的支持。
- 脚本语言、编辑器和调试器。
- 录制测试脚本的能力。
- 应对变化的能力。
- 对控件和对象的支持。
- 支持不同渠道的测试数据。
- 运行测试与测试对象的同步。
- 检查点。
- 测试结果记录和导出报告。
- 扩展性。
- 测试多语言应用程序的能力。

- 对团队协作和源代码管理的支持。
- 对命令行和 OLE 自动化的支持。
- 与团队协作系统以及软件构建系统的整合。
- 技术支持。
- 价格。
- 试用版。

## 13.1.4　自动化测试项目计划

规范化的自动化测试项目都会遵循一定的计划来开展，下面给出一份测试自动化项目计划模板供读者参考：

```
1  工作阶段分解
1.1   项目启动阶段
1.1.1  评估过去的项目
1.1.2  目标范围
1.1.3  效果衡量
1.1.4  团队成员构成
1.1.5  招聘
1.2   早期项目支持阶段
1.2.1  目标和目的
1.2.2  约束调研
1.2.3  可测试性评审
1.2.4  需求评审
1.2.5  测试流程分析
1.2.6  组织介入
1.3   测试自动化计划阶段
1.3.1  测试需求
1.3.2  自动化测试策略
1.3.3  可交付的成果
1.3.4  测试程序参数
1.3.5  培训计划
1.3.6  技术环境
1.3.7  自动化工具兼容性检查
1.3.8  风险评估
1.3.9  测试计划归档
1.3.10  自动化测试数据
1.3.11  自动化测试环境
1.3.12  角色和责任
1.3.13  自动化测试系统管理
1.4   测试自动化设计阶段
1.4.1  原型自动化测试环境
1.4.2  自动化技术和工具
1.4.3  自动化设计标准
1.4.4  自动化脚本编码计划
1.4.5  测试自动化库
1.5   自动化开发阶段
1.5.1  自动化脚本编码任务分配
1.5.2  脚本同行评审
1.5.3  测试脚本和工具的改进
1.5.4  测试脚本配置管理
```

# 13.2　使用 UFT 开展功能自动化测试

UFT 是 HP 公司出品的自动化测试工具，是目前主流的自动化测试工具，支持广泛的平台和开发语言，例如 Web、VB、.NET、Java 等。

## 13.2.1　UFT 的安装

可以从 HP 网站上下载试用版，目前的版本是 HP Unified Function Testing（UFT）。

在 HP 官方网站可以下载最新的版本。

HP 提供 30 天的 UFT 试用版本，包括 UFT 的所有功能。注意下载之前要注册 HP 的 Passport。

安装 UFT 需要首先满足一定的硬件要求，包括以下内容。

- CPU：主频 1.6GHz 以上的 CPU。
- 内存：最少 2GB 以上的内存，推荐使用 4GB 的内存。
- 显卡：64MB 以上内存的显卡。

UFT 支持以下测试环境：

- 操作系统：支持 Windows 8。
- 浏览器：支持 IE 10、Mozilla FireFox 16 或者 17。

UFT10 默认支持对以下类型的应用程序进行自动化测试。

- API 测试。
- Web 应用。
- Silverlight 应用。
- Java 应用。
- Flex 应用。
- SAP GUI For Windows 应用。
- SAP Web 应用。
- ALM And Business Process Testing 应用。

## 13.2.2　使用 UFT 录制脚本

下面以 UFT 安装程序附带的 Flight 软件为例，介绍如何使用 UFT 录制一个登录过程的脚本，如图 13.1 所示。

首先打开 UFT，出现如图 13.2 所示的插件加载界面。

由于 Flight 是标准的 Windows 程序，因此不需要选择 Web 插件（如果测试的是 Web 页面则需要加载），UFT 默认支持标准 Windows 程序的测试。

进入如图 13.3 所示的 UFT 主界面后，按工具栏中的"Record"按钮即可进行程序的录制。

图 13.1　Flight 程序

在录制前，也可以先设置一些录制的选项。在主界面中，选择菜单"Record"→"Record and Run Settings"，出现如图 13.4 所示的录制和运行设置界面。

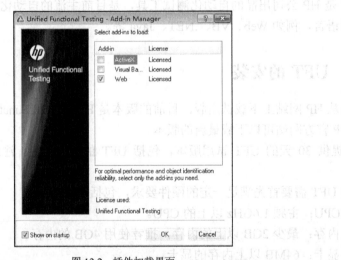

图 13.2　插件加载界面

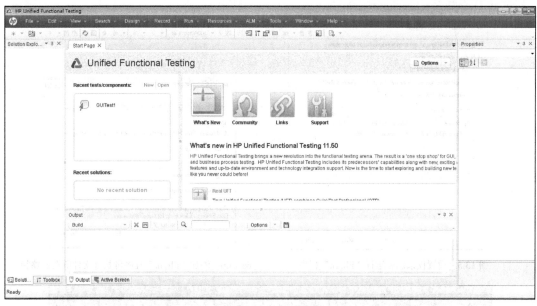

图 13.3　UFT 主界面

在设置 Windows 应用程序的录制和运行界面中，可以选择两种录制程序的方式，一种是"Record and run test on any open Windows-based application"，即录制和运行所有在系统中出现的应用程序；另外一种是"Record and run only on"，这种方式可以进一步指定录制和运行所针对的应用程序，避免录制一些无关紧要的、多余的界面操作。下面介绍这 3 种设置的用法。

（1）若选择"Application opened by UFT"选项，则仅录制和运行由 UFT 调用的程序，例如，通过在 UFT 脚本中使用 SystemUtil.Run 或类似下面的脚本启动的应用程序：

图 13.4　录制和运行设置界面

```
' 创建 Wscript 的 Shell 对象
Set Shell = CreateObject("Wscript.Shell")
' 通过 Shell 对象的 Run 方法启动记事本程序
Shell.Run "notepad"
```

（2）若选择"Applications opened via the Desktop（by the Windows shell）"选项，则仅录制那些通过开始菜单选择启动的应用程序，或者是在 Windows 文件浏览器中双击可执行文件启动的应用程序，又或者是在桌面双击快捷方式图标启动的应用程序。

（3）若选择"Application specified below"选项，则可指定录制和运行添加到列表中的应用程序。例如，如果仅想录制和运行"Flight"程序，则可进行如图 13.5 所示的设置。

单击"+"按钮，在如图 13.6 所示的界面中添加"Flight"程序可执行文件所在的路径。

录制完成后，将得到如图 13.7 所示的录制结果。在关键字视图中，可看到录制的测试操作步骤，每个测试步骤涉及的界面操作都会在"Active Screen"界面显示出来。

图 13.5　设置仅录制和运行"Flight"程序　　　图 13.6　添加"Flight"程序可执行文件所在的路径

图 13.7　关键字视图

切换到专家视图界面（Expert View），则可看到如图 13.8 所示的测试脚本，这样就完成了一个最基本的测试脚本的编写。

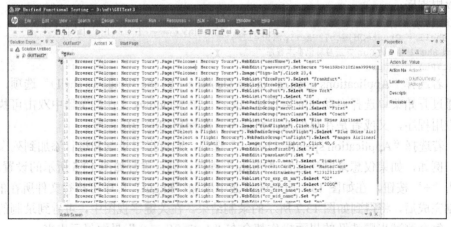

图 13.8　专家视图界面

## 13.2.3　使用关键字视图和专家视图编辑脚本

录制完脚本后，可以使用 UFT 的关键字视图来编辑脚本，例如，把设置密码的操作，由原本的设置密文的方法"SetSecure"修改为使用设置明文的方法"Set"，如图 13.9 所示。相应地，把"Value"的值也修改为"mercury"。

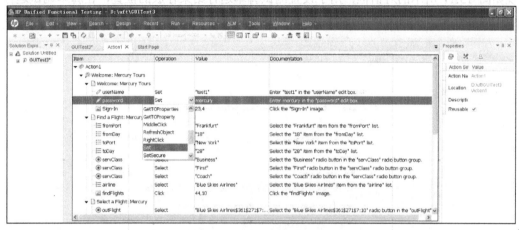

图 13.9　在关键字视图中编辑脚本

修改后，切换到专家视图，可以看到修改后的脚本如下：

```
Browser("Welcome: Mercury Tours").Page("Welcome: Mercury Tours").WebEdit("userName").Set "test1"
Browser("Welcome: Mercury Tours").Page("Welcome: Mercury Tours").WebEdit("password").Set "test1"
Browser("Welcome: Mercury Tours").Page("Welcome: Mercury Tours").Image("Sign-In").Click 23,4
```

第一句是打开登录对话框设置登录用户名；第二句是设置密码；第三句是单击"OK"按钮确认登录。可以看到这些录制的脚本都是按一定的格式编写的：

```
测试对象.操作 值
```

其中测试对象是 Flight 登录对话框上的那些控件，在录制过程中，UFT 把涉及的测试对象都存储到对象库中了，选择菜单"Resources"→"Object Repository"，打开如图 13.10 所示的对象库（Object Repository）管理界面。

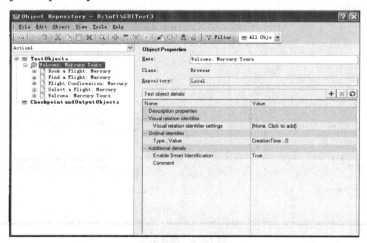

图 13.10　对象库管理界面

可以在对象库中对测试对象进行编辑（例如，改名、调整位置等）、添加、删除等操作。

### 13.2.4　回放脚本

编辑好脚本后，可以单击"Run"按钮或者是快捷键F5对脚本进行回放。回放过程中将出现如图 13.11 所示的对话框，用于设置测试脚本运行结果存放的位置，在脚本调试运行过程中一般选择第二项将测试运行结果保存到临时目录。

图 13.11　设置运行结果存储路径

回放脚本时需要确保 Flight 程序处于登录对话框的初始状态，否则系统将提示找不到对象的错误。回放结束后将出现如图 13.12 所示的测试运行结果界面。

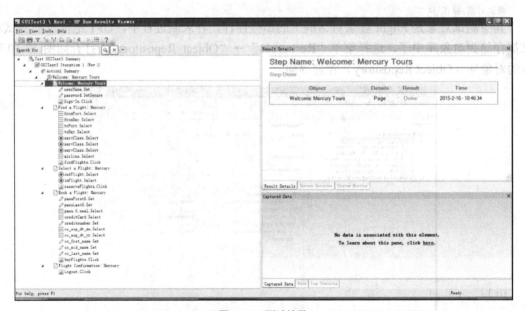

图 13.12　测试结果

### 13.2.5　插入检查点

从前面编写的脚本来看，我们仅仅做了个简单的登录操作，对于一个测试用例而言，还缺少测试结果的检查，因此需要为脚本添加检查点，检查登录操作是否成功了。

依据登录后出现的 Flight 主界面可以判断是否登录成功了，然后按下面的步骤来插入检查点。

首先让 Flight 程序处于主界面打开的状态，如图 13.13 所示。

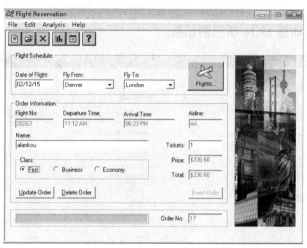

图 13.13　Flight 程序主界面

然后，在 UFT 中单击"Record"按钮开始录制，在录制状态下选择菜单"Insert"→"Checkpoint"→"Standard Checkpoint"，然后指向并单击 Flight 主界面的窗口标题区域，出现如图 13.14 所示的对象选择界面。

确认选择"Flight Reservation"窗口作为检查的对象，则出现如图 13.15 所示的检查点属性设置界面。

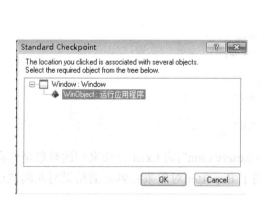

图 13.14　选择对象

图 13.15　检查点属性设置界面

在检查点属性设置界面挑选"enabled"和"text"作为检查的属性，表示如果 Flight Reservation 窗口的这两个属性值都如 Value 中所设置的一样，则认为检查通过。

设置完毕后，停止录制，脚本变成如下：

```
Dialog("Login").Activate
Dialog("Login").WinEdit("Agent Name:").Set "mercury"
Dialog("Login").WinEdit("Password:").Set "mercury"
Dialog("Login").WinButton("OK").Click

Window("Flight Reservation").Check CheckPoint("Flight Reservation")
```

回放脚本将会得到如图 13.16 所示的结果。

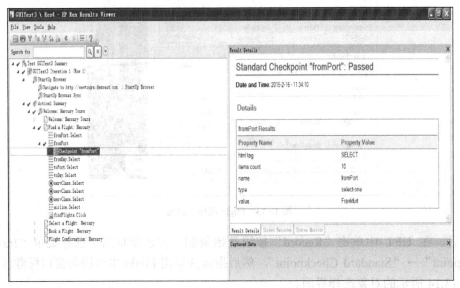

图 13.16　测试脚本运行结果

可以看到，定义的检查点通过，表明登录成功，并出现了 Flight 的主界面 Flight Reservation 窗口。

上面的方法是采用 UFT 的 Checkpoint 的方法，更好的方法是可以通过编写 VB Script 脚本，加入 IF 判断语句来检查 Flight Reservation 窗口对象是否存在，从而判断是否登录成功，例如下面的脚本：

```
Dialog("Login").Activate
Dialog("Login").WinEdit("Agent Name:").Set "mercury"
Dialog("Login").WinEdit("Password:").Set "mercury"
Dialog("Login").WinButton("OK").Click
If Window("Flight Reservation").Exist(8) Then
    Reporter.ReportEvent micPass,"登录","登录成功"
else
    Reporter.ReportEvent micFail,"登录","登录失败"
End If
```

脚本中使用了 IF 语句，通过 Window("Flight Reservation")的 Exist 方法来判读对象是否存在，参数 8 表示判断超时的时间，脚本中还使用了 Reporter 对象来将判断的结果写入测试运行结果。这样将得到如图 13.17 所示的结果。

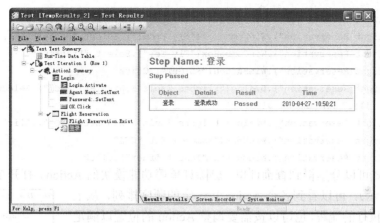

图 13.17　使用 Reporter 对象来将判断的结果写入测试运行结果

# 13.3　构建功能自动化测试框架

所谓框架（Framework），就自动化测试脚本编写而言，是指测试脚本的编写方式，录制回放的脚本编写方式是其中一种，通常被称之为"线性"的脚本。这种脚本编写方式存在很多弊端，例如冗余度大、可读性差、可维护性差等。下面介绍的几种脚本编写的模式（或者框架）就是为了解决这些问题的。

## 13.3.1　模块化框架

模块化结构的框架是指按照测试的功能划分不同的模块，这样有利于对不同的功能模块分别开发测试脚本，有利于测试工程师分工，也有利于脚本的重用，例如登录模块可能是很多其他模块都要调用的。

在 UFT 中，提供了 Action 来实现脚本的模块化。之前的脚本都录制到 Action1 中了，我们可以把 Action 的名字修改为"Login"，方法是在专家视图的 Action1 脚本中单击鼠标右键，选择"Action"→"rename"，修改 Action 的名字为"Login"。

下面可以添加其他的 Action，实现其他功能模块脚本的编写，例如插入订单的功能、查询订单的功能、删除订单的功能等。

在 UFT 主界面中选择菜单"Design"→"Call To New Action"，出现如图 13.18 所示的界面，在其中输入 Action 的名字、描述等信息。

图 13.18　添加新的 Action

确认后出现"InsertOrder"这个 Action 的脚本编辑界面，在这里可以录制 Flight 插入订单的操作，得到如下脚本：

```
Window("Flight Reservation").Activate
Window("Flight Reservation").WinButton("Button").Click
```

```
Window("Flight Reservation").WinObject("Date of Flight:").Type "101010"
Window("Flight Reservation").WinComboBox("Fly From:").Select "Denver"
Window("Flight Reservation").WinComboBox("Fly To:").Select "Frankfurt"
Window("Flight Reservation").WinButton("FLIGHT").Click
Window("Flight Reservation").Dialog("Flights Table").WinList("From").Select "13634    DEN
10:33 AM   FRA   11:17 AM   LH   $123.20"
Window("Flight Reservation").Dialog("Flights Table").WinButton("OK").Click
Window("Flight Reservation").WinEdit("Name:").Set "CNJ"
Window("Flight Reservation").WinButton("Insert Order").Click
```

按照此方式可以分别得到查询订单、删除订单等功能模块的 Action。打开 Test Flow 视图（如图 13.19 所示），可以看到各个 Action 按一定的顺序排列，从上到下形成测试执行的流程，也可以按需要调整 Action 的位置以满足测试执行流程的要求。

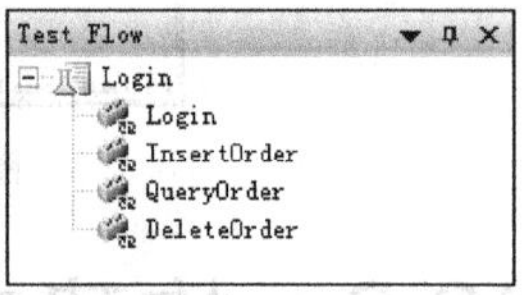

这样形成的测试脚本就是按模块化框架编写的脚本，测试将按照 Test Flow 视图所示的顺序执行，测试结果如图 13.20 所示。

图 13.19  Test Flow 视图

通常会把前面的脚本再做适当的修改，增加一个 Action 用于统一调用"Login"、"InsertOrder"、"QueryOrder"、"DeleteOrder"。

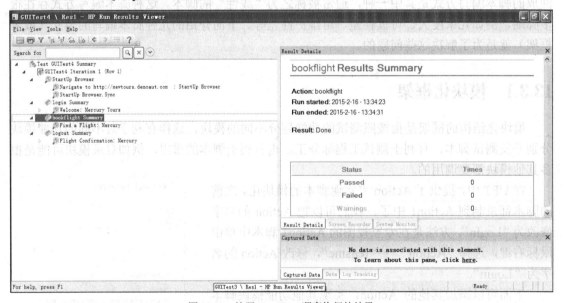

图 13.20  按照 Test Flow 顺序执行的结果

首先新建一个名为"Main"的 Action，然后在 Main 中单击鼠标右键，选择"Action"→"Insert Call to Existing…"来插入对"Login"、"InsertOrder"、"QueryOrder"、"DeleteOrder"等 Action 的脚本调用，如图 13.21 所示。

插入 Action 调用后，Main 的脚本如下：

```
RunAction "Login", oneIteration
RunAction "InsertOrder", oneIteration
RunAction "QueryOrder", oneIteration
RunAction "DeleteOrder", oneIteration
```

通过 RunAction 调用 Action，oneIteration 表示调用一次，在 Test Flow 视图中，将出现如

图 13.22 所示的视图。

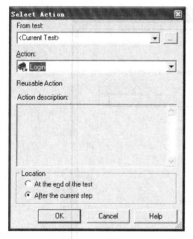

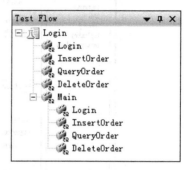

图 13.21　调用 Action　　　　图 13.22　调用 Action 后的 Test Flow 视图

如果按这样的测试执行流程来运行测试，UFT 会先调用 Login、InsertOrder、QueryOrder、DeleteOrder，再调用 Main，通过 Main 再次调用 Login、InsertOrder……。因此，我们应该把前面的 Login、InsertOrder、QueryOrder、DeleteOrder 删除。

## 13.3.2　函数库结构框架

很多时候，在脚本编写过程中，需要抽取一些公用的函数出来，主要包括以下函数。

- 核心业务函数、工具类函数，例如字符串处理、数据库连接等。
- 导航函数，例如控制 IE 浏览器导航到指定的 Web 页面。
- 错误处理函数，例如碰到异常窗口出现时的处理函数。
- 加载函数，例如启动 AUT（被测试程序）的函数。
- 各类验证（检查点）函数。

这种抽取可重用函数的脚本编写方式称为函数库结构框架的脚本编写模式。下面举例说明如何在 UFT 中使用这种脚本编写模式。

在测试之前，应该启动被测试的应用程序，这个步骤可以封装成一个函数：

```
Function StartApp( FilePath )
    SystemUtil.Run FilePath
End Function
```

 **注意**

> 这里只是简单地使用 SystemUtil.Run 来启动指定路径的程序，在实际的自动化测试项目中，不仅仅如此简单，可能还包括修改程序的配置文件、设置环境、修改数据库连接等内容。

把这个函数存放到一个 VBScript 文件中，例如 StartAUT.vbs，然后把这个文件存放到测试脚本的某个目录下，例如新建一个名为 Utils 的目录。

接下来，在 UFT 中选择菜单 "File" → "Settings"，在测试设置界面中选择 "Resources"

选项，然后把 StartAUT.vbs 文件作为函数库文件添加到函数库中，如图 13.23 所示。

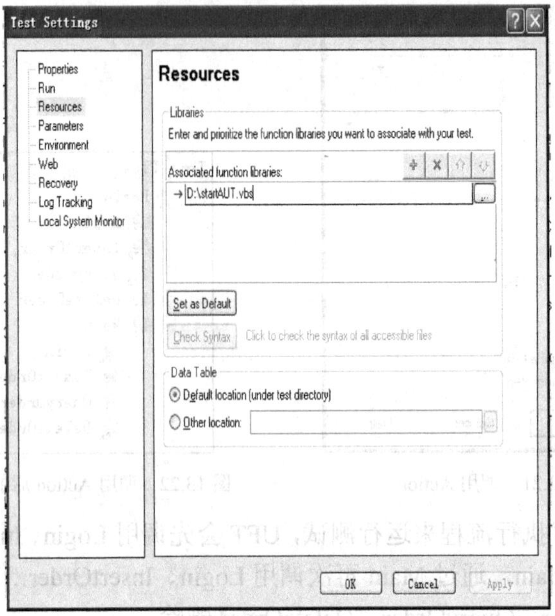

图 13.23　添加函数库文件

这样，就可以在 UFT 的 Action 脚本"Main"中使用 StartApp 函数：

```
' 启动 AUT
StartApp "C:\Program Files\HP\QuickTest Professional\samples\flight\app\flight4a.exe"
' 登录
RunAction "Login", oneIteration
' 插入订单
RunAction "InsertOrder", oneIteration
' 查询订单
RunAction "QueryOrder", oneIteration
' 删除订单
RunAction "DeleteOrder", oneIteration
```

按照这样的方式，我们还可以把更多的脚本抽取出来，封装成函数，添加到函数库中，这样在脚本中只需要编写调用的代码就可以在多处重复使用这些函数，提高了脚本的可重用性、可读性和可维护性。

## 13.3.3　数据驱动框架

数据驱动框架是自动化测试脚本编写经常采用的框架之一，它能有效降低冗余代码。数据驱动的测试方法要解决的核心问题是把数据从测试脚本中分离出来，从而实现测试脚本的参数化。

通常，数据驱动测试按以下步骤进行。

（1）参数化测试步骤的数据，绑定到数据表格中的某个字段。

（2）编辑数据表格，在表格中编辑多行测试数据（取决于测试用例，以及测试覆盖率的需要）。

（3）设置迭代次数，选择数据行，运行测试脚本，每次迭代从中选择一行数据。

UFT 提供了一些功能特性，让这些步骤的实现过程得以简化。例如，使用"Data Table"视图来编辑和存储参数，如图 13.24 所示。

另外，还提供"Data Driver 向导"，用于协助测试员快速查找和定位需要进行参数化的对象，并使用向导逐步进行参数化过程。

下面以"Flight"程序的插入订单功能为例，介绍如何对测试脚本进行数据驱动方式的参数化。

图 13.24　Data Table 视图

首先，把测试步骤中的输入数据进行参数化，例如航班日期、航班始点和终点等信息。下面以"输入终点"的测试步骤的参数化过程为例，介绍如何在关键字视图中对测试脚本进行参数化。

（1）选择"Fly To :"所在的测试步骤行，单击"Value"列所在的单元格，如图 13.25 所示。

（2）单击单元格旁边的"<#>"按钮，或按快捷键"Ctrl+F11"，则出现如图 13.26 所示的界面。

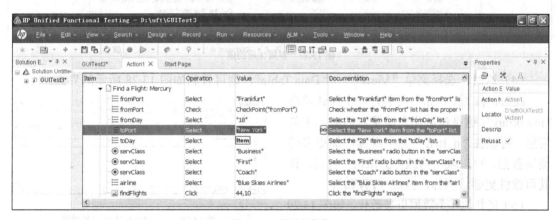

图 13.25　设置参数值

图 13.26　选择参数从 Data Table 读取

在这个界面中，选择"Parameter"选项，在旁边的下拉框中选择"Data Table"选项，在"Name"中输入参数名，也可接受默认名，在"Location in Data Table"中可以选择"Global sheet"选项，也可以选择"Current action sheet（local）"选项，它们的区别是参数存储的位置不同。

（3）单击"OK"按钮，在关键字视图中可看到，"Value"值已经被参数化，替换成了"DataTable("p_Item", dtGlobalSheet)"，如图 13.27 所示。

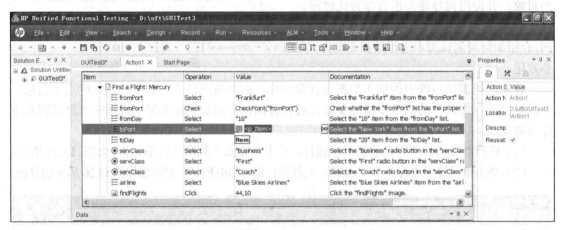

图 13.27　参数化后的值

（4）这时，选择菜单"View"→"Data Table"，则可看到如图 13.28 所示的界面。

此时，在"p_Item"列中有一个默认数据"Frankfurt"，这是参数化之前录制的脚本中的常量，可以在"p_Item"列中继续添加更多的测试数据。可以双击修改"p_Item"列名，让其可读性更强，例如，改成"FlyTo"。

（5）把其他几个数据也参数化，如图 13.29 所示。

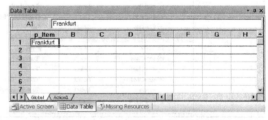

图 13.28　Data Table 中的参数数据

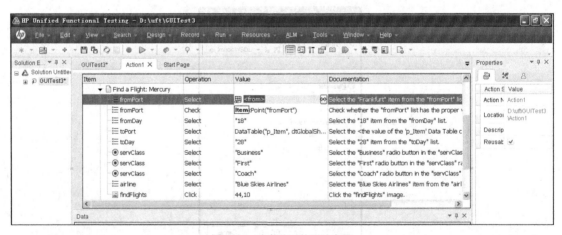

图 13.29　参数化后的测试步骤

最终脚本如下：

```
Window("Flight Reservation").Activate
Window("Flight Reservation").WinButton("Button").Click
Window("Flight Reservation").WinObject("Date of Flight:").Type "101010"
Window("Flight Reservation").WinComboBox("Fly From:").Select DataTable("FlyFrom", dtLocalSheet)
Window("Flight Reservation").WinComboBox("Fly To:").Select DataTable("FlyTo", dtLocalSheet)
Window("Flight Reservation").WinButton("FLIGHT").Click
Window("Flight Reservation").Dialog("Flights Table").WinList("From").Select 1
Window("Flight Reservation").Dialog("Flights Table").WinButton("OK").Click
Window("Flight Reservation").WinEdit("Name:").Set "CNJ"
Window("Flight Reservation").WinButton("Insert Order").Click
```

UFT 运行时，就会从如图 13.30 所示的数据表格中提取数据来对测试过程中的各项输入进行参数化。

图 13.30　Data Table 存储的参数值

 **注意**

> 现在是把数据存储在 "Global"（全局）的 DataTable 中了，如果要结合前面模块化结构和函数库结构的脚本，则应该把数据存储在 Action "InsertOrder" 的 DataTable（本地的）中，然后在 Action "Main" 中调用 "InsertOrder" 时应该指明迭代所有行：
>
> ```
> RunAction "InsertOrder",allIterations
> ```

# 13.4　其他资源

1. 自动化知识体系（ABOK），见 automatedtestinginstitute 网站。
2. 《QTP 自动化测试进阶》，作者：陈能技
3. 《软件自动化测试成功之道》，作者：陈能技
4. QTP 博客，见 csdn 网站。
5. QTP 网站。

# 13.5　练习和实践

实践：

1. UFT 的 Action 提供了模块化编写脚本的机制，每个 Action 相当于一个过程或函数，那么 Action 之间如果要互相调用，传递数据，应该如何实现？（提示：Action 的属性设置中可以定义输入参数和输出参数。）

2. UFT 的 DataTable 提供了数据驱动的脚本编写框架，如果我们不用 DataTable，能否实现数据驱动呢？例如，要求把数据存储在外部的文本文件、Excel 表或数据库表中，然后在 UFT 中编写脚本读取数据，循环遍历所有数据，在循环中编写脚本或调用函数，使用读入

的数据来执行测试。

练习：

1．UFT 把录制的对象保存在＿＿＿＿中。

A．Object Identification

B．Object Repository

C．Object spy

D．Datatable

2．一个录制的步骤由＿＿＿＿3 部分元素组成。

A．Operation, Assignment, Comment

B．Operation, Value, Assignment

C．Item, Operation, Value

D．Item, Assignment, Documentation

3．＿＿＿＿Datatable 包含了从 AUT（被测试应用程序）获取到的值。这个 DataTable 在测试结果（Test Results）中出现，用于执行测试后查看捕获到的值。

A．Run-Time Data Table

B．Run-Time Data Viewer

C．Run Data Table

D．None of the listed options

4．＿＿＿＿属性是 UFT 总是拿来识别测试对象类用的。

A．Assistive properties

B．Runtime properties

C．Mandatory properties

D．Runtime properties 和 Mandatory properties

第 14 章

# 性能测试工具 Load Runner 的应用

性能测试在软件的质量保证中起着重要的作用。性能测试从软件系统的响应速度、效率、资源使用等方面对软件系统的质量进行度量。随着社会对互联网应用系统的广泛深入，对性能测试的需求也越来越迫切。作为软件测试工程师，必须掌握性能测试的基本知识和懂得如何开展性能测试工作。

本章结合目前主流的性能测试工具 LoadRunner 11，主要介绍性能测试的基本流程、性能测试工具的基本使用以及性能测试脚本的开发技术。

# 14.1　如何开展性能测试

性能测试有别于普通的功能测试，对测试工程师也有特殊的要求。性能测试工程师的工作主要包括性能测试需求分析、性能测试脚本设计，以及性能测试执行和分析几大部分的内容。

## 14.1.1　性能测试工程师的素质要求

（1）性能测试工程师需要了解最新的计算机技术和概念，并熟练地安装操作系统（包括 Windows、Linux 等），自己动手设置网络。这些操作很重要，因为他往往在工作中需要自己搭建一个测试的实验环境。

（2）网络知识。性能测试工程师需要全面了解 OSI 模型，他应该知道 TCP/IP，需要知道 DNS、DHCP、WINS、路由/交换器/网络集线器，并且知道它们的工作原理。因为他可能需要用到网络嗅探工具来定位网络瓶颈所在，所以工程师需要知道自己在"嗅探"什么。作为性能测试工程师，在碰到一些简单的网络问题时应该能自己解决，而不需要把负责网络的工程师拉过来帮忙，他应该能自己解决类似 LoadRunner 中 Controller 和 Load Generator 之间的连接问题，只要知道网络接入、IP 地址设置等常见的问题就能解决。

（3）工程师能够对项目产品中用到的那些协议轻易地创建测试脚本。当然，最好是掌握更多的协议，有各种各样的协议测试脚本开发经验，例如 Http、Ajax TruClient、Flex、Web Services 等，因为不知道什么时候也许就能用上这些知识。

（4）虽然不要求性能测试工程师是一位"代码狂"或者开发爱好者，但是他应该可以看懂 HTML、Python、Ruby、JAVA、PHP、C 等代码，并且知道代码中的来龙去脉。因为这些东西不但对于测试脚本开发来说是需要的，而且对于定位代码瓶颈尤为重要，很明显，他对代码懂得越多，能发现的问题就越多。

（5）SQL 方面的知识（包括查询语句、存储过程、索引、数据库管理、备份还原等）。数据库是复杂应用系统中造成主要瓶颈的几个原因之一。找出造成瓶颈一般来讲是 DBA 的事情，但是如果性能测试工程师对此一窍不通，也不知道如何与数据库打交道，则可能把一些关键的东西忽略掉。

（6）性能测试工程师需要"统观全局"。他应该知道自己在 SDL（软件开发生命周期）中的角色，也应该知道开发人员、项目经理、QA 和系统管理员都是做什么事情的，以及如何跟他们打交道。

（7）性能测试工程师应该能非常熟练地使用公司所选择的性能测试工具，例如商用的性能测试工具 LoadRunner、用 Java 语言编写的 Jmeter，以及最近比较流行的前端性能测试工具 YSlow 等。

## 14.1.2　认识性能测试

在讲解性能测试之前，我们需要了解性能测试相关的一些术语。

### 1.　响应时间（Response Time）

响应时间是指系统对请求做出响应所需要的时间。典型的响应时间是指从软件客户端发出请求数据包到服务器处理后，客户端接收到返回数据包所经过的时间，中间可包括各种中间组件的处理时间，例如网络、Web 服务器、数据库等，如图 14.1 所示。

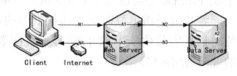

图 14.1　客户端到服务器端之间的处理时间

### 2.　事务响应时间（Transaction Response Time）

事务是指一组密切相关的操作的组合，例如一个登录的过程可能包括了多次 HTTP 的请求和响应，把这些 HTTP 请求封装在一个事务中，便于用户直观地评估系统的性能，例如登录的性能可以从登录的事务响应时间得到度量。

> **说明**
>
> 在事务响应时间中，有所谓的 "2-5-8" 原则，简单说，就是当用户能够在 2 秒以内得到响应时，会感觉系统的响应很快；当用户在 2~5 秒之间得到响应时，会感觉系统的响应速度还可以；当用户在 5~8 秒以内得到响应时，会感觉系统的响应速度很慢，但是还可以接受；而当用户在超过 8 秒后仍然无法得到响应时，就会对该系统有不好的印象，或者认为系统已经失去响应，而选择离开这个 Web 站点，或者发起第二次请求。

### 3.　并发用户（Concurrent Users）

并发用户是指同一时间使用相同资源的人或组件，资源可以是计算机系统资源、文件、数据库等。大型的软件系统在设计时必须考虑多人同时请求和访问的情况，如图 14.2 所示。测试工程师在进行性能测试时也不能忽略对并发请求场景的模拟。

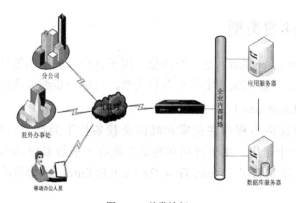

图 14.2　并发访问

> **注意**
>
> 在 LoadRunner 的虚拟用户中，Concurrent 与 Simultaneous 存在一些区别，Concurrent 是指在同一个场景中参与运行的虚拟用户，而 Simultaneous 与同步点（rendezvous point）的关系更密切，是指在同一时刻一起执行某个任务的虚拟用户。

#### 4. 吞吐量（Throughput）

如图 14.3 所示，就像一个货运码头可以用集装箱处理量来衡量它的货物处理能力一样，一个软件系统服务器也可以用吞吐量来衡量它的处理能力。

吞吐量是指单位时间内系统处理的客户请求的数量，度量单位可以是字节数/天、请求数/秒、页面数/秒、访问人数/天、处理的业务数/小时等。

#### 5. 每秒事务量（Transaction Per Second，TPS）

TPS 是指每秒钟系统能够处理的交易或事务的数量，是衡量系统处理能力的重要指标。TPS 也是 LoadRunner 中重要的性能参数指标。

图 14.3 系统吞吐量

#### 6. 点击率（Hit Per Second，HPS）

点击率也叫作命中率，是指每秒钟用户向 Web 服务器提交的 HTTP 请求数。这个指标是 Web 应用特有的一个指标：Web 应用是"请求-响应"模式，用户发出一次申请，服务器就要处理一次，所以"点击"是 Web 应用能够处理交易的最小单位。如果把每次点击定义为一次交易，点击率和 TPS 就是一个概念。不难看出，点击率越大，对服务器的压力也越大。点击率只是一个性能参考指标，重要的是分析点击时产生的影响。

#### 7. 资源利用率（Resource Utilization）

资源利用率指的是对不同系统资源的使用程度，例如，服务器的 CPU 利用率、磁盘利用率等。资源利用率是分析系统性能指标进而改善性能的主要依据，因此，它是 Web 性能测试工作的重点。

资源利用率主要针对 Web 服务器、操作系统、数据库服务器、网络等，是测试和分析瓶颈的主要参数。在性能测试中，要根据需要采集具体的资源利用率参数来进行分析。

## 14.1.3 性能测试的类型

性能测试（Performance Test）是一个统称，用于评价、验证系统的速度、扩展性和稳定性等方面的质量属性。性能测试其实分很多种类型，可进一步细分成以下几种。

#### 1. 负载测试（Load Test）

负载测试用于验证应用程序在正常和峰值负载条件下的行为。疲劳测试（Endurance test）是负载测试的一个子集，用于评估和验证系统在一段较长时间内的性能表现。疲劳测试的结果可以用于计算 MTBF（Mean Time Between Failure，平均故障间隔时间）等可靠性指标。

### 2.　压力测试（Stress Test）

压力测试用于评估和验证应用程序被施加超过正常和峰值压力条件下的行为。压力测试的目的是揭露那些只有在高负载条件下才会出现的 Bug，例如同步问题、竞争条件、内存泄漏等。

### 3.　容量测试（Capacity Test）

容量测试用于评估系统在满足性能目标的前提下能支持的用户数、事务数等。容量测试通常与容量规划一起进行，用于规划将来性能需求增长（例如用户数的增长、数据量的增长）的情况下，对系统资源增长（例如 CPU、内存、磁盘、网络带宽等）的要求。

### 4.　配置测试（Configuration Testing）

通过对被测系统的软硬件环境的调整，了解各种不同环境对性能影响的程度，从而找到系统各项资源的最有效分配原则。这种测试主要用于性能调优，在经过测试获得了基准测试数据后，进行环境调整（包括硬件配置、网络、操作系统、应用服务器、数据库等），再将测试结果与基准数据进行对比，判断调整是否达到最佳状态。

### 5.　并发测试（Concurrency Testing）

模拟并发访问，测试多用户并发访问同一个应用、模块、数据时是否产生隐藏的并发问题，如内存泄露、线程锁、资源争用问题。这种测试主要为了发现并发引起的问题。

### 6.　可靠性测试（Reliability Testing）

通过给系统加载一定的业务压力的情况下，让应用持续运行一段时间，测试系统在这种条件下是否能够稳定运行。可靠性测试强调的是在一定的业务压力下长时间（7×24）运行系统，关注系统的运行情况（如资源使用率是否逐渐增加、响应是否越来越慢），是否有不稳定征兆。

## 14.1.4　性能测试成熟度模型

关于性能测试模型，生产 Load Runner 工具的 Mercury Interactive 公司（后来 HP 收购了它的产品）提出了 MI 性能测试成熟度模型（Mercury Interactive Maturity Model for Performance Testing），如图 14.4 所示。

MI 性能测试成熟度模型把企业的性能测试能力分为 4 个等级或阶段。

第一个阶段：项目测试。这个阶段的性能测试即兴为之，缺乏正式的角色。这也是大部分企业所处的状态。

第二个阶段：产品级性能测试。这个阶段的性能测试相对正规，有几种资源为性能测试所用，输出标准的工件，例如性能测试报告、性能质量评估报告等。

第三个阶段：性能测试服务。这个阶段的性能测试成熟度一般是拥有多个产品或业务线的企业所具备的，性能测试团队拥有自己的资源，集中提供性能测试服务。

第四个阶段：性能认证。这个阶段的性能测试能贯穿整个软件开发生命周期（SDLC），拥有标准的性能测试过程和方法论，能提供专业的性能测试认证。

一般的性能测试过程模型如图 14.5 所示。

围绕着性能验证和优化计划，开展脚本开发、场景开发、场景执行、结果分析、性能优化。注意这个是一个迭代的过程，也就是说性能测试很可能不是做一次就完成的。

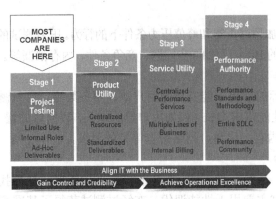 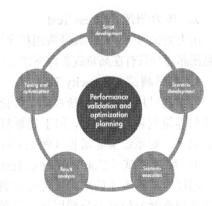

图 14.4 MI 性能测试成熟度模型　　　　　　　图 14.5 性能测试过程模型

## 14.1.5 分析和定义性能需求

性能测试的第一步是获取和定义性能测试需求。那么如何获取性能测试需求分析所需要的数据呢？对于已存在的或已上线的应用系统，一般可借助一些工具，例如，Funnel Web Analyzer、LogParser 等来协助分析。

Funnel Web Analyzer 可以分析服务器的访问日志并显示用于创建合适负载测试的信息。例如，服务器每日访问量的分布图，如图 14.6 所示。

这些图有利于评估和制定性能测试策略、性能测试负载量。另外，Funnel Web Analyzer 这类工具还能分析出哪些页面是用户最常请求的页面，如图 14.7 所示，这些信息有助于我们决定选择什么功能进行性能测试以及制定性能测试场景。

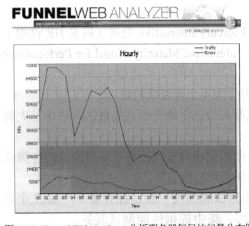 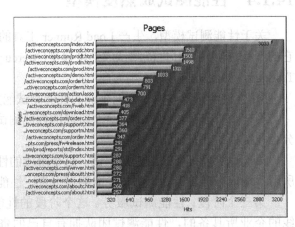

图 14.6 Funnel Web Analyzer 分析服务器每日访问量分布图　　图 14.7 用户最常请求的页面

对于一个尚未开发的软件系统，我们又应该如何分析和制定出合理的性能需求呢？可以根据用户的实际工作场景来分析并制定出合理的性能需求，按照最终用户的实际操作比例来模拟用户动作。例如，在保险索赔部门，员工执行以下操作。

（1）用户上午 8 点登录系统。

（2）上午每人平均处理 5 个索赔请求。

（3）大约 80%的用户忘记在吃饭之前注销账号，导致 session 过期。

（4）午饭后，用户重新登录系统。

（5）下午每人平均处理 5 个索赔申请。

（6）下班之前生成 2 个报告。

（7）80%的用户回家前注销账号。

本例是一个真实应用的简化版，但是我们可以依据这些典型的应用场景来规划性能测试时的场景和负载目标：2 次登录，10 次索赔处理，2 次报告和 1 次注销。

## 14.1.6　"不成文的"性能需求定义

性能需求的定义是系统设计和开发的重要组成部分，而有些性能需求之所以没有写下来，是因为大家都默认、约定俗成地认为这些是普遍的性能需求。

性能需求可以从响应时间、吞吐量等方面进行描述。对于响应时间，早在 1968 年，Robert B.Miller 就在他的报告《Resopnse Time in Man-Computer Conversational Transactions》中描述了 3 个层次的响应时间，这些数据对于今天的软件系统的性能需求定义仍然非常有意义。

（1）0.1～0.2s：用户认为得到的是即时的响应。

（2）1～5s：用户能感觉到与信息的互动是基本顺畅的。用户注意到了延迟，但是能感觉到计算机是按照指令正在"工作"中。

（3）8s 以上：用户会关注对话框。需要带有任务完成百分比的进度条或其他等提示信息，在这么长的等待时间后，用户的思维可能需要一定的时间来返回并继续刚才的任务，重新熟悉和适应任务，因此工作效率受到了影响。

Peter Bickford 在调查用户反应时，发现在连续的 27 次即时反馈后，第 28 次操作时，计算机让用户等待 2min，结果是半数人在第 8.5s 左右就走开或者按下重启键。使用了鼠标变成漏斗提示的界面会把用户的等待时间延长到 20s 左右，动画的鼠标漏斗提示界面则会让用户的等待时间超过 1min，而进度条则可以让用户等待到最后。

Peter Bickford 的调查结果被广泛用到 Web 软件系统性能需求的响应时间定义中。在 1997 年的《Worth the Wait?》报告中指出：在 8.5s 的等待后，超过一半的用户选择放弃 Web 页面。

A.Bouch 的调查表明：

（1）在 5s 内响应并呈现给用户的页面，用户会认为是好的响应速度（Good）。

（2）6～10s，用户会认为是一般的响应速度（Average）。

（3）超过 10s，用户会认为是很差的响应速度（Poor）。

第三份研究表明，如果网页是逐步加载的，先出现横幅（banner），再出现文字，最后出现图像。在这样的条件下，用户会忍受更长的等待时间，用户会把延迟在 39s 内的也标识为"Good"，超过 56s 的才认为是"Poor"的。

## 14.1.7　计划性能测试

在确定了性能测试需求和目标之后，就可以开始制定性能测试计划。性能计划用于指导性能测试工程师开展性能测试，明确性能测试策略、环境、工具等内容。下面是一个性能测试计划的纲要，读者可参考来制定自己项目的性能测试计划：

1. 参考文档
2. 性能测试范围
3. 性能测试方法
4. 性能测试类型和进度安排
5. 性能测试/容量目标
6. 性能测试过程、状态报告以及最终报告
7. Bug 报告以及回归测试指引
8. 工具使用
9. 培训
10. 系统环境
11. 资源使用
12. 组成员及职责
    附录 A 用户场景
    附录 B 并发负载测试场景
    附录 C 负载测试数据
    附录 D 测试脚本

# 14.2　使用 LoadRunner 开展性能测试

LoadRunner 是一个强大的性能测试工具，支持广泛的协议，能模拟百万级的并发用户，是进行性能测试的最强有力的"帮手"。

## 14.2.1　LoadRunner 简介

LoadRunner 是业界公认的权威性能测试工具，被誉为"工业级"的性能测试工具，支持广泛的协议和平台，包括以下几大类。

● Application Deployment Solution：包括 Citrix 和 Microsoft Remote Desktop Protocol (RDP)。

● Client/Server：包括 DB2 CLI、DNS、Informix、Microsoft .NET、MS SQL、ODBC、Oracle 2-Tier、Sybase Ctlib、Sybase Dblib 和 Windows Sockets。

● Custom：包括 C Templates、Visual Basic templates、Java templates、Javascript 和 Vbscript 类型脚本。

● Distributed Components：包括 COM/DCOM 和 Microsoft .NET。

● E-business：包括 AMF、AJAX、FTP、LDAP、Microsoft .NET、Web (Click and Script)、Web (HTTP/HTML)和 Web Services。

● Enterprise Java Beans：EJB。

● ERP/CRM：包括 Oracle Web Applications 11i、Oracle NCA、PeopleSoft Enterprise、Peoplesoft-Tuxedo、SAP-Web、SAPGUI、SAP (Click and Script)和 Siebel (Siebel-DB2 CLI、Siebel-MSSQL、Siebel-Web 和 Siebel-Oracle)。

● Java：Java 类型的协议，像 Corba-Java、Rmi-Java、Jacada 和 JMS。

- Legacy：Terminal Emulation (RTE)。
- Mailing Services：包括 Internet Messaging (IMAP)、MS Exchange (MAPI)、POP3 和 SMTP。
- Middleware：包括 Tuxedo 6 和 Tuxedo 7。
- Streaming：包括 RealPlayer 和 MediaPlayer (MMS)。
- Wireless：Multimedia Messaging Service (MMS)和 WAP。

在使用 LoadRunner 之前，先要弄清楚几个重要的概念。

- Scenario：场景。所谓场景，是指在每一个测试过程中发生的事件，场景的设计需要根据性能需求来定义。
- Vusers：虚拟用户。LoadRunner 使用多线程或多进程来模拟用户对应用程序操作时产生的压力。一个场景可能包括多个虚拟用户，甚至成千上万个虚拟用户。
- Vuser Script：脚本。用脚本来描述 Vuser 在场景中执行的动作。
- Transactions：事务。事务代表了用户的某个业务过程，需要衡量这些业务过程的性能。

一般的性能测试的流程如图 14.8 所示。

LoadRunner 用 3 个主要功能模块来覆盖性能测试的基本流程。

- Virtual User Generator。
- Controller。
- Analysis。

其中 Virtual User Generator 使用在创建 VU 脚本阶段，Controller 用在定义场景阶段和运行场景阶段，Analysis 用在分析结果阶段。LoadRunner 的原理图如图 14.9 所示。

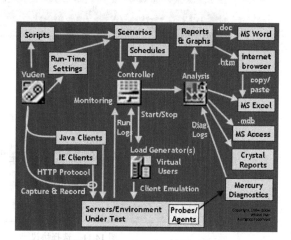

图 14.8　性能测试的流程　　　　　图 14.9　LoadRunner 的原理图

使用 LoadRunner，可以模拟成千上万甚至上百万的并发用户同时访问和执行软件系统各项功能的场景，这对于评价应用系统的性能表现、评估应用系统的压力承受能力非常有用，而不需要使用真实的机器终端来模拟，LoadRunner 的工作示意图如图 14.10 所示。

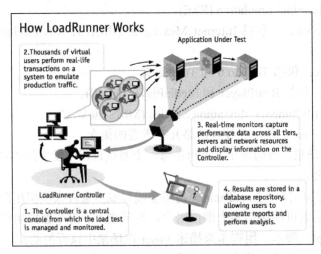

图 14.10　LoadRunner 的工作示意图

## 14.2.2　LoadRunner 基本使用方法和步骤

使用 LoadRunner，首先分析被测试应用程序的技术实现，选择合适的协议进行测试脚本的录制，然后修改测试脚本，再进行场景设计，最后运行测试场景并分析测试结果。

（1）在录制脚本之前，LoadRunner 要求选择录制时需要截获的协议类型，如图 14.11 所示。

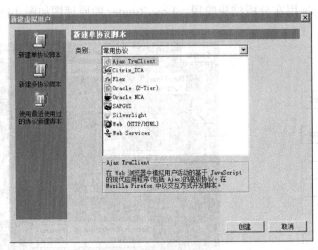

图 14.11　选择协议

（2）在 LoadRunner 中提供了一个任务向导，用于指导测试人员一步步创建合适的测试脚本，如图 14.12 所示。

（3）可以在测试脚本编辑器中修改测试脚本、参数化测试数据、添加事务，如图 14.13 所示。

（4）编译好测试脚本后，就可以在 Controller 中设计性能测试场景，如图 14.14 所示。

图 14.12　任务向导

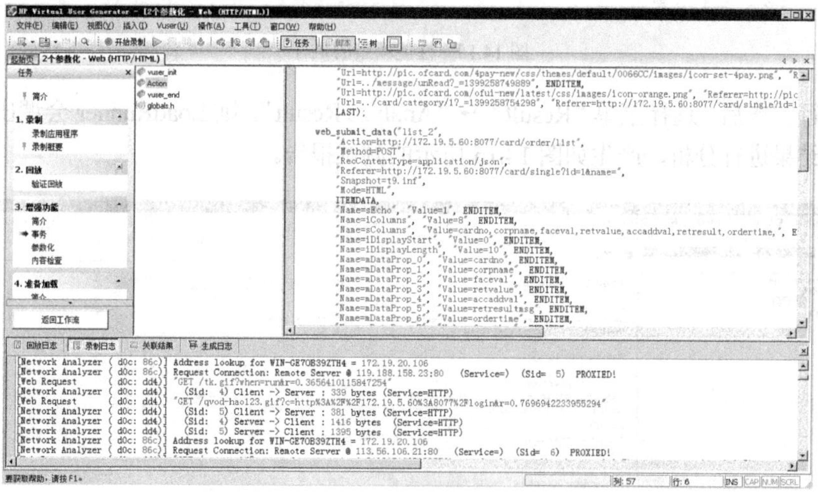

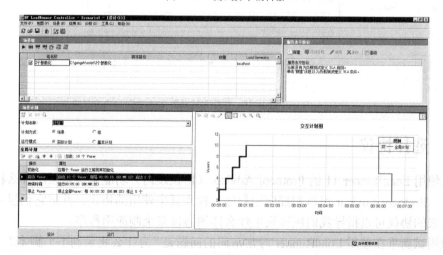

图 14.13　测试脚本编辑器

图 14.14　性能场景设计

（5）设计好测试场景后，就可以运行测试场景，如图 14.15 所示。

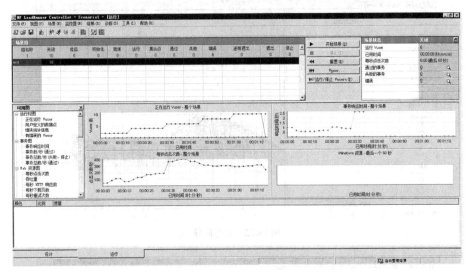

图 14.15　性能场景的执行

（6）运行完毕后，选择菜单"Result"→"Analyze Result"，则 LoadRunner 会调出"Analysis"模块对测试结果进行分析，产生如图 14.16 所示的测试报告。

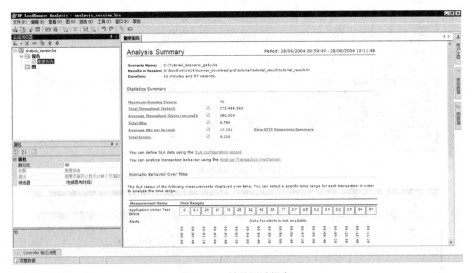

图 14.16　性能测试报告

## 14.2.3　选择协议

可以使用 LoadRunner 11 的 Protocol Advisor（协议顾问）功能来决定采用什么样的协议录制脚本。Protocol Advisor 可以扫描应用程序，检查其中使用的协议，并把它们显示在列表中，列出来的协议可以指导我们应该采用什么样的协议来录制应用程序。

性能测试新手在使用 LoadRunner 时常常问的问题是"为什么我录制不了脚本？"、"我应该采用什么协议来录制？"，现在有了 Protocol Advisor，就可以在录制之前先运行 Protocol

Advisor，让 Protocol Advisor 告诉我们应该采用什么样的协议。

在"预录制"过程中，Protocol Advisor 记录所有找到的协议，然后把它们按照从高层次到低层次的顺序列出来。协议的层次示意图如图 14.17 所示。

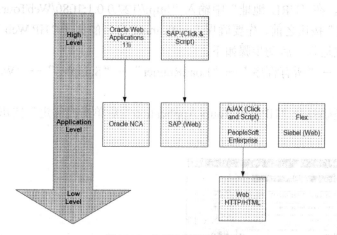

图 14.17　协议的层次示意图

需要注意的是，Protocol Advisor 也不是万能的，不可尽信，例如它通常都会把 COM/DCOM、Java、.NET、WinSocket、LDAP 这些协议列出来，但是未必适合选择作为录制的协议，如图 14.18 所示。

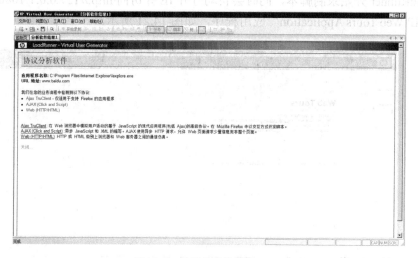

图 14.18　协议分析结果图

作为性能测试工程师，深入了解被测试的应用程序的开发语言、采用的架构、业务流程中使用的协议，这些知识都是必不可少的。另外，多与开发人员、设计人员充分沟通，这样即使没有 Protocol Advisor，也能比较合理地选用恰当的协议来录制和开发性能测试脚本。

## 14.2.4　录制脚本

下面以 LoadRunner 安装时附带的样例程序 Web Tours 为例，讲解如何录制该程序的性能测试脚本。

（1）选择"Web（HTTP/HTML）"协议后，在录制脚本的设置界面（如图 14.19 所示）中选择"应用程序类型"为"Internet 应用程序"选项。"要录制的程序"选择"Microsoft Internet Explorer"浏览器。在"URL 地址"中输入"http://127.0.0.1:1080/WebTours/"。

在单击"确定"按钮之前，先要确保 LoadRunner 自带的例子"HP Web Tours Application"的后台服务已经在运行。启动步骤如下。

选择"开始"→"所有程序"→"LoadRunner"→"Samples"→"Web"→"Start Web Server"选项即可。

（2）确保能正确打开"HP Web Tours Application"后单击"确定"按钮，出现如图 14.20 所示的界面。

图 14.19　设置录制参数

图 14.20　录制界面

LoadRunner 开始录制脚本，同时会自动打开 IE 并访问 http://127.0.0.1:1080/WebTours/地址的"HP Web Tours Application"应用程序，如图 14.21 所示。

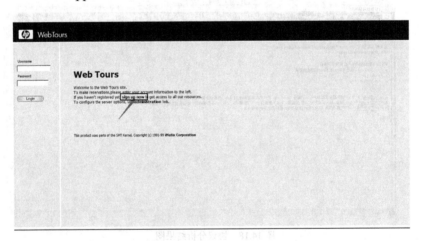

图 14.21　HP Web Tours Application 的欢迎界面

（3）在这个界面中，单击中间的"sign up now"链接（圆圈所指处），则出现如图 14.22 所示的注册信息填写界面。

（4）在这个界面中输入相应的信息，例如，在"Username"中填入"chennengji"，在"Password"中填入"123"等。然后单击"Continue…"按钮，则出现如图 14.23 所示的界面。

（5）在这个界面中提示用户"chennengji"注册成功。此时，在 LoadRunner 的录制界面上单击"停止"按钮，停止录制脚本。LoadRunner 会把刚才操作过程中所有录制的 HTTP 协议内容转换成脚本。在 LoadRunner 主界面上选择"视图"菜单，然后选择"脚本视图"子菜单，则出现如图 14.24 所示的脚本编辑界面。

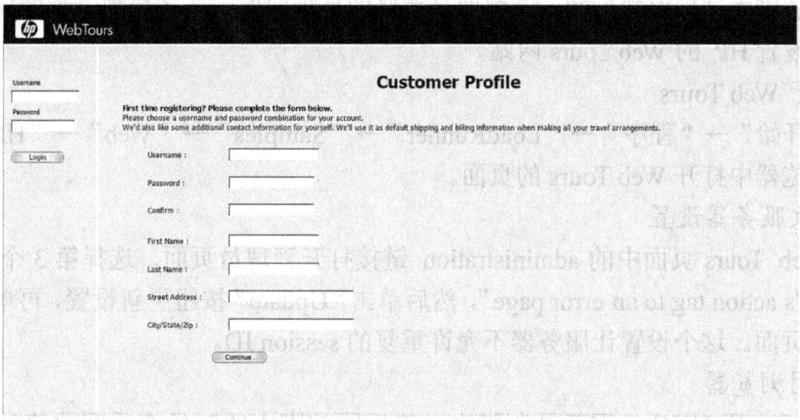

图 14.22　HP Web Tours Application 的注册界面

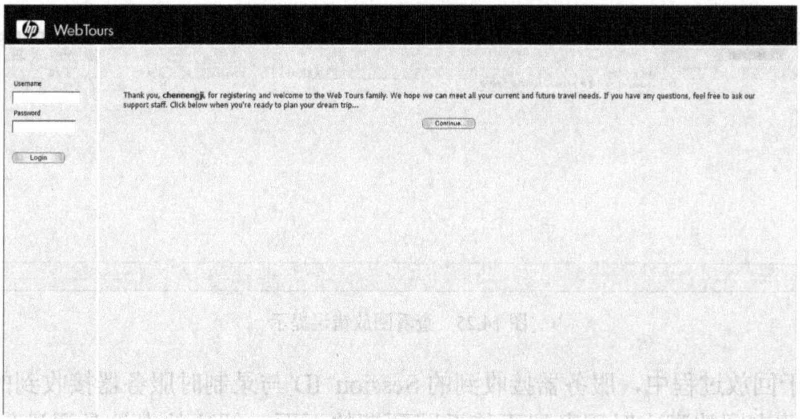

图 14.23　HP Web Tours Application 的注册成功界面

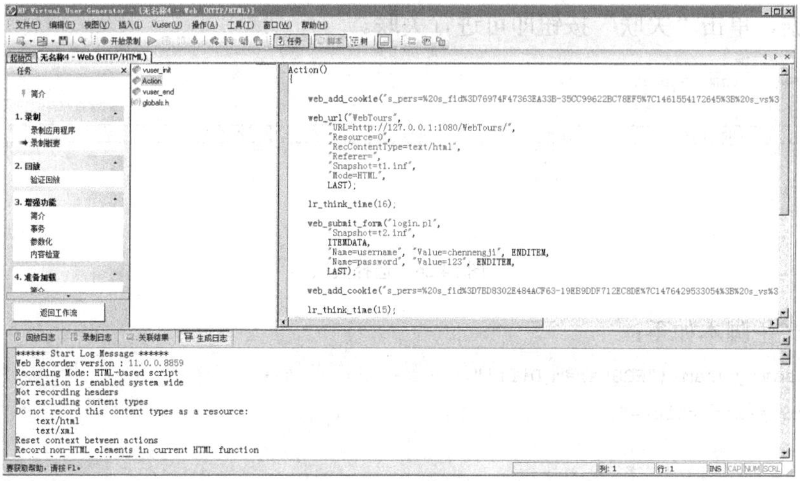

图 14.24　脚本编辑界面

## 14.2.5　解决常见的脚本回放问题

录制回放脚本过程中常见的一个问题是关联的处理问题，为了模拟这样的问题，我们先按以下步骤设置 HP 的 Web Tours 网站。

**1. 打开 Web Tours**

选择"开始"→"程序"→"LoadRunner"→"Samples"→"Web"→"HP Web Tours"选项，在浏览器中打开 Web Tours 的页面。

**2. 修改服务器设置**

单击 Web Tours 页面中的 administration 链接打开管理员页面，选择第 3 个选项框"Set LOGIN form's action tag to an error page"，然后单击"Update"按钮更新设置，再单击"Return"按钮返回主页面。这个设置让服务器不允许重复的 session ID。

**3. 关闭浏览器**

设置之后，用 VUGen 重新录制脚本，然后回放脚本的时候查看回放信息，将提示如图 14.25 所示的错误。

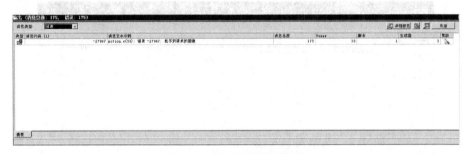

图 14.25　查看回放错误提示

这是由于回放过程中，服务器接收到的 Session ID 与录制时服务器接收到的 Session ID 不一致，导致在回放脚本时服务器不能返回预期的页面。解决的办法是通过扫描关联（选择菜单"Vuser"→"Scan Script for Correlations"），在如图 14.26 所示的界面中选择需要关联处理的数据，单击"关联"按钮即可进行关联。

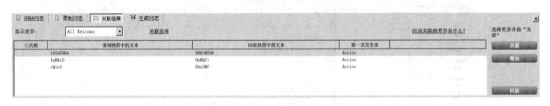

图 14.26　选择关联

关联后产生脚本如下：

```
web_reg_save_param ("WCSParam_Diff1",
"LB=userSession value=",
"RB=>",
"Ord=1",
"RelFrameId=1.2.1",
```

```
"Search=Body",
LAST);
```

在该脚本中用 web_reg_save_param 查找服务器返回的 HTTP 页面中左边界是"userSession value="、右边界是">"的字符串，并把该字符串保存到"WCSParam_Diff1"变量中，并且在后面的脚本中替换使用该变量。

**注意**

> web_reg_save_param 函数是先注册再使用的函数，需要在预期返回的页面请求之前使用该函数，这样 LoadRunner 在回放脚本时，就会一边获取服务器返回的数据，一边查找符合 web_reg_save_param 所定义的左边界、右边界规则的字符串并返回给参数变量。

## 14.2.6　修改和完善脚本

录制完成后，LoadRunner 会自动形成基本的测试脚本代码，但是这些测试脚本代码还不能马上用于测试，因为还需要对其进行参数化等方面的设置，让其可以更好地模拟现实用户使用软件系统时的情形。

录制过程中，通常会产生很多停顿的时间，LoadRunner 默认会如实地把停顿的时间也录制下来，加入到脚本中，例如：

```
lr_think_time(115);
```

这行脚本表示停顿了 115s 的时间，也就是说用户在某些操作之间"思考"了 115s 的时间，在这里需要根据实际情况以及想要的效果来决定这个时间的值。如果录制过程忠实地反映了一般用户的操作习惯，则这个值不一定要修改。如果录制过程中无意识地停顿了一段很长的时间，则可能需要进行这个值的修订，因为在回放过程以及场景执行过程中，这些"思考"时间都会如实地反映出来。

在本例中，这个思考时间的值这么大可能是不合理的，因为这个"思考"时间发生在用户浏览欢迎界面和做出注册的决定之间，由于欢迎界面的信息非常少，用户很快就能阅读完毕，然后进行注册的操作。

**技巧**

> 如果想模拟一个注册的高峰情形，那么可以把这个值设得很小，然后把这行代码屏蔽掉，认为在这种情况下大部分用户会进入欢迎界面后立即进行注册的操作。当然，也可以对这个值进行参数化，以便模拟不同用户的"思考"时间。

## 14.2.7　脚本参数化

下面是一个变量参数化的过程，以之前录制下来的脚本为例，其中的几个位置是需要参数化的。例如对于录制下来的注册信息填写过程的脚本：

```
"Name=username", "Value=chennengji",ENDITEM,
"Name=password", "Value=123",ENDITEM,
```

应该把"chennengji"和"123"的值进行参数化，因为希望模拟不同的用户并发注册账号的情形，不同的用户会采用不同的用户名和密码。

（1）在代码编辑区域中选中"chennengji"后，单击鼠标右键，选择"Replace with a Parameter"选项，则出现如图14.27所示的界面。

图 14.27　创建参数

（2）在这个界面中，可以看到，即将被替换成变量的值是"chennengji"，参数化类型选择以文件存储的方式。单击"属性"按钮，可进行参数化属性的编辑，则出现如图14.28所示的界面。

（3）在这个界面中，单击"创建表"按钮，创建参数化表格并输入参数数据。默认会调出记事本编辑器，在记事本中输入参数化数据，如图14.29所示。

图 14.28　参数化属性设置

图 14.29　编辑参数化文件

## 14.2.8　添加事务

事务是用于模拟用户的一个完整业务操作的过程，LoadRunner提供了可视化添加事务的方式。添加的步骤如下。

（1）首先在任务向导界面的第3个步骤单击"事务"按钮，则出现如图14.30所示的界面。

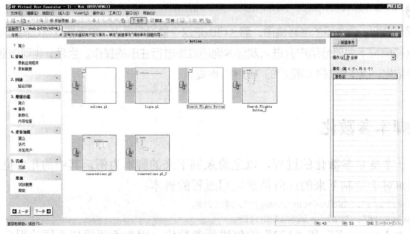

图 14.30　事务编辑界面

（2）在这个界面中，LoadRunner 把录制过程中发生的动作以截获界面的方式列出来。单击右边的"新建事务"按钮，则可进行事务的添加和编辑，如图 14.31 所示。

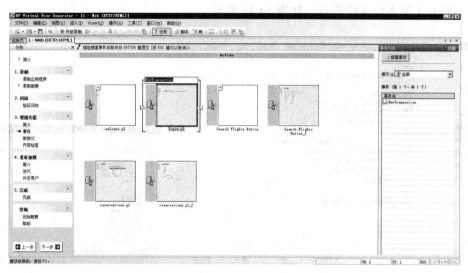

图 14.31　添加事务

（3）添加事务是一个可视化的编辑过程，只需要把事务动作所涉及的 Web 界面的左右括起来就可以了。

## 14.2.9　添加内容检查点

有些时候，仅仅看脚本还不能确定是否模拟了现实的某个业务过程，LoadRunner 提供了一个直观的视图用于在浏览窗口中检查内容是否符合要求。在"Tasks"界面的第 3 步，单击"内容检查"按钮，则切换到如图 14.32 所示的界面。

图 14.32　内容检查界面

注意添加检查点之前，需要在"Run-Time"设置（选择"Vuser"→"Run-Time Settings"

选项）中把"启用图像和文本检查"选项勾选上，如图 14.33 所示。

接下来就可以通过添加步骤（选择"插入"→"添加步骤"选项）的方式，选择图像检查或文本检查来插入内容检查点，如图 14.34 所示。

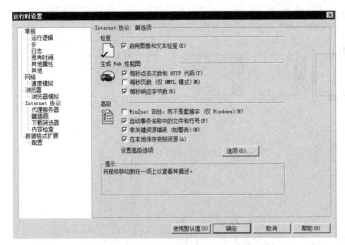

图 14.33　设置激活图片和文本检查　　　　　图 14.34　添加检查点步骤

## 14.2.10　性能参数的选择和监视

在完成了测试脚本的开发后，就可以开始设计测试的场景来调用测试脚本，添加需要监控的客户端或服务器端各种对象的性能参数。

打开 Controller，在如图 14.35 所示的界面选择参与场景运行的脚本。

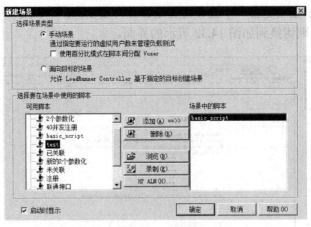

图 14.35　完成界面

单击"确定"按钮后，出现如图 14.36 所示的场景设计界面。

在这个场景设计界面，可以指定参与脚本运行的虚拟用户个数，还可以指定脚本运行的模式，一般需要根据用户的实际业务场景来模拟。例如，每隔 15s 就有 2 个用户登录系统并注册。还可以指定场景运行的持续时间，在"全局计划"界面的列表中，选中"持续时间"

选项并双击，则出现如图 14.37 所示的界面。

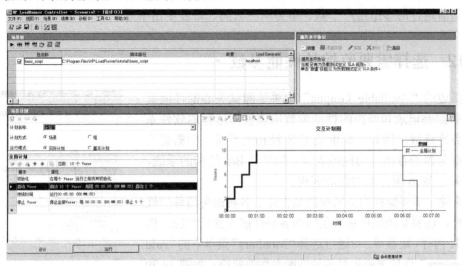

图 14.36　场景设计界面

图 14.37　编辑场景持续运行的时间

## 14.2.11　运行场景

在这里，设定场景的运行时间为 3 分钟。然后按 F5（场景运行的快捷键）即可开始按照设计的场景运行脚本，出现如图 14.38 所示的界面。

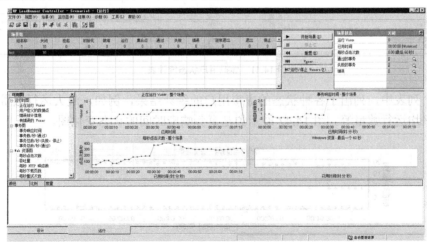

图 14.38　运行场景

在这个界面中，会显示所有场景运行的当前状态，使用状态图动态展示各种性能指标。例如，当前运行的虚拟用户个数、事务响应时间、每秒单击率等。

### 14.2.12 选择需要监控的性能参数

在左边的"Available Graphs"中挑选测试关心的性能参数。选择需要记录和监控的性能参数应该根据运行的软件系统的特点来选取，例如，如果是 C/S 结构的系统，则需要关注后台服务器的数据库的性能表现。如果是 B/S 结构的系统，则需要关注 Web 服务器的性能表现。

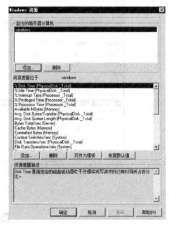

通常除了需要监控服务器端的数据库、各种服务组件的性能表现外，还要监控操作系统层面的各种性能参数的情况。例如，CPU、内存、磁盘等。可通过选择"Monitors"菜单下的"Add Measurements"选项来添加对各种性能参数的监控，如图 14.39 所示。

图 14.39　添加需要监控的性能参数

### 14.2.13 性能测试报告与性能瓶颈分析

LoadRunner 提供了专门的性能测试报告和分析工具"Analysis"，用于对测试过程中收集到的数据进行整理分析，汇总成测试报告，并用各种图表展现出来。

图 14.40　运行的虚拟用户数

场景运行完毕后，LoadRunner 会自动收集运行过程的所有监控数据，并用图表的方式展现出来。如图 14.40 展示的是随着运行的时间而变化的虚拟用户数。

由图 14.40 可看到，虚拟用户在运行 1 分钟后达到了峰值，也就是说设定的 10 个虚拟用户都同时在运行中。除了状态图，还可以查看如图 14.41 所示的列表。

| 颜色 | 比例 | 状态 | 最大值 | 最小值 | 平均值 | 标准值 | 最后一个 |
|---|---|---|---|---|---|---|---|
| | 1 | 正在运行 | 10.000 | 0.000 | 8.936 | 暂缺 | 0.000 |
| | 1 | 就绪 | 1.000 | 0.000 | 0.000 | 暂缺 | 0.000 |
| | 1 | 已结束 | 10.000 | 0.000 | 0.085 | 暂缺 | 10.000 |
| | 1 | 错误 | 0.000 | 0.000 | 0.000 | 暂缺 | 0.000 |

图 14.41　虚拟用户状态统计表

在这个列表中，列出了各种状态的虚拟用户的统计结果，例如，最大运行数量、最小运行数量、平均运行数量等。图 14.42 展示的是事务响应时间的状态变化图。

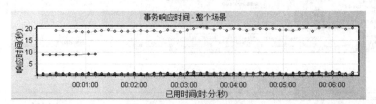

图 14.42　事务响应时间图

结合图 14.43，可以看出 Action 事务的平均响应时间为 19.500s，并且曲线比较平缓，对各个虚拟用户的事务响应比较均匀。

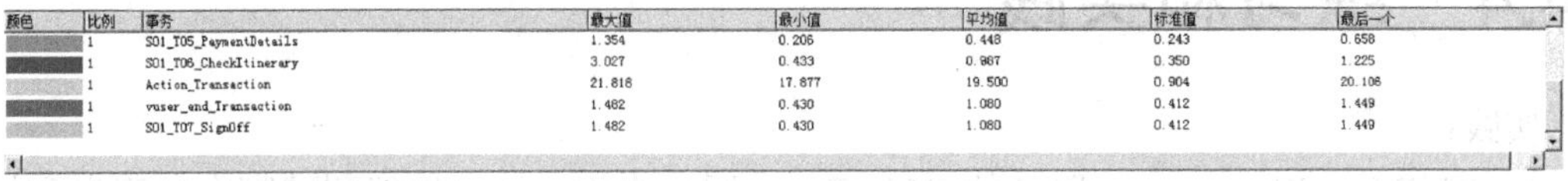

图 14.43 事务响应时间统计表

如果想查看更加详细的分析图表并产生测试报告，则可选择"Result"菜单下的"Analyze Result"选项，则 LoadRunner 会调出"Analysis"模块，如图 14.44 所示。

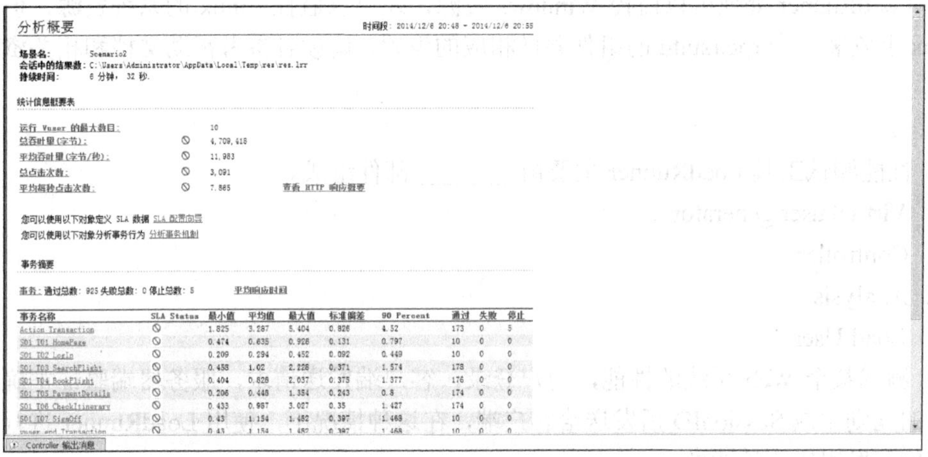

图 14.44 测试报告

在这个界面中，包括概要测试报告以及各种图表报告。测试人员按需要整合成一份完整的测试报告。

# 14.3 其他资源

1．http://wilsonmar.com/1loadrun.htm
Wilsonmar 的个人网站，从 LoadRunner 架构等细节全面介绍 LoadRunner 的相关内容。

2．http://ptfrontline.wordpress.com/
这个网站有不少 LoadRunner 的技巧介绍，以及性能调优的内容。

3．http://blog.testsautomation.com/
Waldemar 的博客，有不少分析 LoadRunner 的相关文章。

4．http://perftestingguide.codeplex.com/
微软的 Web 性能测试指南项目主页，可下载电子书《Performance Testing Guidance for Web Applications》。

5．http://www.bish.co.uk/
Richard Bishop 的个人网站，有不少 LoadRunner 及性能测试的文章。

6．A Formal Performance Tuning Methodology: Wait-Based Tuning - Steven Haines

7. What makes a good Performance Engineer? - Scott Moore

# 14.4 练习和实践

实践：

1. 安装 LoadRunner，以附带的 Web Tours 网站为例，练习性能测试脚本的开发和性能测试场景设计、运行、分析报告。

2. LoadRunner 提供 IP 欺骗功能，用于在一台机器上模拟多个 IP 地址，请读者参考帮助文档和相关资料进行实践。

3. LoadRunner 处理可以监控 Windows 资源，还可以监控 Linux 的系统资源，但是需要在 Linux 上安装一个 rpc.rstatd 的组件并做相应的设置，请读者参考帮助文档和相关资料进行实践。

练习：

1. 性能测试工具 LoadRunner 主要由_____部件组成。

A. Virtual user generator

B. Controller

C. Analysis

D. Load User

2. 测试某个 Web 系统的性能，用户登录，客户端发送请求，服务器端验证正确性后，按一定的规则生成 SessionID 后发送给客户端，在这种情况下，使用 LoadRunner 进行性能测试脚本的开发时需要注意做_____。

A. 关系（relationship）

B. 关联（correlation）

C. 联系（contact）

D. 调试（debug）

3. 简述性能测试的基本步骤和过程。

4. 性能测试包含了哪些测试（至少举出 3 种）？

5. 什么是 TPS？

# 第 15 章

# 安全测试

安全性测试是用于验证应用程序的安全等级以及识别潜在安全性缺陷的过程。应用程序级安全测试的主要目的是查找软件自身程序设计中存在的安全隐患，并检查应用程序对非法侵入的防范能力。

本章结合当前流行的安全测试工具 AppScan 讲解软件安全测试的基本知识、漏洞分析和测试技术。

# 15.1　常见安全漏洞分析

黑客往往都喜欢研究开锁技术，因为他们对很多技术的实现原理和里面的细节非常感兴趣，并且愿意深入研究。软件安全测试人员在某种程度上需要扮演黑客的角色对软件系统进行攻击，因此，需要深入了解常见的安全漏洞。

## 15.1.1　缓冲区溢出

缓冲区溢出是一种非常普遍、非常危险的漏洞，在各种操作系统、应用软件中广泛存在。利用缓冲区溢出攻击，可以导致程序运行失败、系统宕机、重新启动等后果。更为严重的是，可以利用它执行非授权指令，甚至可以取得系统特权，进而进行各种非法操作。缓冲区溢出攻击有多种英文名称：buffer overflow、buffer overrun、smash the stack、trash the stack、scribble the stack、mangle the stack、memory leak、overrun screw，它们指的都是同一种攻击手段。第一个缓冲区溢出攻击——Morris 蠕虫，发生在 20 多年前，曾造成了全世界 6000 多台网络服务器瘫痪。

通过往程序的缓冲区写超出其长度的内容，造成缓冲区的溢出，从而破坏程序的堆栈，使程序转而执行其他指令，以达到攻击的目的。造成缓冲区溢出的原因是程序中没有仔细检查用户输入的参数。例如下面的程序：

```
void function(char *str) {
char buffer[16];
strcpy(buffer,str);
}
```

上面的 strcpy()将直接把 str 中的内容 copy 到 buffer 中。这样只要 str 的长度大于 16，就会造成 buffer 的溢出，使程序运行出错。存在像 strcpy 这样的问题的标准函数还有 strcat()、sprintf()、vsprintf()、gets()、scanf()等。

例如，下面是某个登录程序的 C 语言代码：

```
bool check_login( char *name )
{
    int x = 0;
    char small_buffer[10];

    if (strcmp(name,"admin") ==0  )
        x=1;
    strcpy(small_buffer,name);

    if (x>0)
```

```
    {
        printf("login as admin!\n");
        return true;
    }
    else
    {
        printf("login as common user!\n");
        return false;
    }
}

int main(int argc, char* argv[])
{
    char *name="123456789aaaa";
    //char *name=argv[1];
    int res = check_login(name);
    printf("%d\n",res);
    return 0;
}
```

检查登录的函数 check_login 根据输入的用户名来判断是否是管理员，通过使用 strcmp 来比较，期间使用了 strcpy 函数来复制用户名字符串到指定的一个大小为 10 的缓冲区中。而正是这个 strcpy 函数导致了潜在的缓冲区溢出漏洞。

如果输入的用户名大小大于缓冲区，如"123456789aaaa"，则会导致写入的字符串超出缓冲区的边界，后面的字符"a"的 ASCII 码值将被写入变量 x 中，这个可以通过调试代码查看中间状态看到，如图 15.1 所示。

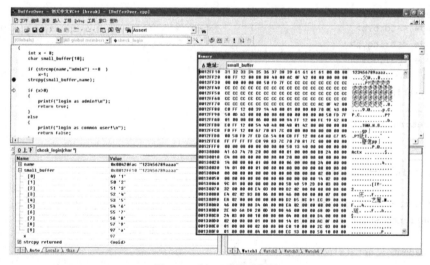

图 15.1　在 VC 中调试代码

而代码中 x 变量的值恰好被用于判断是否为管理员，当 x 的值大于 0 时就认为是管理员。这样，当缓冲区越界，x 变量值被篡改后，一个非管理员的账号就被认为是管理员登录系统了，从而造成权限的提升。

## 15.1.2 整数溢出

整数溢出是另外一种常见的由于忽略编码安全而照成的漏洞。数据类型整数存储的是一个固定长度的值，它能存储的最大值是固定的，尝试去存储一个大于这个固定最大值的数据时，将会导致一个整数发生"溢出"现象。

当一个整数值增长超过了其最大可能的值并循环到成为一个负数的时候，就会发生整数溢出。例如，下面的代码在 VC 编译器编译并执行输出的结果是−32767，而不是32769：

```
short a=32768;
short b=1;
short c=a+b;
printf("%d\n",c);
```

这是由于当一个整数值大于或者小于其范围时，就会产生整数溢出错误（integer overflow），这种现象被称为整数的"回绕"现象，如图15.2所示。

当一个有符号的整数大于其最大值时，就会变成负数的最小值。

整数溢出往往出现在数值运算过程中，例如两个整数相加、自加、自减等，在下面的代码中，如果 getstringsize 返回 0，则 readamt-1 将等于4294967295（无符号32位整数的最大值），这个操作可能会因为内存不足而失败，造成程序的崩溃：

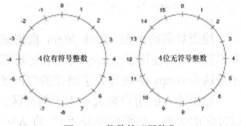

图 15.2 整数的"回绕"

```
#include "stdafx.h"
#include <stdio.h>
#include <string.h>
#include <malloc.h>

int getstringsize()
{
    return 0;
}

int main(int argc, char* argv[])
{
    //unsigned long readamt;
    unsigned short readamt;

    readamt = getstringsize();

    if( readamt > 1024 )
        return -1;

    readamt--;
    printf("%d\n",readamt);
```

```
        malloc( readamt );
        // ...

        return 0;
}
```

## 15.1.3 命令注入

命令注入（Command Injection）攻击最初被称为 Shell 命令注入攻击，是由挪威一名程序员在 1997 年意外发现的。第一个命令注入攻击程序能随意地从一个网站删除网页，就像从磁盘或者硬盘移除文件一样简单。

命令注入的原理是被攻击的程序没有对用户输入参数进行分析和过滤，导致执行了用户输入参数中混入的命令、代码等，从而导致恶意的攻击。

例如，下面的名为 sendmail.pl 的 Perl 脚本实现了邮件发送的功能，由于没有对输入参数进行有效的检查，当恶意用户输入 "perl sendmail.pl root;rm –rf /;" 命令调用这个 Perl 脚本时，发生了命令注入的攻击行为，这样让 Perl 脚本在执行邮件发送的同时执行了删除文件的 rm 命令。

```perl
#!/usr/bin/perl -w

#print "$ARGV[0]";
$to=$ARGV[0];
$MAIL = "SENDMAIL";

open ($MAIL, "| /usr/lib/sendmail -oi -t") || die "Errors with Sendmail:$!";
print $MAIL <<"EOF";
From:root
To:$to
Subject: Testing mail from perl script

Testing body
EOF
close($MAIL)

#END
```

## 15.1.4 SQL 注入

SQL 注入（SQL Injection）可以说是命令注入攻击的一种，SQL 注入攻击利用的是数据库以及 SQL 语言的漏洞。利用 SQL 注入方法的漏洞攻击是一种广泛的攻击类型，这种攻击方法可以穿过防火墙和入侵检测系统，破坏服务器后台数据，甚至控制服务器。SQL 注入可能发生在 C/S 结构或 B/S 结构的软件系统中。因此测试员需要特别注意这种类型的漏洞检测。

例如，在下面的 C#代码中，实现了一个数据库查询功能，接收用户的输入，但是没有对输入进行分析和安全检查，导致可以利用 SQL 注入漏洞进行数据的恶意操作：

```csharp
SqlConnection sqlcon = new SqlConnection(@"Data Source=.;Initial Catalog=NorthWind;User ID=sa;PassWord=sa");
    sqlcon.Open(); // 打开连接
```

```
string CustomerID= this.textBox1.Text; // 接收来自界面的输入数据
// 使用字符串连接来组成 SQL 查询命令
SqlCommand sqlcomd = new SqlCommand("select * from Orders Where CustomerID ='"+ CustomerID +"'");
SqlDataAdapter adpt = new SqlDataAdapter(sqlcomd.CommandText, sqlcon);
DataSet ds = new DataSet("Orders");
adpt.Fill(ds);
sqlcon.Close(); // 关闭连接
// 读取并显示数据
for (int i = 0; i < ds.Tables[0].Rows.Count; i++) {
    string displayData="";
    for(int j=0;j<ds.Tables[0].Rows[i].ItemArray.Length;j++) {
            displayData += ds.Tables[0].Rows[i].ItemArray[j].ToString() + " ";
    }
    this.listBox1.Items.Add(displayData);
}
```

对于上面的代码，如果在 TextBox1 中输入的字符串类似如下语句，则能成功地把恶意的
SQL 语句注入：

```
';Delete from Table1 Where '1'='1
```

在这里，先用单引号和分号把前一个语句结束，然后加入删除语句"Delete from Table1
Where '1'='1"，这样就把一条语句注入原先的 SQL 语句中，让数据库执行修改后的语句：

```
select * from Orders Where CustomerID ='';Delete from Table1 Where '1'='1
```

一旦恶意用户能够访问数据库，他们可能会使用 xp_cmdshell、xp_grantlogin、xp_regread
等高权限、高危险的命令来对数据库进行恶意操作。如果用户拥有足够的权限，那么他将能
够访问服务器上所有的数据库。

如果利用 SQL 注入漏洞，还可能绕过权限控制，例如下面的登录功能的代码：

```
public void OnLogon( object src, EventArgs e )
{
    SqlConnection con = new SqlConnection( "server=(local);database=myDB;uid=sa;pwd;" );

    string query = String.Format( "SELECT COUNT(*) FROM Users WHERE " +
                                "username='{0}' AND password='{1}'",
                                 txtUser.Text,textPassword.Text );
    SqlCommand cmd = new SqlCommand( query, con );
    conn.Open();
    SqlDataReader reader = cmd.ExecuteReader();
    try
    {
        if( reader.HasRows() )
            IssueAuthenticationTicket();
        else
            TryAgain();
    }
    finally
    {
        con.Close();
    }
}
```

由于查询用户的 SQL 语句直接使用了界面输入框的 txtUser 和 textPassword 的文本，没有对输入字符串进行检查，因此可以混入 SQL 脚本，并且在后面判断查询结果的时候，仅仅用 HasRows 判断是否返回了数据行，而没有判断返回的数据是否正确，因此可以利用这些漏洞绕过权限认证的限制。

对于正常的输入，例如用户名是"abc"，密码是"passwd"，则通过代码格式化后出来的 SQL 语句如下：

```
SELECT COUNT(*) FROM Users WHERE username='abc' and password='passwd'
```

这样的 SQL 语句发送到数据库能正常执行，并且返回预期的结果，但是，如果用户在界面输入恶意字符串，将用户名输入"' OR 1=1 --"，密码输入为空，则通过代码格式化组合而成的 SQL 语句就变成下面的语句：

```
SELECT COUNT(*) FROM Users WHERE username='' OR 1=1 -- and password=
```

由于"--"在 SQL Server 数据库中表示把后面的内容注释掉，并且"OR"关键字在 SQL 中表示任意一个条件满足即成立，因此数据库编译器会把 Users 表中所有数据返回，返回数据行数大于 1，因此前面代码中的判断 HasRows 返回 True，从而实现了空密码或错误密码也能通过权限认证的恶意攻击。

## 15.1.5 XSS——跨站脚本攻击

Cross-Site Scripting，跨站脚本攻击，原本缩写为 CSS，但是由于与层叠样式表单（Cascading Style Sheets）的缩写冲突了，所有将跨站脚本攻击缩写为 XSS。

XSS 是目前互联网应用中广泛存在的漏洞，据著名的白帽子黑客组织的调查，目前 67% 的网站存在跨站脚本攻击的漏洞，如图 15.3 所示。

XSS 攻击的目的是盗走客户端 cookies，或者任何可以用于在 Web 站点确定客户身份的其他敏感信息。手边有了合法用户的标记，黑客可以继续扮演用户与站点交互。图 15.4 是一个 XSS 攻击过程的示意图。

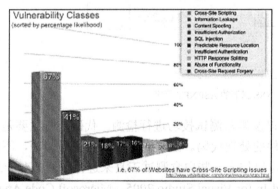

图 15.3　XSS 漏洞调查

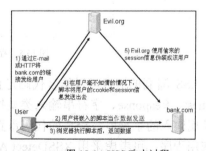

图 15.4　XSS 攻击过程

为了加深对 XSS 攻击过程和基本原理的认识，读者可参考一些网站中的画演示。

http://www.virtualforge.de/vmovie/xss_lesson_1/xss_selling_platform_v1.0.html

http://www.virtualforge.de/vmovie/xss_lesson_2/xss_selling_platform_v2.0.html

跨站脚本攻击的漏洞主要存在于 Web 应用程序从用户处获取的输入，对输入的字符串没有进行验证就直接在 Web 页面上显示了。例如，下面的 ASP.NET 程序就存在着跨站脚本攻击的漏洞：

```
public partial class _Default : System.Web.UI.Page
{
    protected void Page_Load(object sender, EventArgs e)
    {
        // …
    }
    protected void Button1_Click(object sender, EventArgs e)
    {
        // 如果 TextBox1 中输入的内容含有恶意脚本，那么下面的代码将执行这些脚本
        this.Label1.Text = this.TextBox1.Text;
    }
}
```

对于这段 ASP.NET 程序的页面输入，如果输入的是普通的字符串，则不会有任何问题，但是如果是包含脚本的字符串，例如 JavaScript，则脚本会被目标浏览器解析，从而触发脚本的执行，完成恶意用户希望的功能，例如插入如下脚本：

```
<script>alert('Hello World');</script>
```

上述语句被浏览器解析执行后，将弹出如图 15.5 所示的对话框。可以想象，如果插入的不是简单的弹出 JavaScript 对话框会有什么后果，例如一段获取 Cookie 的脚本，发送邮件的脚本，请求某个 Web 页面的脚本，或者插入恶意的链接：

```
<a href="http://www.site.test.com">
Click here
</a>
```

图 15.5　存在 XSS 漏洞的 ASP.NET 程序

XSS 漏洞的检查可以结合代码走查以及黑盒测试技巧进行检测。代码走查主要是查找 Request、Response、字符串输入类型控件的处理代码。必须对所有输入进行验证，不能直接使用输入的字符串。XSS 的代码审查可以结合一些白盒测试工具来进行，例如对于.NET 的应用程序，可考虑采用 XSSDetect Add-In for Visual Studio 2005、Microsoft Code Analysis Tool .NET 等。

除了进行严格的代码审查外，测试员还可以进行相应的黑盒测试，在所有用户可输入的地方输入特殊字符串，包含脚本的字符串，来检验 Web 程序是否进行了解释和处理，是否会引发异常。

测试跨站脚本漏洞很容易，只需在输入框中输入一个 HTML JavaScript 代码块，然后观

察这段代码是否被执行即可。记录下 Web 应用程序的所有入口点，包括 Form 中的域、QueryString、HTTP 头、Cookie 和数据库数据跟踪应用程序中的每个数据流，检查数据流是否会反映到输出上，如果会被输出，检查输出内容是否干净与安全。

# 15.2　使用 AppScan 进行安全测试

IBM Rational AppScan 是一个面向 Web 应用安全检测的自动化工具，使用它可以自动化检测 Web 应用的安全漏洞，比如跨站点脚本攻击（Cross Site Scripting Flaws）、注入式攻击（Injection Flaws）、失效的访问控制（Broken Access Control）、缓存溢出问题（Buffer Overflows）等。这些安全漏洞大多包括在 OWASP（Open Web Application Security Project，开放式 Web 应用程序安全项目）所公布的 Web 应用安全漏洞中。

## 15.2.1　AppScan 简介

AppScan 主要扫描的是最容易发生缺陷的 Web 应用和 Web 服务层面，并且对 Web 服务器层面也执行安全扫描的操作，如图 15.6 所示。

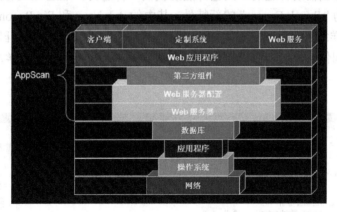

图 15.6　AppScan 的应用范围

在扫描完成以后，AppScan 会针对找到的缺陷显示出一系列详细的信息，包括问题的描述、修复问题的建议，而这些信息可以为开发人员和管理员修复缺陷提供帮助。

AppScan 工具的下载地址是 IBM 官网。

读者可登录网站下载试用版进行实践。

## 15.2.2　利用 AppScan 进行 Web 安全测试

Web 2.0、Ajax、RIA 这些技术给我们带来更好的用户体验，给我们的网络生活带来更多精彩的同时，也给黑客们更多攻击的机会，如图 15.7 所示。

Billy Hoffman 认为近年来越来越多针对 Web 应用程序展开的攻击，其实与人们过度追捧这些新技术有很大的关系。他认为 Web 2.0 几乎就像又一场"泡沫"，大量的热钱投入。Web 2.0 的很多技术是很优秀的，然而很多人因为错误的原因（追赶潮流）把客户端的程序换成了基于 Web 的应用程序。

图 15.7　黑客的攻击目标

这种过度追捧导致很多缺乏 Web 开发经验的人进入这个领域，就像 20 世纪 90 年代的"tech boom"一样，很多人在读完几本类似《24 小时精通 ASP.NET》这样的书之后，开发了一大堆"拷贝、粘贴"式的 Web 应用程序。然而，这些入门材料的例子并不包含最佳实践，里面的例子往往过于简单，尤其是在安全方面过于草率处理。

由此带来的近年广泛出现的 Web 安全问题也就不奇怪了。最近 Web 应用程序的安全开发和质量保证被提高到新的高度，IBM、HP、Fortify 都纷纷推出新的软件安全测试工具，誓要与黑客们展开"大斗法"，究竟"魔高一丈"还是"道高一尺"呢？也许永远也得不到答案。

作为软件测试人员和质量保证者，我们唯有及时补充自己的安全知识，才能有效保证应用程序的安全，适当借助合适的工具也许能助我们一臂之力。最近 IBM 发布的 AppScan 7.8 中就包含一个名为"Result Expert"的新特性，其中的 Advisory 和 Fix Recommendation 页（如图 15.8 所示）会详细解释漏洞的相关知识，可指导缺乏软件安全意识的开发人员，其中的修复建议可以详细到代码层。而测试人员则可以从 Request/Response 页中学习到安全测试的一些技巧。

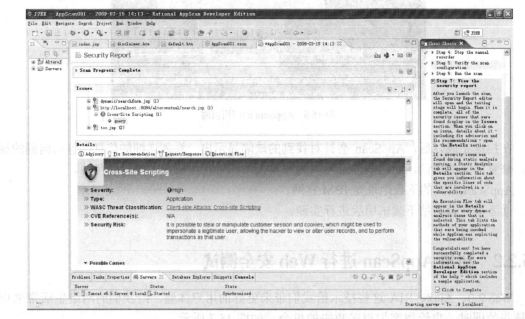

图 15.8　AppScan 提供了详细的漏洞分析

### 15.2.3  使用 AppScan 测试 AltoroJ 项目

初学软件安全测试的人都会为缺乏实践的环境而烦恼，仅仅看一下书，或简单地看一下漏洞描述和攻击过程是无法深入理解安全问题的来龙去脉的，所以最好能结合一些存在漏洞的软件和 Web 站点进行实践。AppScan 附带的 Sample 是一个名为 AltoroJ 的 J2EE 项目，Altoro Mutual 是一个包含了一些安全漏洞的 Web 应用程序，可运行在 Tomcat 5.5 的服务器上。

打开 Developer 版的 AppScan（与 Eclipse 绑定，现在很多工具都可以插到 Eclipse 这个平台上），在 Eclipse 的 Welcome 页面中选择 "Samples"，进入 "Rational AppScan Developer Edition sample"，如图 15.9 所示。

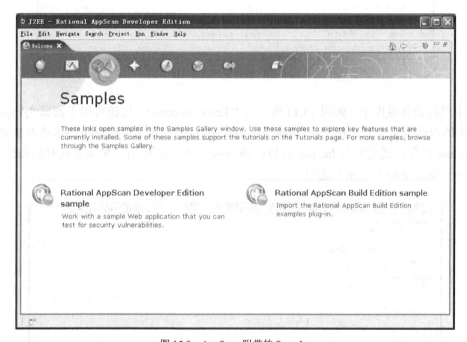

图 15.9  AppScan 附带的 Samples

在导入 Sample 项目之前需要安装和配置好 Tomcat，步骤如下。

（1）在 Eclipse 中选择 "Window" → "Show View" → "Servers" 选项打开 Server 视图。

（2）若在 Server 视图中定义一个新的 Tomcat 5.5 服务器，则可单击鼠标右键，然后选择 "New" → "Server" 选项。在接下来的 New Server 向导中选择 Apcahe tomcat v 5.5 服务器。

（3）在添加和移除项目页中选择 AltoroJ。

导入项目后，可以针对这个 Sample 项目新建一个安全测试，方法是选中 AltoroJ 项目，然后单击鼠标右键，选择 "New" → "AppScan security scan" 选项，如图 15.10 所示。

图 15.10　新建安全扫描项目

在出现的设置界面中（如图 15.11 所示），"Test connection"按钮可用于测试"Application URL"中的页面是否可以访问到。"View licensed targets"按钮用于查看可扫描的对象是哪些，这与 license 有关，试用版的 license 可以扫描 host 在本机的页面。如果要同时扫描源代码，可以选中"Source code scan"选项。

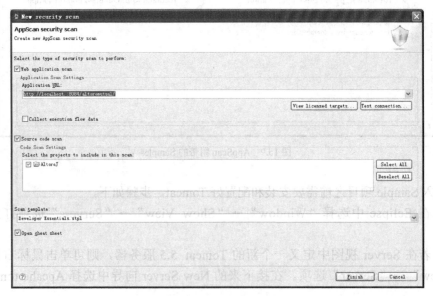

图 15.11　安全扫描的设置

接下来的操作可以参照右边的"Cheat Sheets"视图中的步骤指示来逐步完成，在录制登录网站的过程中输入用户名"jsmith"、密码"demo1234"，可在 Eclipse 界面中直接打开 AltoroJ 的页面，如图 15.12 所示。

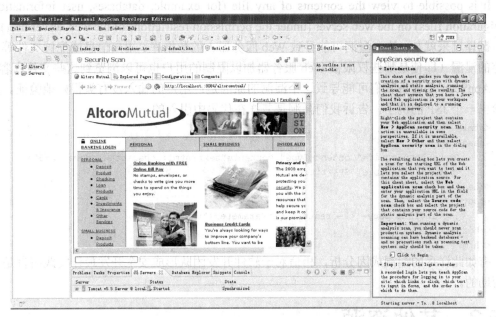

图 15.12　在 Eclipse 界面中直接打开 AltoroJ 的页面

对 AltoroJ 网站的查询功能进行简单的扫描之后，就发现了 4 种类型的安全漏洞，包括跨站脚本攻击漏洞（XSS）、Include Injection、SQL 注入和信息泄漏，如图 15.13 所示。

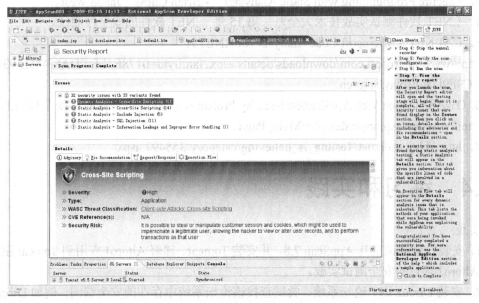

图 15.13　扫描 AltoroJ 的结果

对于 SQL 注入和 XSS 大家可能比较熟悉，对于 Include Injection 大家可能就比较陌生了，幸好 AppScan 在 Advisory 中给出了详细的解释：

It is possible to view the contents of any file (for example, databases, user information or configuration files) on the web server (under the permission restrictions of the web server user).

翻译过来就是：这个漏洞可能导致 Web 服务器上的数据库、用户信息或配置文件等文件内容的泄漏（即使是那些权限被 Web 服务器加以限制的用户也可以浏览到这些文件内容）。

AppScan 还告诉我们可能导致这个漏洞的原因是：用户的输入没有被很好地验证。而且还给出一个 JSP 的例子，告诉我们漏洞是怎样在代码中引入的：

```
<html>
<head>
    <meta http-equiv="Content-Type" content="text/html; charset=windows-1255">
    <title>Vulnerable JSP</title>
</head>
<body>
    <jsp:include page='<%= request.getParameter("val") %>' />
</body>
</html>
```

有如此详尽的漏洞成因分析，相信对于软件开发团队形成安全开发最佳实践而言是非常有帮助的。

# 15.3    其他资源

1.《Hunting Security Bugs 》- Tom Gallagher   Bryan Jeffries   Lawrence Landauer。

2.《19 Deadly Sins of Software Security: Programming Flaws and How to Fix Them》 - Michael Howard David LeBlanc   John Viega。

3.《Secure Programming with Static Analysis》 - Brian Chess   Jacob West。

4.《.NET 软件测试实战技术大全》  第 15 章  .NET 软件的安全性测试。

5. CAT.NET（Microsoft Code Analysis Tool .NET）：

http://www.microsoft.com/downloads/details.aspx?familyid=0178E2EF-9DA8-445E-9348-C9 3F24CC9F9D&displaylang=en。

6. OWASP（Open Web Application Security Project），开源 Web 应用程序安全项目的网站：http://www.owasp.org/index.php/Main_Page。

7. http://blog.csdn.net/Testing_is_believing/category/355497.aspx。

# 15.4    练习和实践

实践：

1. 安装安全测试工具 AppScan 7.8，并安装 Tomcat、部署 AltoroJ 应用到 Tomcat 服务器，进行 AltoroJ 项目的安全测试实践。

2. 安装 Discuz !NT 论坛系统，尝试查找该论坛系统中存在的安全漏洞，例如 Discuz!NT 2.5 版本中的 SQL 注入漏洞、Discuz !NT 3.1 中的 XSS 漏洞等。

练习：

1. 作为软件测试员很重要的一点是要了解为什么有人要攻击你的软件。黑客想获得系统的_____的 5 个动机是：挑战/成名、好奇、使用/借用、恶意破坏和偷窃。

2．威胁模式（threat modeling）分析目的是由评审小组查找产品特性设置方面可能会引起_____的地方。根据这些信息，小组可以选择对产品做修改，花更多的努力设计特定的功能，或者集中精力测试潜在的故障点，最终使产品更加安全。注意：除非产品开发小组的每个人（包括项目经理、程序员、测试员、技术文档写作员、市场人员、产品支持）都理解和认同可能存在的安全威胁，否则小组不可能开发出安全的产品来。

3．在安全测试之前，我们应该进行_____，以便系统化地识别可能存在的安全漏洞类型，并且基于系统的架构和实现对潜在的安全漏洞类型进行优先级排列。

A．UML 建模　　　　　　　　B．安全意识教育

C．威胁建模　　　　　　　　D．测试工具选型

4．Cookie 保存在_____，可以篡改 Cookie 的数据，因此，对 Cookie 的测试，尤其是安全性方面的测试非常重要，是 Web 应用系统测试中的重要方面。

A．客户端　　　　　　　　　B．服务器端

C．数据库中　　　　　　　　D．饼干盒中

5．在软件系统中，常见的安全漏洞包括 SQL 注入、信息泄露、跨站脚本攻击、缓冲区溢出等，其中目前在 Web 站点中最广泛存在的安全漏洞是_____。

A．SQL 注入　　　　　　　　B．信息泄露

C．跨站脚本攻击　　　　　　D．缓冲区溢出

6．SQL 注入攻击方法可以穿过防火墙和入侵检测系统，破坏服务器后台数据，甚至控制服务器。SQL 注入可能发生在_____的软件系统中。

A．C/S 结构　　　　　　　　B．B/C 结构

C．A/S 结构　　　　　　　　D．B/S 结构

7．请简要说明跨站脚本攻击和 SQL 注入漏洞产生的原因。

第 16 章

# 单元测试工具 MSTest 的应用

生产电冰箱的工厂在组装一台电冰箱之前，都要先对组成电冰箱的各个组件或零件进行检验。软件的单元测试与此类似，是对将要集成的软件模块进行单独的隔离测试的过程。单元测试是一个值得投入的测试环节，因为它把很多质量问题控制在初始阶段，做好单元测试对于产品质量的提高以及减缓后续的测试压力都有非常重要的意义。

在前面的章节，多次讲到单元测试，包括单元测试的技术、单元测试的方法等。在本章，将要讲解单元测试在一个测试项目中该如何进行、管理、度量，以及如何应用微软的 Visual Studio 中的单元测试工具 MSTest。

# 16.1 单元测试范围管理

单元测试的范围可以很广，也可以很小。广到涉及某个功能模块的测试，小到专注在某个函数或算法的验证上，甚至专注于某行代码的写法上。在组织单元测试的同时，需要注意到单元测试的成本分析问题，控制好单元测试的范围，并不是所有单元测试都要进行得很完美、面面俱到。

单元测试在很多人眼里就是编写测试代码对单元模块中的类或函数进行测试，也正因为这样，很多人觉得单元测试很难开展，需要很强的编码能力。而实际上，单元测试可以分成很多种。

## 16.1.1 单元测试的分类

（1）按照单元测试的范围来分类，可分成狭义类型的单元测试和广义类型的单元测试。

狭义的单元测试是指编写代码进行某个类或方法的测试，在实际中由于一个类作为整体进行测试的复杂性，很多人还是以函数为测试的单元居多。而广义的单元测试则可以是编写单元模块的测试代码、代码标准检查、注释检查、代码整齐度检查、代码审查、单个功能模块的测试等。

（2）按照单元测试的方式划分，则可分成静态的单元测试和动态的单元测试。

静态的单元测试主要指代码走读这一类的检查性测试方式，它不需要编译和运行代码，只针对代码文本进行检查。动态的单元测试则是指写测试代码进行测试，它需要编译和运行代码，需要调用被测试代码运行。动态的单元测试和静态的单元测试都可人工或自动地进行，如图 16.1 所示。

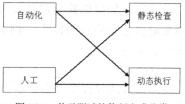

图 16.1 单元测试的执行方式分类

 **说明**

> 自动化的单元测试可以是动态执行的方式，也可以是静态检查的方式。

手工的静态检查主要是代码走读、代码审查，手动的动态单元测试则是指通过编写单元测试代码并执行的方式。手工的单元测试是传统的单元测试方式。而目前的趋势是自动化地实现单元测试。

自动化的静态检查主要根据代码的语法和词法特征来识别潜在的错误。测试工具把这些错误特征归纳成为规则库，扫描代码时自动与规则库进行匹配比较，如果不匹配则提示错误。而自动化的动态单元测试则是通过执行那些实现了测试用例的测试代码的方式来进行测试，测试工具动态生成某些测试用例，然后自动转换到测试代码并执行。

## 16.1.2 静态单元测试

静态单元测试的好处是不需要浪费编译运行的时间，可随时进行。程序员可能都有这种感觉，在编写完代码后，没有检查一下就马上编译运行，但是往往编译了很长一段时间后提示某个低级的语法错误，程序员不得不修改一下，再次编译运行。如果项目文件比较多，编译比较慢，则在这个过程中耗费的时间是非常可观的。实际上，很多错误是可以在编译运行前通过简单的代码检查而避免的。例如，下面的简单代码：

```
int X;
X=0;

//…

if(X=0)
{
    //…
}
```

对于 if(X=0)这行代码，Visual Studio.NET 2005 在编译时会提示错误：无法将类型"int"隐式转换为"bool"。但是无论如何，如果在编译前没有检查和纠正这个错误，编译的时间肯定就要浪费了。

更糟糕的是，有些编译器允许这种代码通过，那么这个错误就只能等到编译后提交测试人员测试，测试人员执行某些测试用例，才能发现错误，然后录入 Bug，发送给开发人员。开发人员查看 Bug 现象，尝试重现 Bug，通过调试，定位到这行代码，这时才检查出来这个错误。而实际上，这些错误如果能在开发人员编译之间就检查一下，那么很可能早就发现了，而不会浪费那么多的时间。

其实，如果能建立起代码规范性检查和编码规范，那么完全可以通过设定一个编码规则来避免这个问题的发生，例如，要求在将变量与值进行判断时，先写值，再写变量，具体代码如下：

```
if(0==X)
```

那么大部分程序员都会意识到应该使用"=="而不是"="，因为不可能给一个值赋一个变量，即使程序员粗心大意，还是漏了一个等号，那么基本上大部分的编译器也不会让这行代码编译不通过。例如 Visual Studio.NET 2005 在编译时会提示：赋值号左边必须是变量、属性或索引器。

## 16.1.3 动态单元测试

很多编译时和运行时的错误很难通过静态的单元测试来发现，因此，动态的单元测试还是非常有必要的。由于动态测试需要编写测试代码对被测试对象进行测试，因此要求被测试对象的可测试性要比较强。如果被测试代码的依赖关系比较强，则很难对一个单独的类或方法进行测试。如果被测试代码写成了像"意大利面条"一样的铁板程序，那么单元测试则会难上加难。

有人说，单元测试是最好的设计，这句话有一定的道理。因为只要在编写代码的时候，考虑到单元测试的话，写出来的代码就一定是"高内聚、低耦合"满足面向对象设计要求的代码；否则单元测试的难度会非常大。

## 16.1.4　"广专结合"、"动静相宜"

综上所述，单元测试需要"广专结合"、"动静相宜"。

（1）"广专结合"是指广义的单元测试与狭义的单元测试要结合起来，不能仅仅做狭义的编写测试代码的单元测试，还要注意代码规范性检查、单个功能模块的功能测试。适当分工，让最合适的人做最合适的测试，例如让开发人员做编写测试代码类型的狭义单元测试，让测试人员做代码规范性检查、单元功能测试等广义的单元测试。

（2）还要注意"动静相宜"，不仅仅要编写单元测试代码进行单元测试，还要考虑如何进行代码审查、代码规范性检查等静态的单元测试。但是要注意成本分析，结合项目的实际来选取合适的单元测试方式，选择合适的单元测试范围。

## 16.1.5　单元测试的效果

单元测试看上去虽然有点麻烦，但是它为程序员提供了一个安全的观点，让程序员对自己的程序更加有信心。在减少开发后期进行频繁的 Bug 修改和调试所耗费的时间的同时，也为软件系统提供了第一道安全防护网，因此，单元测试是提高开发效率和软件质量的一个重要手段。

频繁进行的单元测试，让人感觉程序是得到确认的，但是正是由于这些频繁进行的单元测试，可能会让人过于信任程序，从而忽略了后续的测试。而实际上单元测试能解决的问题是有限的，能发现的错误也是有限的，很多性能问题、集成的问题、界面问题、用户体验问题都需要额外的测试来覆盖。

 **注意**

应付式的单元测试代码会给人虚假的安全感。

如果为了通过单元测试而挑选过于简单的测试用例，或者覆盖简单的被测试代码，那么单元测试即使能通过，也没有太多的价值。然而，由于单元测试通过了，因此给人的感觉是一种虚假的安全感。

## 16.1.6　单元测试的范围

大范围的单元测试能使程序得到相对全面的测试覆盖，换来可观的质量提高，改善代码质量和设计的质量。但是如果范围选择过大，则会在单元测试阶段耗费过多的时间，容易忽略了后期的测试，而事实上换来的单元测试的价值提高不大。

有些模块的代码是不适宜做单元测试的，或者不适宜投入太多的测试资源，例如界面层的代码的单元测试应该留给集成测试或系统测试阶段进行，因为对界面层的测试相对复杂，而换来的效果不明显。另外，对于不常被调用的代码，或者是用户来讲不是重点的功能模块的代码，也可适当减少单元测试的投入。反之，对于那些重点模块的代码、包含复杂的业务逻辑或算法的代码、可能需要经常进行重构和修改的代码，则要投入精力建立起单元测试。

# 16.2 单元测试的过程管理

单元测试的开展，尤其是在一个尚未组织过单元测试的公司进行单元测试，需要注意单元测试的组织策划和过程管理，否则只能是"竹篮子打水一场空"。

## 16.2.1 单元测试的过程策划

一个成功的单元测试实施，必须取得管理层的重视，投入一定的成本，让开发人员改变开发的习惯，选择合适的单元测试范围和方式。

## 16.2.2 管理层对单元测试的重视

任何质量活动的开展，如果缺少了领导层的重视，都可能会碰到很多的困难，开展的效果也不理想。因此，要注意在单元测试开展前获得项目经理以上的人员的支持。

要意识到很多 Bug 出现太迟造成的影响，对单元测试的投入和回报进行分析。从如图 16.2 所示的图可以看出，错误发现得越晚，修复的成本越高，错误的延迟解决必然导致整个项目成本的急剧增加，在单元测试阶段修复 Bug 的花费是 1，到了集成测试就变成 10，到了系统测试则变成 100，到了市场则高达 1000。

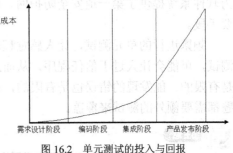

图 16.2 单元测试的投入与回报

## 16.2.3 单元测试意识的改变

首先要明确由谁来做单元测试，谁负责编写单元测试代码。应该说这是由单元测试的成本来决定的。一般而言，由测试人员进行单元测试需要耗费更多的时间，因为测试人员需要更多的时间来理解开发人员编写的代码，测试人员的编程经验普遍比较缺乏，因此在编写单元测试代码时会碰到更多的问题，并且如果缺乏详细的设计文档，则会碰到更多的困难，并且需要考虑频繁与开发人员针对代码进行沟通的成本。

而由开发人员进行单元测试则明显不会碰到上面的问题，但是可能碰到开发人员不忍心对自己的代码进行彻底测试的情况，但是这种情况可以通过开发人员之间的交叉单元测试来解决。

因此，一般认为，单元测试的测试代码编写应该由开发人员进行。但是很多项目中的开发人员没有写单元测试代码的习惯，也没有建立起单元测试的制度。改变这种现状，就需要改变开发人员的开发习惯。

（1）要想办法改变大家在测试上的误区：认为开发与测试必须分离、测试应该由测试人员专门负责，开发人员不应该做测试。

（2）要让大家明白短期效率与长期效率的辩证关系，快速编码，提交测试可能换来短期的效率提高，但是由于提交代码的质量差导致的返工成本会引起长期效率的降低。

（3）要让大家明白单元测试的重要意义，在编码过程中做单元测试的投入是最小的，换来的回报却是最优厚的。

## 16.2.4　单元测试的组织

在基本解决了上面的两个问题后才能进行单元测试的组织开展工作，包括单元测试范围的选择、单元测试类型的选择、单元测试工具的选择、单元测试方法的培训等。

选择合适的单元测试范围，确定需要进行单元测试的功能模块代码，最好能细到类和方法。确定参与单元测试的人员，以及参与的方式。选择合适的单元测试工具和单元测试类型，决定是否需要代码标准检查、是否需要建立代码审查机制以及单元测试代码的编写方式、测试方式等。

## 16.2.5　单元测试模式的选择

单元测试是采用测试驱动的方式还是代码先行的开发方式？

（1）测试驱动的本质是把测试提前了，因为提前到代码还没生产出来之前测试，所以强迫开发人员对即将编写的程序进行需求方面的详细考虑、代码思路的设计。正因为如此，所以开发习惯也跟着改变了。也因为提前了，所以不惧怕重构。

**说明**

　测试驱动还有另外一个好处，即能保持代码的精简，不会有冗余的代码，因为写代码的目的是让测试代码运行通过，除此以外，不会写多余的代码。

（2）代码先行的好处是容易实施，能挑选需要测试的重要代码进行单元测试，对开发习惯的改变没有那么剧烈。代码先行的缺点是容易造成先把代码都写得比较完整，再进行测试代码的编写，这时容易让人感到难以入手。

## 16.2.6　单元测试的管理规范

要想单元测试能合理、高效地进行，则应该制定一套单元测试的管理规范，由项目经理级别以上的管理层进行发布，然后由 QA 来负责监督执行。单元测试管理规范可包括以下方面。

- 单元测试的人员分工的定义。
- 单元测试的策略指引。
- 单元测试的测试用例设计指引。
- 制定代码标准和规范。
- 建立代码审查制度。
- 建立单元测试的流程。

## 16.2.7　单元测试的人员分工

可规定单元测试必须由开发人员在提交某个模块的代码之前完成，由测试人员负责测试用例的编写。测试人员与开发人员一起商议，对单元测试的范围进行选择，一起讨论测试用例的设计。

## 16.2.8　单元测试的策略

制定单元测试的策略指引，指导开发人员和测试人员对测试的范围进行选择，例如，逻辑复杂的类、方法是最适宜进行单元测试的，涉及过多界面交互的代码不适宜投入太多的单元测试。

尽量保持单元测试代码的简洁。尽量不依赖外部环境。如果要依赖，则需要把外部环境的内容也管理起来。例如，尽量做到存储无关，在测试中不使用过多的外部文件、数据库，如果要使用，则应该把这些文件和数据库也纳入配置管理的范围，对数据环境进行维护，确保测试能在其他机器上运行。

## 16.2.9　单元测试用例的设计

制定单元测试用例的设计指引，例如，规定单元测试的用例必须包括"冒烟"测试用例，即用于保证类或方法的基本正确性的测试用例。

测试用例应该考虑了边界、特殊值和异常情况。开发人员通过参与测试用例的设计，与测试人员一起设计，反思程序的质量（是否足够简洁、完整），有没有提供足够的可测试性，如果没有，则应该先把代码重构好。

## 16.2.10　代码标准和规范

如果考虑进行静态的单元测试，则需要制定代码标准和规范。很多公司在项目开始的时候都会制定很多的代码编写规范，但是缺乏有效的落实和检查，究其原因是因为没有细细地考虑规范可执行性，没有遵循循序渐进的方式去落实。

技巧

　　正确的做法应该是先制定不多于 10 条的标准，需要附带正面和反面的例子加以解释，然后给开发人员宣讲和贯彻这些规范的理解，然后严格要求开发人员遵循。等到开发人员都习惯于遵循这些标准后，再添加其他的标准。

代码标准和规范可包括以下方面的内容。
- 变量、类、方法的命名规范。
- 类型使用原则。
- 错误异常的抛出和处理原则。
- 注释的原则。
- 代码换行、空行、缩进的原则。

## 16.2.11　代码审查制度

　　代码审查是有效监督代码标准规范的落实的机制，也是提高程序员代码能力、改进代码质量的好方法。建立一个完整的代码审查制度应该包括以下方面的内容。
- 制定检查单。
- 建立审查小组，任命审查人员。
- 建立审查流程。

　　（1）检查单是审查人员用于检查代码时的参考依据，检查单应该根据具体审查内容做出相应的调整。例如，针对性能方面的代码审查，则应该重点列出性能方面的代码规范和要点，而不要过多地纠缠在代码的命名规范和注释等方面。

　　（2）应该设立一个审查小组，任命各项目的项目经理、高级开发工程师等为常任的审查人员，负责对各项目的代码进行审查，要注意的是审查人员不能审查自己编写的代码。

　　（3）制定一个可持续执行的审查流程。
- 审查小组提前一周通知被审查人员，被审查人员负责准备好代码及相关材料，并于审查前 2 天发给审查小组。
- 在审查过程中，由代码作者介绍代码的业务背景、设计思路、功能和实现细节，审查小组挑选代码进行现场走读，发表意见，参与讨论。
- 审查结束后，由审查小组提出修改意见，代码负责人按要求进行整改，由被审查人员总结出代码的优点和缺点，在适当的时候以讲座的形式把代码经验分享出来。

## 16.2.12　单元测试的流程

　　如何确保单元测试能有效地进行，单元测试不流于形式呢？制定一个正确的、规范的单元测试流程，制定单元测试与其他测试的结合方式，是单元测试得以持续开展并取得预期效果的唯一渠道。例如，可以制定一个类似于图 16.3 所示的单元测试流程。

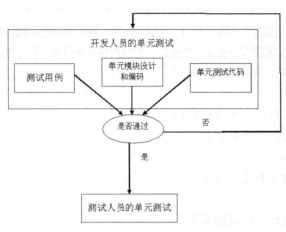

图 16.3　单元测试流程

这个流程把单元测试划分成了开发人员的单元测试和测试人员的单元测试，重点关注从开发人员的单元测试到测试人员的单元测试的移交需要满足的条件。

- 单元模块的审计和编码已经完成。
- 已经设计了单元测试的测试用例并通过评审。
- 单元测试代码已经完成并执行测试通过。

如果这些条件未满足，则需要重新设计、编码、测试，直到满足条件，移交测试人员进行功能模块的单元测试时，应该把测试用例、测试代码，以及测试结果、被测试代码一起提交。

**技巧**

判断是否满足移交要求的职责可由 QA 来担当，几乎每个组织都假设软件开发人员在做适当的单元测试。但是，不同的人对"适当"的测试倾向于采用不同的理解。因此需要有一个 QA 组织来要求开发人员文档化它们的测试，并且对那些测试进行交叉的同行评审以确保有适当的覆盖率，并且提交测试代码用于评审。

## 16.2.13　单元测试与每日构建的结合

由于单元测试具备自动化的很多有利条件，因此可以考虑建立单元测试的自动化框架。让单元测试自动化进行的好处是能节省测试的时间，最重要的是能让单元测试持续执行，建立起一个代码的自动监测机制以及错误的预防机制。

## 16.2.14　单元测试的自动化方面

并不是所有单元测试的方面都可以自动化进行，例如单元测试的测试用例设计大部分就需要靠人来进行。可以自动化进行的单元测试包括以下内容。

- 代码规范的自动检查。

- 单元测试代码的自动产生。
- 单元测试代码的自动运行。

（1）代码规范的自动检查是自动化测试的一个持续发展的结果，很多优秀的开发工程师、程序语言学者们把他们的经验总结成了"最佳实践"这样可以避免很多可能导致严重错误的代码问题，代码规范的自动检查工具应用这些"最佳实践"的代码模式来匹配被检查的代码，如果发现不匹配的情况，则提醒开发人员注意可能存在的代码错误。例如，在 C# 中，判断字符串是否为空可使用下面的代码：

```
if (strSomeString != "")
{
    //…
}
```

这也是很多程序员喜欢使用的一种方法，还有一种方法是：

```
if (strSomeString != String.Empty)
{
    //…
}
```

但是这两种方法都是字符串对象的比较，执行速度都没有直接判断字符串长度是否为零那么快，例如：

```
if (strSomeString.Length != 0)
{
    //…
}
```

因此，代码规范自动检查工具会查找代码，看是否出现影响性能的代码编写方法，如果出现则提示程序员进行修正，改用另外一种更加高效率的代码编写方法。

（2）另外一些软件工程师和单元测试专家则深入地研究单元测试的各项技术，实现了单元测试代码的自动化产生。例如，对于一个方法的单元测试，可依据方法的参数类型、个数和返回值的类型来自动产生多个测试代码，有些测试代码用于验证被测试代码是否正确处理了空类型的参数输入，有些测试代码用于验证被测试代码是否正确处理了参数的最大取值、最小取值时的情况等。

> **注意**
>
> 虽然单元测试变得越来越自动化了，还是应该清醒地认识到单元测试自动化的局限性，不能完全替代人工的单元测试、人的智慧、人的全面思考的能力。

（3）单元测试代码自动运行的目的主要是节省单元测试执行的时间，定时对整个项目的单元测试代码进行执行。

> **技巧**
>
> 整个项目的测试代码执行可能要耗费很多的时间，因此可以考虑在每天晚上进行。

## 16.2.15 自动化单元测试与每日构建的结合

如果单元测试代码编写后不经常运行，则会失去了单元测试的很多有用的价值，例如，失去了持续监视代码质量的能力，失去了代码错误预防的能力，失去了及早发现错误的能力。一个有效的策略是让单元测试自动化进行，并且与每日构建结合在一起，持续进行，如图 16.4 所示。

（1）在这个自动化框架中，版本构建工具每天晚上会定时从源代码控制库获取最新版本的源代码，以及单元测试代码进行编译。

（2）代码规范检查工具对最新版本的源代码进行自动化的标准规范检查，可利用的工具有.TEST、DevPartner 等。根据代码语言进行检查工具的选择。

（3）单元测试执行框架则获取单元测试代码并执行，可以使用的工具有 NUnit、MSTest 等工具的命令行模式。根据单元测试代码语言的不同，应该选择不同的执行框架。

（4）自动化单元测试工具则自动对设定部分

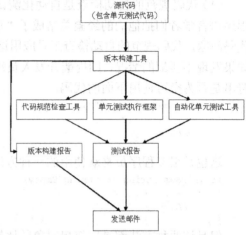

图 16.4　自动化单元测试与每日构建的结合

的单元代码进行测试，自动产生单元测试代码，自动执行测试并报告结果，这方面的代表性工具是 Parasoft 公司的.TEST。

这样就建立了一个持续运行的自动化单元测试机制，同时也建立起一个代码错误检测机制，一旦测试报告表明某些单元测试没有通过，则几乎可以断定是由于当前的某些代码改动或重构引起的，开发人员需要修正代码或添加和修改单元测试代码来确保错误得到纠正且测试通过。因此，也就建立起了一个代码错误预防机制，在单元阶段让错误得到控制。

# 16.3　单元测试的质量度量

单元测试体现出来的对质量的改进可能是不明显的，因为单元测试发现的缺陷可能马上就被开发人员修改了，并且进行了单元测试，还是需要进行大量的集成测试和系统测试，这样没有带来太多的成本节省。那么如何衡量单元测试做得好坏，如何评估单元测试开展的效果呢？

## 16.3.1　单元测试覆盖率

单元测试的效果与单元测试对代码的覆盖面有重大的关系。如果覆盖面过小，那么给代码质量改进带来的效果是很少的，甚至可以忽略掉。只有投入一定量的单元测试、覆盖足够多的代码区域，才能起到单元测试应有的作用。

衡量单元测试覆盖率可结合代码覆盖率统计工具进行，图 16.5 所示的是 Visual Studio.NET 2005 的单元测试代码覆盖率统计结果界面。

可以要求某些重点模块代码的覆盖率要达到的百分比，否则认为单元测试不通过。

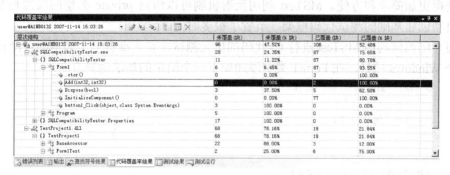

图 16.5　单元测试代码覆盖率统计

### 16.3.2　单元测试评审

如果不进行单元测试的评审，就很难提高开发人员的单元测试水平，也很难知道单元测试取得的效果。单元测试评审应该包括以下方面。

- 单元测试效率的评审。
- 单元测试结果的评审。
- 单元测试能力的评审。

（1）对单元测试效率的评审主要评估单元测试是否足够高效率地进行，测试人员与开发人员之间有没有很好地配合；测试用例设计的数量是否足够多，是否覆盖了单元测试的各个方面，是否满足需求和设计的要求，测试用例设计的效率是否足够高，每天能设计多少个测试用例；开发人员是否高效地完成测试代码的编写，单元测试执行的次数是否足够。

（2）对于单元测试结果的评审，主要体现在对单元测试覆盖率的统计上，已实现代码编写的单元测试用例比例是否足够高，已执行单元测试代码的比例是否足够高，单元测试的执行频率是否足够高、次数是否足够多。

（3）对单元测试能力的评估主要体现在检查单元测试的测试用例和测试代码的编写质量上，测试人员和开发人员是否拥有足够的单元测试技术。例如，单元测试代码的编写技巧是否掌握、单元测试工具是否熟练使用等。

　注意

单元测试还应该做好测试的过程记录，包括记录测试用例设计的个数、所耗费的时间；统计单元测试代码行数、测试方法个数、测试代码编写耗费时间；收集单元测试执行次数、单元测试结果、发现缺陷的个数等。做好测试记录有利于分析和统计测试效率、单元测试的效果，以及单元测试的成本效益分析。

# 16.4　单元测试工具 MSTest 的应用

在 Visual Studio.NET 2005 中，微软把单元测试框架 MSTest 整合到了开发工具中，使单元测试变得更加简单和方便。MSTest 利用反射机制可以访问 private 类型的属性和方法，并且可以自动创建基础的测试代码框架，节省了很多时间。

下面介绍如何利用 MSTest 进行 C#代码的单元测试。首先准备一个简单的被测试项目，新建一个 Windows 项目，在 Form1 类中添加如下一个简单的加法运算方法：

```csharp
private int Add(int a,int b)
{
    return a + b;
}
```

## 16.4.1　建立单元测试项目

下面逐步介绍如何建立一个简单的单元测试项目来对前面的被测试项目进行单元测试。

（1）可直接在需要测试的某个方法的代码行中，通过单击鼠标右键，选择"创建单元测试"选项的方式来建立一个新的单元测试项目，如图 16.6 所示。

（2）在如图 16.7 所示的界面中，可以选择为哪些类、哪些方法创建单元测试代码。

图 16.6　创建测试项目

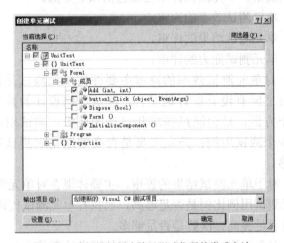

图 16.7　选择需要创建单元测试代码的类或方法

（3）在这里，选择刚才编写的"Add"方法，输出项目选择"创建新的 Visual C#测试项目"选项，然后单击"确定"按钮，弹出"新建测试项目"对话框，如图 16.8 所示。

图 16.8　输入测试项目名称

（4）在这个界面中输入新建的测试项目的名称，例如"TestProject1"，然后单击"创建"按钮，则创建一个新的测试项目，并且为"Add"方法产生如下名为"AddTest"的单元测试代码：

```csharp
/// <summary>
///Add (int, int) 的测试
///</summary>
    [DeploymentItem("UnitTest.exe")]
    [TestMethod()]
public void AddTest()
```

```
{
        Form1 target = new Form1();

        TestProject1.UnitTest_Form1Accessor accessor = new TestProject1.UnitTest_Form1Accesso r(target);

        int a = 0; // TODO: 初始化为适当的值

        int b = 0; // TODO: 初始化为适当的值

        int expected = 0;
        int actual;

        actual = accessor.Add(a, b);

        Assert.AreEqual(expected, actual, "UnitTest.Form1.Add 未返回所需的值。");
        Assert.Inconclusive("验证此测试方法的正确性。");
    }
}
```

　　默认为输入的参数设定初始化的值为 0，然后通过 accessor 调用 Add 方法传入参数，再通过 Assert 的 AreEqual 方法来比较经过 Add 方法计算的结果是否与期待值相等，从而判断测试是否通过。

　　（5）可进一步修改测试代码，使其能验证更加复杂的输入组合，实现更有效的测试用例，例如，把测试代码修改成如下代码：

```
/// <summary>
///Add (int, int) 的测试
///</summary>
    [DeploymentItem("UnitTest.exe")]
    [TestMethod()]
public void AddTest()
{
        Form1 target = new Form1();

        TestProject1.UnitTest_Form1Accessor accessor = new TestProject1.UnitTest_Form1 Accessor(target);

        int a = -1; // TODO: 初始化为适当的值

        int b = 1; // TODO: 初始化为适当的值

        int expected = 0;
        int actual;

        actual = accessor.Add(a, b);

        Assert.AreEqual(expected, actual, "UnitTest.Form1.Add 未返回所需的值。");
}
```

## 16.4.2　巧用 NMock 对象

　　在单元测试过程中，有时会碰到很多无法测试的情况，例如，被测试代码所调用的接口

尚未实现或者测试要求一些很难出现的异常情况（如网络异常）等。

## 16.4.3  对缺乏接口实现的类的方法进行测试

例如，对下面代码中的 getNum 方法进行单元测试，由于缺乏对接口 ITest 的实现，因此生成的测试代码无法运行成功：

```
public interface ITest
{
    int num { get;set;}

    void SetInfo(int num);

}

public class MUT
{
    public ITest test;

    public MUT(ITest test)
    {
        this.test = test;
    }

    public int getNum()
    {
        return test.num + 1;
    }
}
```

这时就需要使用 NMock 对象来动态模拟接口。

## 16.4.4  使用 NMock 对象

在测试代码中使用 NMock 对象，方法如下：

```
/// <summary>
///getNum () 的测试
///</summary>
[DeploymentItem("UnitTest.exe")]
[TestMethod()]
public void getNumTest()
{
    NMock.IMock MyTest = new NMock.DynamicMock(typeof(ITest));
    MyTest.ExpectAndReturn("num", 100);

    MUT target = new MUT((ITest)MyTest.MockInstance);

    int expected = 101;
    int actual;

    actual = target.getNum();

    Assert.AreEqual(expected, actual, "UnitTest.MUT.getNum 未返回所需的值。");
}
```

首先,使用 NMock 的动态模拟方法创建一个接口类型的实现,然后使用 ExpectA ndReturn

方法设置接口定义的属性值，再创建被测试类的实例，调用被测试的方法，比较结果与预期值是否相等，从而判断测试是否通过。

## 16.4.5 使用 NMock 的场合

在以下情况下，可以考虑使用 NMock 对象辅助进行单元测试。

- 实际对象的行为还不确定。
- 实际的对象创建和初始化非常复杂。
- 实际对象中存在很难执行的行为（如网络异常等）。
- 实际的对象运行起来非常慢。
- 实际的对象是用户界面程序。
- 实际的对象还没有编写，只有接口。

## 16.4.6 单元测试的执行

在 Visual Studio.NET 2005 中，提供了专门的测试管理器界面，用于管理单元测试的执行过程，包括选择参与测试的单元测试方法、运行或调试单元测试代码以及查看测试结果。

## 16.4.7 测试管理

在完成单元测试的代码设计和编写后，就可以运行单元测试代码来检查被测试代码的正确性。在 Visual Studio.NET 2005 的主界面中选择"测试"菜单下的"窗口"子菜单，然后选择"测试管理器"选项，出现如图 16.9 所示的界面。

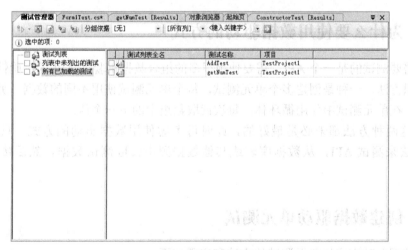

图 16.9 测试管理器

在这个界面中，列出了所有测试项目的测试方法，包括之前创建的"AddTest"方法和"getNumTest"方法。

### 16.4.8　运行测试代码

在测试方法列表前选择需要进行测试的项，然后在如图
16.10 所示的测试运行控制工具栏中选择调试测试代码或者
直接运行测试代码。

图 16.10　测试运行控制工具栏

### 16.4.9　查看测试结果

运行结束后，可在如图 16.11 所示的测试结果界面查看到所有测试的通过情况。

图 16.11　测试结果

# 16.5　数据驱动的单元测试

数据驱动的单元测试是指单元测试的输入数据遍历一个数据源中的所有行，从数据
源的每一行读入数据并传入测试方法使用。本节介绍如何使用数据驱动的方式来创建单
元测试。

### 16.5.1　为什么要使用数据驱动的方式

假设需要测试的是一个 API，需要使用很多的组合数据来验证 API 的正确性。可以有多
种测试组织方法，一种是创建多个单元测试，每个单元测试使用不同的数据；另一种是创建
一个数组，在单元测试中使用循环体，每次读取数组中的下一个值。

但是这两种方法都未必是最好的，此时可考虑使用数据驱动的方式，只需要编写一
个测试方法来测试 API，从数据库表或其他数据源中读取测试数据，然后传递给这个测
试方法。

### 16.5.2　创建数据驱动单元测试

创建数据驱动方式的单元测试的方法和步骤如下。

（1）打开测试视图窗口，如图 16.12 所示。

（2）在这个窗口中选择需要配置成数据驱动方式的单元测试方法，然后按 F4 键，打开
单元测试的属性窗口，如图 16.13 所示。

图 16.12 测试视图

图 16.13 单元测试的属性窗口

（3）在该窗口中，选中"数据连接字符串"选项，单击右边列的按钮，则出现如图 16.14 所示的"选择数据源"界面。

（4）可选择各种类型的数据源，例如 Access 数据库、SQL Server 数据库、Oracle 数据库 等，在这里选择"ODBC 数据库"选项，单击"继续"按钮，出现如图 16.15 所示的界面。

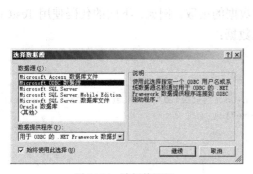

图 16.14 选择数据源

图 16.15 配置连接属性

（5）在这个界面中，选择一个连接到某个 Excel 表的 ODBC 数据库，单击"确定"按钮 完成设置。返回单元测试属性窗口，此时数据源已经设置好，如图 16.16 所示。

（6）在该界面中，选中"数据表名称"选项，在下拉框中选择存储了测试数据的 Excel 表中的表单名，例如"Sheet1$"，在"数据访问方法"中可选择顺序访问（"Sequential"）或 随机访问的方式（"Random"）。这时切换到测试方法所在的代码，可以看到，在测试方法前 面已经添加了一行：

```
[DataSource("System.Data.Odbc", "Dsn=UnitTestData1", "Sheet1$", DataAccessMethod.Sequent-
ial), DeploymentItem("AUT.exe")]
```

图 16.16　成功配置数据源

## 16.5.3　使用数据源

创建好数据驱动的单元测试并定义好数据源后，就可以在测试方法中使用数据源提供的数据了，主要通过 TestContext 类来实现测试数据的读取。例如，下面的代码使用 TestContext 类的 DataRow 属性来读入数据行，作为测试数据：

```
/// <summary>
///Add (int, int) 的测试
///</summary>
[DataSource("System.Data.Odbc", "Dsn=UnitTestData1", "Sheet1$", DataAccessMethosdd.
Sequential), DeploymentItem("AUT.exe")]
[TestMethod()]
public void AddTest()
{
    Form1 target = new Form1();
    TestProject1.AUT_Form1Accessor accessor = new TestProject1.AUT_Form1Accessor (target);
    // 获取测试输入数据的第 1 列, 作为被测试方法的输入参数
    int i = Int32.Parse(TestContext.DataRow.ItemArray[0].ToString());
    // 获取测试输入数据的第 2 列, 作为被测试方法的输入参数
    int j = Int32.Parse(TestContext.DataRow.ItemArray[1].ToString());
    // 获取测试输入数据的第 3 列, 作为测试预期结果值
    int expected = Int32.Parse(TestContext.DataRow.ItemArray[2].ToString());
    int actual;
    actual = accessor.Add(i, j);
    Assert.AreEqual(expected, actual, "AUT.Form1.Add 未返回所需的值。");
}
```

DataSource 定义的是通过 ODBC 连接的一个名为 UnitTestData1 的数据源，这个数据源是自己定义的包含测试数据的 Excel 表格，该数据表格如图 16.17 所示。

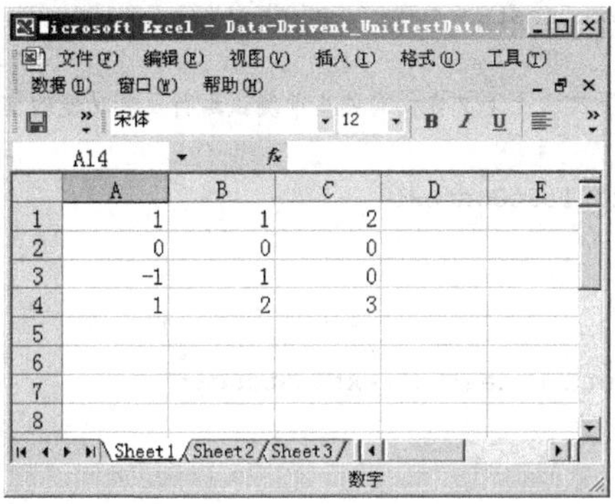

图 16.17　定义 Excel 数据表

## 16.5.4　使用配置文件定义数据源

除了通过在单元测试项目属性窗口配置数据源的方式外，还可以在测试项目的配置文件中配置数据源。方法是首先在测试项目中添加一个应用程序配置文件（"App.Config"），其 XML 文件内容与下面的内容类似：

```
<?xml version="1.0" encoding="utf-8" ?>
<configuration>
 <configSections>
  <section name="microsoft.visualstudio.testtools" ype="Microsoft.VisualStudio.TestTools.
UnitTesting.TestConfigurationSection, Microsoft.VisualStudio.QualityTools.UnitTestFramew ork,
Version=8.0.0.0, Culture=neutral, PublicKeyToken=b03f5f7f11d50a3a"/>
 </configSections>
 <connectionStrings>
  <add name="MyExcelConn" connectionString="Dsn=Excel Files;dbq=Data-Drivent_UnitTes
tData1.xls;defaultdir=.; driverid=790;maxbuffersize=2048;pagetimeout=5" providerName="Sys
tem.Data.Odbc" />
 </connectionStrings>
 <microsoft.visualstudio.testtools>
  <dataSources>
   <add name="MyExcelDataSource" connectionString="MyExcelConn" dataTableName="Sheet1$"
dataAccessMethod="Sequential"/>
  </dataSources>
 </microsoft.visualstudio.testtools>
</configuration>
```

可以看到，在"connectionStrings"的 XML 节点中，定义了名为"MyExcelConn"的连接，使用的是 ODBC 的连接方式访问 Excel 文件（"Data-Drivent_UnitTestData1.xls"），在"dataSources"的 XML 节点中，定义了名为"MyExcelDataSource"的数据源，使用 MyExcelConn 连接，访问其中的"Sheet1$"表单，访问方式是顺序访问（"Sequential"）。

## 16.5.5　编写单元测试代码使用配置文件定义的数据源

在配置文件中配置好连接的数据源后，即可在单元测试代码中使用该数据源。例如，在下面的测试方法中，就将配置文件中的"MyExcelDataSource"数据源用在了 Form1 类的 Add 方法测试中：

```
private TestContext testContextInstance;
/// <summary>
///获取或设置测试上下文，上下文提供有关当前测试运行及其功能的信息
///</summary>
public TestContext TestContext
{
    get
    {
        return testContextInstance;
    }
    set
    {
        testContextInstance = value;
    }
}
/// <summary>
///Add (int, int) 的测试
///</summary>
[TestMethod()]
[DeploymentItem("Data-Drivent_UnitTestData1.xls")]
[DataSource("MyExcelDataSource")]
public void MyTestMethod2()
{
    // 数据驱动的方式(使用 App.Config 定义的数据源)
    Form1 target = new Form1();
    TestProject1.AUT_Form1Accessor accessor = new TestProject1.AUT_Form1Accessor (target);
    // 获取测试输入数据的第 1 列，作为被测试方法的输入参数
    int i = Int32.Parse(testContextInstance.DataRow.ItemArray[0].ToString());
    // 获取测试输入数据的第 2 列，作为被测试方法的输入参数
    int j = Int32.Parse(testContextInstance.DataRow.ItemArray[1].ToString());
    // 获取测试输入数据的第 3 列，作为测试预期结果值
    int expected = Int32.Parse(testContextInstance.DataRow.ItemArray[2].ToString());
    int actual;
    actual = accessor.Add(i, j);
    Assert.AreEqual(expected, actual, "AUT.Form1.Add 未返回所需的值。");
}
```

# 16.6　小结

单元测试是最好的设计，单元测试能减少很多低级的代码错误。如果把 Bug 比喻成会进化的怪物，那么单元测试就是把 Bug 消灭在"萌芽状态"的 X 光武器。单元测试让代码质量得以改进，让代码的耦合度降低，让代码的可测试性更强。

（1）对于开发人员来说，运行单元测试和每日构建，每天都能清楚地知道自己的代码是否能够正常工作，从而增强代码重构的信心。

（2）对于管理者来说，通过单元测试和每日构建的结果，每天都能清楚地知道项目的质

量和真实的开发进度。

（3）对于测试人员来说，单元测试意味着可以抽出更多的时间来进行其他类型的测试，发现更多隐蔽的 Bug。

# 16.7 新手入门须知

很多人对单元测试存在误解，例如，认为单元测试必须由开发人员进行，或者必须由测试人员进行，其实单元测试可以细分为很多类型，不同类型的单元测试应该由不同的人负责。每个人都应该做自己最擅长做的事情，这样才能充分发挥个人所长，高效率地完成单元测试。

另外一个常见的误解是认为单元测试都是手工进行的，不能自动化进行，而实际上，现在的单元测试工具层出不穷、单元测试的技术日新月异，很多以前要手工进行的繁复劳动可以交给工具去做，而且与每日构建框架结合，可以更加有效地发挥这些工具的价值。

单元测试的工具包括代码规范检查工具、单元级别的性能测试工具、单元级别的界面测试工具、辅助单元测试的对象模拟工具、辅助单元测试代码编写的框架类和执行工具、单元测试代码自动产生和执行的工具等。

最后需要注意的是，单元测试是需要投入一定的成本的，包括购买单元测试工具的成本、单元测试管理的成本、代码审查的成本等。正确对待单元测试的成本问题有利于分析和确定单元测试的范围、测试的类型，避免单元测试流于形式，避免单元测试不能持续进行。

# 16.8 模拟面试问答

本章讲到单元测试的管理，对于进行单元测试的软件组织，这些内容必然是面试官比较关注的，读者可利用本章学习到的知识来回答面试官的这些问题。

（1）为什么要进行单元测试？

参考答案：生产电冰箱的工厂在组装一台电冰箱之前，都要先对组成电冰箱的各个组件或零件进行检验。软件的单元测试与此类似，是对将要集成的软件模块进行单独的隔离测试的过程。

单元测试是一个值得投入的测试环节，因为它把很多质量问题控制在初始阶段，做好单元测试对于产品质量的提高以及减缓后续的测试压力都有非常重要的意义。

（2）单元测试可如何分类？

参考答案：按照单元测试的范围来分类，可分成狭义类型的单元测试和广义类型的单元测试。狭义的单元测试是指编写代码进行某个类或方法的测试，在实际中由于一个类作为整体进行测试的复杂性，很多人还是以函数为测试的单元居多。而广义的单元测试则可以是编写单元模块的测试代码、代码标准检查、注释检查、代码整齐度检查、代码审查、单个功能模块的测试等。

按照单元测试的方式划分，则可分成静态的单元测试和动态的单元测试。静态的单元测试主要指代码走读这一类的检查性测试方式，不需要编译和运行代码，只针对代码文本进行检查。动态的单元测试则是指写测试代码进行测试，需要编译和运行代码，需要调用被测试代码运行。

（3）单元测试需要遵循哪些规范？

参考答案：可规定单元测试必须由开发人员在提交某个模块的代码之前完成，由测试人员负责测试用例的编写。测试人员与开发人员一起商议，对单元测试的范围进行选择，一起讨论测试用例的设计。

制定单元测试用例的设计指引，例如，规定单元测试的用例必须包括"冒烟"测试用例，即用于保证类或方法的基本正确性的测试用例。测试用例应该考虑了边界、特殊值，以及异常情况。

如果考虑进行静态的单元测试，则需要制定代码标准和规范。代码标准和规范可包括变量、类、方法的命名规范，类型使用原则，错误异常的抛出和处理原则，注释的原则，代码换行、空行、缩进的原则等。

（4）如何建立起一个自动化的单元测试执行机制？

参考答案：由于单元测试具备自动化的很多有利条件，因此可以考虑建立单元测试的自动化框架。单元测试自动化进行的好处是能节省测试的时间，最重要的是能让单元测试持续执行，建立起一个代码的自动监测机制以及错误的预防机制。最好能让单元测试与每日构建结合在一起，持续进行，每天定时进行，这样可建立起及早发现单元测试问题和缺陷的机制。

（5）如何衡量单元测试的质量？

参考答案：单元测试的效果与单元测试对代码的覆盖面有重大的关系。如果覆盖面过小，那么给代码质量改进带来的效果是很少的，甚至可以忽略掉。只有投入一定量的单元测试、覆盖足够多的代码区域，才能起到单元测试应有的作用。另外，还可以通过建立单元测试代码评审机制来确保单元测试的质量。

实用软件测试技术与
工具应用

第17章

# 开源测试工具

开源软件是指软件的源代码是公开发布的，通常由自愿者开发和维护的软件。开源测试工具是测试工具的一个重要分支，越来越多的软件企业开始使用开源测试工具。但是开源并不意味着完全免费，开源测试工具同样需要考虑使用的成本，并且在某些方面可能要比商业测试工具的成本还要高。

本章将介绍一些常用的开源测试工具，并讲解如何在项目中引入开源的测试工具。

# 17.1 开源测试工具简介

"Open Source" 象征着开放、自由、共享的软件名词，凭借着它独有的优势正在迅猛发展，极有可能改变将来的软件生产格局。

## 17.1.1 开源的背景

1997 年，自由软件社团的一些领导者们聚集到美国加利福尼亚州，他们讨论的结果是产生了一个新的术语，用来描述他们所推进的软件，即 Open Source。他们制定了一系列的指导原则，用来描述哪些软件有资格被称为"开源软件"。

开源软件的出现让人们多了一种选择的渠道，也让人们意识到某些商业软件的高额垄断利润。从这层意义上说，有人把开源软件的内涵定义为挑战权威和垄断。

开源软件的开发者们都是敢于挑战自我的人，这些人对技术有狂热的追求，对软件有自己独特的理解，通过开源软件来挑战自己的能力和突破技术的局限。开源软件的开发者们是一群有着共同追求和爱好的群体，他们通过互联网联系在一起，共同创造和实现理想。

## 17.1.2 开源测试工具的发展现状

开源测试工具作为开源软件的重要组成部分，目前也正在蓬勃地发展着。根据 OpenSourcetesting 的数据，目前已有的开源测试工具已经超过 300 个。

## 17.1.3 开源测试工具的分布

在 OpenSourcetesting 网站上公布的各类开源测试工具已经覆盖了测试工具领域的各个方面，如图 17.1 所示。

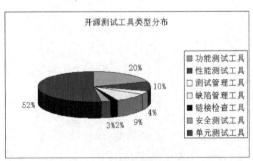

图 17.1 开源测试工具的类型分布图

开源测试工具已经覆盖了单元测试、性能测试、自动化功能测试、移动端测试、测试管理等主要的测试方面。目前主要集中在单元测试工具、功能测试工具、性能测试工具和缺陷管理工具方面。但是目前，在软件企业中，开源测试工具的应用比例还比较低。很多测试组织把开源测试工具作为商业测试工具的补充。

## 17.1.4　开源测试工具的来源

- 开发者个人兴趣。
- 研究性的项目，通常得到一定的资助。
- 部分公司以开源模式实现盈利。

大部分开源测试工具是出于开发者的个人兴趣而出现的；有些是某个研究领域的研究性项目，得到政府或公司机构的资助；有些则是为了占领市场而开源，然后依靠为软件提供服务和技术支持而实现盈利。

## 17.1.5　开源测试工具的优势

商业工具的价格在不断地提高，图 17.2 所示为 WinRunner 近几年的价格变化图。

可以看到价格在不断地增长。这对于那些中小型软件企业而言，无疑加大了测试的成本。开源测试工具相对于商业测试工具拥有以下优势。

- 相对低的成本：大部分开源测试工具可免费使用，只要不做商业用途即可。

图 17.2　WinRunner 近几年的价格变化

- 更大的选择余地：可以打破商业测试工具的垄断地位，给测试人员更多的选择空间。
- 可自己改造：源代码开放，意味着可对其进行修改、补充和完善，可对其进行个性化改造。

## 17.1.6　开源测试工具的不足

虽然开源测试工具拥有一定的优势，但是同时也存在很多不足之处，包括以下方面。

- 安装和部署相对困难：大部分开源测试工具的安装配置过程比较烦琐，需要测试人员付出一定的努力。
- 易用性：开源测试工具在易用性、用户体验方面做得不够完善。
- 稳定性：部分开源测试工具的稳定性不够强。
- 学习和获取技术支持的难度：大部分开源测试工具不提供培训指导和技术支持服务，联机帮助和用户手册不够完善，使用者少，网上能找到的学习资料较少，增加了测试人员的学习难度。

# 17.2 常用开源测试工具介绍——测试管理类

管理类的开源测试工具有很多，其中比较流行的有 Bugzilla、Mantis、BugFree、TestLink 等。本节介绍这几款常用的、各具特色的开源测试管理工具。

## 17.2.1 Bugzilla

Bugzilla 是一个 Bug 或问题跟踪系统，Bug 跟踪管理系统能有效地跟踪产品的问题。大部分商业的缺陷跟踪管理工具需要花上可观的费用购买，而 Bugzilla 的出现迅速成为开源团体的最爱，当然，这与它跟开源的浏览器项目 Mozilla 的亲缘关系也有一定的关系。Bugzilla 目前已经成为事实上的缺陷跟踪系统的度量标准。

当 mozilla.org 于 1998 年出现的时候，它第一个发布的产品就是 Bugzilla，使用已有的开源工具实现的 Bug 管理系统。Bugzilla 最早是由 Terry 用 TCL 语言编写的。在 mozilla.org 发布成开源之前，Terry 决定把 Bugzilla 转到 Perl 语言，希望有更多的人可以做出自己的贡献（因为 Perl 看起来更流行些）。

转成 Perl 的结果就成了 Bugzilla 2.0 版本。从此，很多商业或免费的软件都把 Bugzilla 作为软件缺陷跟踪的首要考虑。截至 2007 年 10 月，根据 Bugzilla 网站上的统计结果，已经有超过 777 个公司、组织和项目被确认正在使用 Bugzilla。

Bugzilla 包括以下主要功能特性。

● 高级的查询功能：提供两种方式的 Bug 搜索，一种是为新用户设计的像 Google 一样容易使用的 Bug 文本搜索，另外一种是高级查询系统，可组合时间、历史状态等进行搜索，例如，"show me Bugs where the priorty has changed in the last 3 days"。

● E-mail 通知：可根据个人喜好定制邮件通知的规则，定制当对 Bugzilla 做了什么更改时通知相关人员。

● 多种格式的 Bug 列表：从基本的 HTML 格式到 CSV、XML 格式，甚至日历格式。

● 计划的报告：可定时通过邮件发送缺陷报告。

● 报告和图表：提供可定制的报表功能。

● 通过邮件添加或修改 Bug：除了通过 Web 接口访问 Bugzilla 外，还可以通过发送邮件给 Bugzilla 来创建一个新的 Bug 或修改现有的 Bug。

● 时间跟踪功能：可以估计一个 Bug 需要花多长时间修改，然后跟踪花在这个 Bug 上的时间。还可以指定某个 Bug 修改的最后期限。

● 请求功能：可以针对某个 Bug 请求其他人来做某些事情，例如请求别人做代码评审。别人可以答应请求，也可以拒绝请求。

● 私有的附件和注释：对于某些不想让别人知道的附件信息或注释信息，可以设置为 "Private"，别人将看不到这些信息。

Bugzilla 目前的最新稳定版本是 3.0.2，Bugzilla 的版本号以 aa.bb 或 aa.bb.cc 的形式出现。稳定的发布版本中 bb 是以偶数出现的。在 cc 中如果出现任何数字，则表示稳定版本的 Bug 修正或更新；开发版本则总是以奇数的形式在 bb 中出现，cc 中的数字表示距离上一个版本的时间。

Bugzilla 提供了一份本地化的指南，用于指导如何制作 Bugzilla 的本地化复制，目前中文汉化版本有 2.22.1、2.20、2.18、2.16.1 等版本。Bugzillar 可以在 MySQL 和 PostgreSQL 数据库上运行。Bugzilla 在 Windows 操作系统下的安装和配置过程略为复杂，需要了解很多 MySQL 和 Perl 的相关知识。

## 17.2.2　Mantis

Mantis 是一个基于 Web 的缺陷跟踪系统，是用 PHP 语言编写的，能在 MySQL、MS SQL、PostgreSQL 数据库上运行。支持 IIS、Apach 服务器。能与源代码工具整合。可方便地与内容管理和项目管理结合。最新稳定的版本是 1.2.3。

Mantis 的 Bug 跟踪管理流程如图 17.3 所示。

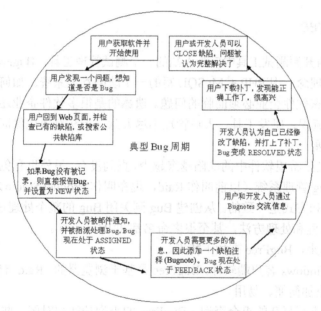

图 17.3　Mantis 的 Bug 跟踪管理流程

Mantis 的默认用户类型及其权限如表 17-1 所示。

表 17-1　　　　　　　　　　Mantis 的默认用户类型及其权限

| | 查看 Bug | 报告 Bug | 更新 Bug | 分派 Bug | 处理 Bug | 关闭 Bug | 重新打开 Bug | 删除 Bug |
|---|---|---|---|---|---|---|---|---|
| Viewer | Y | N | N | N | N | N | N | N |
| Reporter | Y | Y | N | N | N | N | N | N |
| Updater | Y | Y | Y | Y | Y | Y | Y | N |
| Developer | Y | Y | Y | Y | Y | Y | Y | Y |
| Manager | Y | Y | Y | Y | Y | Y | Y | Y |
| Administrator | Y | Y | Y | Y | Y | Y | Y | Y |

Mantis 是个轻量级的缺陷跟踪管理工具，具有以下特点。

- 容易安装：支持在 Windows、Linux、Mac、OS、OS/2 等操作系统上安装，支持几乎任何 Web 浏览器。
- 用户体验比较好。
- 基于 Web。
- 支持项目（Projects）、子项目（Sub-Projects）和分类（Categories）。
- 附件可以保存在 Web 服务器，也可保存在数据库，还可以上传到某个 FTP 服务器。
- 可定制的缺陷工作流。
- 可扩展性强：可通过 hook 函数扩展功能。
- 与源代码控制集成（SVN、CVS）。
- 整合了讨论功能。
- 支持多种数据库：MySQL、MS SQL、PostgreSQL、Oracle、DB2。

## 17.2.3 BugFree

BugFree 是国内开源测试工具中广为人知的一个测试管理工具。BugFree 是借鉴微软的研发流程和 Bug 管理理念，用 PHP + MySQL 写的一个缺陷管理系统。如何有效地管理软件产品中的 Bug 是每一家软件企业必须面临的问题。遗憾的是很多软件企业还停留在作坊式的研发模式中，其研发流程、研发工具、人员管理不尽人意，无法有效地保证质量、控制进度，并使产品可持续发展。

BugFree 的含义是希望软件中的缺陷越来越少，直到没有，另外也有免费的意思。BugFree 虽然没有微软的 Bug 管理系统（以前叫作 Raid，现在叫作 Product Studio）的功能那么强大，但是 Bug 管理思想和方式是一致的。从创建 Bug 到关闭 Bug 的整个处理过程，BugFree 都参考了 Raid 的处理流程和处理方法，甚至很多命名都和 Raid 一样。

和 Raid 比较起来，BugFree 有如下特点。

- Raid 是 Windows 客户端软件，BugFree 是基于浏览器的。Raid 有强大的编辑和显示功能，BugFree 则更加简便、易用。
- Raid 可以进行复杂的组合查询，BugFree 的查询功能相对弱一些。
- BugFree 在把 Bug 指派给某个开发人员的时候，还会自动发送邮件告诉开发人员。
- BugFree 的 Bug 统计功能：每天早上 8 点每位开发人员都会收到一封 E-mail，告诉其待处理的 Bug 有几个；每周一的中午则会给所有人发一封邮件，公布上周 Bug 的处理情况和到目前为止所有 Bug 的统计数据。

BugFree 是个轻量级的测试管理工具，由于源代码是开放的，因此熟悉 PHP 语言的人可以根据需要对其进行相应的修改和定制。BugFree 能详细地记录每个问题的处理过程，不断提醒存在的问题。对于大型的软件项目或产品的研发也适用，而且研发的规模越大，BugFree 的作用就越大。

另外，使用 BugFree，项目组可以体验到微软的缺陷管理精髓，不断完善项目组的缺陷管理和质量管理能力。

## 17.2.4 综合比较

这里讲到的 3 个测试管理工具是目前开源测试管理工具比较有代表性的。

Bugzilla 以其悠久的历史、强大的功能，受到很多企业用户的欢迎，但是其缺点是安装配置比较麻烦。相比之下，Mantis 具有简单易用、安装容易、扩展性强等优势，非常适合中小型的项目和软件企业使用。BugFree 的特点是轻量级、借鉴了微软的缺陷跟踪管理流程的思想，并且是中国人的开源项目，所以拥有先天的本土优势。

**注意**

测试人员应该结合自己的测试项目和项目组实际情况选择需要的缺陷跟踪管理工具。

# 17.3　常用开源测试工具介绍——单元测试类

自从 Kent Beck 在《测试驱动开发》一书中详细描述了 TDD 的开发模式后，掀起了一股学习和使用单元测试工具的热潮。单元测试这个很早就出现的测试类型再度被人们追捧，开源的单元测试工具也层出不穷，目前已经占据了开源测试工具的半壁江山。

以支持 Java 的单元测试的 JUnit 为开端，发展到各种语言的版本，成为著名的"XUnit"系列。目前，这个系列的单元测试工具还在不断的扩展中。XUnit 是单元测试框架，另外一种类型的单元测试工具是定位在辅助单元层面的测试，例如模拟对象的库、单元级别的界面测试工具等。

## 17.3.1 NUnit

NUnit 是一个专门针对.NET 开发的单元测试框架，从 JUnit 移植过来，最初是由 James W. Newkirk, Alexei A. Vorontsov 和 Philip A. Craig 开发和维护，后来逐渐扩大，还得到了 Kent Beck 和 Erich Gamma 的很多帮助。

NUnit 目前的最新版本是 2.6.4，完全用 C#语言编写，进行了重新设计，充分利用了.NET 的很多特性，例如反射、客户属性等。NUnit 适用于对所有.NET 语言的代码进行单元测试。NUnit 的一般使用步骤如图 17.4 所示。

与很多其他的单元测试框架一样，NUnit 用绿色的进度条表示运行的测试通过，黄色表示某些测试被忽略了，红色则表示所执行的测试失败。用这种直观的方式让用户能马上知道测试的结果，如图 17.5 所示。

在底部的状态栏显示各种测试的状态和统计数据。

- 状态：用 Completed、Running 来分别表示现在的运行测试状态是完成还是运行中。
- Test Cases：显示加载的程序集中测试用例的总个数。
- Tests Run：显示已经执行完成的测试用例个数。
- Failures：显示测试失败的个数。

- Time：显示测试执行的时间。

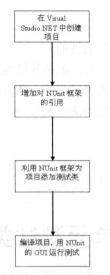

图 17.4 NUnit 的使用步骤

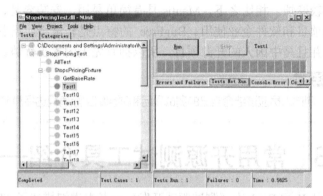

图 17.5 NUnit 的运行界面

## 17.3.2 NMock

在做单元测试的时候，通常会碰到一些类或方法难以测试的情况，因为这些类依赖其他类或系统组件，而那些类或组件尚未被实现。

通常用来解决这种问题的技术称为对象模拟（Mock Objects）技术。Mock Object 允许用模拟的"假"对象来代替测试对象所依赖的类，使用这些模拟出来的对象让测试对象调用后，依赖关系就被模拟的"假对象"所代替，而被测试对象则仍然会以为自己所调用的是真实的对象，如图 17.6 所示。

模拟对象可以让测试单一组件变得更容易，是某个组件的测试不需要依赖其他对象的真实实现。这意味着可以单独测试一个类，而不需要测试整个对象树，并且可以让 Bug 的诊断更加清晰。模拟对象技术在 TDD 开发中经常被使用到。

以前通过编码的方式实现模拟对象，需要耗费很多的时间，现在在 Java 平台和.Net 平台都出现了很多工具和框架，可用于方便地创建模拟对象。NMock 就是其中一个专门用于模拟.NET 对象的库。NMock 是一个.NET 的动态模拟对象库。最早的版本是从基于 Java 的 DynaMock 移植到.NET 平台的；而 2.0 则受到更新的 jMock 的启发，有了更多的改进。

使用 NMock 的一般步骤如图 17.7 所示。

（1）NMock 的使用非常简单，例如模拟一个接口的实现代码如下：

```
Mockery mocks = new Mockery();
InterfaceToBeMocked aMock = (InterfaceToBeMocked) mocks.NewMock(typeof(InterfaceToBeMocked));
```

（2）让模拟对象返回值的使用方法如下：

```
Expect.Once.On(aMock)
    .Method( ... )
    .With( ... )
    .Will(Return.Value( ... ));
```

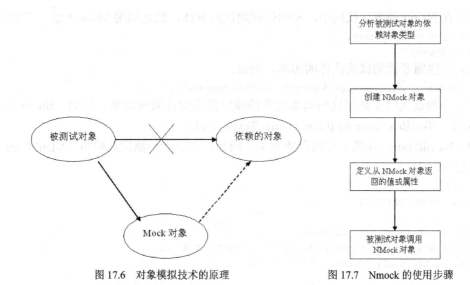

图 17.6　对象模拟技术的原理

图 17.7　Nmock 的使用步骤

（3）让模拟对象返回属性的使用方法则如下。

```
Expect.Once.On(aMock)
    .GetProperty( ... )
    .Will(Return.Value( ... );
```

## 17.3.3　NUnitForms

单元测试中一个让人头疼的问题是界面层的代码很难被测试，尤其是界面层代码与逻辑业务层代码耦合比较紧密的代码，NUnitForms 就是用于解决这类问题的工具。NUnitForms 是 NUnit 的扩展，是专为 Windows Forms 应用程序的单元测试和接受测试而设计的。它让 UI 层的类的自动化测试代码变得更容易编写。

NUnitForms 让 NUnit 的测试可以打开窗口并与窗口中的控件进行交互，操作 GUI 界面并验证界面控件的属性。NUnitForms 自动处理模式对话框，验证结果。通常单元测试被认为是测试窗体背后的代码，并且由模拟对象来替代对 GUI 的依赖。而接受性测试（有时候也叫作故事测试）则是通过 GUI 界面来对应用程序进行测试的方法。NUnitForms 支持两种测试方法。

目前支持的界面元素包括 Buttons、CheckBoxes、ComboBoxes、Labels、ListBoxes、Radio Buttons、TabControls、TextBoxes、TreeViews、Context Menus、Forms、MenuItems、Modal Forms、Modal MessageBoxes、Mouse 等标注的.NET 对象，对于非标准对象则可以使用"ControlTester"类进行测试。

NUnitForms 还提供了一个录制器，可以录制与窗体的交互动作。虽然不能支持录制所有的测试功能，但是它提供了一个熟悉 API 的渠道。

NUnitForms 的一般使用步骤如图 17.8 所示。

图 17.8　NUnitForms 的使用步骤

（1）在 NUnit 的测试代码中，初始化被测试的窗体，然后调用 Show 方法，代码如下：

```
Form form = new Form();
form.Show();
```

（2）创建需要被测试的控件的实例，例如：

```
ButtonTester button = new ButtonTester("buttonName");
```

（3）在测试代码中使用这些对象的方法或属性来验证测试结果，例如，ButtonTester 的 Click 方法、TextBoxTester 的 Enter（string Text）方法。

（4）NUnitForms 提供了对键盘的模拟，例如，在下面的测试代码中，NUnitForms 模拟键盘的输入：

```
[Test]
public void TextBox()
{
  new TextBoxTestForm().Show();
  TextBoxTester box = new TextBoxTester( "myTextBox" );
  Assert.AreEqual( "default", box.Text );

  Keyboard.UseOn( box );

  Keyboard.Click( Key.A );
  Keyboard.Click( Key.B );
  Keyboard.Press( Key.SHIFT );
  Keyboard.Click( Key.C );
  Keyboard.Release( Key.SHIFT );
  Assert.AreEqual( "abC", box.Text );
}
```

（5）NUnitForms 提供了对鼠标的模拟，这对于那些希望测试某些特定控件对鼠标事件响应的人会非常有用，下面是一个模拟鼠标使用的测试代码：

```
[Test]
public void MouseClickingSimplifiedAPI()
{
  new ButtonTestForm().Show();

//鼠标位置移到myButton上
  Mouse.UseOn( "myButton" );

  //在myButton的横坐标为1、纵坐标为3的位置上按下鼠标
Mouse.Click( 1, 3 );
  Mouse.Click( 1, 3 );

  AssertEquals(new ControlTester( "myLabel" )["Text"], "2" );
}
```

# 17.4 常用开源测试工具介绍——性能测试类

目前开源的性能测试工具主要集中在 Web 性能测试方面，例如 OpenSTA、TestMaker、Jmeter 等，还有一些则定位在辅助性能方面，例如能往数据库插入大量数据的 DBMonster 等。

## 17.4.1 JMeter

Apache JMeter（http://jakarta.apache.org/jmeter/）是 100%的 Java 桌面应用程序，用于对软件做压力测试（如 Web 应用）。它可以用于测试静态和动态资源，例如静态文件、Java 小服务程序、CGI 脚本、Java 对象、数据库，FTP 服务器等。JMeter 可以用于对服务器、网络或对象模拟巨大的负载，在不同压力类别下测试它们的强度和分析整体性能。

另外，JMeter 能够对应用程序做功能/回归测试，通过创建带有断言的脚本来验证程序返回了预期的结果。为了最大限度的灵活性，JMeter 允许使用正则表达式创建断言。

在设计阶段，JMeter 能够充当 HTTP PROXY（代理）来记录 IE/NETSCAPE 的 HTTP 请求，也可以记录 apache 等 WebServer 的 log 文件来重现 HTTP 流量。当这些 HTTP 客户端请求被记录以后，测试运行时可以方便地设置重复次数和并发度（线程数）来产生巨大的流量。JMeter 还提供可视化组件以及报表工具把服务器在不同压力下的性能展现出来。

相比其他 HTTP 测试工具，JMeter 最主要的特点是扩展性强。JMeter 能够自动扫描其 lib/ext 子目录下.jar 文件中的插件，并且将其装载到内存，让用户通过不同的菜单调用。

可到 Apache 网站下载 2.12 版本。

解压后打开 bin 目录下的 ApacheJMeter.jar 启动 JMeter，如图 17.9 所示。

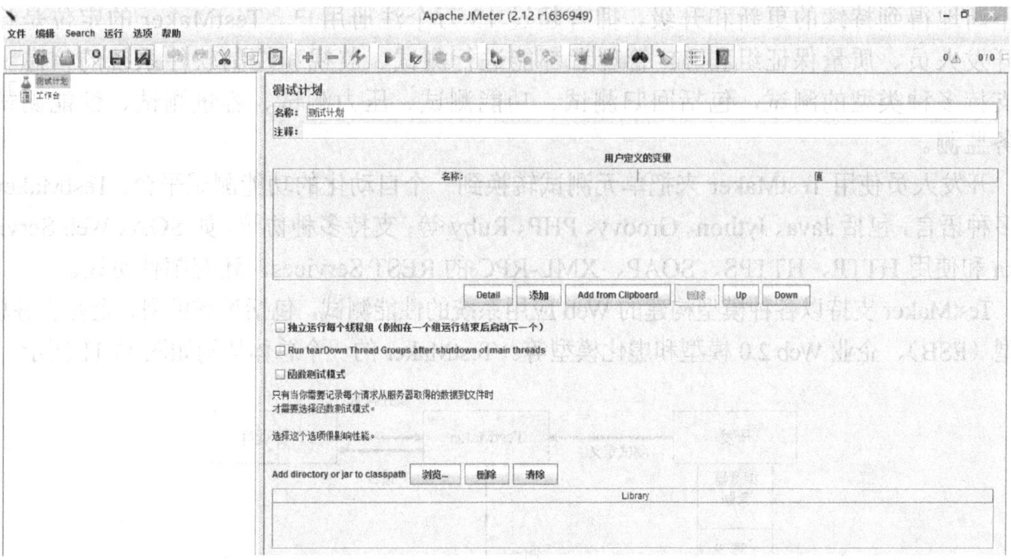

图 17.9 JMeter 的界面

JMeter 也附带有录制脚本的功能，但是不是很好用，一般配合使用 Badboy 来录制性能测试脚本，如图 17.10 所示。

Badboy 的下载地址是 badboy 网站。

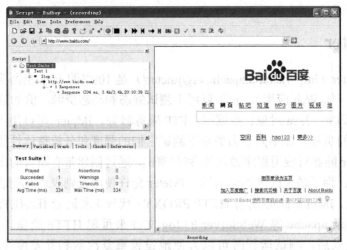

图 17.10　配合 Badboy 录制脚本

录制脚本后选择"File"→"Export To Jmeter"可把脚本导出成 JMeter 的脚本，在 JMeter 中就可打开并运行脚本了。

## 17.4.2　TestMaker

TestMaker 不仅是一个性能测试工具，还是一个测试平台。TestMaker 从 2002 年起就不断地得到持续的更新和升级，拥有超过 13 万个注册用户。TestMaker 的定位是让软件开发人员、质量保证组和 IT 管理者都能进行测试、监视和控制软件系统的信息。同时支持多种类型的测试，包括回归测试、功能测试、压力测试、容量测试、性能测试和服务监测。

开发人员使用 TestMaker 来把单元测试转换到一个自动化的功能测试平台。TestMaker 支持多种语言，包括 Java、Jython、Groovy、PHP、Ruby 等；支持多种协议，如 SOA、Web Service、Ajxa 和使用 HTTP、HTTPS、SOAP、XML-RPC 的 REST Services，还有邮件协议。

TestMaker 支持以各种模型构建的 Web 应用系统的性能测试，包括领域模型、企业服务总线模型（ESB）、企业 Web 2.0 模型和虚化模型等。TestMaker 的一个总体架构如图 17.11 所示。

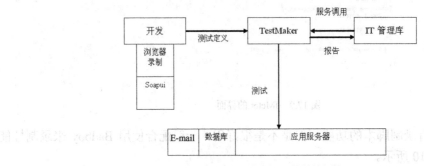

图 17.11　TestMaker 的总体架构

TestMaker 为 QA 人员、IT 管理者和 CIO 们自动地把这些功能测试转换到压力测试、容量测试、性能测试、回归测试和服务监视。TestMaker 提供两种方式录制测试脚本，包括以下内容。

- TestGen4Web：用于录制 Web 浏览器的功能操作。
- MaxQ Proxy Recorder：用于录制浏览器与服务器之间的通信协议。

TestMaker 提供 FireFox 的插件，把 TestGen4Web 控制栏安装在 FireFox 浏览器界面上，可以使用这个控制栏来启动、停止和编辑 Web 应用程序的功能测试，然后保存成 XML 文件，用于在 TesMaker 中回放，支持 HTTP、HTTPS 和 Ajax 应用程序。

MaxQ Proxy Recorder 录制后生成实现 JUnit 测试用例测试类的 Jython 脚本，支持 HTTP 和 Applets 协议，但是不支持 HTTPS 和 Ajax。

## 17.4.3　DBMonster

在压力测试过程中，通常分成两大类，一类偏重于模拟大批量的并发访问，看系统的性能表现如何；另一类则偏重于施加大量的数据，看在访问系统时性能是否会出现问题。在某些业务系统，需要查询和处理大量数据的系统，后一种测试是经常要进行的。而测试人员在进行这一类测试时的首要任务是模拟和造出大批量的数据。Quest 公司的 DataFactory 是这一类工具的代表作，而开源方面，则要数 DBMonster（http://dbmonster.kern elpanic.pl/）。

DBMonster 是一个用于生成大批量数据库数据的工具，其原本开发目的是帮助数据库开发者优化数据结构、索引的使用，通过产生大量的随机测试数据插入 SQL 数据库。这样一个工具对测试软件系统在强大的数据库压力下的性能表现是非常有用的。

DBMonster 开源项目从 2003 年开始，目前的最新版本是 1.0.3。DBMonster 是用 Java 开发的，通过 JDBC 的方式连接数据库，因此理论上支持任何可运行 JDBC 的平台，目前支持的数据库包括 PostgreSQL、MySQL、Oracle 8i、HSQLDB 等。

DBMonster 通过两个 XML 文件（配置文件和 schema 文件）来控制数据产生的行为。配置文件指明需要连接的数据库、连接使用的用户名和口令、需要操作的 schema 等设置，而 schema 文件则指明针对每张数据表的每个字段产生数据的规则。一个配置文件的例子如下：

```
dbmonster.jdbc.driver=oracle.jdbc.driver.OracleDriver
dbmonster.jdbc.url=jdbc:oracle:thin:@testdb:1521:Test
dbmonster.jdbc.username=testusername
dbmonster.jdbc.password=testpassword
dbmonster.jdbc.transaction.size=50

# for Oracle and other schema enabled databases
dbmonster.jdbc.schema=test

# maximal number of (re)tries
dbmonster.max-tries=1000

# default rows number for SchemaGrabber
dbmonster.rows=1000

# progres monitor class
dbmonster.progress.monitor=pl.kernelpanic.dbmonster.ProgressMonitorAdapter
```

schema 文件描述的是数据产生的规则，需要根据数据库表结构的字段属性来设置，一个 schema 的示例代码如下：

```
<?xml version="1.0" encoding="iso-8859-1"?>
<!DOCTYPE dbmonster-schema PUBLIC
"-//kernelpanic.pl//DBMonster Database Schema DTD 1.1//EN"
```

```
    "http://dbmonster.kernelpanic.pl/dtd/dbmonster-schema-1.1.dtd">

<dbmonster-schema>
<name>ipnms</name>
<table name="test.test_data" rows="500">
        <column name="int_id">
            <generator type="pl.kernelpanic.dbmonster.generator.NumberGenerator">
                <property name="nulls" value="0"/>
                <property name="minValue" value="20"/>
                <property name="maxValue" value="20"/>
                <property name="returnedType" value="numeric"/>
                <property name="scale" value="0"/>
        </generator>
    </column>
    <column name="ipaddr">
        <generator type="pl.kernelpanic.dbmonster.generator.ConstantGenerator">
            <property name="constant" value="10.1.200.201"/>
        </generator>
        <column name="compress_day">
            <generator type="pl.kernelpanic.dbmonster.generator.DateTimeGenerator">
                <property name="nulls" value="0"/>
                <property name="startDate" value="2006-03-01 00:00:00"/>
                <property name="endDate" value="2006-03-31 00:00:00"/>
                <property name="returnedType" value="date"/>
            </generator>
        </column>
        <column name="disk_dir">
            <generator type="pl.kernelpanic.dbmonster.generator.ConstantGenerator">
                <property name="constant" value="/var/mqm"/>
            </generator>
        </column>
        <column name="disk_device">
            <generator type="pl.kernelpanic.dbmonster.generator.ConstantGenerator">
                <property name="constant" value="/dev/c0s0t1"/>
            </generator>
        </column>
    <column name="disk_used_rate">
        <generator type="pl.kernelpanic.dbmonster.generator.NumberGenerator">
            <property name="nulls" value="0"/>
            <property name="minValue" value="1"/>
            <property name="maxValue" value="80"/>
            <property name="returnedType" value="numeric"/>
            <property name="scale" value="0"/>
        </generator>
    </column>
    </table>
</dbmonster-schema>
```

DBMonster 通过命令行运行，例如：

```
dbmonster -s schema.xml
```

其中，-s 参数用于指定 schema 文件。

**说明**

DBMonster 与成熟的同类商业工具相比还有一定的差距，在功能的完整性、界面易用性等方面还有待提高，在自动关联表方面没有得到更多支持。但是 DBMoster 能基本胜任大部分的数据生成情况，并且提供了一些扩展机制来让用户扩展这些需要的功能。

# 17.5 常用开源测试工具介绍——自动化功能 测试类

在自动化功能测试方面，尤其是基于 GUI 的自动化功能测试方面，开源的覆盖面相对要窄一些。这可能也与 GUI 的控件识别技术和驱动技术的难度有关系。下面介绍几个有代表性的开源自动化功能测试工具，Java 方面的有 Abbot Java GUI Test Framework，.NET 方面的有 White，Web 自动化测试方面的有 Watir、Selenium、Samie 等。

## 17.5.1 Abbot Java GUI Test Framework

Abbot Java GUI Test Framework 是一个专为 Java GUI 组件和程序的自动化测试而设计的框架，帮助进行 Java 的 GUI 控件的测试。Abbot Java GUI Test Framework 由 Abbot 和 Costello 组成。Abbot 提供了驱动 UI 组件的编程方式，而 Costello 则允许简单地运行、查看和控制一个 Java 程序、录制和回放脚本。

下面是一个测试脚本的示例子代码：

```
//新建一个组件对象
MyComponent comp = new MyComponent();

//显示
showFrame(comp);

//查找 textField 控件
JTextField textField = (JTextField)getFinder().
    find(new ClassMatcher(JTextField.class));

//查找 button 控件
JButton button = (JButton)getFinder().find(new Matcher() {
    public boolean matches(Component c) {

        //控件的 Text 属性为 "OK" 的 button
        return c instanceof JButton && ((JButton)c).getText().equals("OK");
    }
});

//新建测试类
JTextComponentTester tester = new JTextComponentTester();

//通过 Tester 往 textField 控件中输入文字
tester.actionEnterText(textField, "输入的文字！");

//通过 Tester 单击按钮
tester.actionClick(button);

    //判断测试结果
    assertEquals("错误的控件 ToolTip！", "单击接收", button.getToolTipText());
```

Abbot Java GUI Test Framework 的测试脚本编写步骤如图 17.12 所示。

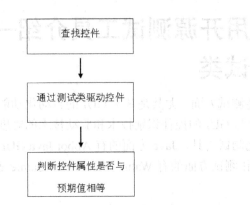

图 17.12 Abbot Java GUI Test Framework 的测试脚本编写步骤

## 17.5.2 White

White 与 WatiN 类似，它封装了微软的 UIAutomation 库和 Window 消息，可以用于测试包括 Win32、WinForm、WPF 和 SWT（Java）在内的软件。ThoughtWorks 的 Vivek Singh 是该项目的 Leader，已将 White 放在了 CodePlex 上。White 具有面向对象的 API，很容易控制一个应用，它也可以与 XUnit.Net、MbUnit、NUnit、MSTest 这样的测试框架结合使用，甚至 Fit.Net 也可以。

White 分层架构图如图 17.13 所示。

到 White 的官网下载并解压 White_Bin_0.18.zip 文件，然后就可以用 Visual Studio 等开发工具新建项目，导入 White 相关 DLL，如图 17.14 所示。

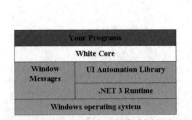

图 17.13 White 分层架构图　　　　　　　图 17.14 导入 White 相关 DLL

然后就可以开始编写测试代码，具体代码如下：

```
using System;
using System.Collections.Generic;
using System.Text;
using Core.UIItems.WindowItems;
using Core.UIItems;
using Core;
using NUnit.Framework;
using Core.Factory;

namespace WhiteTest1
{
    [TestFixture]
    public class Class1
    {
        private string path = @"E:\tmp\AutoBuild\Latest\MyProject\MyProject\bin\Debug\MyPr oject.exe";

        [Test]
        public void ButtonClickable_btnClick1_ChangesText()
        {
            Application application = Application.Launch(path);
            Window window = application.GetWindow("Form1", InitializeOption.NoCache);
            Button button = window.Get<Button>("button1");
            button.Click();
            Label label = window.Get<Label>("label1");
            Assert.AreEqual("OK!", label.Text);
        }
    }
}
```

可以看到测试代码与 NUnit 等单元测试代码比较类似，White 提供了 Window、Button、Label 等常用标准控件的接口支持。写好代码后，像运行 NUnit 测试一样运行 White 测试。

## 17.5.3　Watir

Watir（Web Application Testing in Ruby）是一款用 Ruby 脚本语言驱动浏览器的自动化测试工具，是基于 Web 的自动化测试开发的工具箱。

Watir 可以驱动那些作为 HTML 页面被发送到 Web 浏览器端的应用程序。Watir 对一些组件不起作用，即 ActiveX、Java Applets、Macromedia Flash 或者其他的应用程序插件。

判断 Watir 是否可用，可在页面上单击鼠标右键，然后查看页面源代码，如果可以看到 HTML 源代码，就说明页面上的对象可以被 Watir 识别，以实现自动化。

要使用 Watir，至少要掌握以下内容。

（1）HTML：HTML 代码、标签、DOM 结构等。

（2）编程的基本常识，如变量的定义与使用，基本的控制语句，如 If、for 等。

（3）Ruby：Ruby 脚本语言的基本语法。

（4）IE Development 或是其他类似的浏览器辅助工具，在以后的开发中，将非常有效地帮你识别页面对象的属性。

由于 Watir 是基于 Ruby 的，因此要先从 rubyforge 网站下载 Ruby 安装包进行安装。

然后从 rubyforge 网站下载并安装 watir。

更新 gem：

```
gem update -system
```
回到 watir1.5.2 所在的目录，执行：
```
gem install watir-1.5.2.tar
```
一个简单的 Watir 测试代码如下：
```
require 'watir'
test_site = 'http://blog.csdn.net/testing_is_believing/'
# open the IE browser
ie = Watir::IE.new
# print some comments
puts "## Beginning of test"
puts "  "
puts "Step 1: go to the test site: " + test_site
ie.goto(test_site)
puts "  Action: entered " + test_site + " in the address bar."
```
可以看到 Watir 通过控制浏览器导航到指定的页面。对于 Web 页面元素的控制，Watir 也提供了丰富的接口，例如下面是导航到 Google 主页面，然后输入查询关键字进行搜索的 Watir 代码：
```
require 'watir'
ie = Watir::IE.start("http://www.google.com.hk")
ie.text_field(:name,"q").set("Watir")
ie.button(:name,"btnG").click
```
配合使用 WatirRecorder++，可以录制 Watir 的测试脚本，如图 17.15 所示。

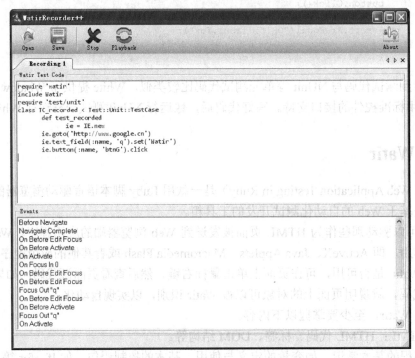

图 17.15　配合使用 WatirRecorder++

WatirRecorder++的下载地址是 hanselman 网站。

# 17.6　如何在测试组中引入开源测试工具

面对种类繁多的开源测试工具，很多企业也在考虑如何利用这些工具，测试组在考虑引入开源测试工具时需要注意很多问题。开源测试工具的引入与商业测试工具的引入有很多共同点，但是同时也有不少特殊而又值得注意的地方。

## 17.6.1 开源测试工具的成本考虑

开源测试工具不等于不需要成本的工具，虽然可以免费使用（遵循一定的许可证），但是仍然存在以下方面的成本。

- 学习和培训成本。
- 安装部署成本。
- 改造成本。

（1）学习和培训成本是期望引入开源测试工具的组织需要首先考虑的，因为开源测试工具目前的使用范围远远没有一些流行的商业测试工具那么广泛，所有导致使用的经验的共享、可找到的指南都相对缺乏，很多开源的测试工具没有形成使用的氛围，缺乏讨论的社区。

很多开源的测试工具没有提供培训的服务和技术支持，培训机构也没有针对开源测试工具开设培训课程。有些开源测试工具的联机帮助和操作手册也比较缺乏。因此使用开源测试工具的首要问题是，如何解决学习和培训成本的问题。

（2）很多开源的测试工具的安装和部署都相对复杂。一般开源测试工具都是基于其他的开源平台或框架的基础上开发的。在使用这些开源测试工具之前，需要配置很多相关的服务、组件，设置很多的参数。典型的如 PHP、Perl、Apach、Tomacat 的安装和设置。

（3）如果能成功地解决上面的问题，就已经成功了一大半，最后需要考虑的是改造的问题。因为很多开源测试工具都是专门解决某一部分的问题，应用的范围相对窄，很可能不能完全满足测试组的要求，或者不能完全适应后续的技术变化需求。

因此，可能需要进一步地改造这些工具。所幸的是开源测试工具的源代码都是公开的，因此，只要熟悉开发，就可对其进行修改。但是需要注意这些开源测试工具所使用的编程语言是否是项目组熟悉的，如果不是，则会加大改造的成本。

## 17.6.2 引入开源测试工具的步骤

开源测试工具的引入与商业测试工具的引入步骤大致一样，需要经过如图 17.16 所示的几个步骤。

（1）评估。

首先是结合测试项目以及测试人员的实际情况进行工具选择的评估，评估需要考虑以下要素。

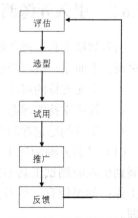

- 成本：综合考虑采用商业测试工具与采用开源测试工具的总体成本，看是否应该引入开源测试工具。
- 人员的技能要求：测试组目前是否有足够的时间和精力可以用于开源测试工具的引入带来的相应工作，以及测试人员在编程语言、软件部署配置方面的经验是否满足要求。

图 17.16 引入开源测试工具的步骤

（2）选型。

如果确定了需要采用开源的测试工具，就进入选型阶段。选型阶段是评估开源测试工具是否真正满足测试项目要求的重要阶段，应该投入专门的人员、专门的时间进行选型。

 **说明**

> 选型需要耗费一定的工作量，包括收集各种同类型开源测试工具的相关信息，下载最新版本和稳定版本，评价各种版本的优劣，对比同类测试工具之间的优劣，以及收集测试工具的使用指南、培训材料、已知的缺陷等。

（3）试用。

通过选型确定采用的测试工具及版本后，就可以进入试用阶段。需要注意的是，不要在一个进度紧迫的项目或者风险较高的大项目进行试用，应该挑选一个进度相对没那么紧、规模相对小的项目进行试用。

 **注意**

> 试用过程需要收集各种使用经验，安装和部署的方法，使用的技巧，碰到的问题以及解决办法；另外，还要注意收集工具的使用效果方面的数据，如能减轻测试人员哪些方面的工作量，能解决哪些测试问题，测试的效率怎样，对人员的技能要求怎样等。

（4）推广。

如果试用的效果理想则可以进一步地推广到其他项目组使用，然后持续地收集工具的使用经验和反馈信息。对收集的信息进行分析，如果发现工具存在不适用的情况，就看有无新的升级版本可以使用，或者考虑进行改造或更换另外一款测试工具。

 **注意**

> 改造测试工具需要一定的成本投入，应该把它当成一个开发项目来组织。另外，注意改造并不一定意味着需要修改测试工具的源代码，重新编译，有些测试工具提供了良好的扩展性，可以充分利用这些扩展接口进行功能的增强。

## 17.6.3　引入开源测试工具可能碰到的问题

引入测试工具可能会碰到很多困难，需要充分估计这些风险，做好信息收集，制定相应的对策，下面是一些可能碰到的问题。

- 中文支持的问题。
- 社区支持的问题。
- 工具的稳定性问题。

（1）目前开源测试工具主要是国外的居多，国内还没有形成开源的良好氛围。因此可能碰到引入的测试工具不支持中文的问题。这时，可以先查找国内是否有人已经做了汉化的工作；如果没有，就看工具是否提供语言扩展能力或本地化的指南，自己动手解决汉化问题。

（2）开源是一个讲究团队精神、共享主义的网络团体，网络上有很多默默无闻的贡献者对开源做出了很多的贡献。因此可以积极地寻找各方面的支持。先看有没有别人共享出来的安装、部署配置指南，有则不用自己摸索；再看有没有一些操作手册和使用指南，如果没有就看测试工具本身附带的用户手册、样例，或者看测试工具的网站上是否提供文档下载、论坛讨论、博客等，积极请求别人的帮助，甚至直接发邮件给工具的作者询问相关的问题解决方法。

注意

面对社区支持比较少的问题，还需要从自身解决，自己多摸索。注意建立工具使用的知识库，及时记录各种问题及其解决办法。

（3）工具的稳定性问题也是使用开源测试工具经常碰到的问题。解决的办法是选择相对稳定的版本，采用最多人使用的版本。

技巧

密切关注网站上公布的缺陷修正公告和问题解决方法。

# 17.7　小结

商业测试工具的特点是相对稳定、功能全面、使用方便、帮助和支持服务容易获取，缺点是价格一般都比较贵。很多企业都不舍得投入太多的成本在购买商业的测试工具上。

开源测试工具给测试人员提供了另外一种选择的渠道，最重要的是它不但是免费的，而且源代码也是公开的。这给了测试人员一些提示：利用开源测试工具来协助进行测试，对开源测试工具进行扩展和改造，以获取需要的测试工具。

# 17.8　新手入门须知

目前开源测试工具主要集中在单元测试类、测试管理类、Web 性能测试类这几方面。比较成熟的开源测试工具应用也集中在这几方面。因此，如果考虑引入开源的测试工具，可重点考虑这几方面的测试工具。

对于新手而言，切忌看到琳琅满目的开源测试工具，就忙着下载试用和研究，这样可能到头来没有一个工具是精通的。由于开源测试工具一般在帮助文件、培训材料等方面比较匮乏，增加了研究的难度，因此新手很容易在这种情况下频繁更换研究的对象。

最好的方法是首先看哪些开源的测试工具是适合自己的测试项目使用的，然后看哪些是较多人使用和讨论的，优先选取这些开源测试工具来试用和研究。

由于开源测试工具很多是基于其他开源的代码进行开发的，开发者假设使用者已经对那些开源的模块比较熟悉了，因此不会提供那些方面的解释和帮助支持，需要测试人员寻找相关方面的材料，例如 Apache 服务器的配置知识、Perl 语言的使用等。

下面给出几个常用开源测试工具的参考资料。

（1）JMeter 初级入门（见 docin 网站）。

（2）White 使用指南（见 white 网站）。

（3）Watir 学习手册（见 docin 网站）。

（4）Selenium 资源列表（见 cnblogs 网站）。

（5）《.NET 软件测试实战技术大全》第 5 章 "利用 NUnit 进行单元测试"。

# 17.9　模拟面试问答

本章主要讲到一些常用的开源测试工具，以及如何引入开源测试工具。如果您应聘的企业正在使用开源测试工具，那么面试官很有可能问您这些方面的问题。读者可以利用本章学到的知识来回答这些问题。

（1）据您的了解，开源测试工具的发展情况怎样？

参考答案：开源测试工具作为开源软件的重要组成部分，目前正在蓬勃地发展着。根据 OpenSourcetesting 的数据，目前已有的开源测试工具已经超过 300 个。开源测试工具已经覆盖了单元测试、性能测试、自动化功能测试、测试管理等主要的测试方面。目前主要集中在单元测试工具、功能测试工具、性能测试工具和缺陷管理工具方面。但是，在软件企业中，开源测试工具的应用比例还比较低。很多测试组织把开源测试工具作为商业测试工具的补充。

（2）开源测试工具的优点和缺点是什么？

参考答案：开源测试工具相对于商业测试工具，拥有相对低的成本优势；开源测试工具让测试人员有更大的选择余地，给测试人员更多的选择空间；开源测试工具的源代码是开放的，意味着可对其进行修改、补充和完善，可对其进行个性化改造。

虽然开源测试工具拥有一定的优势，但是同时也存在很多不足之处，例如，安装和部署相对困难，大部分开源测试工具的安装配置过程比较烦琐，需要测试人员付出一定的努力；开源测试工具在易用性、用户体验方面做得不够完善；部分开源测试工具的稳定性不够强；大部分开源测试工具不提供培训指导和技术支持服务，联机帮助和用户手册不够完善，增加了测试人员的学习难度。

（3）常用的开源的测试管理类工具有哪些？

参考答案：管理类的开源测试工具有很多，其中比较流行的有 Bugzilla、Mantis、BugFree 等。

Bugzilla 以其悠久的历史、强大的功能，受到很多企业用户的欢迎，但是其缺点是安装配置比较麻烦。相比之下，Mantis 具有简单易用、安装容易、扩展性强等优势，非常适合中小型的项目和软件企业使用。BugFree 的特点是轻量级、借鉴了微软的缺陷跟踪管理流程的思想，并且是中国人的开源项目，拥有先天的本土优势。

（4）常用的开源单元测试类工具有哪些？

参考答案：

● XUnit 是单元测试中一个大的框架系列，目前有针对很多语言的版本，例如 Java 的 JUnit、.NET 的 NUnit、Delphi 的 DUnit 等。

● NUnit 是一个专门针对.NET 开发的单元测试框架。

● NMock 是一个.NET 的动态模拟对象库。最早的版本是从基于 Java 的 DynaMock 移植到.NET 平台的；2.0 则受到更新的 JMock 的启发，有了更多的改进。

● 　NUnitForms 是 NUnit 的扩展，是专为 Windows Forms 应用程序的单元测试和接受测试而设计的。它让 UI 层的类的自动化测试代码变得更容易编写。

（5）常用的开源性能测试类工具有哪些？

参考答案：目前开源的性能测试工具主要集中在 Web 性能测试方面，如 OpenSTA、TestMaker、JMeter 等，还有一些定位在辅助性能方面，例如能往数据库插入大量数据的 DBMonster 等。

（6）常用的开源自动化功能测试类的工具有哪些？

参考答案：Java 方面的有 Abbot Java GUI Test Framework，.NET 方面的有 White，Web 方面的有 Watir、Selenium、Samie 等。

Abbot Java GUI Test Framework 是一个专为 Java GUI 组件和程序的自动化测试而设计的框架，帮助进行 Java 的 GUI 控件测试。SharpRobo 是一个用于.NET 的 WinForm 程序的功能测试工具和录制工具，支持所有标准的 WinForm 控件。Samie 的全称是 "Simple Automation Module For Intenet Explorer"，是一个专用于 IE 自动化测试的 Perl 模块。Samie 通过编写 Perl 脚本来驱动 Internet Explorer 进行自动化测试。

（7）如何在测试组织中引入开源测试工具？

参考答案：开源测试工具不等于不需要成本的工具，虽然可以免费使用（遵循一定的许可证），但是仍然存在一些学习和培训成本、安装部署成本和改造成本等。

开源测试工具的引入与商业测试工具的引入步骤大致一样，需要经过评估、选型、试用、推广、反馈等步骤。

引入测试工具可能会碰到很多困难，例如，中文支持的问题、社区支持的问题、工具的稳定性问题等，需要充分估计这些风险，做好信息收集，制定相应的对策。

第 18 章

# 测试工具的原理及制作

商业测试工具昂贵、开源测试工具虽然免费，但是拥有较高的使用成本，并且未必能有适合测试项目实际情况的开源测试工具。如果了解测试工具的原理，并且有一定的开发基础，则大可"自己动手、丰衣足食"，自己开发一些测试工具或辅助测试工具。

本章将介绍几个测试过程中常用的小工具的制作过程。

# 18.1　自制测试工具的优势

自制测试工具与使用商业测试工具的效能对比如图 18.1 所示。

目前，很多软件测试组织其实已经具备了自己动手开发测试工具的条件。

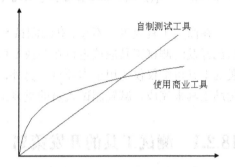

图 18.1　自制测试工具与使用商业测试工具的比较

● 市场对于测试工具的接受程度在不断提高，人们对测试工具的认识不断加强和深入，对测试工具原理的理解不断提高。从脚本化到数据驱动，再到关键字驱动等，很多新的测试工具理念被引入并广泛接受。

● 开发人员的测试意识在增强，开始学习如何进行单元测试，以及单元测试的自动化。开发人员希望帮助测试提高自动化程度，从而发布高质量的代码。

● 由于技术的成熟，测试工具变得容易构建。软件技术现在变得更容易测试，可测试性更强，COM、XML、HTTP、HTML 等标准化的接口使测试更加容易进行。托管程序（例如 Java、.NET）的反射机制使得查找定位对象以及捕捉对象和操作对象更加容易。

● 一些开源的框架可以被利用。利用开源框架平台来组合、搭建适合自己测试项目使用的测试平台和测试框架。

自己动手开发测试工具的优势有以下几方面。

● 购买成本为零。

● 简便：只需要开发自己需要的那部分功能。

● 个性化：可自己定制需要的功能，随时修改，配置项目组成员的使用习惯。

● 可扩展性：可随时增加新的功能。

● 可充分利用项目组熟悉的语言开发，利用自己的技术优势。

● 可使用自己熟悉的脚本语言，不需要使用商业工具提供的"厂商脚本语言"。

然而，虽然自己动手设计和开发测试工具有很多好处，但是必须考虑随之而来的成本问题。自己开发测试工具的成本主要是开发时间和人员投入的成本，以及维护的成本。当然，如果把测试工具推广到其他项目组，就会有学习和培训成本。另外，需要考虑测试工具的实用性，不要做一个大而全的、面面俱到的、很多功能项目组基本上不会使用到的测试工具。

> **注意**
>
> 测试工具的开发和维护需要耗费项目组不少的资源。因此，自己动手开发测试工具最好定位在辅助测试方面。一个实用的策略是首先考虑购买测试工具是否合理，然后考虑有没有现成的开源测试工具或免费测试工具可使用，如果开源测试工具不适用，再看改造是否现实，改造成本是否合理，最后才考虑自己开发测试工具。

# 18.2 辅助工具的制作

在商用工具太贵买不起、开源测试工具也不适用的时候，就可以考虑自己开发测试工具。自己开发的测试工具应该定位在解决专门的问题、迫切的问题，而不要过分追求通用性。开发的工具可能仅仅适用于本项目。另外，很多测试人员的日常工作都可以通过自己开发一些辅助工具来完成，减轻测试人员的重复工作量，节省测试时间。

## 18.2.1 测试工具的开发策划

测试工具的开发需要进行仔细的策划，在进入开发之前考虑清楚测试工具的方方面面。一般测试工具的制作需要考虑以下方面的内容。

- 语言。
- 接口驱动。
- 测试执行器。
- 远程代理。
- 测试解释器。
- 测试生成器。

（1）语言方面主要需要考虑选用什么语言来开发测试工具，使用什么语言来描述测试等。

（2）接口驱动需要考虑被测试软件的接口可测试性和可访问性问题，以及如何与被测试软件进行交互。

（3）测试执行器主要实现测试脚本的执行、测试数据的收集、测试报告的产生等问题。

（4）远程代理是跨平台测试、多客户端测试必须考虑的一个方面，用于在远程机器上提供测试相关的各种服务。

（5）测试解释器用于翻译和执行测试。

（6）测试生成器基于模型和算法创建新的测试。

## 18.2.2 测试语言的选择

与测试工具相关的语言可分成以下3类。

- 系统编程语言。
- 脚本语言。

● 数据展示语言。

（1）系统编程语言通常也是开发人员用于开发产品使用的语言。这类语言为了程序的执行效率，一般经过优化。例如，C、C++、Java、C#等。

（2）脚本语言的设计目的是为了易于使用和高代码生产率，通常在操作系统层面的管理、维护等方面有比较强的功能。例如，Perl、Tcl、Python、Ruby、VBScript、JavaScript、Rexx、Lua 等。

（3）数据展示语言主要用于存储和展示数据，在可读性和结构化方面得到优化，但是缺乏逻辑性，例如，HTML、XML、CSV、Excel、YAML 等。

下面比较一下各种常用的测试语言的优缺点。

● Perl：容易构建，拥有大量的库可以被充分利用。

● Tcl：容易构建，简便，可方便地嵌入到系统。

● Python：面向对象的语言，与 Java 很好地整合（Jython）。

● Ruby：完全面向对象。

● VB 和 VBScript：非常流行的语言，与微软的技术能很好地整合在一起。

以上列出的语言都支持正则表达式，除了 VB 和 VBScript，其他都是开源的。

**注意**

在开发测试工具时，应该综合考虑各种语言的特性来选择语言。一般而言，最好的测试语言应该是项目组正在使用的语言。

## 18.2.3 测试工具开发的各种实现技术

前面讲过，一般测试工具的制作需要考虑以下几方面的内容。

● 语言。

● 接口驱动。

● 测试执行器。

● 远程代理。

● 测试解释器。

● 测试生成器。

其中，除了语言外，其他的几项是实现时要考虑的各种技术。每一项都有可能有几种实现方法，在进入开发之前应该评估和选用合适的技术来实现测试工具。

## 18.2.4 接口驱动

软件系统一般有以下方面的测试接口。

● Web 协议驱动，如 HTTP。

● Web 浏览器驱动，通过驱动浏览器进行测试。

● Java 的 GUI 驱动。

- Windows 的 GUI 驱动，例如 Win32、MFC 等。
- 命令行驱动。

（1）Web 协议驱动的简单原理如图 18.2 所示。

通过驱动模拟浏览器的行为，使用与浏览器相同的方式直接访问服务器。这是一种非常流行的自动化方式，可以通过 XML、HTML 来扩展成数据驱动方式的测试，也可以整合脚本语言。

利用这种驱动方式，可以进行基于 Web 的功能测试和性能测试。这类目前已经有一些现成的开源测试工具，功能测试方面的有 HttpUnit、JWebUnit、Canoo WebTest、HtmlUnit、libwww-perl、WebUnit 等。性能测试方面的开源测试工具有 Ginder、JMeter、TestMaker、OpenSTA 等。

（2）Web 浏览器驱动的简单原理如图 18.3 所示。

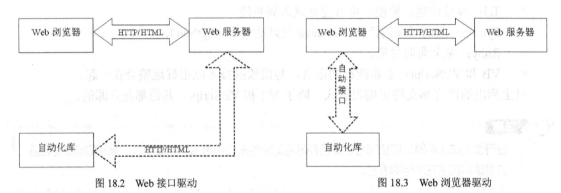

图 18.2　Web 接口驱动　　　　　　　　　　图 18.3　Web 浏览器驱动

通过调用浏览器提供的 COM 自动化接口来执行测试。这种类型的测试也有现成的开源测试工具，例如，WTR、Samie 等。

（3）Java GUI 驱动的测试方式主要针对 Java 的 GUI 功能测试。可以通过以下各类方式驱动 GUI 控件。

- 产生本地操作系统事件。
- 产生 AWT 事件。
- 直接驱动控件组件。

这一类型的开源测试工具有 Jemmy、Abbot、Marathon、JfcUnit、Pounder 等。

（4）Windows GUI 驱动的测试方式是直接驱动 Windows 底层的 API、查找 GUI 控件、驱动鼠标和键盘来模拟用户的操作。例如，使用 VB 的 SendKeys 方法来发送键盘按键序列。这一类型的开源测试工具有 Win32-GuiTest、Win32-CtrlGUI、Ruby win32-guitest 等。

（5）命令行驱动的测试方式是指利用被测试软件提供的命令行接口，传入命令行参数来驱动被测试程序，从而实现测试。这一类型的典型工具是 Expect。

## 18.2.5　测试执行器及远程代理

测试执行器和远程代理都用于收集和执行多个测试、报告测试结果。测试执行器可分为以下两种级别。

- 进程级别。

- 方法级别。

（1）进程级别的测试执行器与被测试应用程序分开在不同的进程，测试执行器通过执行测试脚本来驱动被测程序的运行和功能操作、收集测试结果、比较和校验，从而判断测试是否通过。这一类型的开源测试工具有 STAX、QM Test、TET、Haste 等。

（2）方法级别的测试执行器驱动的是方法或类，这种方式的测试大部分用在单元测试。这一类型的开源测试工具有 XUnit 系列、DejaGNU 等。

远程测试代理执行的测试不在本地计算机发生，而是在远程机器发生。这一类型的开源测试工具典型的有 STAF。STAF 提供多种测试相关的服务，支持多种平台，能通过扩展提供额外的服务。

### 18.2.6　测试解释器和测试生成器

用方便的形式翻译和执行测试。测试解释器要实现的功能是将测试人员的手工测试用测试描述语言来描述，并传递给自动化测试库，让自动化测试库通过测试接口来执行测试描述语言所指定的测试，如图 18.4 所示。

测试解释器是读取、翻译、执行用指定语言或格式描述的测试的程序。数据驱动测试就是把测试以某种数据格式的方式存储，由测试解释器读取数据并执行测试。测试描述语言一般分为两大类。

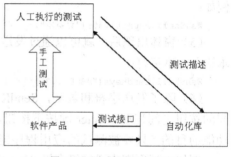

图 18.4　测试解释器与生成器

- 表格。
- 脚本。

对于大部分人来说，表格的可读性会更强，但是需要测试解释器更多的解析。脚本的可读性会差一点，尤其是对没有编程基础的人来说，但是脚本对变量和流程控制等方面有先天优势。

测试生成器主要用于产生测试用例和测试数据。例如，James Bach 用 Perl 写的 ALLPAIRS 就是一个利用组合覆盖技术来产生测试用例的工具。Kerry Kimbrough 写的 Tcases 则是一个利用等价类划分测试技术产生测试用例的工具。

# 18.3　利用 Windows 脚本辅助测试

Windows 脚本包括 VBScript 和 JScript 两种语言。两者都能方便地使用，只需要用记事本编辑后即可运行，大部分 Windows 的操作系统都内置了脚本宿主（WSH），用于执行 Windows 脚本。本节以 JScript 脚本语言为例，讲解如何利用 Windows 脚本来辅助自动化测试人员日常的一些测试活动。

JScript 是一款解释型的、基于对象的脚本语言。尽管与 C++这种成熟的面向对象语言比较起来，JScript 的功能还存在一些不足，但是对于应付一些简单的测试已经足够了。

### 18.3.1　利用 JScript 进行简单的 GUI 自动化测试

测试过程中经常需要进行重复的 GUI 操作。JScript 提供了 SendKeys 方法，可用于将一个或多个键击发送到活动窗口。

（1）要想使用 SendKeys 方法，必须先创建 WshShell 对象。创建方法如下：

```
var WshShell = WScript.CreateObject("WScript.Shell");
```

（2）然后就可以利用 WshShell 对象来启动需要测试的应用程序，例如，利用下面的脚本启动记事本：

```
WshShell.Run("notepad");
```

（3）启动时可同时指定窗口出现时的样式，例如，利用下面的脚本启动记事本，并将其最大化：

```
WshShell.Run("notepad",3);
```

（4）启动完应用程序后最好能先调用 AppActivate 方法，确保应用程序的窗口被激活，例如：

```
WshShell.AppActivate("记事本");
```

（5）窗体出现后，就可以通过发送按键给窗口来操作应用程序的功能了，例如，在记事本输入一串字符：

```
WshShell.SendKeys("ABCD...");
```

（6）除了发送字符和数字，SendKeys 方法还能发送组合功能键，例如使用 Tab 键在不同的按钮之间移动、Enter 键按下按钮、组合键 Alt+F 来关闭窗口等，以达到操作应用程序功能的目的（只要被测试的应用程序能相对完整地支持键盘操作、快捷键、Tab 键的操作）。

例如，下面脚本通过组合键 Alt＋O＋F 可调出记事本的字体设置窗口：

```
WshShell.SendKeys("%OF");
```

（7）需要注意的是，有些 GUI 的界面响应速度会比较慢，因此在各操作之间最好能插入时间缓冲，JScript 通过 Sleep 方法来实现，代码如下：

```
WScript.Sleep(100);
```

 **说明**

> 严格来讲，这里所说的不能称之为自动化测试，因为它只是把某些手工操作自动化而已，缺乏对结果的验证。但是在某些简单的情况下还是有它的用武之地的。

### 18.3.2　利用 JScript 检查注册表

在测试过程中可能需要关注注册表的改变，尤其是在做安装测试时，如果软件需要对注册表进行添加和修改，要确保添加和修改的是正确的。

Windows 脚本宿主提供了脚本访问和操作注册表的能力，而其实现主要是通过 WshShell 对象的 RegRead、RegWrite 和 RegDelete 方法。RegRead 方法用于从注册表中返回项值或值名。可以返回以下 5 种类型的值。

● REG_SZ：字符串。

- REG_DWORD：数字。
- REG_BINARY：二进制。
- REG_EXPAND_SZ：可扩展的字符串（例如，"%windir"\\calc.exe）。
- REG_MULTI_SZ：字符串数组。

要想使用 RegRead 方法，先要创建 Shell 对象，脚本如下：

```
var WshShell = WScript.CreateObject("WScript.Shell");
```

建立 WshShell 对象后就可以使用它的 RegRead 方法，例如，下面脚本读取操作系统时区设置信息的 DaylightName 项的值：

```
var bKey =
WshShell.RegRead("HKEY_LOCAL_MACHINE\\SYSTEM\\CurrentControlSet\\Control\\TimeZoneInfor-
mation\\DaylightName");
if(bKey!="中国标准时间")
    WScript.Echo(bKey);
else
    WScript.Echo("OK!");
```

**注意**

对注册表进行检查是安装测试时经常要做的测试，而 JScript 为测试人员提供了一个轻量级自动化的途径。

## 18.3.3 利用 JScript 的 FileSystemObject 对象处理文件

在 JScript 中可以利用 FileSystemObject 对象来操作 COM 端口，调用方法如下：

```
var fso;
fso = new ActiveXObject("Scripting.FileSystemObject");
f = fso.OpenTextFile('COM1:', 2, false, 0);
//往端口写数据
f.Write(26);
```

FileSystemObject 对象的最主要用途还是用于处理文件系统相关的东西，如驱动器、文件夹、文件等。对于文件的处理，在平时的测试中可能会经常用到，例如读出某个 log 文件的信息、比较两个文本文件的内容、查看文件的属性等。

## 18.3.4 读取文件

读取文件可使用 TextStream 对象的 Read、ReadLine 或 ReadAll 方法来从文本文件读取数据。当需要从文件读取指定数量的字符时使用 Read 方法，当需要读取一整行时用 ReadLine 方法，读取文本文件的所有内容时用 ReadAll 方法。例如，下面脚本从文件中读出一行数据：

```
Var fso;
//创建 FileSystemObject 对象
Fso = new ActiveXObject("Scripting.FileSystemObject");
//打开文件
ts = fso.OpenTextFile("C:\\testfile.txt",1);
//读取一行数据
```

```
s = ts.ReadLine();
WScript.Echo(s);
//关闭文件
ts.Close();
```

## 18.3.5　创建文件

测试最常用到的是读取文件信息，但是有时候也要用到其他文件处理方法，例如创建 log 文件、往 log 文件添加数据等。创建空文本文件（有时被叫作"文本流"）有以下几种方法。

- CreateTextFile。
- OpenTextFile。
- OpenAsTextStream。

（1）最简单的当属第一种 CreatTextFile，脚本如下：

```
Var fso;
Var f1;
fso = new ActiveXObject("Scripting.FileSystemObject");
f1 = fso.CreateTextFile("c:\testfile.txt,true");
```

（2）添加数据到文件中也很简单，如下面代码：

```
f1.WriteLine("Testing");
```

WriteLine 方法用于向文件写数据，后续一个新行字符；Write 方法则不用后续一个新行字符；WriteBlankLines 方法则用于添加一个或多个空行。

（3）可用 FileExists 方法判断某个文件是否存在，例如：

```
Var fso;
Var s = "C:\\testfile.txt";
fso = new ActiveXObject("Scripting.FileSystemObject");
if(fso.FileExists(s))
        WScript.Echo(s+" exists");
else
        WScript.Echo(s + " not exists");
```

## 18.3.6　利用 JScript 操作 Excel

JScript 是轻量级的脚本语言，由于提供了 ActiveXObject 对象，其编程能力大大扩展，能调用任何通过 Automation 接口调用的对象，如 Excel。

Excel 是很多应用程序需要调用和操作的对象，例如输出报表数据到 Excel。对于这些输出结果的检查可以通过 JScript 轻松完成。当然，前提是对 Excel 的对象模型比较了解，例如知道 Excel 的几个主要类，即 Application、Workbook、Worksheet、Range 的使用方法以及它们之间的关系。

Application 对象表示整个应用程序，每个 Workbook 对象都包含 Worksheet 对象的一个集合。Range 则主要用于单元格抽象表示的对象，用于处理单个单元格或成组的单元格。在 JScript 中，通过 ActiveXObject 对象来启用并返回 Automation 对象的引用。例如，下面脚本创建 Excel 应用程序的对象引用：

```
Var ExcelApp;
ExcelApp = new ActicveXObject("Excel.Application");
```

另外，JScript 还提供 Getobject 函数，用于从文件中返回对 Automation 对象的引用。例如，下面脚本启动指定目录文件相关的应用程序的一个新实例：

```
Var CADobject;
CADObject = GetObject("C:\\CAD\\SCHEMA.CAD");
```

获得对 Excel 应用程序对象实例的引用后，就可以使用 Excel 中的各种对象和属性、方法了。例如，下面脚本新建一个表单，然后往第一个单元格插入文字，最后保存并退出 Excel：

```
var ExcelSheet;
//创建 Excel 对象
ExcelApp = new ActiveXObject("Excel.Application");
//创建 Excel 的 Sheet 对象
ExcelSheet = new ActiveXObject("Excel.Sheet");

//让 Excel 可见
ExcelSheet.Application.Visible = true;

//往第一行第一列所在的单元格插入一段文字
ExcelSheet.ActiveSheet.Cells(1,1).Value = "This is Column A, row 1";

//保存并退出
ExcelSheet.SaveAs("C:\\TEST.XLS");
ExcelSheet.Application.Quit();
```

而下面的脚本则用于打开某个 Excel 表，然后读出第一个单元格的文字：

```
var ExcelSheet;
//创建 Excel 对象
ExcelApp = new ActiveXObject("Excel.Application");
//打开 Excel 文件
ExcelApp.Workbooks.Open("C:\\TEST.XLS");

//选择 Sheet
ExcelSheet = ExcelApp.ActiveWorkbook.Sheets(1).Select();
//让 Excel 可见
ExcelApp.Visible = true;

//读取第一个单元格的值
var abc = ExcelApp.ActiveWorkbook.Sheets(1).Cells(1,1).Value;
WScript.Echo(abc);
```

## 18.3.7 在 JScript 中运行应用程序

与 C++、C#、Java 等编程语言相比，脚本语言更适合于创建短小的应用程序以便快速解决小问题。在很多情况下，脚本很适合于实现手动任务的自动化，例如，操作 Windows 环境、运行其他程序、使登录过程自动化、向应用程序发送按键顺序等。

在测试过程中，有时候希望调用一些提供命令行接口的程序，来使用它们提供的功能帮助实现某些自动化的过程，例如，调用 WinRAR 的命令行参数对文件进行压缩等。现在就来看一下，在 JScript 中是如何运行其他程序的。

（1）第一种方法是使用 WshShell 对象的 Run 方法。

WshShell 对象提供了对本地 Windows 外壳程序的访问能力。可用 CreateObject 方法创建 WshShell 对象，例如：

```
var wsh = WScript.CreateObject("WScript.Shell");
```

使用 WshShell 对象的 Run 方法可以启动外部程序，例如，下面脚本启动一个记事本程序：

```
wsh.Run("%windir%\\notepad");
```

而下面脚本则运行命令行窗口，执行 DIR 命令：

```
wsh.Run("cmd /K cd C:\ & Dir");
```

（2）第二种方法是使用 WshShell 对象的 Exec 方法。

Exec 方法在子命令外壳程序中运行应用程序，提供对 StdIn/StdOut/StdErr 流的访问。Exec 方法返回 WshScriptExec 对象，它提供有关用 Exec 方法运行的脚本状态和错误信息。例如，下面脚本运行计算器后，判断运行状态：

```
var oExec = wsh.Exec("calc");
//如果状态为 0，则一直循环等待
while(oExec.Status == 0 )
{
  WScript.Sleep(100);
}
WScript.Echo(oExec.Status);
```

（3）第三种方法是使用 WshController 对象的 CreateScript 方法来创建对远程脚本过程的访问。

返回的 WshRemote 对象可以使用 Execute 方法来执行远程服务器上的脚本，例如，下面脚本执行 remoteserver 服务器上的 test.js 脚本：

```
var Controller = WScript.CreateObject("WSHController");
var RemoteScript = Controller.CreateScript("test.js","remoteserver");
RemoteScript.Execute();
```

## 18.3.8  在 JScript 中使用 WMI

WMI 的全称是 Windows Management Instrumentation，即 Windows 管理规范。通过 WMI，可以访问和管理几乎所有 Windows 资源。

- 性能参数。
- 文件系统。
- 注册表。
- 服务。
- 操作系统设置。
- 事件日志。
- 进程。

JScript 通过创建 winmgmts 对象可以获取 WMI 的任何管理对象的实例。例如，下面脚本获取的是内存管理对象：

```
Var Win32Memory =
GetObject("winmgmts:").InstancesOf("Win32_LogicalMemoeryConfiguration");
```

```
for(e= new Enumerator(Win32Memory);!e.atEnd();e.moveNext())
    WScript.Echo(e.item().TotalPhysicalMemory);
```

在测试过程中，经常需要监视 Windows 的资源使用情况，例如，看服务的状态如何、性能表现如何等，JScript 透过 WMI 的访问，提供了简单的获取这些信息的方法。下面脚本查找 Windows 服务中的 Themes 服务，并显示状态：

```
Win32Service= GetObject("winmgmts:").InstancesOf("Win32_Service");
for(e = new Enumerator(Win32Service);!e.atEnd();e.moveNext())
{
    service = e.item();
    //判断是否为主题服务
    if(service.Name=="Themes")
    {
        //显示服务的状态
        WScript.Echo(service.Description+ " " +service.Status);
    }
}
```

WMI 规范的用途非常类似于汽车控制面板上的仪表板所提供的用途。仪表板可以监视各种组件（如油量表）的信息，指示器则告诉驾驶者各种事件何时发生（如开门警报）。所有这些仪器的使用使驾驶者可以决定如何驾驶和维护自己的汽车。

 **说明**

> 对于测试而言，WMI 提供给测试人员的是方便地监视、诊断被测试程序状态以及对操作系统的更改和影响的作用。

## 18.3.9 在 JScript 中访问网络

测试过程中有时仅仅访问本机器上的资源是不够的，还需要访问网络上的共享资源。利用 WshNetWork 对象，JScript 可以轻松创建对网络的访问。

（1）可通过 CreateObject 方法创建 WshNetWork 对象，具体如下：

```
var WshNetWork = WScript.CreateObject("WScript.NetWork");
```

创建 NetWork 对象后，就可以访问它的属性 UserDomian、ComputerName、UserName 来获得本地计算机所在的域、计算机名、用户名，例如：

```
WScript.Echo(WshNetWork.UserDomain);
WScript.Echo(WshNetWork.ComputerName);
WScript.Echo(WshNetWork.UserName);
```

（2）可以通过 MapNetWorkDrive 方法来将共享网络驱动器添加到计算机中。例如，把 Server 服务器上共享的 Public 目录影射为本地硬盘分区：

```
WshNetWork.MapNetWorkDrive("F:","\\\\Server\\Public","True","userName","password");
```

还可以通过 EnumNetworkDrivers 方法来枚举当前已经影射的网络驱动器，使用 RemoveNetWorkDrive 方法删除一个网络驱动器，例如，把 F 盘的影射关系解除：

```
WshNetWork.RemoveNetWorkDrive("F:");
```

（3）除了访问网络共享驱动器外，还可以访问网络打印机。使用 AddWindowsPrinter Connection 方法来连接一个网络打印机，例如，把 printserv 服务器上的打印机连接到本地：

```
WshNetWork.AddWindowsPrinterConnection("\\\\printserv\\DefaultPrinter");
```

还可以用 SetDefaultPrinter 方法将远程打印机指派为默认打印机：

```
Var PrintPath = \\\\printserv\\DefaultPrinter;
WshNetWork.SetDefaultPrinter (PrintPath);
```

当然，可添加的同时也可移除。可以通过 RemovePrinterConnnection 来从计算机中删除共享网络打印机连接。

## 18.3.10  在 JScript 中使用正则表达式

任何一种编程语言，如果缺少了对正则表达式的支持，都会极大地影响生命力，对于那些字符串处理能力不强的语言来说更是如此。

 说明

> 正则表达式源于神经网络的研究，后来被广泛地应用在基于文本的编辑器和搜索工具中。

正则表达式给 JScript 的字符串处理能力带来了明显的改善。JScript 通过正则表达式对象 RegExp 来使用正则表达式的各种方法。例如，使用正则表达式匹配并返回需要查找的字符：

```
Var r,re;
Var s ="The rain in Spain falls mainly in the plain";
re = new RegExp("Spain","i");
//搜索匹配正则表达式所指的字符串
r = s.match(re);
return(r);
```

（1）RegExp 主要包含以下几个方法。

- exec。
- match。
- replace。
- search。
- split。
- test。

其中，在测试中较常用的方法是 exec、search、match。exec 方法使用正则表达式模式在字符串中运行查找，并返回包含该查找结果的一个数组，使用方法如下：

```
regExp.exec(str)
```

search 方法用于返回与正则表达式查找内容匹配的第一个字符串的位置，使用方法如下：

```
StringObj.search(rgExp)
```

match 方法使用正则表达式模式对字符串执行查找，并将包含查找的结果作为数组返回，使用方法如下：

```
StringObj.match(rgExp)
```

（2）下面列出一些测试工作中经常使用的正则表达式模式。

- /^\[ \t]*$/：用于匹配一个空白行。

- /<(.*)>.*<\/\1>/：用于匹配一个 HTML 标记。
- /[A-Za-z0-9]/：用于匹配任何大写或小写字母或数字。
- \s：用于匹配任何空白符，包括空格、制表符、换页符等。

## 18.3.11　使用 JScript 发送邮件

CDO（Collaboration Data Objects），在以前的版本中叫 OLE Message、Active Message，是一个高层次的 COM 对象，可用于简单地访问邮件系统、发送邮件。在 JScript 中可以方便地调用此对象进行消息发送。

（1）要利用 CDO 发送邮件，首先必须创建 CDO 的 Message 和 Configuration 对象，例如：

```
var iMsg;
var iConf;
iMsg=WScript.CreateObject("CDO.Message");
iConf=WScript.CreateObject("CDO.Configuration");
```

（2）创建 CDO.Configuration 对象后，需要设置邮件服务器的端口、用户账号等相关信息，例如：

```
iConf.Fields("http://schemas.microsoft.com/cdo/configuration/sendusing")=2;
iConf.Fields("http://schemas.microsoft.com/cdo/configuration/smtpserver")="tr-mail";
iConf.Fields("http://schemas.microsoft.com/cdo/configuration/serverport")="25";
iConf.Fields("http://schemas.microsoft.com/cdo/configuration/smtpauthenticate")=1;
iConf.Fields("http://schemas.microsoft.com/cdo/configuration/sendusername")="username";
iConf.Fields("http://schemas.microsoft.com/cdo/configuration/sendpassword")="password";
iConf.Fields("http://schemas.microsoft.com/cdo/configuration/smtpusessl")=1;
iConf.Fields.Update();
```

（3）通过 CDO 的 Message 对象设置邮件主题、附件、发送人等信息，例如：

```
iMsg.Configuration = iConf;
iMsg.To = "SendToUserName";
iMsg.From = "SendFormUserName";
iMsg.Subject = "Subject";
iMsg.AddAttachment("C:\test.txt");
iMsg.TextBody = "";
iMsg.Send();
```

（4）最后，通过 Send 方法发送邮件。

> **技巧**
>
> CDO 的消息发送能力在自动化测试中可能会用到，尤其是在构建自动化测试框架时可以利用它来发送测试结果，也可在每日构建中通知项目组成员构建的相关信息。

## 18.3.12　JScript 脚本的调试方法

一般的脚本程序都比较短小精悍，因此需要进行调试的机会不多。但是，有些时候，如果碰到内部逻辑比较复杂的脚本或者一些莫名其妙的问题时，调试还是很有必要的。问题是如果只有一个记事本，没有任何其他工具时，如何调试呢？一般在这种情况下，可以使用简单的调试方法，例如，在脚本中插入 Echo 语句以字符串方式显示出需要监视的变量值，代码如下：

```
var a;
WScript.Echo(a);
var a = 1;
WScript.Echo(a);
```

这种方式方便易行，可以随时进行。当然如果想要使用调试器来调试也可以，只需要在命令行用脚本引擎的 X 选项来启动脚本即可，代码如下：

```
WScript //X C:\Debug.js
```

执行过程中会弹出提示，问是否选择一个调试器进行调试，只需选择其中一个支持 JScript 脚本调试的开发工具调试器即可，图 18.5 是一个 JScript 脚本在 Visual Studio.NET 2005 中的调试界面。

图 18.5　JScript 脚本在 Visual Studio.NET 2005 中的调试

# 18.4　简易自动化测试

自动化测试并不一定都需要采用 QTP 这些商业工具才能开展，利用一些编程接口，我们也可以采用自己熟悉的语言来开发自动化测试脚本实现自动化测试。

## 18.4.1　使用 VBScript 进行 Web 自动化测试

由于 VBScript 和 JScript 一样，作为 Windows 脚本语言，可以方便地调用 COM 组件，而 IE 浏览器支持 COM 接口调用，因此可以使用 VBScript 方便地控制 IE 浏览器，例如下面的脚本调用 IE 浏览器访问笔者的博客：

```
Dim IE
' 创建 IE 对象
Set IE = CreateObject("InternetExplorer.Application")
' 设置 IE 浏览器，并导航到指定页面
With IE
.left=200
.top=200
.height=400
.width=400
.menubar=0
.toolbar=1
.statusBar=0
.navigate "http://blog.csdn.net/testing_is_believing"
.visible=1
End With
Do while IE.busy
loop
Set IE = Nothing
WScript.Quit(0)
```

通过 IE 浏览器的 COM 接口还可以进一步地访问 HTML DOM，从而访问和控制 Web 页面元素，实现 Web 页面的自动化测试，事实上很多自动化测试工具就是采用这样的原理开发的。AUTOnomyV 就是这样一个，下载地址是 dijohn-ic 网站。

## 18.4.2　利用 UI Automation 实现 GUI 自动化测试

UI Automation 是一个新的用于自动化测试的技术，随着.NETFX 3.5 的发布而发布。UI Automation 是在 MSAA（Microsoft Active Accessibility）基础上建立的。

MSAA 类似 DCOM 技术。技术模型是这样的，UI 程序可以暴露出一个 Interface，方便另一个程序对其进行控制。MSAA 技术的初衷是为了方便残疾人使用 Windows 程序。比如盲人看不到窗口，但是盲人可以通过一个 USB 读屏器连接到电脑上，读屏器通过 UI 程序暴露出来的这个 Interface，就可以获取程序信息，通过盲文或者其他形式传递给盲人。

利用 MSAA 暴露的接口，我们可以操纵被测试的软件，从而实现自动化测试，这是某些自动化测试工具所采用的机制，例如 TestComplete 在测试 Flash/Flex 软件时就是通过 MSAA 来访问的。

UI Automation 是微软从 Windows Vista 开始推出的一套全新 UI 自动化测试技术，简称 UIA。在最新的 Windows SDK 中，UIA 和 MSAA 等其他支持 UI 自动化技术的组件放在一起发布，叫作 Windows Automation API。由图 18.6 所示的 UI Automation 架构图可以看到，UI Automation 兼容了 MSAA 的功能，而且 UI Automation 是专门为解决 UI 自动化测试而设计的，定义了全新的、针对 UI 自动化的接口和模式，因此通过 UI Automation 接口可以解决 Windows 界面的大部分自动化测试。

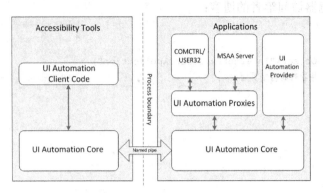

图 18.6　UI Automation 架构图

下面是用 C#写的代码，利用了 UI Automation 来实现计算器的界面自动化测试：

```
using System;
using System.Windows.Automation;
using System.Windows;

namespace CalcClient
{
    class CalcAutomaticClient
    {
        AutomationElement calcWindows = null;//计算器主窗口程序

        //UI spy 识别的 ID
        string resultTestAutoID = "403";
        string btn5AutoID = "129";
        string btn3AutoID = "127";
        string btn2AutoID = "126";
        string btnPlusAutoID = "92";
        string btnSubAutoID = "93";
        string btnEqualAutoID = "112";

        static void Main(string[] args)
        {
            CalcAutomaticClient autoClient = new CalcAutomaticClient();
            //创建新窗口打开事件回调，只有等计算器窗口打开后，测试才能开始
            AutomationEventHandler eventHandler = new
                AutomationEventHandler(autoClient.OnWindowOpenOrClose);
            //把事件挂接到桌面根元素，开始监听
            Automation.AddAutomationEventHandler(WindowPattern.WindowOpenedEvent,
                AutomationElement.RootElement, TreeScope.Children, eventHandler);

            //启动计算器事件，当计算器窗口打开后，新窗口事件会得到触发
            System.Diagnostics.Process.Start("calc.exe");
            //等待执行
            Console.ReadLine();
        }

        void OnWindowOpenOrClose(object src, AutomationEventArgs e)
        {
```

```
        if (e.EventId != WindowPattern.WindowOpenedEvent)
        {
            return;
        }

        AutomationElement sourceElement;

        try
        {
            sourceElement = src as AutomationElement;
            //检查新引发窗口打开事件的窗口是否是计算器
            //在正式代码中, 为了支持本地化测试, 字符串应该从资源文件中读取
            if (sourceElement.Current.Name == "计算器")
            {
                calcWindows = sourceElement;
            }
        }
        catch (ElementNotAvailableException)
        {
            return;
        }

        //开始执行测试
        ExecuteTest();
    }

void ExecuteTest()
{
    //执行 3+5-2
    //调用 ExecuteButtonInvoke 函数进行按钮单击
    ExecuteButtonInvoke(btn3AutoID);
    ExecuteButtonInvoke(btnPlusAutoID);
    ExecuteButtonInvoke(btn5AutoID);
    ExecuteButtonInvoke(btnSubAutoID);
    ExecuteButtonInvoke(btn2AutoID);
    ExecuteButtonInvoke(btnEqualAutoID);

    //调用函数获取计算器输出窗口值
    if (GetCurrentResult().Trim() == "6.")
    {
        Console.WriteLine("Execute Pass!");
        return;
    }
    Console.WriteLine("Execute Fail");

}

void ExecuteButtonInvoke(string automationID)
{
    //捕获按钮条件, 该条件中有两个判断
    //分别判断 AutomationID 是否为指定字符串
    //以及控件类型是否为按钮
    Condition conditions = new AndCondition(
```

```
        new PropertyCondition(AutomationElement.AutomationIdProperty, automationID),
        new PropertyCondition(AutomationElement.ControlTypeProperty,
            ControlType.Button));

    AutomationElement btn = calcWindows.FindAll(TreeScope.Descendants, conditions)[0];
    //获取按钮的 InvokePattern 接口
    InvokePattern invokeptn = (InvokePattern)btn.GetCurrentPattern(InvokePattern. Pattern);
    //调用 invoke 接口，完成按钮单击
    invokeptn.Invoke();
}

string GetCurrentResult()
{
    Condition conditions = new AndCondition(
        new PropertyCondition(AutomationElement.AutomationIdProperty, resultTestAutoID),
        new PropertyCondition(AutomationElement.ControlTypeProperty,
            ControlType.Edit));

    AutomationElement btn = calcWindows.FindAll(TreeScope.Descendants, conditions)[0];

    //读取 test 控件的名字，该名字即为输出字符串
    //return btn.Current.Name;
    return btn.GetCurrentPropertyValue(ValuePatternIdentifiers.ValueProperty).ToString();
}
}
}
```

# 18.5 设计一个性能测试框架

本节介绍一个简单的性能测试框架的构建过程。读者可在此基础上扩展自己需要的、适合测试项目的性能测试程序。

## 18.5.1 性能测试的基本原理

对流行的性能测试工具稍加分析就可以知道，它们的基本原理都是一致的。在客户端通过多线程或多进程模拟用户访问，对服务器端施加压力，然后在过程中监控和收集性能数据，如图 18.7 所示。

因此，可以自己设计一个类似的性能测试框架。这个性能测试框架包括以下主要部分。

● Controller：控制程序，用于控制整个测试过程，向各个客户端发出执行测试的命令，收集客户端和服务器的性能参数。

● Agent：代理程序，部署在各个客户端，用于响应 Controller 的命令执行测试。

● VU：虚拟用户，用于模拟用户的操作，产生对服务器的压力。

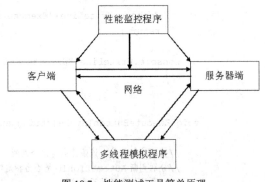

图 18.7 性能测试工具简单原理

自己设计性能测试框架的好处是：可以按自己的思路来设计性能测试，可扩展性强，可加入更多的验证手段。另外在一些特殊的场合，测试工具可能不支持的协议或环境下，只能自己动手编写性能测试程序来完成测试工作。

## 18.5.2 Controller 的简单设计

Controller 主要实现的功能是集中调度客户端的代理。需要列举出参加测试的客户机的 IP 地址，以便给它们发送命令。一个简单的界面设计如图 18.8 所示。

Controller 与 Agent 之间可以用 UDP 协议来通信。需要定义出命令消息的协议，以便 Agent 解析出 Controller 发出的不同信息，从而执行不同的命令。一个简单的思路是把命令消息简单化，把具体的命令（或测试脚本）都部署在 Agent 端。可以设计出如下格式的命令消息：

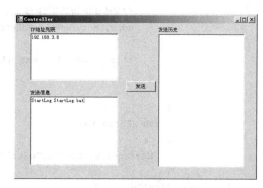

图 18.8 Controller 的界面

[命令] [包含命令的脚本文件名]

中间用空格隔开，Agent 在接收到这样的 UDP 消息后，可以解释空格符，然后读出需要执行的命令文件。Contrller 端的 C#代码如下：

```csharp
using System;
using System.Collections.Generic;
using System.ComponentModel;
using System.Data;
using System.Drawing;
using System.Text;
using System.Windows.Forms;
using System.Net;
using System.Net.Sockets;

namespace RemoteAgent
{
    public partial class Form1 : Form
    {
        public Form1()
        {
            InitializeComponent();
        }

        private void button1_Click(object sender, EventArgs e)
        {
            //使用 1980 端口
            UdpClient udpClient = new UdpClient(1980);
            try
            {
                //获得输入的命令
```

```
        Byte[] sendBytes = Encoding.ASCII.GetBytes(this.textBox1.Text);

        //发送给所有列出的客户端
        for (int i = 0; i < this.textBox2.Lines.Length; i++)
        {
            //读取一个IP地址
            string ip = this.textBox2.Lines[i].Trim();

            //发送UDP消息到IP地址的11000端口
            udpClient.Send(sendBytes, sendBytes.Length, ip, 11000);

            this.listBox1.Items.Add("消息发送给 " + ip + " : " + this.textBox1.Text);
        }
    }
    catch (Exception ex)
    {
        MessageBox.Show(ex.ToString());
    }
    finally
    {
        //关闭UDP连接
        udpClient.Close();
    }
}
```

## 18.5.3 Agent 的简单设计

Agent 端主要负责监听 Controller 发出的消息，在接收到消息后进行解析，然后根据解析命令执行某些测试脚本、批处理文件等。Agent 的界面设计如图 18.9 所示。

图 18.9　Agent 界面

Agent 端的 C#代码如下：

```csharp
using System;
using System.Collections.Generic;
using System.ComponentModel;
using System.Data;
using System.Drawing;
using System.Text;
using System.Windows.Forms;
using System.Net;
using System.Net.Sockets;
using System.Threading;
using System.Diagnostics;


namespace Agent
{
    public partial class Form1 : Form
    {
        public Form1()
        {
            InitializeComponent();
        }

        bool running;

        //监听 11000 端口
        UdpClient udpClient = new UdpClient(11000);

        List<string> MessageList = new List<string>();

        private void button1_Click(object sender, EventArgs e)
        {
            this.toolStripStatusLabel1.Text = "开始监听";

            running = true;

            //启动一个线程来接收数据
            Thread ListeningThread = new Thread(new ThreadStart(ReceiveData));

            ListeningThread.Start();
        }

        private void ReceiveData()
        {
            while (running == true)
            {
                try
                {
                    IPEndPoint RemoteIpEndPoint = new IPEndPoint(IPAddress.Any ,0 );

                    //接收数据
                    Byte[] receiveBytes = udpClient.Receive(ref RemoteIpEndPoint);
                    string returnData = Encoding.ASCII.GetString(receiveBytes);
```

```
//如果命令是 StartLog
if (returnData.ToString().StartsWith("StartLog"))
{
    //解释出启动 Log 的批处理文件名
    String StartLogFileName = returnData.ToString().Split(' ')[1].ToString();
    Process p = new Process();
    p.StartInfo.FileName = StartLogFileName;
    p.Start();
}

//如果命令是 StopLog
if (returnData.ToString().StartsWith("StopLog"))
{
    //解释出停止 Log 的批处理文件名
    String StopLogFileName = returnData.ToString().Split(' ')[1].ToString();
    Process p = new Process();
    p.StartInfo.FileName = StopLogFileName;
    p.Start();
}

//如果命令是 Time
if (returnData.ToString().StartsWith("Time"))
{
    //解析出设置时间的批处理文件
    String SetTimeFileName = returnData.ToString().Split(' ')[1].ToString();
    //解析出需要设置的时间
    String Time = returnData.ToString().Split(' ')[2].ToString();
    Process p = new Process();
    p.StartInfo.FileName = SetTimeFileName;
    p.StartInfo.Arguments = Time;
    p.Start();
}
}
catch(Exception ex)
{
    MessageBox.Show(ex.ToString());
    running=false;
}
}
if(running == false)
{
    //关闭 UDP 连接
    udpClient.Close();
}
}
}
}
```

在这个程序中，把命令的格式和命令参数等都写在程序中，读者在实现自己的性能测试框架时，可以把这方面设计得更加灵活。在这里，监听并解析出 StartLog、StopLog、Time 命令，然后执行当前目录下相应的批处理文件。

（1）StartLog.bat 的批处理文件如下：

```
logman start perf_log
```

logman 是 Windows 的性能监控工具 perfmon 的命令行程序，在这里由 logman 启动对之前就设置好的 perf_log 性能日志的监控，记录到性能日志文件中。在性能测试过程中必须监控服务器和某些客户端的机器的性能参数变化情况，这个命令提供了在测试过程中记录性能参数的机制。

（2）在测试结束时，需要停止性能参数的监控，只需要由 Controller 发送一个 StopLog 命令让 Agent 执行 StopLog.bat 文件即可。StopLog.bat 的批处理文件如下：

```
logman stop perf_log
```

（3）在性能测试过程中通常需要记录响应时间，如果参与测试机器的时间没有同步，就可能造成测试记录的时间差异。因此，可以让 Contrller 发送时间同步命令，各 Agent 接收到 Time 命令后，解析出需要同步的时间值，执行时间同步的批处理文件。Time.bat 的批处理文件如下：

```
Time %1
```

参数%1 表示同步的时间，由 Agent 调用时传入。

## 18.5.4 虚拟用户的产生

现在，有了 Controller 和 Agent，它们之间通过 UDP 消息来同步。Agent 可以接收 Controller 发出的特定命令。此时还缺少一个核心模块，即测试的执行模块。

测试执行程序用于产生并发的用户访问服务器的效果。一个简单的实现方式是，通过某些工具截获应用程序的客户端与服务器之间的通信内容，然后进行参数化，再由一个协议模拟器加载这些通信的内容进行回放，再用多线程的方式调用这个协议模拟器，使其不断地给服务器施加压力。但是这种方式需要在协议是可模拟的情况下，并且需要编写复杂的协议模拟器。很多时候，软件应用系统采用的是自定义的协议。

在这种情况下，只能采用另外一种办法，就是让程序员把与服务器交互的核心代码封装成一个可被调用的类或组件，然后用多线程的方式调用。一个简单的实现代码如下：

```
private void startTest()
{
    //循环启动多个线程，调用测试核心方法
    for(int i=0;i<Count;i++)
    {
        Thread thread = new Thread(new ThreadStart(TestInvoke));
        thread.Start();
        //按需要间隔一段时间
        Thread.Sleep(Interval);
    }
}

//测试的核心调用方法
private void TestInvoke()
{
    //调用被测试程序访问服务器
}
```

需要注意的是，有些被测试应用程序是线程安全的，也就是说不能通过多线程的方式调用，这时就需要改用多进程的方式调用。

在应用这个框架进行测试的过程中，需要注意负载平衡的问题。也就是说，用于产生压力的 Agent 机器不能启动过多的线程或进程，以致对 Agent 自己所在的机器造成过大的压力，适当增加多台机器来启动虚拟用户的执行。

综上所述，这个性能测试框架的总体架构可以归纳为如图 18.10 所示。

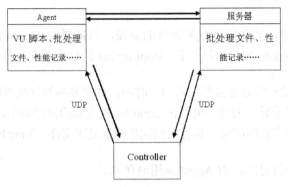

图 18.10　性能测试框架总体架构

# 18.6　正交表测试用例自动生成工具的设计

在前面的章节讲到过正交表设计测试用例的方法以及正交表设计测试用例的好处，但是在利用正交表设计测试用例的时候，通常碰到的困难是如何正确地使用正交表、如何寻找合适的正交表、没有适合的正交表时如何进行转换和拟合。

缺乏自动化的方式，应用正交表设计测试用例将是一件很烦琐和困难的工作。本节介绍一个正交表测试用例自动生成工具的设计过程。这个工具的界面如图 18.11 所示。

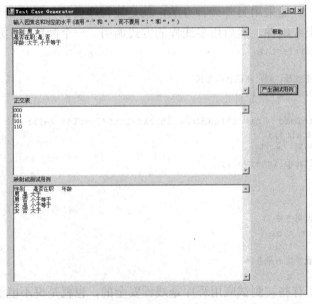

图 18.11　正交表测试用例自动生成工具的界面

测试人员只需要输入各项条件以及条件包含的各项元素，单击"产生测试用例"按钮就可以自动查找匹配的正交表，并映射成测试用例。下面一步步地介绍这个工具的设计方法。

## 18.6.1　正交表类的设计

读入一个包含多个正交表的文件，然后分析是否有合适的正交表。可对正交表数据文件进行修改或添加，以便能查找出完全相符的正交表，但需严格遵循文件定义的格式。正交表的格式如下：

```
2^3     n=4
000
011
101
110
```

其中 2 表示因素，3 表示水平，4 表示试验的行数。首先按正交表的对象抽象出一个正交表类并进行设计，C#代码如下：

```csharp
 //因素类
public class Factors
{
    private string m_FactorName;
    private List<string> m_Levels = new List<string>() ;

    public string FactorName
    {
        get { return m_FactorName; }
        set { m_FactorName = value; }
    }

    public List<string> Levels
    {
        get { return m_Levels; }
        set { m_Levels = value; }
    }

}


//L 行数 (水平数^因素数)
public class UniFormTable
{
    private int m_Runs;//行数, 正交表中行的个数, 即试验的次数

    private int m_FactorLevelCount;//如果等于 1, 则是等水平正交表

    private int[] m_Factors;//因素数 (Factors): 正交表中列的个数

    private int[] m_Levels;//水平数 (Levels): 任何单个因素能够取得的值的最大个数。正交表中包含
                           //的值为从 0 到 "水平数-1" 或从 1 到 "水平数"

    private string[,] m_TableMatrix;          //正交矩阵表数据
```

```csharp
        private string[] m_TableMatrixString;      //整块的正交矩阵表数据

        public int Runs
        {
            get { return m_Runs; }
            set { m_Runs = value; }
        }

        public int FactorLevelCount
        {
            get { return m_FactorLevelCount; }
            set { m_FactorLevelCount = value; }
        }
        public int[] Factors
        {
            get { return m_Factors; }
            set { m_Factors = value; }
        }
        public int[] Levels
        {
            get { return m_Levels; }
            set { m_Levels = value; }
        }

        public string[,] TableMatrix
        {
            get { return m_TableMatrix; }
            set { m_TableMatrix = value; }
        }

        public string[] TableMatrixString
        {
            get { return m_TableMatrixString; }
            set { m_TableMatrixString = value; }
        }

    }
```

## 18.6.2　加载正交表文件

在程序启动时就把正交表文件加载进来，并且对每一个正交表进行解析，把各个正交表的因素、水平等都解释出来，并存储到正交表对象中，代码如下：

```csharp
        private void Form1_Load(object sender, EventArgs e)
        {

            //读入文件
            String[] str = File.ReadAllLines("ts723_Designs.txt");

            //解析出每一个正交表
```

```
for (int i = 0; i < str.Length; i++)
{
    if (str[i].Contains("^"))
    {

        UniFormTable TableFactors = new UniFormTable();

        string sss = str[i];
        int index1= sss.IndexOf('=');
        int length = sss.Length - index1 -1;

        //行数
        TableFactors.Runs=int.Parse(sss.Substring(index1 + 1,length).Trim());

        //因素
        string s2=sss.Substring(0,index1-1).Trim();
        TableFactors.FactorLevelCount=s2.Split(' ').Length;
        TableFactors.Factors = new int[TableFactors.FactorLevelCount];
        TableFactors.Levels  = new int[TableFactors.FactorLevelCount];
        for(int j=0;j<TableFactors.FactorLevelCount;j++)
        {
            //因素
            TableFactors.Factors[j] =int.Parse( s2.Split(' ')[j].Split('^')[1]. ToString());
            //水平
            TableFactors.Levels[j] =int.Parse( s2.Split(' ')[j].Split('^')[0]. ToString());
        }

        //总因素数
        int TotalFactorCount = 0;
        for (int ss = 0; ss < TableFactors.FactorLevelCount; ss++)
        {
            TotalFactorCount = TotalFactorCount + TableFactors.Factors[ss];
        }

        TableFactors.TableMatrixString = new string[TableFactors.Runs];
        TableFactors.TableMatrix = new string [TableFactors.Runs,TotalFactorCount];

        //"^"的下一行开始
        string MatrixString="";
        int indexs=0;
        for(int ll=i+1;ll<str.Length;ll++)
        {
         if(str[ll].Trim()=="")
         {
            break;
         }

            int lcont=0;
            int eee = 0;
            for(int bb=0;bb<TableFactors.Factors.Length;bb++)
            {
```

```
                              for (int cc = 0; cc < TableFactors.Factors[bb]; cc++)
                              {
                                  //水平数的占位长度
                                  int levelwidth = 0;
                                  if (TableFactors.Levels[bb] <= 10)
                                  {
                                      levelwidth = 1;
                                  }
                                  else if (TableFactors.Levels[bb] <= 100)
                                  {
                                      levelwidth = 2;
                                  }

                                  TableFactors.TableMatrix[indexs, eee++] = str[ll].Substring(lcont,
                                  levelwidth);
                                  lcont = lcont + levelwidth;
                              }
                          }

                          TableFactors.TableMatrixString[indexs++]= str[ll];

                      }

                      UniFormTableList.Add(TableFactors);
                  }
              }
          }
```

## 18.6.3  解释输入

输入因素及相应的水平的格式如下：

```
性别:男,女
是否在职:是,否
年龄:大于,小于等于
```

每行一个因素，因素名与水平之间用“:”隔开，水平之间用“,”隔开。需要对输入的内容进行解释，分析出因素和水平，以便后面根据这些因素数和水平数查找匹配的正交表。代码如下：

```
//解析用户输入的因素数和水平数
if (InPut.Text.Length <= 0)
{
        MessageBox.Show("输入因素名和对应的水平\n(请用“:”和“,”,而不要用“:”和“,”)\n\n例如:\n
性别:男,女\n是否在职:是,否\n年龄:大于30,小于等于30\n");
        return;
}

List<Factors> MyFactors = new List<Factors>();

for(int i=0;i<InPut.Lines.Length;i++)
{
```

```
        if (InPut.Lines[i].Trim() != "")
        {
        //用 ":" 分隔因素名和水平
        int index1 = InPut.Lines[i].IndexOf(':');
        Factors f = new Factors();
        f.FactorName = InPut.Lines[i].Substring(0, index1);

        int length = InPut.Lines[i].Length - index1 -1;
        string sss = InPut.Lines[i].Substring(index1 + 1, length);

        //用 "," 分隔各个水平
        for (int j = 0; j < sss.Split(',').Length; j++)
        {
            f.Levels.Add(sss.Split(',')[j].ToString());
        }
        MyFactors.Add(f);
        }
    }
```

## 18.6.4   查找正交表

解释出输入的因素和水平后，就可以根据这些因素和水平来查找匹配的正交表。按照正交表的分类，可以有 3 种情况。

- 因素数（变量）、水平数（变量值）相符。
- 因素数不相同。
- 水平数不相同。

查找按以下逻辑过程进行。

（1）首先看标准正交表是否适用。如果输入的水平数相等，则查找正交表中水平数等于指定水平数、因素数等于指定因素数的标准正交表，如果存在，则找到因素数（变量）、水平数（变量值）相符的正交表。

（2）如果水平数相等，但是在正交表中找不到因素数等于指定因素数的标准正交表，则查找大于等于指定因素数且最接近的标准正交表。

（3）否则，则是混合水平正交表，各因素的水平数不相同。先看能否查找到刚好合适的混合水平正交表。

（4）如果找不到刚好合适的混合水平正交表，则查找表中列数（因素数之和）大于等于指定因素数之和，且每一个不同的指定水平数都被涵盖。

例如，查找标准正交表的代码如下：

```
//看标准正交表是否适用
bool isCase1=true;
int count=MyFactors[0].Levels.Count;
for(int i=1;i<MyFactors.Count;i++)
{
    if(count!=MyFactors[i].Levels.Count)
    {
        isCase1=false;
```

```
            break;
        }
    }
```

　　如果是标准正交表，则分两种情况对待：一是水平数相等，查找正交表中水平数等于指定水平数、因素数等于指定因素数的标准正交表，看是否存在；二是水平数相等，但是在正交表中找不到因素数等于指定因素数的标准正交表，就查找大于等于指定因素数且最接近的标准正交表。

　　查找标准正交表的代码如下：

```
#region 标准正交表
if (isCase1 == true)
{
//情况1：水平数相等，查找正交表中水平数等于指定水平数、因素数等于指定因素数的标准正交表，看是否存在
    bool found=false;
    for (int i = 0; i < UniFormTableList.Count; i++)
    {
        if (UniFormTableList[i].FactorLevelCount == 1)
        {
            if (UniFormTableList[i].Factors[0] == MyFactors.Count)
            {
                if (UniFormTableList[i].Levels[0] == MyFactors[0].Levels.Count)
                {
                    //找到因素数（变量）、水平数（变量值）相符的正交表
                    OutPut.Clear();
                    for(int j=0;j<UniFormTableList[i].TableMatrixString.Length;j++)
                    {
                        OutPut.AppendText(UniFormTableList[i].TableMatrixString[j]+"\n");
                    }
                    MessageBox.Show("L" + UniFormTableList[i].Runs.ToString() + "(" +
UniFormTableList[i].Levels[0].ToString() + "^" + UniFormTableList[i].Factors[0].ToString() + ")");

                    //匹配
                    MapOutPut.Clear();
                    for (int aa = 0; aa < MyFactors.Count; aa++)
                    {
                        MapOutPut.AppendText(MyFactors[aa].FactorName + "   ");
                    }
                    MapOutPut.AppendText("\n\n");

                    UniFormTable TestCaseTable = new UniFormTable();
                    TestCaseTable = UniFormTableList[i];

                    //列
                    for (int aa = 0; aa < MyFactors.Count; aa++)
                    {
                        //行
                        for (int bb = 0; bb < TestCaseTable.Runs; bb++)
                        {
                            int levelcount=MyFactors[aa].Levels.Count - 1;
                            for (int cc = 0; cc < levelcount+1; cc++)
```

```
                    {
                        if (TestCaseTable.TableMatrix[bb, aa].Trim() == cc.ToString())
                        {
                            TestCaseTable.TableMatrix[bb, aa] = MyFactors[aa].Levels[cc];
                        }
                    }
                }
            }
        }

        for (int aa = 0; aa < TestCaseTable.Runs; aa++)
        {
            for(int bb=0;bb<MyFactors.Count;bb++)
            {
                MapOutPut.AppendText(TestCaseTable.TableMatrix[aa, bb].Trim() + " ");
            }
            MapOutPut.AppendText("\n");
        }

        found = true;
        break;
    }
}
}

//如果未找到
if (found == false)
{
    //情况2:水平数相等, 但是在正交表中找不到因素数等于指定因素数的标准正交表, 则查找大于等于指定因素数
    //且最接近的标准正交表
    List<UniFormTable> FitTableList = new List<UniFormTable>();

    for (int i = 0; i < UniFormTableList.Count; i++)
    {
        if (UniFormTableList[i].FactorLevelCount == 1)
        {
            if (UniFormTableList[i].Levels[0] == MyFactors[0].Levels.Count)
            {
                if (UniFormTableList[i].Factors[0] >= MyFactors.Count)
                {
                    found = true;
                    FitTableList.Add(UniFormTableList[i]);
                }
            }
        }
    }

    //如果找到
    if (found == true)
```

```
        {
            int currfitindex = 0;
            for (int i = 1; i < FitTableList.Count; i++)
            {
                if (FitTableList[i].Factors[0] < FitTableList[currfitindex].Factors[0])
                {
                    currfitindex = i;
                }
            }
            OutPut.Clear();
            for (int j = 0; j < FitTableList[currfitindex].TableMatrixString.Length; j++)
            {
                OutPut.AppendText(FitTableList[currfitindex].TableMatrixString[j] + "\n");
            }
            MessageBox.Show("L" + FitTableList[currfitindex].Runs.ToString() + "(" + Fit-
TableList[currfitindex].Levels[0].ToString() + "^" + FitTableList[currfitindex].Factors[0].
ToString() + ")");

            //匹配
            MapOutPut.Clear();
            for (int aa = 0; aa < MyFactors.Count; aa++)
            {
                MapOutPut.AppendText(MyFactors[aa].FactorName + "    ");
            }
            MapOutPut.AppendText("\n\n");

            UniFormTable TestCaseTable = new UniFormTable();
            TestCaseTable = FitTableList[currfitindex];

            //列
            for (int aa = 0; aa < MyFactors.Count; aa++)
            {
                //行
                for (int bb = 0; bb < TestCaseTable.Runs; bb++)
                {
                    int levelcount = MyFactors[aa].Levels.Count - 1;
                    for (int cc = 0; cc < levelcount + 1; cc++)
                    {
                        if (TestCaseTable.TableMatrix[bb, aa].Trim() == cc.ToString())
                        {
                            TestCaseTable.TableMatrix[bb, aa] = MyFactors[aa].Levels[cc];
                        }
                    }
                }
            }

            for (int aa = 0; aa < TestCaseTable.Runs; aa++)
            {
                for (int bb = 0; bb < MyFactors.Count; bb++)
                {
```

```
                    MapOutPut.AppendText(TestCaseTable.TableMatrix[aa, bb].Trim() + " ");
                }
                MapOutPut.AppendText("\n");
            }


        }
    }


}
#endregion
```

如果不能匹配到合适的标准正交表，则看能否找到合适的混合正交表，混合正交表的查找也需要分两种情况，首先看是否能找到刚好合适的混合水平正交表。如果找不到刚好合适的混合水平正交表，就查找表中列数（因素数之和）大于等于指定因素数之和，且每一个不同的指定水平数都被涵盖。

查找混合正交表的代码如下：

```
#region 混合水平正交表
//情况 3: 各因素的水平数不相同
else
{
    List<string> FactorLevelPair = new List<string>();
    int n = 0;//因素数
    int m = 0;//水平数
    for (int i = 0; i < MyFactors.Count; i++)
    {
        m=MyFactors[i].Levels.Count;
        n = 0;
        for(int j=0;j<MyFactors.Count;j++)
        {

            if (MyFactors[i].Levels.Count == MyFactors[j].Levels.Count)
            {
                //有 n 个水平数等于 m 的因素
                n++;
            }
        }

        string ss=m.ToString() + "^" + n.ToString();
        if(FactorLevelPair.IndexOf(ss)==-1)
        {
            FactorLevelPair.Add(ss);
        }

    }

    bool find = false;
    //先看能否查找到刚好合适的混合水平正交表
    for (int i = 0; i < UniFormTableList.Count; i++)
    {
        if (UniFormTableList[i].FactorLevelCount == FactorLevelPair.Count)
        {
            int fitcount = 0;
            string restr1 = "";
```

```
        string restr2 = "";
        for (int j = 0; j < UniFormTableList[i].FactorLevelCount; j++)
        {
            //重组
            restr1 = restr1 + UniFormTableList[i].Levels[j] + "^" + UniFormTableList[i].
            Factors[j] + " ";
            restr2 = restr2 + FactorLevelPair[j] + " ";
        }

    if (restr1.Length == restr2.Length)
    {
        for (int k = 0; k < FactorLevelPair.Count; k++)
        {
            if (restr1.Contains(FactorLevelPair[k]))
            {
                fitcount++;
            }
        }
    }

    if (fitcount == FactorLevelPair.Count)
    {
        find = true;
        string sss = "";
        for (int mm = 0; mm < UniFormTableList[i].FactorLevelCount; mm++)
        {
            sss=sss+UniFormTableList[i].Levels[mm]+"^"+UniFormTableList[i].Factors [mm]+" ";
        }
        OutPut.Clear();
        for (int j = 0; j < UniFormTableList[i].TableMatrixString.Length; j++)
        {
            OutPut.AppendText(UniFormTableList[i].TableMatrixString[j] + "\n");
        }
        MessageBox.Show("L" + "(" + sss.Trim() + ")");

        //匹配
        MapOutPut.Clear();
        for (int aa = 0; aa < MyFactors.Count; aa++)
        {
            MapOutPut.AppendText(MyFactors[aa].FactorName + "  ");
        }
        MapOutPut.AppendText("\n\n");

        UniFormTable TestCaseTable = new UniFormTable();
        TestCaseTable = UniFormTableList[i];

        //列
        for (int aa = 0; aa < MyFactors.Count; aa++)
        {
            //行
            for (int bb = 0; bb < TestCaseTable.Runs; bb++)
            {
                int levelcount = MyFactors[aa].Levels.Count - 1;
                for (int cc = 0; cc < levelcount + 1; cc++)
                {
```

```
                                if (TestCaseTable.TableMatrix[bb, aa].Trim() == cc.ToString())
                                {
                                    TestCaseTable.TableMatrix[bb, aa] = MyFactors[aa].Levels[cc];
                                }
                            }
                        }
                    }

                    for (int aa = 0; aa < TestCaseTable.Runs; aa++)
                    {
                        for (int bb = 0; bb < MyFactors.Count; bb++)
                        {
                            MapOutPut.AppendText(TestCaseTable.TableMatrix[aa, bb].Trim() + " ");
                        }
                        MapOutPut.AppendText("\n");
                    }

                }
            }
        }

//找不到刚好合适的混合水平正交表,则查找表中列数(因素数之和)大于等于指定因素数之和,且每一个不同的指定
//水平数都被涵盖
if(find==false)
{
    List<UniFormTable> FitComixTableList = new List<UniFormTable>();
    for (int i = 0; i < UniFormTableList.Count; i++)
    {
        //表中列数(因素数之和)大于等于指定因素数之和
        int TableFactorCount=0;
        for(int aa=0;aa<UniFormTableList[i].FactorLevelCount;aa++)
        {
            TableFactorCount=TableFactorCount+UniFormTableList[i].Factors[aa];
        }
        if (TableFactorCount >= MyFactors.Count)
        {
            //每一个不同的指定水平数都被涵盖
            int FitLevelCount = 0;
            for (int j = 0; j < FactorLevelPair.Count; j++)
            {
                int Level = int.Parse(FactorLevelPair[j].Split('^')[0]);
                int Factors= int.Parse(FactorLevelPair[j].Split('^')[1]);
                bool FindFitLevel=false;
                for(int k=0;k<UniFormTableList[i].FactorLevelCount;k++)
                {
                    if (UniFormTableList[i].Levels[k]>=Level)
                    {
                        if (UniFormTableList[i].Factors[k] >= Factors)
                        {
                            FitLevelCount++;
                            FindFitLevel = true;
                            break;
                        }
                    }
                }
```

```
                        }
                    }
                if (FitLevelCount == FactorLevelPair.Count)
                {
                    FitComixTableList.Add(UniFormTableList[i]);
                    string s1 = "";
                    for (int h = 0; h < UniFormTableList[i].FactorLevelCount; h++)
                    {
                    s1=s1+UniFormTableList[i].Levels[h].ToString() + "^"
                    + UniFormTableList[i].Factors[h].ToString() + " ";
                     }
                }
            }
        }

    if (FitComixTableList.Count > 0)
    {
        int runs =FitComixTableList[0].Runs;
        int bestfitindex=0;
        for (int i = 1; i < FitComixTableList.Count; i++)
        {
            if (FitComixTableList[i].Runs < runs)
            {
                bestfitindex=i;
                runs = FitComixTableList[i].Runs;
            }
        }
        string bestfitTable = "L" + FitComixTableList[bestfitindex].Runs+"(";
        for(int j=0;j<FitComixTableList[bestfitindex].FactorLevelCount;j++)
        {
            bestfitTable=bestfitTable+FitComixTableList[bestfitindex].Levels[j].ToS tring()+"^"
                    +FitComixTableList[bestfitindex].Factors[j].ToString()+" ";
        }
        bestfitTable = bestfitTable.Trim() + ")";
        OutPut.Clear();
        for (int j = 0; j < FitComixTableList[bestfitindex].TableMatrixString.Length; j++)
        {
            OutPut.AppendText(FitComixTableList[bestfitindex].TableMatrixString[j] + "\n");
        }
        MessageBox.Show("找到" + FitComixTableList.Count + "个满足条件的混合水平正交表! 其中"
                    +bestfitTable+"的行数最小! ");

        //匹配
        MapOutPut.Clear();
        MessageBox.Show("暂时不支持对非完全相符混合水平正交表的映射，请自己映射! ");
    }

    }
}
#endregion
```

## 18.6.5  改进方向

完成前面的步骤之后，就设计出了一个正交表测试用例自动生成工具。测试人员只需要输入各项条件以及条件包含的各项元素，单击"产生测试用例"按钮就可以自动查找匹配的正交表，并映射成测试用例。这个工具自动化了正交表测试用例设计过程中很多烦琐的步骤。

但是这个工具还可以进一步完善，例如，可以把正交表文件加载到数据库存储起来，利用SQL 语句的强大查询能力来查找正交表。另外，映射成测试用例的算法还可以再进一步改善。

# 18.7　数据库比较工具的制作

测试工具并不一定都需要直接使用在测试方面，能有效改善测试人员的工作，提高工作效率，辅助测试人员进行高效的测试工作的工具也可称为测试工具或测试辅助工具。例如，本节介绍的数据库比较工具就是这一类型的测试工具。

## 18.7.1　"三库"的问题

所谓"三库"，是指开发库、测试库、实施库 3 个数据库。在测试的过程中，经常需要同步开发库、测试库以及实施库之间的库表结构。但是开发人员经常忘记在更改了开发库的结构后及时通知测试人员，导致测试运行程序时提示失败，最常见的错误是找不到某个表或字段。实施人员有时候也会在实施过程中，发现取到的库表结构是旧的或者与实施的软件版本不匹配。

如果能设计一个小程序用于检查三库之间的区别，那么无论是对测试人员还是实施人员都是非常有用的。检查开发库与测试库之间的差异，及时了解库表结构的更新情况，可以节省很多无谓的测试时间。

## 18.7.2　SQL Server 表结构原理

要设计这样的工具，需要根据不同的数据库类型来设计，如果是 SQL Server 数据库，则可以方便地利用 SQL Server 数据库的几个系统表来达到比较两个库之间的差异的目的。先来看一下 SQL Server 的几个系统表的作用。

- sysaltfiles：保存数据库的文件信息。
- syscharsets：字符集与排序顺序信息。
- sysconfigures：配置选项信息。
- syscurconfigs：当前配置选项信息。
- sysdatabases：服务器中的数据库信息。
- syslanguages：语言信息。
- syslogins：登录账号信息。
- sysoledbusers：链接服务器登录信息。
- sysprocesses：进程信息。
- sysremotelogins：远程登录账号信息。

- syscolumns：列信息。
- sysconstrains：限制信息。
- sysfilegroups：文件组信息。
- sysfiles：文件信息。
- sysforeignkeys：外部关键字信息。
- sysindexs：索引信息。
- sysmenbers：角色成员信息。
- sysobjects：所有数据库对象信息。
- syspermissions：权限信息。
- systypes：用户定义数据类型信息。
- sysusers：用户信息。

利用其中的一些表，例如 sysobjects、syscolumns、sysindexs、sysforeignkeys 等，可以设计出一个数据库比较工具。

### 18.7.3 数据库比较工具的设计

下面来看一下如何利用 SQL Server 的数据库系统表的信息来设计一个库表比较器。这个数据库比较工具的界面如图 18.12 所示。

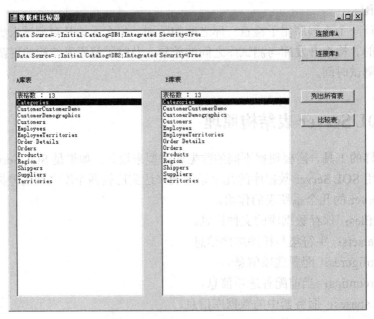

图 18.12 数据库比较工具的界面

（1）在比较两个库之前，需要先登录到数据库，以便获取需要比较的信息。数据库连接的 C#代码如下：

```
using System;
using System.Collections.Generic;
```

```
using System.ComponentModel;
using System.Data;
using System.Drawing;
using System.Text;
using System.Windows.Forms;
using System.Data.SqlClient;

namespace DBCompare
{
    public partial class Form1 : Form
    {
        public Form1()
        {
            InitializeComponent();
        }


        //A库连接
        private SqlConnection sqlconnA = new SqlConnection();
            //B库连接
        private SqlConnection sqlconnB = new SqlConnection();

        private void button1_Click(object sender, EventArgs e)
        {
            //获得A库连接串
            sqlconnA.ConnectionString = this.textBox1.Text;


        }


        private void button2_Click(object sender, EventArgs e)
        {
            //获得B库连接串
            sqlconnB.ConnectionString = this.textBox2.Text;
        }
```

（2）连接数据库后，首先获取每个库的所有表，在界面上列出来。如果表的个数已经不相等，则肯定两个库的结构是不一致的。分别获取每个库的所有用户表的代码如下：

```
        private void button3_Click(object sender, EventArgs e)
        {
            string sqlstr = null;

            //连接A库，获取A库的所有用户表
            sqlstr = "select name,xtype,crdate from dbo.sysobjects where xtype ='U' and status >=0
            ORDER BY name ASC";
            SqlDataAdapter adA = new SqlDataAdapter(sqlstr,sqlconnA);
            DataSet dsA = new DataSet();
            sqlconnA.Open();
            adA.Fill(dsA);
            this.listBox1.Items.Add("表格数 : " + dsA.Tables[0].Rows.Count.ToString());
            for (int i = 0; i < dsA.Tables[0].Rows.Count; i++)
            {
                this.listBox1.Items.Add(dsA.Tables[0].Rows[i].ItemArray[0].ToString());
```

```
    }
    sqlconnA.Close();

    //连接B库，获取B库的所有用户表
    SqlDataAdapter adB = new SqlDataAdapter(sqlstr, sqlconnB);
    DataSet dsB = new DataSet();
    sqlconnB.Open();
    adB.Fill(dsB);
    this.listBox2.Items.Add("表格数：" + dsB.Tables[0].Rows.Count.ToString());
    for (int i = 0; i < dsB.Tables[0].Rows.Count; i++)
    {
        this.listBox2.Items.Add(dsB.Tables[0].Rows[i].ItemArray[0].ToString());
    }
    sqlconnB.Close();
}
```

（3）如果希望进一步比较某两个表的结构是否一致，则需要通过SQL语句分别查询每个库的系统表，对比两个表的所有对象是否一致，包括字段个数、字段名、字段长度、主外键等信息。两个表的比较代码如下：

```
private void button4_Click(object sender, EventArgs e)
{
    //从界面获取选择的表
    string TableA = this.listBox1.SelectedItem.ToString();
    string TableB = this.listBox2.SelectedItem.ToString();

    string sqlstr = null;

    //查询A库的表
    sqlstr = buildSQLString(this.listBox1.SelectedItem.ToString());
    SqlDataAdapter adA = new SqlDataAdapter(sqlstr,sqlconnA);
    DataTable tableA = new DataTable();

    sqlconnA.Open();
    adA.Fill(tableA);
    sqlconnA.Close();

    //查询B库的表
    sqlstr = buildSQLString(this.listBox2.SelectedItem.ToString());
    SqlDataAdapter adB = new SqlDataAdapter(sqlstr, sqlconnB);
    DataTable tableB = new DataTable();

    sqlconnB.Open();
    adB.Fill(tableB);
    sqlconnB.Close();

    if (tableA.Rows.Count != tableB.Rows.Count)
    {
        MessageBox.Show("两个表字段个数不一致");
    }
    else
    {
        //进一步比较表字段……
```

```
        }

    }

    //构建系统表的查询语句
    private string buildSQLString(string par1)
    {
        string sqlstr = "";

        sqlstr += " select 表名=case when a.colorder =1 then d.name else '' end,字段序号=a.colorder,
        字段名=a.name, ";
        sqlstr += " 标识=case when ColumnPROPERTY( a.id,a.name,'IsIdentity')=1 then '是'
        else '否' end, ";
        sqlstr += " 主键=case when exists(select 1 from sysobjects where xtype='PK' and name in ( ";
        sqlstr += " select name from sysindexes where indid in( ";
        sqlstr += " select indid from sysindexkeys where id = a.id and colid = a.colid ";
        sqlstr += " ))) then '是' else '否' end, ";
        sqlstr += " 类型=b.name, ";
        sqlstr += " 占用字节数 = a.length, ";
        sqlstr += " 长度=COLUMNPROPERTY(a.id,a.name,'PERCISION'), ";
        sqlstr += " 小数位数=isnull(COLUMNPROPERTY(a.id,a.name,'Scale'),0), ";
        sqlstr += " 允许空=case when a.isnullable=1 then '是' else '否' end, ";
        sqlstr += " 默认值=isnull(e.text,'') ";
        sqlstr += " from syscolumns a left join systypes b on a.xtype = b.xusertype inner
        join sysobjects d on a.id = d.id ";
        sqlstr += " and d.xtype ='U' and d.name = '" + par1 +"' and d.name<>'dtproperties'
left join syscomments e on a.cdefault = e.id left join sysproperties g on a.id = g.id and
a.colid = g.smallid ";
        sqlstr += " order by a.id,a.colorder";

        return sqlstr;
    }
}
```

这样，就完成了一个数据库比较工具的设计。

（4）扩展和改进。

对于上面的数据库比较工具，读者可以进一步地扩展和完善，使其更加智能和自动化。例如，对表格的比较可以进一步地完善，比较出哪些字段不一致。可以进一步扩展对存储过程、函数、触发器等对象的比较。可以让比较动作自动地进行，自动遍历数据库中的所有对象进行比较，然后输出比较结果。

# 18.8  Oracle 的 SQL 语句跟踪工具的制作

SQL 语句的跟踪是一种常用的测试方法。在前面的章节曾经讲过跟踪法测试技术。对于 SQL 语句的跟踪，如果是在 SQL Server 数据库中，则可以利用事件探查器来完成这样的工作，但是在 Oracle 数据库中这样的工具比较缺乏。本节将会介绍一个 Oracle 的 SQL 语句跟踪工具的设计过程。

## 18.8.1 设置 Oracle 的 SQL 跟踪参数

要想让 Oracle 数据库能记录所有提交到 Oracle 数据库的 SQL 语句，首先要在 Oracle 的参数设置中把 sql_trace 设置为 TRUE，如图 18.13 所示。

图 18.13　Oracle 的 sql_trace 参数设置

## 18.8.2 打开 SQL 跟踪

设置好 Oracle 的参数后，就可以利用程序来控制 SQL 语句的跟踪了。打开 SQL 跟踪只需要向 Oracle 提交 "alter session set sql_trace = true" 命令即可。打开 SQL 跟踪的代码如下：

```
private void button4_Click(object sender, EventArgs e)
{
    //连接 Oracle
    OracleConnection conn = new OracleConnection();

    conn = new OracleConnection("Data Source=Test;User ID=system;Password=manager;Unicode=True");

    //打开链接
    conn.Open();

    //设置跟踪标志为 true
    OracleCommand cmd = new OracleCommand("alter session set sql_trace = true", conn);

    int i = cmd.ExecuteNonQuery();
```

```
    conn.Close();
 }
```

在上面的代码中，把 Oracle 的连接字符串写死在代码中，例如"Data Source = Test;User ID = system;Password = manager; Unicode=True"，读者应该根据需要进行修改，或者把连接字符串做成可配置的，例如在配置文件中存储、程序启动时读入。

## 18.8.3　关闭 SQL 跟踪

要关闭 SQL 跟踪，向 Oracle 提交"alter session set sql_trace = false"命令即可。关闭 SQL 跟踪的代码如下：

```
private void button5_Click(object sender, EventArgs e)
{

    //连接 Oracle
    OracleConnection conn = new OracleConnection();

    conn = new OracleConnection("Data Source=Test;User ID=system;Password=manager;Unicode=True");

    //打开链接
    conn.Open();

    //设置跟踪标志为 False
    OracleCommand cmd = new OracleCommand("alter session set sql_trace = false", conn);

    int i = cmd.ExecuteNonQuery();

    conn.Close();
}
```

Oracle 在得到"alter session set sql_trace = true"的命令后，就会开始自动跟踪和记录提交到数据库所有 SQL 语句的信息，并把它们存储在数据库的 udump 目录下面，例如：

```
D:\oracle\admin\Test\udump
```

存储的 SQL 跟踪文件以.TRC 为后缀，例如，ORA03196.TRC。打开文件可以看到以下内容：

```
PARSING IN CURSOR #1 len=18 dep=0 uid=35 oct=3 lid=35 tim=0 hv=215886597 ad='51fd870'
select * from emp
END OF STMT
PARSE #1:c=0,e=0,p=2,cr=38,cu=1,mis=1,r=0,dep=0,og=4,tim=0
EXEC #1:c=0,e=0,p=0,cr=0,cu=0,mis=0,r=0,dep=0,og=4,tim=0
FETCH #1:c=0,e=0,p=1,cr=1,cu=4,mis=0,r=1,dep=0,og=4,tim=0
FETCH #1:c=0,e=0,p=0,cr=1,cu=0,mis=0,r=13,dep=0,og=4,tim=0
STAT #1 id=1 cnt=14 pid=0 pos=0 obj=24817 op='TABLE ACCESS FULL EMP '
```

可以看到提交的 SQL 语句是"select * from emp"。

 **技巧**

对于这个文件可以用 TKPROF 来格式化输出文件，以便得到更好的格式化显示数据。

### 18.8.4 改进方向

对于这个 Oracle 数据库 SQL 语句跟踪程序，读者可以进一步地扩展和完善，它的缺点是跟踪的语句是所有提交到数据库的 SQL 语句都会跟踪并记录下来。如果只想跟踪被测 S 的应用程序所提交的 SQL 语句，则可以利用 Oracle 的 DBMS_SYSTEM.SET_SQL_TRACE_IN_SESSION 包来跟踪某个 session 的 SQL 语句。

（1）首先使用以下语句从 Oracle 的 v$session 表查出所有跟 Oracle 连接的客户端程序的进程：

```
select SID, SERIAL#, USERNAME,OSUSER,MACHINE,TERMINAL,PROGRAM from v$Session
```

（2）然后利用 DBMS_SYSTEM.SET_SQL_TRACE_IN_SESSION 包来跟踪特定的进程向 Oracle 提交的 SQL 语句。

例如，下面的语句是 SID 为 13、SERIAL#为 96 的进程执行 SQL 语句的跟踪功能：

```
execute dbms_system.set_sql_trace_in_session(13,96,TRUE);
```

（3）如果要停止跟踪，则提交以下语句：

```
execute dbms_system.set_sql_trace_in_session(13,96,FALSE);
```

# 18.9 一个简单的猴子测试工具的制作

"猴子测试"也叫作随机测试，因为它的原理是利用测试工具随机产生键盘敲击和鼠标单击事件，就像一只大猩猩在狂敲键盘，因此也叫作猴子测试。

高级的猴子测试工具的创建代价是很高的。像所有测试自动化一样，构建高级的猴子测试工具需要开发和测试资源。而最昂贵的代价是创建模型或状态表。通常一个适当复杂的产品需要 50000 个节点的状态表。持续地增加新的功能特性可能导致状态爆炸，状态节点的数量呈几何级增加。因此创建状态模型不是一次性的代价；对于大的模型或状态表，维护成了一个主要的成本考虑要素。

简单的猴子测试工具则不需要付出这么高的开发代价，只要能让它理解 Windows 的基本元素，知道菜单，会选择找到的菜单选项，会识别出普通的 Windows 控件，例如命令按钮、选择框、输入框等，就基本可以达到比较理想的随机测试的效果。

本节将介绍一个简单的猴子测试工具的开发过程。这个猴子测试工具的界面如图 18.14 所示。

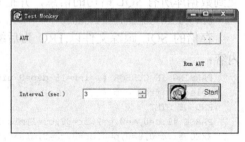

图 18.14 猴子测试工具的界面

### 18.9.1 猴子测试工具应该具备的功能

一个简单的猴子测试工具应该可以实现这样的功能：随机点击界面，输入随机字符和键盘按键，对于某些类型的控件做出特定的动作，监视被测试程序的进程信息，能识别出程序是否出现异常,持续记录内存和 CPU 使用情况,方便发现是否存在内存泄漏问题,持续截屏,方便追溯和问题定位。

下面介绍如何使用 C#语言一步一步实现这些功能。

## 18.9.2  Windows API 的调用

在 C#中,可以通过调用 Windows API 函数的方式来实现对鼠标的控制。主要的鼠标操作函数和一些常用的底层函数都被封装在 user32.dll 这个 DLL 文件中。在 C#里,可以通过 DllImport 的方式来引用这些 DLL 里面的函数,例如:

```
[DllImport("user32.dll")]
        public static extern void mouse_event(int dwFlags, int dx, int dy, int cButtons, int
dwExtraInfo);
```

上述代码引入了一个鼠标事件的触发函数,其他可被利用的函数还包括 GetSystemMetrics、GetWindowText、WindowFromPoint、GetCursorPos、GetClassName 等。导入这些函数后,就可以利用这些函数来封装猴子测试工具需要的功能,例如,下面的 ClickMouse 方法就实现了点击鼠标的功能:

```
        public static bool ClickMouse(MonkeyButtons mbClick, int pixelX, int pixelY, int wlTurn,
int dwExtraInfo)
        {
            int mEvent;

            switch (mbClick)
            {
                case MonkeyButtons.btcLeft:
                    mEvent = MOUSEEVENTF_LEFTDOWN | MOUSEEVENTF_LEFTUP;
                    break;
                case MonkeyButtons.btcRight:
                    mEvent = MOUSEEVENTF_RIGHTDOWN | MOUSEEVENTF_RIGHTUP;
                    break;
                case MonkeyButtons.btcWheel:
                    mEvent =MOUSEEVENTF_WHEEL;
                    break;

                default:
                    return false;
            }
            mouse_event(mEvent, pixelX, pixelY, wlTurn, dwExtraInfo);
            return true;
        }
```

而下面的 MoveMouse 方法则实现了移动鼠标的功能:

```
        public static void MoveMouse(int iHndl, int pixelX, int pixelY)
        {
            PixelXYToMickeyXY(ref pixelX, ref pixelY);
            mouse_event (MOUSEEVENTF_ABSOLUTE | MOUSEEVENTF_MOVE,
                pixelX, pixelY, 0, 0);
        }
```

可以把与鼠标操作相关的函数和方法都封装在一个名为 MouseAPI 的类文件中,方便后面实现猴子测试的各项功能时调用这些方法。完整的 MouseAPI 类文件的代码如下：

```
using System;
using System.Runtime.InteropServices;
using System.Text;

namespace TestMonkey
{
    public enum MonkeyButtons
    {
        btcLeft,
        btcRight,
        btcWheel,
    }

    [StructLayout(LayoutKind.Sequential)]
    public struct POINTAPI
    {
        public int x;
        public int y;
    }

    public class MouseAPI
    {
        public MouseAPI()
        {
        }

        private const int MOUSEEVENTF_ABSOLUTE = 0x8000 ; // 绝对位移
        private const int MOUSEEVENTF_LEFTDOWN = 0x2 ; // 按下左键
        private const int MOUSEEVENTF_LEFTUP = 0x4 ; // 释放左键
        private const int MOUSEEVENTF_MOVE = 0x1 ; // 移动鼠标光标
        private const int MOUSEEVENTF_RIGHTDOWN = 0x8 ; // 按下右键
        private const int MOUSEEVENTF_RIGHTUP = 0x10 ; // 释放右键
        private const int MOUSEEVENTF_WHEEL = 0x800 ; // 鼠标滚轮

        private const int SM_CXSCREEN = 0;
        private const int SM_CYSCREEN = 1;
        private const int MOUSE_MICKEYS = 65535;

        [DllImport("user32.dll")]
        public static extern void mouse_event(int dwFlags, int dx, int dy, int cButtons,
        int dwExtraInfo);

        [DllImport("user32.dll")]
        public static extern int GetSystemMetrics(int nIndex);

        [DllImport("user32.dll")]
        public static extern int GetWindowText(int hwnd, StringBuilder lpString, int cch);

        [DllImport("user32.dll")]
```

```
public static extern int WindowFromPoint(int xPoint, int yPoint);

[DllImport("user32.dll")]
public static extern int GetCursorPos([MarshalAs(UnmanagedType.Struct)] ref POINTAPI lpPoint);

[DllImport("user32.dll")]
public static extern int GetClassName(int hwnd, StringBuilder lpClassName, int nMaxCount);


public static bool ClickMouse(MonkeyButtons mbClick, int pixelX, int pixelY, int
wlTurn, int dwExtraInfo)
{
    int mEvent;

    switch (mbClick)
    {
        case MonkeyButtons.btcLeft:
            mEvent = MOUSEEVENTF_LEFTDOWN | MOUSEEVENTF_LEFTUP;
            break;
        case MonkeyButtons.btcRight:
            mEvent = MOUSEEVENTF_RIGHTDOWN | MOUSEEVENTF_RIGHTUP;
            break;
        case MonkeyButtons.btcWheel:
            mEvent =MOUSEEVENTF_WHEEL;
            break;

        default:
            return false;
    }
    mouse_event(mEvent, pixelX, pixelY, wlTurn, dwExtraInfo);
    return true;
}


private static void PixelXYToMickeyXY(ref int pixelX, ref int pixelY)
{
    int resX = 0;
    int resY = 0;
    resX = GetSystemMetrics(SM_CXSCREEN);
    resY = GetSystemMetrics(SM_CYSCREEN);
    pixelX %= resX+1;
    pixelY %= resY+1;
    int cMickeys = MOUSE_MICKEYS;
    pixelX = (int)(pixelX * (cMickeys / resX));
    pixelY = (int)(pixelY * (cMickeys / resY));
}

public static void MoveMouse(int iHndl, int pixelX, int pixelY)
{
    PixelXYToMickeyXY(ref pixelX, ref pixelY);
    mouse_event (MOUSEEVENTF_ABSOLUTE | MOUSEEVENTF_MOVE,
        pixelX, pixelY, 0, 0);
```

```
    }

    public static void MoveMouse(int pixelX, int pixelY)
    {
        PixelXYToMickeyXY(ref pixelX, ref pixelY);
        mouse_event(MOUSEEVENTF_ABSOLUTE | MOUSEEVENTF_MOVE,
            pixelX, pixelY, 0, 0);
    }

    public static void GetSmartInfo(ref int wHdl, ref StringBuilder clsName, ref Str
ingBuilder wndText)
    {

        POINTAPI Pnt = new POINTAPI();

        GetCursorPos(ref Pnt);
        wHdl = WindowFromPoint(Pnt.x, Pnt.y);
        GetClassName(wHdl, clsName, 128);
        GetWindowText(wHdl, wndText, 128);
    }
  }
}
```

### 18.9.3　截屏功能的实现

为了更好地记录猴子测试的过程，方便发现缺陷或出现异常时能找回发生的现场，通过屏幕截图可以清楚地知道猴子测试工具点击过了什么位置导致问题的出现，这样对分析问题更有帮助。

要想实现这样的功能，首先必须实现一个屏幕截图的功能。在 C#中，同样可以通过调用Windows API 函数的方式实现。Windows 操作系统把图形处理相关的函数都封装在 gdi32.dll这个文件中，因此可以把这个 DLL 导入，利用其中的一些图像操作函数来实现屏幕复制功能，把这些函数和方法封装成一个类，将其命名为 GDIAPI，方便猴子测试工具实现截屏功能时调用。

完整的 GDIAPI 类的代码如下：

```
using System;
using System.Runtime.InteropServices;
using System.Text;
using System.Drawing;
using System.Windows.Forms;

namespace TestMonkey
{
   class GDIAPI
   {
     [DllImport("gdi32.dll")]
     public static extern IntPtr CreateDC(
      string lpszDriver,                  // 驱动名
```

```
    string lpszDevice,              // 设备名
    string lpszOutput,              // 未使用，应该为 NULL
    Int64 lpInitData                // 可选的打印数据
    );


[DllImport("gdi32.dll")]
public static extern IntPtr CreateCompatibleDC(
    IntPtr hdc                      // handle to DC
    );


//[DllImport("gdi32.dll")]
//public static extern int GetDeviceCaps(
//IntPtr hdc, //handie to DC
//GetDeviceCapsindex nindex // index of capabillity
//)
[DllImport("gdi32.dll")]
public static extern IntPtr CreateCompatibleBitmap(
    IntPtr hdc,                     // DC 句柄
    int nWidth,                     // 图形宽度，以像素为单位
    int nHeight                     // 图形高度，以像素为单位
    );
[DllImport("gdi32.dll")]
public static extern IntPtr SelectObject(
    IntPtr hdc,                     // DC 句柄
    IntPtr hgdiobj                  // 对象句柄
    );
[DllImport("gdi32.dll")]
public static extern int BitBlt(
    IntPtr hdcDest,                 // 目标 DC 的句柄
    int nXDest,                     // 目标位置的 X 轴左上角
    int nYDest,                     // 目标位置的 Y 轴左上角
    int nWidth,                     // 目标区域的宽度
    int nHeight,                    // 目标区域的高度
    IntPtr hdcSrc,                  // 源 DC 的句柄
    int nXSrc,                      // 源位置的 X 轴左上角
    int nYSrc,                      // 源位置的 Y 轴左上角
    UInt32 dwRop                    // 光栅操作代码
    );


[DllImport("gdi32.dll")]
public static extern int DeleteDC(
    IntPtr hdc                // DC 句柄
    );

public static Bitmap GetPartScreen()
{
    IntPtr hscrdc, hmemdc;
    IntPtr hbitmap, holdbitmap;
    int nx, ny, nx2, ny2;
    nx = ny = nx2 = ny2 = 0;
    int nwidth, nheight;
```

```
    int xscrn, yscrn;
    hscrdc = GDIAPI.CreateDC("DISPLAY", null, null, 0);        // 创建 DC 句柄
    hmemdc = GDIAPI.CreateCompatibleDC(hscrdc);                // 创建一个内存 DC

    nx = 0;
    ny = 0;
    nx2 = Screen.PrimaryScreen.WorkingArea.Width;              // 屏幕宽度；
    ny2 = Screen.PrimaryScreen.WorkingArea.Height;             // 屏幕高度；

    nwidth = nx2 - nx;                                         // 截取范围的宽度
    nheight = ny2 - ny;                                        // 截取范围的高度
    hbitmap = GDIAPI.CreateCompatibleBitmap(hscrdc, nwidth, nheight); // 从内存 DC 复制
                                                               //到 hbitmap 句柄

    holdbitmap = GDIAPI.SelectObject(hmemdc, hbitmap);
    GDIAPI.BitBlt(hmemdc, 0, 0, nwidth, nheight, hscrdc, nx, ny, (UInt32)0xcc0020);
    hbitmap = GDIAPI.SelectObject(hmemdc, holdbitmap);
    GDIAPI.DeleteDC(hscrdc);                                   //删除用过的对象
    GDIAPI.DeleteDC(hmemdc);                                   //删除用过的对象
    return Bitmap.FromHbitmap(hbitmap);//用 Bitmap.FromHbitmap 从 hbitmap 返回 Bitmap
    }
  }

}
```

## 18.9.4　让猴子动起来

有了前面两个封装了 Windows API 函数的类作为基础，就可以开始设计一个简单的猴子测试工具了。可以设计一个定时器，让猴子每隔一定的时间就进行一些随机的动作。在 C#中，可以利用 Timer 控件来实现。然后用一个按钮来控制定时器的启动和停止。代码如下：

```
    private void btnStart_Click(object sender, System.EventArgs e)
    {
        this.WindowState = FormWindowState.Minimized;

        if (tmrMonkey.Enabled)
        {
            tmrMonkey.Enabled = false;
            btnStart.Text = "Start";
            SaveSmartMonkeyKnowledge(smtInfo.ToString());
        }
        else
        {
            tmrMonkey.Enabled = true;
            btnStart.Text = "Stop";
            smtInfo = new StringBuilder();
        }
    }
```

一旦开始，就可以让本测试工具的窗口最小化，避免挡住猴子的鼠标按键，在 C# 中是通过设置窗体的 WindwState 来实现的，WindowState 赋值为 FormWindowState.Minimized 即可实现窗口的最小化。

在测试开始之前，还需要把被测试应用程序通过进程启动执行，例如：

```
private void button1_Click_1(object sender, EventArgs e)
{
    //启动 AUT
    app = new Process();
    app.StartInfo.FileName = this.textBox1.Text;

    //最大化 AUT 窗口
    app.StartInfo.WindowStyle = ProcessWindowStyle.Maximized;
    app.Start();
}
```

通过新建一个 Process 类来启动被测试应用程序，并且把被测试应用程序的窗口最大化。注意到在这里是通过指定 Process 的 StartInfo 属性的 WindowStyle 为 Maximized 来实现的，而不像前面直接指定窗口的 WindowState 来实现。

## 18.9.5　记录猴子的足迹

猴子测试工具的截屏功能主要通过调用 GDIAPI 类来实现，可以把截图存放到某个指定的目录，通过 GUID 的 NewGuid 方法来给截图文件一个不会重复的名字，后面回来找这些截图文件的时候则可通过截图文件的创建时间来知道截图的顺序。

截屏的方法如下：

```
private void CaptureScreen()
{
    GDIAPI.GetPartScreen().Save(@"C:\temp\" + Guid.NewGuid().ToString() + ".bmp");
}
```

如果希望每次猴子的动作都记录下来，包括单击了什么控件、在什么位置单击的，则可以通过往一个 CSV 文件写入这些信息的方式来记录，代码如下：

```
private void SaveSmartMonkeyKnowledge(string textToSave)
{
    string fileToSave = @"C:\Temp\smartMonkeyInfo.csv";
    FileInfo fi = new FileInfo(fileToSave);
    StreamWriter sw = fi.CreateText();
    sw.Write(textToSave);
    sw.Close();
}
```

## 18.9.6　给猴子一些知识

如果希望猴子随机输入的字符串和键盘按键是在某些范围内指定的（例如不希望猴子按下休眠键），就可以在一个文件中指定猴子可以输入和按下的键盘按键，例如：

```
private void Form1_Load(object sender, EventArgs e)
{
```

```
KeyBoardString = File.ReadAllLines("KeyBoardString.txt", Encoding.Default);
    }
```

当然最关键的还是猴子循环不断地动作，如何合理地设计这一过程是猴子测试工具是否有效完成测试，有效发现 Bug 的关键。如果被测试程序停止响应了，猴子应该知道，并且停止测试，这个功能可以通过判断进程状态的方法进行，代码如下：

```
if (app.Responding)
    {
        Console.WriteLine("Status = Running");
    }
    else
    {
        //猴子知道被测试程序停止响应，则停止玩下去
        Console.WriteLine("Status = Not Responding");
        tmrMonkey.Stop();
    }
```

猴子最好能判断出某些特定类型的控件，知道这些控件的作用，知道如何操作这些控件，这样会使猴子的测试更加有效，代码如下：

```
int wHdl = 0;
StringBuilder clsName = new StringBuilder(128);
StringBuilder wndText = new StringBuilder(128);
MouseAPI.GetSmartInfo(ref wHdl, ref clsName, ref wndText);

string str = clsName.ToString();

//如果猴子知道这是个 Edit 控件，则输入一些字符串
//.NETWinForm 的 Edit 控件类名是
//WindowsForms10.EDIT.app.0.3b95145
if (str.ToUpper().Contains("EDIT"))
{
    MouseAPI.ClickMouse(MonkeyButtons.btcLeft, 0, 0, 0, 0);

    //随机按键
    SendKeys.Send(KeyBoardString[rnd.Next(KeyBoardString.Length)]);
}

//如果猴子知道这是个按钮，则单击按钮
if (str.ToUpper().Contains("BUTTON"))
{
    MouseAPI.ClickMouse(MonkeyButtons.btcLeft, 0, 0, 0, 0);
}
```

判断控件的类型是通过 MouseAPI 的 GetSmartInfo 函数来实现的。对于 Edit 这种可输入的控件，猴子会随机输入一些字符串，输入字符串可以利用 C#的 SendKeys 类的 Send 方法实现，要想输入的字符串是随机的，则需要利用 Random 函数的 Next 方法来获取下一个随机的对象。

 说明

读者可以根据需要添加更多类型的控件识别和处理方法，让猴子更加"聪明"。

如果想让猴子知道程序在发生异常之后能停止测试，则需要加入一个判断的机制，代码
如下：

```csharp
if (str.ToUpper().Contains("STATIC"))
{
    // 猴子知道程序出现了异常，则停止玩下去
    string txt = wndText.ToString();
    if (txt.ToUpper().Contains("应用程序中发生了无法处理的异常。"))
    {
        tmrMonkey.Stop();
    }
}
```

猴子通过判断控件的提示信息是否包含“应用程序中发生了无法处理的异常”这句话来
判断程序是否出现异常，如果包含这样的信息，则停止测试。

## 18.9.7 记录被测试应用程序的资源使用情况

在猴子测试的过程中，需要不断记录被测试程序的资源使用情况，以便判断程序是否出
现内存泄漏等问题，记录被测试程序的资源使用方法的代码如下：

```csharp
// 记录 AUT 的资源使用情况
int AUTWorkingSet = app.WorkingSet;
int AUTVirtualMemorySize = app.VirtualMemorySize;
```

通过获取被测试程序进程的 **WorkingSet**、**VirtualMemorySize** 等属性来记录相关信息。

 **说明**

> 读者还可以根据需要添加更多的进程属性信息。

完整的猴子动作规则被封装在 Timer 的 Tick 时间中，意味着每隔一段时间，猴子就会执
行一次这个函数里面的所有代码。完整的 Tick 方法如下：

```csharp
private void tmrMonkey_Tick(object sender, System.EventArgs e)
{
    if (app.Responding)
    {
        Console.WriteLine("Status = Running");
    }
    else
    {
        // 猴子知道被测试程序停止响应，则停止玩下去
        Console.WriteLine("Status = Not Responding");
        tmrMonkey.Stop();
    }

    tmrMonkey.Interval = (int)numInterval.Value * 1000;
    Random rnd = new Random();

    int x = rnd.Next(Screen.PrimaryScreen.WorkingArea.Width);
    int y = rnd.Next(Screen.PrimaryScreen.WorkingArea.Height);
```

```
          smtInfo.Append(x + ", " + y + ", ");
//MouseAPI.Move Mouse(this Handle. ToInt32(),x,y);
          MouseAPI.MoveMouse(x, y);
//Mouse API.ClickMouse(MonkeyButtons.btcRight,0,0,0,0);
          // 不管是什么，先用鼠标单击
          MouseAPI.ClickMouse(MonkeyButtons.btcLeft, 0, 0, 0, 0);
//MouseAPI.Click Mouse(MonkeyOuttons.btcwheel,0,0x%2000,0);
          int wHdl = 0;
          StringBuilder clsName = new StringBuilder(128);
          StringBuilder wndText = new StringBuilder(128);
          MouseAPI.GetSmartInfo(ref wHdl, ref clsName, ref wndText);

          string str = clsName.ToString();

          //如果猴子知道这是个 Edit 控件，则输入一些字符串
//Edit
//Windows Forms 10.EDIT.app.0.3695145
          if (str.ToUpper().Contains("EDIT"))
          {
              MouseAPI.ClickMouse(MonkeyButtons.btcLeft, 0, 0, 0, 0);

              //随机按键
              SendKeys.Send(KeyBoardString[rnd.Next(KeyBoardString.Length)]);
          }

          //如果猴子知道这是个按钮，则单击按钮
          if (str.ToUpper().Contains("BUTTON"))
          {
              MouseAPI.ClickMouse(MonkeyButtons.btcLeft, 0, 0, 0, 0);
          }

          //其他控件的玩法

          if (str.ToUpper().Contains("STATIC"))
          {
              //猴子知道程序出现了异常，则停止玩下去
              string txt = wndText.ToString();
              if (txt.ToUpper().Contains("应用程序中发生了无法处理的异常。"))
              {
                  tmrMonkey.Stop();
              }
          }

          //随机按键
          string input = KeyBoardString[rnd.Next(KeyBoardString.Length)];
          SendKeys.Send(input);

          //截屏
          CaptureScreen();

          //记录AUT的资源使用情况
```

```
            int AUTWorkingSet = app.WorkingSet;
            int AUTVirtualMemorySize = app.VirtualMemorySize;


            smtInfo.Append(wHdl + ", " + clsName.ToString() + ", " + wndText.ToString() + ",
" + input + ", " + AUTWorkingSet.ToString() + ", " + AUTVirtualMemorySize.ToString() + "\n");
        }
```

## 18.9.8　完整的猴子测试工具

通过上面的步骤，基本上就完成了一个简单的猴子测试工具的设计。完整的猴子测试工具的代码如下：（注意代码中 Timer 控件的一些属性设置）

```
using System;
using System.Drawing;
using System.Collections;
using System.ComponentModel;
using System.Windows.Forms;
using System.Data;
using System.Text;
using System.IO;
using System.Diagnostics;
using System.Threading;

namespace TestMonkey
{
    /// <summary>
    /// Summary description for Form1.
    /// </summary>
    public class Form1 : System.Windows.Forms.Form
    {
        private System.Windows.Forms.Timer tmrMonkey;
        private System.Windows.Forms.Button btnStart;
        private System.Windows.Forms.Label label1;
        private System.Windows.Forms.NumericUpDown numInterval;
        private TextBox textBox1;
        private Label label2;
        private Button button1;
        private Button button2;
        private OpenFileDialog openFileDialog1;
        private System.ComponentModel.IContainer components;

        public Form1()
        {
            //
            // Windows 窗体设计器所必需的支持
            //
            InitializeComponent();

            //
            // TODO: Add any constructor code after InitializeComponent call
```

```
        //
    }

    /// <summary>
    ///清理所有正在使用的资源
    /// </summary>
    protected override void Dispose(bool disposing)
    {
        if (disposing)
        {
            if (components != null)
            {
                components.Dispose();
            }
        }
        base.Dispose(disposing);
    }

    #region Windows Form Designer generated code
    /// <summary>
    ///设计器支持所需的方法- 不要修改
    ///使用代码编辑器方法的内容
    /// </summary>
    private void InitializeComponent()
    {
        this.components = new System.ComponentModel.Container();
        System.ComponentModel.ComponentResourceManager resources = new System.Componen
tModel.ComponentResourceManager(typeof(Form1));
        this.tmrMonkey = new System.Windows.Forms.Timer(this.components);
        this.btnStart = new System.Windows.Forms.Button();
        this.numInterval = new System.Windows.Forms.NumericUpDown();
        this.label1 = new System.Windows.Forms.Label();
        this.textBox1 = new System.Windows.Forms.TextBox();
        this.label2 = new System.Windows.Forms.Label();
        this.button1 = new System.Windows.Forms.Button();
        this.button2 = new System.Windows.Forms.Button();
        this.openFileDialog1 = new System.Windows.Forms.OpenFileDialog();
        ((System.ComponentModel.ISupportInitialize)(this.numInterval)).BeginInit();
        this.SuspendLayout();
        //
        // tmrMonkey
        //
        this.tmrMonkey.Interval = 2000;
        this.tmrMonkey.Tick += new System.EventHandler(this.tmrMonkey_Tick);
        //
        // btnStart
        //
        this.btnStart.Font = new System.Drawing.Font("Microsoft Sans Serif", 9.75F,
System.Drawing.FontStyle.Regular, System.Drawing.GraphicsUnit.Point, ((byte)(0)));
        this.btnStart.Image = ((System.Drawing.Image)(resources.GetObject("btnStart.Image")));
        this.btnStart.ImageAlign = System.Drawing.ContentAlignment.MiddleLeft;
```

```csharp
this.btnStart.Location = new System.Drawing.Point(306, 118);
this.btnStart.Name = "btnStart";
this.btnStart.Size = new System.Drawing.Size(106, 34);
this.btnStart.TabIndex = 0;
this.btnStart.Text = "Start";
this.btnStart.TextAlign = System.Drawing.ContentAlignment.MiddleRight;
this.btnStart.Click += new System.EventHandler(this.btnStart_Click);
//
// numInterval
//
this.numInterval.Location = new System.Drawing.Point(138, 128);
this.numInterval.Name = "numInterval";
this.numInterval.Size = new System.Drawing.Size(127, 21);
this.numInterval.TabIndex = 1;
this.numInterval.Value = new decimal(new int[] {
3,
0,
0,
0});
//
// label1
//
this.label1.Location = new System.Drawing.Point(12, 132);
this.label1.Name = "label1";
this.label1.Size = new System.Drawing.Size(120, 17);
this.label1.TabIndex = 2;
this.label1.Text = "Interval (sec.)";
//
// textBox1
//
this.textBox1.Location = new System.Drawing.Point(58, 22);
this.textBox1.Name = "textBox1";
this.textBox1.Size = new System.Drawing.Size(301, 21);
this.textBox1.TabIndex = 3;
//
// label2
//
this.label2.AutoSize = true;
this.label2.Location = new System.Drawing.Point(12, 25);
this.label2.Name = "label2";
this.label2.Size = new System.Drawing.Size(23, 12);
this.label2.TabIndex = 4;
this.label2.Text = "AUT";
//
// button1
//
this.button1.Location = new System.Drawing.Point(306, 65);
this.button1.Name = "button1";
this.button1.Size = new System.Drawing.Size(106, 33);
this.button1.TabIndex = 5;
this.button1.Text = "Run AUT";
```

```
    this.button1.UseVisualStyleBackColor = true;
    this.button1.Click += new System.EventHandler(this.button1_Click_1);
    //
    // button2
    //
    this.button2.Location = new System.Drawing.Point(365, 20);
    this.button2.Name = "button2";
    this.button2.Size = new System.Drawing.Size(47, 23);
    this.button2.TabIndex = 6;
    this.button2.Text = "...";
    this.button2.UseVisualStyleBackColor = true;
    this.button2.Click += new System.EventHandler(this.button2_Click);
    //
    // openFileDialog1
    //
    this.openFileDialog1.FileName = "openFileDialog1";
    //
    // Form1
    //
    this.AutoScaleBaseSize = new System.Drawing.Size(6, 14);
    this.ClientSize = new System.Drawing.Size(434, 210);
    this.Controls.Add(this.button2);
    this.Controls.Add(this.button1);
    this.Controls.Add(this.label2);
    this.Controls.Add(this.textBox1);
    this.Controls.Add(this.label1);
    this.Controls.Add(this.numInterval);
    this.Controls.Add(this.btnStart);
    this.Icon = ((System.Drawing.Icon)(resources.GetObject("$this.Icon")));
    this.Name = "Form1";
    this.Text = "Test Monkey";
    this.Load += new System.EventHandler(this.Form1_Load);
    ((System.ComponentModel.ISupportInitialize)(this.numInterval)).EndInit();
    this.ResumeLayout(false);
    this.PerformLayout();

}
#endregion

/// <summary>
///该应用程序的主入口点
/// </summary>
[STAThread]
static void Main()
{
    Application.Run(new Form1());

}

private StringBuilder smtInfo;
```

```csharp
private Process app;

private string[] KeyBoardString;

private void btnStart_Click(object sender, System.EventArgs e)
{
    this.WindowState = FormWindowState.Minimized;

    if (tmrMonkey.Enabled)
    {
        tmrMonkey.Enabled = false;
        btnStart.Text = "Start";
        SaveSmartMonkeyKnowledge(smtInfo.ToString());
    }
    else
    {
        tmrMonkey.Enabled = true;
        btnStart.Text = "Stop";
        smtInfo = new StringBuilder();
    }
}

private void tmrMonkey_Tick(object sender, System.EventArgs e)
{
    if (app.Responding)
    {
        Console.WriteLine("Status = Running");
    }
    else
    {
        //猴子知道被测试程序停止响应, 则停止玩下去
        Console.WriteLine("Status = Not Responding");
        tmrMonkey.Stop();
    }

    tmrMonkey.Interval = (int)numInterval.Value * 1000;
    Random rnd = new Random();

    int x = rnd.Next(Screen.PrimaryScreen.WorkingArea.Width);
    int y = rnd.Next(Screen.PrimaryScreen.WorkingArea.Height);

    smtInfo.Append(x + ", " + y + ", ");

    MouseAPI.MoveMouse(x, y);

    //不管是什么, 先用鼠标单击
    MouseAPI.ClickMouse(MonkeyButtons.btcLeft, 0, 0, 0, 0);

    int wHdl = 0;
    StringBuilder clsName = new StringBuilder(128);
    StringBuilder wndText = new StringBuilder(128);
```

```csharp
MouseAPI.GetSmartInfo(ref wHdl, ref clsName, ref wndText);

string str = clsName.ToString();

//如果猴子知道这是个 Edit 控件，则输入一些字符串
if (str.ToUpper().Contains("EDIT"))
{
    MouseAPI.ClickMouse(MonkeyButtons.btcLeft, 0, 0, 0, 0);

    // 随机按键
    SendKeys.Send(KeyBoardString[rnd.Next(KeyBoardString.Length)]);
}

//如果猴子知道这是个按钮，则单击按钮
if (str.ToUpper().Contains("BUTTON"))
{
    MouseAPI.ClickMouse(MonkeyButtons.btcLeft, 0, 0, 0, 0);
}

//其他控件的玩法

if (str.ToUpper().Contains("STATIC"))
{
    //猴子知道程序出现了异常，则停止玩下去
    string txt = wndText.ToString();
    if (txt.ToUpper().Contains("应用程序中发生了无法处理的异常。"))
    {
        tmrMonkey.Stop();
    }
}

//随机按键
string input = KeyBoardString[rnd.Next(KeyBoardString.Length)];
SendKeys.Send(input);

//截屏
CaptureScreen();

//记录 AUT 的资源使用情况
int AUTWorkingSet = app.WorkingSet;
int AUTVirtualMemorySize = app.VirtualMemorySize;

smtInfo.Append(wHdl + ", " + clsName.ToString() + ", " + wndText.ToString() + ",
" + input + ", "+ AUTWorkingSet.ToString() + ", " + AUTVirtualMemorySize.ToString() + "\n");
}

private void SaveSmartMonkeyKnowledge(string textToSave)
{
    string fileToSave = @"C:\Temp\smartMonkeyInfo.csv";
    FileInfo fi = new FileInfo(fileToSave);
```

```
        StreamWriter sw = fi.CreateText();
        sw.Write(textToSave);
        sw.Close();
    }

    private void button1_Click_1(object sender, EventArgs e)
    {
        //启动 AUT
        app = new Process();
        app.StartInfo.FileName = this.textBox1.Text;

        //最大化 AUT 窗口
        app.StartInfo.WindowStyle = ProcessWindowStyle.Maximized;
        app.Start();
    }

    private void CaptureScreen()
    {
        GDIAPI.GetPartScreen().Save(@"C:\temp\" + Guid.NewGuid().ToString() + ".bmp");

    }

    private void button2_Click(object sender, EventArgs e)
    {
        openFileDialog1.FileName = "";
        openFileDialog1.Filter = "exe(*.exe)|*.exe";
        openFileDialog1.RestoreDirectory = true;
        if (openFileDialog1.ShowDialog() == DialogResult.OK)
        {
            this.textBox1.Text = openFileDialog1.FileName;
        }
    }

    private void Form1_Load(object sender, EventArgs e)
    {
        KeyBoardString = File.ReadAllLines("KeyBoardString.txt", Encoding.Default);
    }

    }
}
```

## 18.9.9  扩展

　　针对具体的项目程序的环境，还需要进一步修改才能让猴子发挥价值。读者可在前面介绍的代码的基础上，根据自己的需要进一步扩展和完善。就目前看来，这个程序还存在很多缺点，例如对控件的识别还有待加强，判断程序是否出现异常的方法还有待改善。可以给猴子添加更多的智能，让它更加聪明，可以识别更多控件，能自动判断是否出现了错误。

能理解操作系统的笨猴子可以在各种程序中使用，可以测试很多基本的东西。给你的猴子一些适当的教育，就能有效地提高猴子发现 Bug 的机会。笨猴子不会找到很多的 Bug，但是它们找到的 Bug 是程序崩溃、程序不响应等严重类型的，都是你最不想它出现在产品中的 Bug。

另外一个扩展的方法是不用自己从头开始构造猴子测试工具，例如一些自动化测试工具提供的功能来实现随机的自动化测试，例如利用 TestComplete 内部提供的各种函数，尤其是封装好的鼠标操作、键盘操作函数，充分利用它所提供的控件识别和定位能力，给猴子更多的能力，而且也节省了很多开发的时间。

# 18.10　测试覆盖率辅助管理工具的制作

在一次项目例会上，某位项目经理由于在客户现场演示软件系统时暴露了几个 Bug，因此在会议上表达了自己对测试的不满和怀疑。测试人员当然也是满肚子委屈了。从这位项目经理略带愤怒的表情以及测试人员欲哭无泪的表情，笔者突然悟到目前测试管理的一个欠缺——测试覆盖率管理。

## 18.10.1　测试覆盖率管理

众所周知，测试的充分性受到测试覆盖面的重要影响，测试覆盖得越全面，能发现 Bug 的概率就越高，如图 18.15 所示。

测试的覆盖率度量大概可以分为以下 4 类。

- 需求覆盖率。
- 测试用例覆盖率。
- 功能模块覆盖率。
- 代码覆盖率。

应该在适当的时候和地方综合使用这 4 种覆盖率统计方法来衡量测试的充分性。

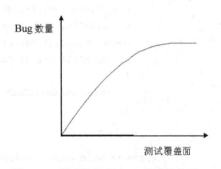

图 18.15　测试覆盖面与 Bug 数量的关系

## 18.10.2　需求覆盖率管理

需求覆盖率是指所执行的测试覆盖到的需求项的全面程度。这种测试覆盖率统计方法需要在需求比较明确、需求文档比较完善的情况下才能发挥它的价值。

如果要在公司实现这种方式的测试覆盖率统计，必须要求需求管理严格进行，可借助 QualityCenter 来完成。TestDirector 提供了一个需求管理的功能模块，用于把需求拆分成可跟踪的需求项管理和维护起来，如图 18.16 所示。

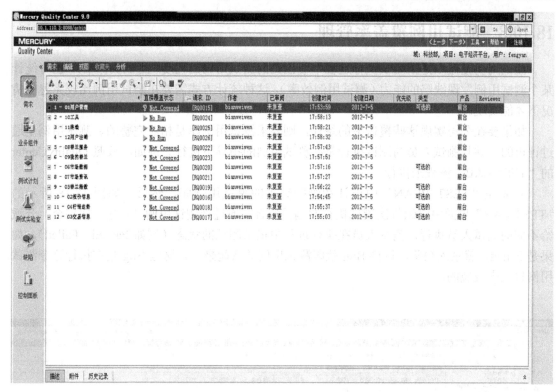

图 18.16　QualityCenter 的需求管理

在后续的测试执行和缺陷跟踪中，可以把测试用例的执行所覆盖到的需求项、测试发现的 Bug 所覆盖的需求项都统计出来。图 18.17 是某个需求项对应的缺陷列表，也就是说，对于这项需求的实现，通过测试发现了这么多的 Bug，这对于项目经理评估某项需求的实现难度和复杂性都有很好的参考价值。

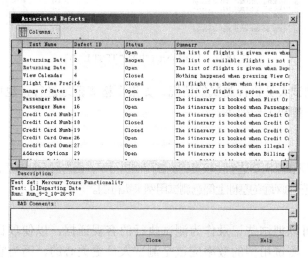

图 18.17　在 QualityCenter 中查看某项需求对应的 Bug 列表

### 18.10.3　测试用例覆盖率管理

测试用例覆盖率是指测试执行过程中覆盖到的测试用例的程度（测试执行率），也可统计某个测试用例发现缺陷的能力（测试用例效率）。这种统计方式需要在测试用例比较完善的情况下才能实现。

如果要在公司实现这些覆盖率的统计，则要求测试用例库是相对完整的、测试用例是通过评审的，并且测试人员的测试执行是在测试用例的指导下进行。例如，按照 QualityCenter 的"TEST LAB"流程来执行。

首先在"TEST PLAN"中设计和维护完善的测试用例库，然后在如图 18.18 所示的"TEST LAB"界面中组织每次测试执行的测试集合，通过把测试用例"打包"成集合，分派给不同的测试人员执行，测试人员在执行过程中记录测试的状态（例如 Passed、Failed），如果是 Failed，就录入缺陷，这样 Bug 就跟测试用例关联起来了，这些 Bug 是在执行这个测试用例过程中发现的。

图 18.18　TestDirector 中的"TEST LAB"

这样就能跟踪测试人员执行测试的情况，如果严格规范地进行，也可以根据这些数据来衡量测试人员的工作量和工作效率。

 **注意**

> 并不是每一次测试都需要达到比较高的测试用例执行率，因为回归测试应该是在充分估计测试的时间以及回归的风险的基础上筛选测试用例来执行的。

当然，我们也可以把这些记录作为测试执行的客观证据，以便项目经理评估测试的充分程度。相对而言，测试用例的效率应该是测试人员更关心的，因为它体现了测试人员设计测试用例的能力，好的测试用例应该能发现更多的 Bug。对于那些能有效发现 Bug 的测试用例，应该及时总结出来，让其他测试人员或者其他项目组好好学习和借鉴，因为这些是测试人员的经验和"精髓"。

## 18.10.4  功能模块覆盖率管理

并不是每个项目都能有很好的需求分析和完善的测试用例设计,这些项目是否缺乏有效的测试覆盖率统计手段呢?有些软件系统的功能模块特别多,有些软件系统则由很多子系统组成。对于这类项目的测试覆盖率统计可以采取功能模块覆盖率统计方法。

功能模块覆盖率统计方法是指测试执行涉及的功能模块与总的功能模块数之间的比例。这种覆盖率统计虽然比较粗,但是还是可以进行统计以做参考,尤其是在频繁的迭代版本发布和回归测试时,对于项目经理拿捏一个版本的测试充分程度和版本发布的风险都有一定的参考意义。

## 18.10.5  代码覆盖率管理

相对而言,代码覆盖率的统计是最细的。它把测试的执行情况和覆盖情况细化到了代码层面。代码覆盖率是指测试执行过程中经过的代码行与总的代码行之间的比例。一般而言,测试覆盖的代码行比例越高,测试过程涉及的功能操作和界面越多,发现 Bug 的机会也就越多。

> **注意**
>
> 代码覆盖率高并不意味着一定能发现更多的 Bug。

对于代码覆盖率,我们只能作为测试充分程度的参考,因为即使代码行覆盖率达到百分之百也很可能是测试不充分的,例如:

```
if( a == 1 || b == 1 )
{
MessageBox.Show("OK!");
}
```

如果变量 a 和 b 是输入参数,那么只要 a 或 b 有一个为 1 就可以覆盖所有代码行,但是其他使用到 a 或 b 的地方则有可能受到不同取值的影响而产生不同的结果。如果仅仅满足于代码行覆盖,那么测试是不充分的。

> **注意**
>
> 不能追求过高的代码覆盖率,因为有些代码只有在非常罕见的特殊情况才能出现。

例如,一个通过访问数据库、接受数据进行算术运算、把结果存到文件中的程序可能引发各种异常情况的出现,对于每一种异常情况都分别处理,代码如下:

```
try
{
    //...
```

```
        }
        catch (IOException IOEx)
        {
            //I/O 错误的异常
            //...
        }
        catch (DataException DataEx)
        {
            //数据访问异常
            //...
        }
        catch (ArithmeticException ArEx)
        {
            //算术运算异常
            //...
        }
        catch (DivideByZeroException DivEx)
        {
            //除以零时引发的异常
            //...
        }
        catch (OutOfMemoryException MeryEx)
        {
            //没有足够的内存继续执行程序时的异常
            //...
        }
```

可以看到，有些异常情况是很难出现的，例如"OutOfMemoryException"；有些异常则不会出现，如果程序代码写得正确，例如"DivideByZeroException"。这些异常相对应的处理代码很可能不会被测试执行到。更何况有些不规范的程序开发会遗留很多所谓的"死代码"，这些代码是永远也不可能执行到的。

 **说明**

过分追求高的代码覆盖率是对测试资源的极大浪费。

对于测试人员而言，在测试过程中应该保证相对高的代码覆盖率，尤其是在单元测试阶段或详细的集成测试阶段，应该确保代码覆盖率比较高。如果出现比较低的代码覆盖率，应该找出没有覆盖到的模块、函数或代码行，然后与程序员一起分析原因，看是否需要增加更多的测试用例、有没有什么测试的场景是测试人员尚未考虑到的、如何模拟这些场景的出现。当然也要分析一下这些尚未覆盖到的代码是不是"死代码"。

## 18.10.6　数据覆盖率管理

作为一种补充，可以考虑统计数据覆盖率。现在很多软件产品都会涉及数据库，有些软件系统几乎每一个功能模块的主要操作都涉及对后台数据库对象的操作。因此测试覆盖面是否足够广泛也可以通过统计对数据库操作对象的范围来粗略估计。

这种统计方式对于那些涉及数据库操作并且数据库对象很多的软件系统比较合适。若要统计在测试人员执行测试的过程中跟踪提交到数据库的 SQL 语句，则解析出涉及的数据库对象（如表、视图、存储过程、函数等），然后与数据库中总的用户数据库对象数量进行比较，得出覆盖率。

 **注意**

在测试之前应该确保数据库中没有多余的"废旧"的数据库对象，否则将影响统计结果。

SQL Server 的数据库跟踪可利用 SQL 事件探查器来截获所有 SQL 语句。然后在测试结束后分析截获的 SQL 语句，取出所有涉及的数据库对象。这个过程可以自己写一个分析程序来进行。

## 18.10.7　测试覆盖率统计的自动化

如果公司的项目很多，各有特色，规范化的程度也各不一样，有些能严格建立起需求管理流程和测试用例库，有些则没有，各项目所处的阶段也不一样，就应该综合分析，看项目适合采用哪些测试覆盖率的统计方式。

测试覆盖率的统计还要考虑成本问题，不能因为覆盖率的统计而大大加大测试人员的工作负担。因此需要尽量采用工具帮助实现自动化。例如，项目开展地比较规范，就可以借助 TestDirector 的测试管理功能来实现测试覆盖率的统计，在测试过程中自动记录测试覆盖数据。而基于数据库的测试覆盖率统计则需要设计一个自动跟踪数据库 SQL 语句以及解析提取数据库对象的小程序。

相对而言，代码的覆盖率统计要容易一些，因为有很多现成的工具可以使用，例如 DevPartner 的覆盖率统计工具、AQTime 等。图 18.19 是用 DevPartner 分析的一个测试过程的代码覆盖率报告。

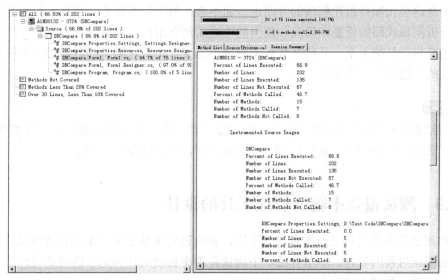

图 18.19　DevPartner 的代码覆盖率报告

测试人员只需要通过这些工具来启动被测试应用程序，测试过程与平常的一样就可以了，工具会自动记录和收集、分析代码覆盖率的情况。

仅仅统计了测试覆盖率还不够，要善于利用这些数据。测试覆盖率数据是对测试充分程度的度量参考，是项目经理发布版本时的重要参考数据，也是获得对产品的信心的重要信息。因此测试覆盖率数据应该体现在测试报告中。同时，对于测试覆盖率数据，应该进行分析，尤其是对于那些未能覆盖到的区域，测试人员根据这些信息来获取测试的改进渠道，开发人员需要配合测试人员来分析代码的覆盖率，避免某些代码的测试遗漏，同时也要避免存在大量不能测试到的代码。

> **技巧**
>
> 测试覆盖率除了体现在测试报告中，还应该体现在每日构建中。对于每日构建产生的版本，在执行自动化测试的过程中加入测试覆盖率统计，这对于衡量自动化测试脚本的覆盖面、执行率都有好处，测试人员基于这些数据可以考虑手动测试的方向和策略，以及覆盖的重点。对于那些自动化测试覆盖到的模块，手动测试可以适当地少投入一些时间。

## 18.10.8　测试覆盖率对测试管理的意义

测试覆盖率的统计对于优秀的测试人员而言是一种改善测试效果的工具和手段。优秀的测试人员会尽量保证较高的测试覆盖率，对于那些未能覆盖到的区域，能及时分析原因，改善测试用例。对于那些容易"迷思"的测试人员，则是一种监督。

测试覆盖率能从某种程度上统计测试人员的工作效率和工作量，因此对于项目管理而言，测试人员的工作更加透明和可度量。同时，测试覆盖率的统计数据也起到了留证的作用，在某些项目经理质疑测试人员的工作时，可以拿出来分析和证明。

回到开头的一幕，如果那个时候能拿出这些测试覆盖率的统计记录，估计那位项目经理的"怀疑"的表情是可以去掉了，剩下的"不满"的表情则需要进一步分析覆盖率的情况来解决。但是这会让项目组往积极的方面走，而不会往消极的方向走。测试人员和开发人员会一起来分析测试代码的覆盖率情况，找出能改进的测试用例。项目经理和测试经理也可以重新思考进度与质量的关系，是什么导致了测试不充分？是否对测试的时间投入不够多？还是测试人员的技能水平有待提高？

> **注意**
>
> 测试覆盖率的统计目的绝对不是为了考核测试人员，更不是为了强迫测试人员不停地重复机械的动作，而是作为整个项目组改善测试质量、提高产品质量的一个工具。

## 18.10.9　测试覆盖率辅助管理工具的设计

既然测试覆盖率对测试管理有重要作用，就应该实现基于覆盖率统计的测试管理，借助工具辅助测试过程的管理。本节介绍一个测试覆盖率自动统计和记录的辅助管理工具，这个工具的运行界面如图 18.20 所示。

图 18.20 测试覆盖率辅助管理工具的界面

这个工具通过调用 DevPartner 的代码覆盖率统计工具，帮助测试人员在测试的过程中自动统计测试经过的代码，并且提供测试过程记录功能，方便探索性测试者随时记录测试过程的"故事"。

## 18.10.10 调用 DevPartner 的代码覆盖率统计工具

DevPartner Studio Professional 8.0 的工具中提供了代码覆盖率统计的功能，作为插件绑定在 Visual Studio.NET 2005 中，但是如果每次都让测试人员打开 Visual Studio.NET 2005，通过 DevPartner 的插件来运行，就会很不方便。幸好它提供了命令行的调用方式，可以通过命令行来执行覆盖率统计功能。

命令行工具在安装目录的 Analysis 目录下，名为 DPAnalysis，默认路径如下：

```
C:\Program Files\Compuware\DevPartner Studio\Analysis\DPAnalysis.exe
```

命令行的调用比较简单。只需要指定参数为"/Cov"，用于表示分析覆盖率情况，用参数"/O"指定覆盖率统计文件的输出文件，用参数/P 指定需要分析覆盖率的被测试应用程序。下面是一个命令行调用的实例：

```
"C:\Program Files\Compuware\DevPartner Studio\Analysis\DPAnalysis.exe" /Cov /O
"D:\CoverageOutPutFile\2007-11-29_17_50_41" /P "D:\Test
Code\GUICheck\GUICheck\bin\Debug\GUICheck.exe"
```

## 18.10.11 用 C#来调用 DPAnalysis 执行被测试应用程序

首先选择被测试应用程序，可通过以下代码实现：

```
private void button2_Click(object sender, EventArgs e)
{
    openFileDialog1.Filter = "exe(*.exe)|*.exe";
    openFileDialog1.RestoreDirectory = true;

    if (openFileDialog1.ShowDialog() == DialogResult.OK)
```

```
        {
            this.richTextBox1.Text = openFileDialog1.FileName;

        }

    }
```

然后调用 DPAnalysis 的命令行执行被测试应用程序，可通过下面的代码实现：

```
private void button1_Click(object sender, EventArgs e)
{

    AUTPath = this.richTextBox1.Text;

    WorkingPath = AUTPath.Substring(0,AUTPath.LastIndexOf("\\"));

    string OutPutFile = OutPutFilePath + "\\" + DateTime.Now.Date.ToShortDateString()
+ "_" + DateTime.Now.Hour.ToString() + "_" + DateTime.Now.Minute.ToString() + "_" + DateTime.
Now.Second.ToString();

    File.WriteAllText(localPath+"\\CoverageCmd.bat", '"' + DPAnalysisPath + '"' +
" /Cov /O " + '"' + OutPutFile + '"' + " /P " + '"' + AUTPath + '"',Encoding.Default);

    ProcessStartInfo startInfo = new ProcessStartInfo(localPath+"\\CoverageCmd.bat");
    startInfo.UseShellExecute = false;
    startInfo.WorkingDirectory = WorkingPath;

    Process p = new Process();

    p.StartInfo = startInfo;

    p.Start();
    this.richTextBox2.AppendText("\n 开始时间: " + p.StartTime.ToString());

}
```

**注意**

> 这里是通过动态地写 CoverageCmd.bat 文件，然后执行这个批处理文件的方式来实现的。

测试人员在测试过程中可能需要随时记录一些测试相关的信息，尤其是在进行探索性测试的时候更加需要把测试过程中的很多细节记录下来，因此提供一个可写的文本框就非常重要了。保存测试信息的 C#代码如下：

```
private void button3_Click(object sender, EventArgs e)
{
    File.WriteAllText(OutPutFilePath + "\\"+ DateTime.Now.ToString("yyyy-MM-dd_HH-mm-ss")
+".txt", this.richTextBox2.Text, Encoding.Default);
}
```

这个工具的完整代码如下：

```
using System;
using System.Collections.Generic;
```

```csharp
using System.ComponentModel;
using System.Data;
using System.Drawing;
using System.Text;
using System.Windows.Forms;
using System.Diagnostics;
using System.IO;

namespace CoverageController
{
    public partial class Form1 : Form
    {
        public Form1()
        {
            InitializeComponent();
        }

        string localPath;

        string DPAnalysisPath;
        string AUTPath;
        string OutPutFilePath;
        string WorkingPath;


        private void button2_Click(object sender, EventArgs e)
        {
            openFileDialog1.Filter = "exe(*.exe)|*.exe";
            openFileDialog1.RestoreDirectory = true;

            if (openFileDialog1.ShowDialog() == DialogResult.OK)
            {
                this.richTextBox1.Text = openFileDialog1.FileName;

            }

        }

        private void button1_Click(object sender, EventArgs e)
        {

            AUTPath = this.richTextBox1.Text;

            WorkingPath = AUTPath.Substring(0,AUTPath.LastIndexOf("\\"));

            string OutPutFile = OutPutFilePath + "\\" + DateTime.Now.Date.ToShortDateString()
+ "_" + DateTime.Now.Hour.ToString() + "_" + DateTime.Now.Minute.ToString() + "_" + DateTime.
Now.Second.ToString();
```

```
        File.WriteAllText(localPath+"\\CoverageCmd.bat", '"' + DPAnalysisPath + '"' + "
/Cov /O " + '"' + OutPutFile + '"' + " /P " + '"' + AUTPath + '"',Encoding.Default);

        ProcessStartInfo startInfo = new ProcessStartInfo(localPath+"\\CoverageCmd.bat");
        startInfo.UseShellExecute = false;
        startInfo.WorkingDirectory = WorkingPath;

        Process p = new Process();

        p.StartInfo = startInfo;

        p.Start();
        this.richTextBox2.AppendText("\n开始时间: " + p.StartTime.ToString());

    }

    private void Form1_Load(object sender, EventArgs e)
    {

        localPath = Application.StartupPath;

        string[] fileString = File.ReadAllLines(localPath+"\\Config.txt",Encoding.Default);

        DPAnalysisPath = fileString[1];


        OutPutFilePath = fileString[3];

        if (Directory.Exists(OutPutFilePath) == false)
        {
            Directory.CreateDirectory(OutPutFilePath);
        }

        string[] AUTConfig = File.ReadAllLines(localPath+"\\AUT.txt",Encoding.Default);
        AUTPath = AUTConfig[0];
        this.richTextBox1.Text = AUTPath;

    }

    private void Form1_FormClosing(object sender, FormClosingEventArgs e)
    {
        File.WriteAllText(localPath + "\\AUT.txt", this.richTextBox1.Text, Encoding.Default);
    }

    private void button3_Click(object sender, EventArgs e)
    {
        File.WriteAllText(OutPutFilePath + "\\"+ DateTime.Now.ToString("yyyy-MM-dd_HH-mm-ss")
+".txt", this.richTextBox2.Text, Encoding.Default);
    }
```

```
        }
    }
```

## 18.10.12　测试覆盖率辅助管理工具的使用

这个工具需要让每个测试人员在测试过程中使用，测试人员在使用本工具测试时与平时测试没有什么区别，只是启动被测试应用程序时通过这个工具打开而已。

首先让每位测试人员都安装 DevPartner。然后规定每位测试人员都必须使用这个工具来启动，并执行被测试程序。工具会调用 DevPartner 的代码覆盖率分析工具的命令行，并自动保存覆盖率信息。使用此工具之前确保 Config.txt 文件正确配置：

```
//DPAnalysis 的路径
C:\Program Files\Compuware\DevPartner Studio\Analysis\DPAnalysis.exe
//覆盖率输出文件路径
D:\CoverageOutPutFile
```

为了方便管理，可以要求测试人员把覆盖率输出文件路径都改成服务器的某个共享目录路径，例如"\\192.168.100.1\TestCoverage\"。这样测试组长就可以通过 DevPartner 的覆盖率文件合并工具来合并每位测试的覆盖率文件，包括自己的。

（1）打开 Visual Studio.NET 2005，单击"DevPartner"→"Merge Coverage Files"命令，弹出"Merge Coverage Files"对话框，如图 18.21 所示。

（2）在这个界面中单击"Add"按钮，添加覆盖率记录文件，把各位测试人员的覆盖率文件选入，如图 18.22 所示。

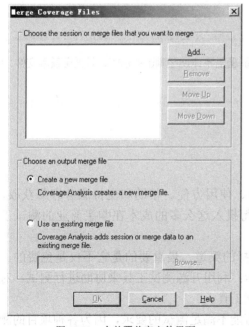

图 18.21　合并覆盖率文件界面

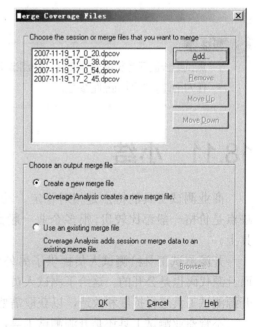

图 18.22　添加覆盖率文件

（3）然后单击"OK"按钮，则出现如图 18.23 所示的合并后的覆盖率分析界面。

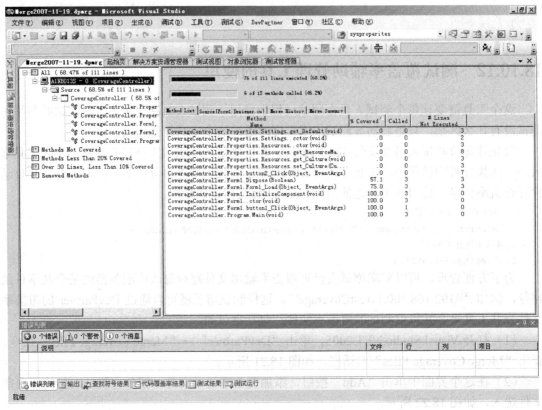

图 18.23　合并后的覆盖率统计

> **注意**
>
> 测试组长应该分析覆盖率文件，把测试执行的代码覆盖率体现在测试报告中，并把覆盖率文件作为附件，供项目经理参考。

# 18.11　小结

商业测试工具的特点是相对稳定、功能全面、使用方便、帮助和支持服务容易获取，缺点是价格一般都比较贵，很多企业一般都不舍得投入这么多的成本在购买商业的测试工具上。

开源测试工具给测试人员提供了另外一种选择的渠道，最重要的是它不仅是免费的，而且源代码也是公开的。这给了测试人员一些提示：利用开源测试工具来协助进行测试，对开源测试工具进行扩展和改造，以获取需要的测试工具。

不管商业测试工具还是开源测试工具，都有可能不满足测试的要求，因为各种项目的测试环境差异可以非常大。因此，有可能需要测试人员在测试过程中自己动手编写测试工具或测试的辅助程序来解决一些特殊的问题。

自己制作测试工具应该重点考虑适用性、实现的简单性以及定位在辅助测试工作上。

# 18.12 新手入门须知

测试项目的环境是多种多样的，工具厂商的测试工具"贵"在能支持很多种语言、平台和环境，考虑得比较全面，但是总有它没考虑到的或不支持的地方。这个时候，测试人员可以挺身而出，自己写个切合自身项目实际的小程序或小工具，来个自己"铸剑"。

例如，碰到 LoadRunner 不支持的环境，使用不上这样一个好工具的时候，就只能自己写一个同步协调程序来调用不同机器上的多个进程或多线程来解决问题。

新手一般容易畏惧自己编程进行测试工具的开发，其实只要了解清楚自己的测试需求，摸清楚测试工具的原理，是可以实现很多简单的测试工具制作的。也可借此机会锻炼一下自己的开发能力，同时也可多与开发人员交流，请他们协助完成工具的开发。

但是切忌盲目追求测试工具的制作，要考虑开发的成本。有现成可用的测试工具就使用现成的，不要重复发明"轮子"。

# 18.13 模拟面试问答

本章主要讲到各种测试工具的制作，读者可自己进行实践和修改完善，形成自己的测试工具，最终要的是明白一些测试工具的基本原理，以及制作测试工具的方法。这样在回答面试官的这些问题时就"游刃有余"了。

（1）为什么要自己开发测试工具？

参考答案：自己动手开发测试工具的优势包括以下内容。

- 购买成本为零。
- 简便：只需要开发自己需要的那部分功能。
- 个性化：可自己定制需要的功能，随时修改，配置项目组成员的使用习惯。
- 可扩展性：可随时增加新的功能。
- 可充分利用项目组熟悉的语言开发，利用自己的技术优势。
- 可使用自己熟悉的脚本语言，不需要使用商业工具提供的"厂商脚本语言"。

（2）如何搭建一个每日构建的框架？

参考答案：一个基本的每日构建框架必须包括定时启动和执行、获取源代码、编译源代码、分析和处理编译结果、发送编译报告这几个步骤。其中定时启动和执行可以让 Windows 的任务计划来完成，获取源代码则需要对源代码管理工具提供的接口进行编程，如 VSS 就可以使用它的自动化接口或命令行的方式来获取源代码，然后调用开发工具的编译器对获取的源代码进行编译，编译完后对结果进行分析，判断编译是否通过，通过调用邮件服务器的接口发送包含编译结果的邮件。

（3）像 LoadRunner 这类的性能测试工具的基本原理是什么？

参考答案：一般的性能测试工具的基本原理是在客户端通过多线程或多进程模拟用户访问，对服务器端施加压力，然后在过程中监控和收集性能数据。因此，可以自己设计一个类似的性能测试框架。这个性能测试框架包括以下内容。

- Controller：控制程序，用于控制整个测试过程，向各个客户端发出执行测试的命令，收集客户端和服务器的性能参数。
- Agent：代理程序，部署在各个客户端，用于响应 Controller 的命令执行测试。
- VU：虚拟用户，用于模拟用户的操作产生对服务器的压力。

（4）您在平时工作中会设计一些测试工具来辅助自己进行测试吗？

参考答案：我会设计一些数据库的比较工具来帮助分析两个数据库的表结构存在的差异，这对开发库与测试库之间的同步很有帮助。另外，还会设计一些数据库的 SQL 语句跟踪工具，来截获被测试程序发出的 SQL 语句，辅助进行程序的 SQL 语句使用的正确性验证。

第 19 章

# 小工具的使用

很多测试人员通常会忽略了身边的小工具，一碰到问题就去找专业的测试工具、大型的测试工具。把这些工具安装一轮、熟悉它们的使用方法之后已经耗费了不少时间。实际上，测试人员的周围都有很多随时可以使用的小工具，如果能把它们充分利用起来，在合适的时候使用，可能会给测试带来更理想的效果。

本章介绍如何充分利用身边的一些现成的小工具来协助完成测试工作。

# 19.1  巧用 Windows 自带的小工具

Windows 操作系统提供了很多实用的小工具，这些小工具可以用来帮助测试人员更好地完成测试任务，例如 Windows 任务管理器、PerfMon、NetStat 等。使用这些 Windows 自带的小工具，可以让测试人员在测试过程中分析问题、定位问题更加方便、更加准确。

图 19.1　Windows 任务管理器

## 19.1.1　Windows 任务管理器

任务管理器是一个可以用来了解被测程序的各种信息的小工具，包括进程信息、网络信息、CPU 使用信息等，如图 19.1 所示。

## 19.1.2　利用 Windows 任务管理器检查进程驻留

利用 Windows 任务管理器，可以方便地查看进程数量，从而查看是否存在进程驻留的情况。如果被测试程序用到 COM 对象编程，则测试人员需要密切关注调用的 COM 对象的生命周期，例如，调用 Excel 导出表格数据，如果程序写得有问题，往往导致 Excel.exe 驻留。在测试过程中，随时关注进程的情况，可以快速找出这类问题。

## 19.1.3　利用 Windows 任务管理器检查内存问题

除了可以查找进程驻留问题，还可以用 Windows 的任务管理器来检查一个程序的内存使用情况，看是否存在内存泄露问题。在进程页，选择菜单"查看"下的"选择列"选项，则出现如图 19.2 所示的界面。

运行程序，然后在任务管理器中查看"内存使用"和"虚拟内存大小"两项，当程序请求它所需要的内存后，如果虚拟内存还是持续增长，就说明这个程序有内存泄露的问题。当然，如果内存泄露的数目非常小，用这种方法可能要过很长时间才能看出来。

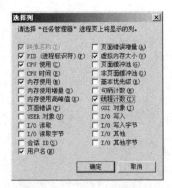

图 19.2　选择进程的显示列

## 19.1.4 利用 Windows 任务管理器检查网络使用情况

切换到"联网"页，可以利用 Windows 任务管理器来查看被测试程序的网络使用情况，如图 19.3 所示。在"联网"页，选择"查看"菜单下的"选择列"选项，出现如图 19.4 所示的界面。

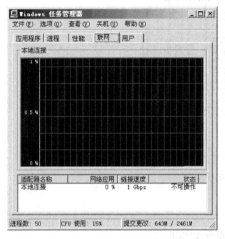 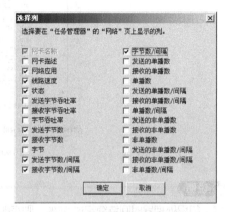

图 19.3 网络使用显示界面　　　　　　　图 19.4 设置网络信息的显示列

在这个界面中，可以选择关系的列，以便动态地显示数据。"字节数/间隔"是在每个网络适配器上发送和接收字节的速率，是发送字节数/间隔和接收字节数/间隔的总和。判断网络连接速度是否存在瓶颈，可以用"字节数/间隔"与目前网络的带宽进行比较。

另外，还可以选择"网卡历史记录"菜单，选上需要在界面上动态描绘的网络数据变化曲线，如图 19.5 所示。

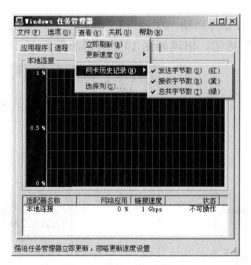

图 19.5 选择网卡历史记录

## 19.1.5　利用 Windows 任务管理器检查 CPU 使用情况

在"进程"页面中，还可以随时关注被测试程序的 CPU 使用情况，如图 19.6 所示。

图 19.6　CPU 使用情况

 说明

> 如果处理器时间持续超过 95%，则表明 CPU 处理存在瓶颈。

## 19.1.6　Perfmon 的性能监控

Perfmon 是 Windows 自带的一个性能监控工具，它在进行性能测试时的性能监控非常有用，并且使用它提供的计数器日志记录功能，可以方便地记录测试过程中某些对象的性能变化情况。

（1）Perfmon 可以从命令行启动，如图 19.7 所示。在"运行"界面的"打开"中输入"Perfmon"，单击"确定"按钮，出现如图 19.8 所示的界面。

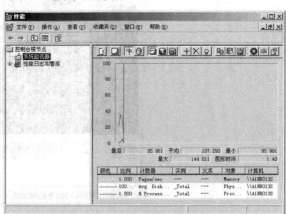

图 19.7　运行 Perfmon　　　　　　　　图 19.8　Perfmon 的主界面

（2）在这个界面中，可以看到 Perfmon 以图表的形式显示目前机器各种性能参数的变化情况。单击鼠标右键，然后选择"添加计数器"选项，可以添加需要显示的性能对象及其计数器，如图 19.9 所示。

在这个界面中，可以选择不同的性能对象，以及需要显示的计数器，也就是性能参数，选中后单击"添加"按钮即可。单击"说明"按钮，可以显示选中的性能计数器的说明文字，如图 19.10 所示。

图 19.9　添加计数器

图 19.10　计数器的说明文字

（3）性能对象的选择应该根据性能测试的对象来选择，例如，如果需要监控的是数据库对象，则可选择数据库相关的性能对象及其计数器。另外，如果想监控某个进程的性能表现，则可选择"Process"性能对象，如图 19.11 所示。在这里可以选择进程的 CPU 使用、线程、内存使用等计数器。在右边的"从列表选择范例"的列表中可以选择需要监控的进程。

（4）前面讲的是系统监视器的功能，它提供了图表的动态显示功能，让测试人员可以实时地监控某些性能参数的变化情况。如果想系统自动记录某些性能参数，那么可以使用 Perfmon 的第二个功能"性能日志和警报"，如图 19.12 所示。

图 19.11　进程的计数器

图 19.12　计数器日志

（5）在这里可以添加计数器的日志文件，双击计数器日志文件可以打开日志文件的设置界面，如图 19.13 所示。

（6）在这个界面中，可以添加需要记录的性能对象和计数器、设置数据的采样间隔等。切换到"日志文件"页，如图 19.14 所示。

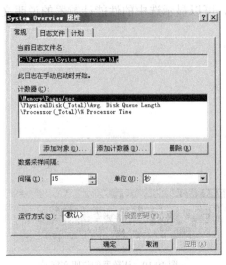

图 19.13　计数器日志的常规设置

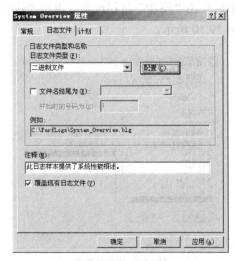

图 19.14　计数器日志的文件设置

（7）在这个界面中，可以选择记录日志文件的类型，如二进制文件格式、文本文件、SQL 数据库等。单击"配置"按钮，则出现如图 19.15 所示的界面。

（8）在这个界面中，可以选择日志文件的存储位置、设置文件名、设置文件大小的限制等。单击"确定"按钮，完成设置。切换到如图 19.16 所示的"计划"页面。

图 19.15　配置日志文件

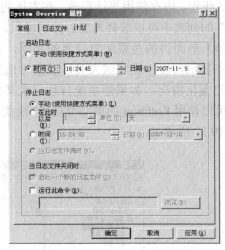

图 19.16　计数器日志的计划

（9）在这个界面中，可以设置计数器日志记录的启动时间。把所有都设置好后，单击"确定"按钮，然后启动计数器日志，进行性能测试的执行，执行完后，停止计数器日志。可在系统监视器中导入计数器日志文件来查看日志的历史记录。在"系统监视器"的界面中单击

"查看日志数据"的图标，出现如图 19.17 所示的界面。

（10）在这个界面中的"来源"页面，选择"数据源"为"日志文件"，单击"添加"按钮，选择刚才记录的计数器日志文件，如图 19.18 所示。

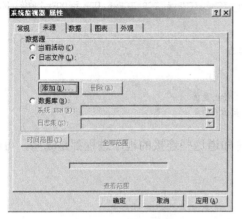
图 19.17 查看日志数据

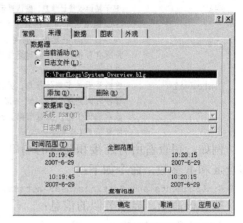
图 19.18 选择日志文件

 **技巧**

> 在"时间范围"中可以拖动横向滚动条，选择需要查看的某段时间范围内的计数器日志。

## 19.1.7 NetStat 的网络监视

NetStat 是 Windows 自带的一个网络信息查询器，可以显示当前系统的所有 TCP/IP 连接情况，以及协议的统计信息。NetStat 是一个命令行工具，在命令行中输入 NetStat，后面跟着一些参数即可使用。NetStat 的使用方法如下：

```
C:\Documents and Settings\user>netstat -?

显示协议统计信息和当前 TCP/IP 网络连接。

NETSTAT [-a] [-b] [-e] [-n] [-o] [-p proto] [-r] [-s] [-v] [interval]

  -a            显示所有连接和监听端口。
  -b            显示包含于创建每个连接或监听端口的
                可执行组件。在某些情况下已知可执行组件
                拥有多个独立组件，并且在这些情况下
                包含于创建连接或监听端口的组件序列
                被显示。这种情况下，可执行组件名
                在底部的 [] 中，顶部是其调用的组件，
                等等，直到 TCP/IP 部分。注意此选项
                可能需要很长时间，如果没有足够权限
                可能失败。
  -e            显示以太网统计信息。此选项可以与 -s
                选项组合使用。
  -n            以数字形式显示地址和端口号。
  -o            显示与每个连接相关的所属进程 ID。
  -p proto      显示 proto 指定的协议的连接；proto 可以是
```

| | TCP、UDP、TCPv6 或 UDPv6。 |
| | 如果与 -s 选项一起使用以显示按协议统计信息，proto 可以是下列协议 |
| | 之一：IP、IPv6、ICMP、ICMPv6、TCP、TCPv6、UDP 或 UDPv6。 |
| -r | 显示路由表。 |
| -s | 显示按协议统计信息，默认显示 IP、IPv6、ICMP、ICMPv6、TCP、TCPv6、UDP 和 UDPv6 的统计信息；-p 选项用于指定默认情况的子集。 |
| -v | 与 -b 选项一起使用时将显示包含于为所有可执行组件创建连接或监听端口的组件。 |
| interval | 重新显示选定统计信息，每次显示之间暂停时间间隔(以秒计)。按 Ctrl+C 键停止重新显示统计信息。如果省略，netstat 显示当前配置信息(只显示一次) |

例如，想查看所有连接和监听的端口，并且想知道这些连接的程序进程都是哪些，可以组合-a 和-b 参数，命令如下：

```
C:\Documents and Settings\user>netstat -a -b
```

执行该命令，显示类似的信息：

```
Active Connections

  Proto  Local Address        Foreign Address       State       PID
  TCP    a1nb013s:smtp        0.0.0.0:0             LISTENING   1968
  [inetinfo.exe]

  TCP    a1nb013s:http        0.0.0.0:0             LISTENING   2124
  [Apache.exe]

  TCP    a1nb013s:http        0.0.0.0:0             LISTENING   1968
  [inetinfo.exe]

  TCP    a1nb013s:epmap       0.0.0.0:0             LISTENING   1220
```

从这些信息，可以看到哪些进程的程序占用了哪个端口，使用的是什么协议，例如，Apache 使用的是 HTTP 协议连接，正在监听 2124 端口。

# 19.2 免费小工具的妙用

除了 Windows 自带的小工具外，还可以使用一些开发工具，或软件附带的工具或小程序。这些小工具在解决一些开发问题的同时，也能为测试人员的测试工作提供帮助。

## 19.2.1 SQL Server 数据库的 SQL 事件探查器

在 SQL Server 数据库中，有一个叫 SQL 事件探查器的工具，这个工具除了可以用于性能调优外，对测试工作也有很大的帮助。下面简单介绍这个工具的使用方法。

（1）SQL 事件探查器的界面如图 19.19 所示。

（2）在这个界面中，选择菜单"新建"中的"跟踪"选项，出现如图 19.20 所示的界面。

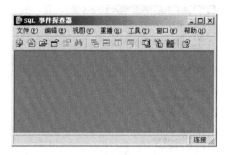

图 19.19 SQL 事件探查器的界面

图 19.20 SQL Server 数据库连接界面

（3）在这个界面中，设置需要跟踪 SQL 语句的数据库连接。设置完成后，单击"确定"按钮，出现如图 19.21 所示的界面。

（4）在这个界面中，可以设置跟踪名，选择跟踪的模板等。选择"事件"选项卡，出现如图 19.22 所示的事件跟踪选择界面。

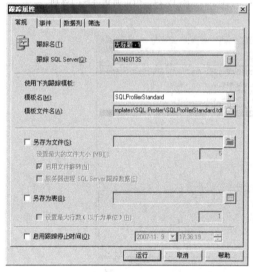

图 19.21 设置跟踪属性

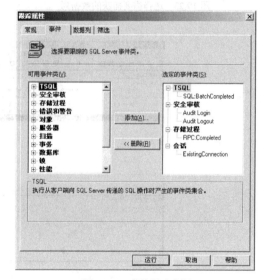

图 19.22 事件跟踪选择

（5）在这个界面中，可以选择哪些特定的事件需要跟踪，哪些事件不需要跟踪，从而避免跟踪的信息过多，造成分析的困难。切换到"数据列"选项卡，出现如图 19.23 所示的界面。

（6）在这个界面中，可以选择哪些字段需要捕获，哪些字段不需要捕获，从而进一步过滤 SQL 的跟踪信息。切换到"筛选"选项卡，出现如图 19.24 所示的界面。

（7）在这个界面中，可以指定一些筛选的规则，以便事件探查器只记录测试人员关心的数据。例如，只想跟踪除 sa 用户以外的登录用户提交的 SQL 语句，则可以在"LoginName"中的"不同于"选项下面输入"sa"。

设置完成后，单击"运行"按钮，事件探查器开始跟踪提交到 SQL Server 数据库的 SQL 语句，并且在主界面中实时地显示出来，如图 19.25 所示。

图 19.23　选择需要捕获的数据列　　　　图 19.24　指定捕获事件的规则

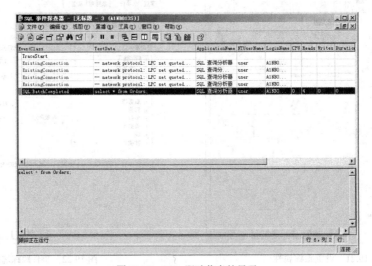

图 19.25　SQL 跟踪信息的显示

## 19.2.2　Visual Studio 开发工具的 Spy++

　　Spy++ 一般被认为是开发人员的辅助工具，其实在测试工作中也是可以使用的。它的作用体现在让测试人员了解软件产品的各种情况，例如进程、线程、事件消息、GUI 控件类型等。Spy++ 从 Visual C++ 时代出现，直到 Vsiual Studio.NET 的开发工具中，微软仍然把其列在随开发工具附送的工具之一，可见其价值。

　　（1）Spy++ 的界面如图 19.26 所示。

　　（2）在这个界面列出了系统中的所有窗口信息，也可以通过定位某个窗口或控件来查看其信息，单击"窗口搜索"的图标，出现如图 19.27 所示的界面。

图 19.26　Spy++的界面

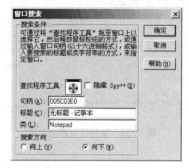

图 19.27　窗口搜索界面

（3）在这个界面中，可通过将"查找程序工具"拖至窗口上以选中某个窗口或控件，然后释放鼠标，则会自动显示该窗口或控件的相关信息，包括句柄、标题、类等。

**技巧**

在测试过程中，有时在描述 Bug 的时候不知道该把某个控件称为什么，这时候 Spy++就可以派上用场了。使用 Spy++，让测试人员可以更加清楚一个控件的名称，在描述 Bug 的时候就会更清晰，与开发人员的沟通也会减少很多无谓的误会。

## 19.2.3　Visual Source Safe 的文件比较器

在测试过程中，经常需要对测试结果或某些文件进行对比，以便检查文件之间的差异，从而判断测试是否通过。这时，可以利用 VSS 的文件比较器来帮助测试人员准确、快速地完成这样的测试任务。

（1）打开 VSS，在其主界面中选择菜单"Tools"下面的"Show Differences"选项，出现如图 19.28 所示的界面。

（2）在这个界面中可以选择"Compare"和"To"的路径来指定需要比较的两个文件。然后单击"OK"按钮，出现如图 19.29 所示的界面。

（3）在这个界面中，VSS 的文件比较器清晰地列出了两个文件之间的不同之处，用红色表示被删除的文字，蓝色表示改变的文字，绿色表示插入的文字。

**技巧**

利用 VSS 的文件比较器，比人工查找和比较要快很多，而且准确得多，因此能大大降低测试人员的工作量以及测试的时间，提高工作效率。

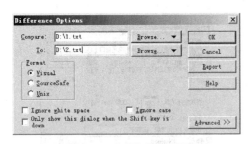

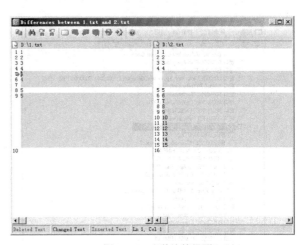

图19.28 文件比较器的界面    图19.29 文件比较界面

## 19.2.4 HTTP 协议包查看器——HTTP Watch

HTTP Watch（http://www.httpwatch.com/download/）是一个专门用于截获和查看服务器与浏览器之间 HTTP 交互的小工具。HTTP Watch 以插件的形式安装在 IE 浏览器中，可以录制浏览器导航的过程，截获 Web 服务器与浏览器客户端之间交互的每一个 HTTP 协议包，如图 19.30 所示。

图 19.30 用 HTTP Watch 查看 HTTP 协议包

利用 HTTP Watch，可以清楚地看到每个 HTTP 发送报文的具体内容和格式，以及 Web 服务器应答报文的具体内容和格式。关于 HTTP 协议的详细内容请参考 RFC2616（http://tools.ietf.org/

html/rfc2616)。HTTP Watch 这类 HTTP 包截获工具在 Web 性能测试、安全测试时会经常被作为辅助测试和分析工具来使用，建议读者掌握这些工具的基本使用方法。

## 19.2.5 HTML DOM 查看器——IE Developer Toolbar

HTML DOM 是 HTML Document Object Model（文档对象模型）的缩写，HTML DOM 是专门适用于 HTML/XHTML 的文档对象模型。可以将 HTML DOM 理解为网页的 API，它将网页中的各个元素都看作一个个对象，从而使网页中的元素也可以被计算机语言获取或者编辑，例如 JavaScript 就可以利用 HTML DOM 动态地修改网页。

根据 W3C（万维网联盟）的 DOM 规范，DOM 是一种与浏览器、平台、语言无关的接口，通过 DOM 可以访问页面的组件。DOM 以层次结构组织节点的集合，如图 19.31 所示，这个层次结构允许开发人员在树中导航寻找特定信息。

IE Developer Toolbar（可到微软的网站下载免费官方版本）让我们能够深入探索和理解 Web

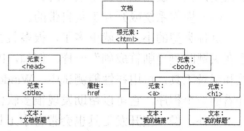

图 19.31　DOM 以层次结构组织节点

页面，安装后可以在 IE 浏览器中快速分析网页的组成元素。该工具条集成在 IE 窗口，以树状显示 DOM，如图 19.32 所示。

图 19.32　用 IE Developer Toolbar 查看 DOM

IE Developer Toolbar 这类 DOM 查看和分析工具经常被作为辅助测试工具在 Web 自动化测试时使用，建议读者掌握这些工具的基本使用方法。

# 19.3　小结

在测试人员的周围，小工具数不胜数，如一些屏幕录制工具、资源监控工具等，这些小工具甚至可以让测试人员拥有超人一般的能力。这些小工具大致划分成3大类。

（1）网络上免费的或共享的小软件。

这型软件都是为专门解决某一方面的问题而设计的，短小精悍，可免费使用或者价格很低。例如，InstallWatch，它能让测试人员知道在两个时间点之间哪些文件和注册表内容发生了改变，在安装测试时会特别有用。

（2）操作系统或开发工具自带的。

这种类型的小工具就更多了，很多就在眼皮底下，关键是能否想到使用它，就像武林高手在关键时刻"削竹成剑"一样。例如，Perfmon 就是 Windows 操作系统提供的系统资源监控和记录工具，可用在性能测试中。Windows 任务管理器则是测试人员在测试过程中必定要开着的一个程序，它可以帮助发现很多软件进程驻留的问题、内存泄露问题等。

另外，像一些开发工具也会带有小工具以帮助测试，如微软的开发工具就会带上一个叫Spy++的小工具，帮助测试人员追踪窗体事件、识别控件类型和名称等。

还有，像 SQL Server 带的事件探查器 Profiler，也是测试人员经常要用的，因为测试人员可以通过它知道被测软件究竟向数据库提交了怎样的 SQL 语句，背后做了什么样的数据操作。

（3）方便易写的脚本语言。

除了现成的工具可以使用外，掌握几个常用的脚本语言也必不可少，因为说不定哪天就能派上用场。例如，Perl、VBScript、JScript 等，每日构建框架就可以用 JScript 来写，非常简单实用，且易于修改维护和扩展。对于文件分析、结果查找等也可以用这些脚本语言的正则表达式来完成。

# 19.4　新手入门须知

商业测试工具的特点是相对稳定、功能全面、使用方便、帮助和支持服务容易获取，缺点是价格一般都比较贵，很多企业一般不舍得投入这么多的成本在购买商业的测试工具上。

而开源测试工具则给测试人员提供了另外一种选择的渠道，最重要的是它不仅是免费的，而且源代码也是公开的。这给了测试人员一些提示：利用开源测试工具来协助进行测试，对开源测试工具进行扩展和改造，以获取需要的测试工具。

不管商业测试工具还是开源测试工具，都有不可能始终满足测试的要求，因为各种项目的测试环境的差异可以非常大。因此，有可能需要测试人员在测试过程中自己动手编写测试工具或测试的辅助程序，来解决一些特殊的问题。

不要忽略了一些小工具的作用，不要忙着购买工具、寻找工具、改造工具或自己动手开发，有时候可能是"远在天边，近在眼前"，最迫切需要的工具可能就在周围，而测试人员却视而不见。

对于实用主义测试者来讲，不会购买很多大型工具，因为实用主义测试者讲究投入产出的效益，手中的"剑"，尤其是买来的"剑"，要发挥它的价值，才不会埋没了"宝剑"。再者"英雄配宝剑"，岂不知英雄"手中无剑胜有剑"？一些小工具、小程序，看似无用，被实用主义测试者信手拈来就成了杀敌制胜的武器！

# 19.5　模拟面试问答

本章主要讲到一些小工具的使用，掌握更多实用的小工具无疑对测试人员的测试工作有很大的帮助，在面试的时候，很多面试官也会对您掌握这些小工具的情况比较感兴趣。

（1）除了大型的测试工具外，您在平时的工作中还会用到哪些辅助测试的工具吗？

参考答案：我们的周围有很多随时可以使用的小工具，如果能把它们充分利用起来，在合适的时候使用，可能会给测试带来更理想的效果。例如，Windows 自带的一些小工具，即 Windows 任务管理器、PerfMon、NetStat 等，都可以适当用在测试工作中。

（2）PerfMon 可以怎样帮助您的测试工作？

参考答案：Perfmon 是 Windows 自带的一个性能监控工具，它在进行性能测试时的性能监控非常有用，并且使用它提供的计数器日志记录功能，可以方便地记录测试过程中某些对象的性能变化情况。

（3）在进行 SQL Server 数据库相关程序的测试时，有哪些小工具可以利用？

参考答案：在 SQL Server 数据库中，有一个叫 SQL 事件探查器的工具，这个工具除了可以用于性能调优外，对测试工作也有很大的帮助。事件探查器可以跟踪提交到 SQL Server 数据库的 SQL 语句，并且实时地显示出来，这对了解程序与数据库的交互过程、程序提交的 SQL 语句的正确性都有很大的帮助作用。

（4）测试过程中需要对两个文件进行比较，您会怎样进行测试？

参考答案：在测试过程中，经常需要对测试结果或某些文件进行对比，以便检查文件之间的差异，从而判断测试时候通过。这时，可以利用 VSS 的文件比较器来帮助测试人员准确、快速地完成这样的测试任务。利用 VSS 的文件比较器，比人工查找和比较要快很多，而且准确得多，因此能大大降低测试人员的工作量以及测试的时间，从而提高工作效率。

第 20 章

# 持续集成

　　随着 XP 社区在近几年的壮大，XP 的很多实践得到了广泛的推广，持续集成就是其中之一，但是持续集成并非 XP 的专利，持续集成完全可以应用在采取非 XP 方法（例如 RUP）的项目里面。

　　持续集成对于软件测试以及软件项目质量都有非常重要的意义。本章介绍如何搭建持续集成框架。

# 20.1　持续集成简介

　　持续集成也不是一个新的概念，在这个术语出现之前，每日构建提供同样的含义，它们的主要区别就在于实施的频率上，随着 XP 社区的大师级人物 Martin Fowler 的一篇《Continuous Integration》正式为其正名，持续集成这个术语就越来越多地出现在原来每日构建出现的位置。

## 20.1.1　持续集成的价值

　　持续集成把项目各项活动串联在一起，让其按一定的频率自动执行，能给软件项目团队带来以下价值。

（1）减少风险。

（2）减少重复过程。

（3）在任何时间、任何地点生成可部署的软件。

（4）增强项目的可见性。

（5）增强信心。

## 20.1.2　持续集成包含的过程

　　持续集成一般包括以下过程。

（1）源代码编译。

（2）数据库集成。

（3）测试。

（4）审查。

（5）部署。

（6）文档与反馈。

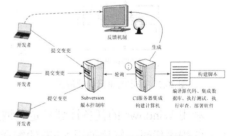

图 20.1　持续集成系统的组成部分

　　持续集成系统的组成部分包括版本控制库、CI 服务器、构建脚本、反馈机制，如图 20.1 所示。

# 20.2　利用 Windows 脚本搭建一个每日构建框架

　　常见的持续集成工具有 CruiseControl、CruiseControl.NET、FinalBuilder 等。在本节中，将介绍如何利用 Windows 脚本来搭建一个每日构建的框架。

## 20.2.1　每日构建框架的基本要素

　　一个基本的每日构建框架必须包括下面的组成部分。

- 定时启动和执行。
- 获取源代码。
- 编译源代码。
- 分析和处理编译结果。
- 发送编译报告。

基本的每日构建流程如图 20.2 所示。

基于上面的每日构建流程的分析，可以进一步按照实际项目的需要搭建出一个每日构建的执行框架。每日构建框架必须结合项目的实际情况来设计。相关的要素包括以下内容。

- 源代码的存储方式和存储位置：源代码是通过什么工具管理的。
- 应用程序的构建方式和测试方式：是否仅仅编译得到可执行文件即可运行测试，还是需要进一步组建、配置、安装。
- 编译器类型：使用什么编译器进行代码的编译。
- 邮件服务器类型：邮件发送使用什么类型的服务器。
- 开发人员的代码控制流程：是否要求开发人员在每天下班前签入代码。

针对前面的分析，假设应用程序是.NET 平台开发的，源代码存储在 VSS 上，邮件可试用 Exchange 服务器发送，就可以设计出如图 20.3 所示的简单每日构建框架。

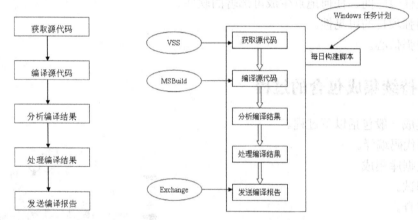

图 20.2　基本的每日构建流程　　　　图 20.3　每日构建框架设计图

利用 Windows 的任务计划来定时调度每日构建脚本，先从 VSS 源代码服务器上获取最新版本的程序代码，然后调用.NET 的编译工具 MSBuild 对源代码进行编译，对编译后的结果进行分析，看编译是否成功。如果成功，就把编译后的可执行文件放到让测试人员可以访问的某个共享目录；如果编译失败，就把编译日志发送给开发人员，邮件发送通过调用 CDO 实现。

下面来看如何用 JScript 脚本来实现这样一个简单的每日构建框架。

## 20.2.2　获取源代码

VSS 提供了两种类型的编程接口，即命令行和自动化接口。VSS 的 SS.exe 通过命令行调用，支持大部分的 VSS 界面操作的功能。例如，通过 Checkin 和 Checkout 命令来签入、签出文件。VSS 还提供了一个自动化编程接口 IVSS。IVSS 是一个基于 COM 的自动化接口集合，通过 Microsoft.VisualStudio.SourceSafe.Interop 命名空间暴露给用户使用。它提供了操作 VSS 数据库的接口。例如，通过 IVSSDatabase 接口访问和登录 VSS 数据库。

使用 JScript 获取 VSS 源代码可以利用 VSS 提供的命令行接口来实现。VSS 命令行的使用比较简单，例如使用 SS 的 History 命令，代码如下：

```
History $/vss_test -R -Yusername,password -Vd2007-10-18;23:59:59~2007-10-18;00:00:00
-O@C:\report.txt;
```

其中，$/vss_test 是 VSS 中源代码项目的路径，R 参数表示递归地获取，Y 后面跟着 VSS 的登录账号，-Vd 表示日期范围，-O 表示输出结果到文件。

如果使用 VSS 的命令行来获取源代码，就需要使用 Get 命令，代码如下：

```
Get $vss_test -R -I -Yusername,password -GL"D:\latest"
```

-GL 表示获取最新版本的源代码。

使用 JScript 来调用 SS 可以有以下两种方式。

一种是直接调用由 SS 组成的命令字符串，代码如下：

```
getCommand = ""+VSSPATH +"\\SS"+"'" +" Get $/vss_test -R -I -Y" + VSSUSERNAME +","+ VSSPWD
+ " -C- -VL"+ buildversion + " -GL"+""+GETPATH +"\\latest"+"";
wsh.Run(getCommand,0,true);
```

另外一种是先把 SS 的调用语句放到批处理文件中实现，然后在 JScript 脚本中调用批处理文件。先建一个名为 Get.bat 的批处理文件，内容如下：

```
//进入 ss 所在目录
C:

cd C:\Program Files\Microsoft Visual SourceSafe

//执行 ss 的 Get 命令获取执行源代码
ss Get "$/vss_test" -R -I- -Yusername,password -GL"D:\AutoBUild\latest"
```

然后在 JScript 中调用批处理文件，代码如下：

```
Var getCommand = "Get.bat"
wsh.Run(getCommand,0,true);
```

需要注意的是，在调用 SS 的命令行之前，需要设置好 VSS 的环境变量，可在系统属性中的环境变量设置界面进行添加和维护，如图 20.4 所示。

图 20.4　环境变量设置

也可通过脚本来设置，例如下面的代码设置 SSDIR 的环境变量为"\\192.168.0.1\vss_test"：

```
var WshSysEnv = wsh.Enviroment("SYSTEM");
WshSysEnv("SSDIR") = "\\"+"\\192.168.0.1" + "\\" + "vss_test";
```

在使用 Get 命令获取源代码之前，也可以使用 Label 命令先为源代码打上标签，例如下面的批处理文件：

```
//进入ss所在目录
C:

cd C:\Program Files\Microsoft Visual SourceSafe

//执行ss的Label命令为源代码打上标签
ss Label "$/vss_test" -I -Yusername,password -C -L"1.0.0.1"
```

## 20.2.3  编译源代码

不同的编程语言的源代码需要不同的编译和构建工具，例如 Java 可以使用 Ant、Maven 等构建脚本工具，Ruby 可以使用 Rake。编译.NET 的源代码可采用.NET Framework 提供的 MSBuild 命令行工具。工具一般在.NET Framework 的安装路径可以找到，代码如下：

```
C:\WINDOWS\Microsoft.NET\Framework\v2.0.50727
```

MSBuild 的使用方法也比较简单，只需要指定需要编译的项目解决方案文件即可。可建立一个名为 Build.bat 的批处理文件来执行，代码如下：

```
//进入MSBuild所在目录
C:

cd C:\Windows\Microsoft.NET\Framework\v2.0.50727

//执行MSBuild的编译命令
MSBuild "D:\vss_test\latest\test.sln" >"D:\BuildLog\buildlog.txt"
```

在这里，需要注意的是在运行 MSBuild 之前，需要确保已经把源代码获取到本地目录，例如这里的"D:\vss_test"。把编译结果输出到文件，以待后续的结果分析。

## 20.2.4  分析编译结果

在编译完项目并输出编译日志到文件后，就可以针对编译日志文件进行分析，以便确定编译是否成功。打开编译的日志文件，可看到与下面类似的信息：

```
Microsoft (R) 生成引擎版本 2.0.50727.42
[Microsoft .NET Framework 版本 2.0.50727.42]
版权所有(C) Microsoft Corporation 2005。保留所有权利。

生成启动时间 2007-11-8 16:09:07。

_____
项目"D:\Test Code\Test\Test.sln" (默认目标):
```

```
目标 ValidateSolutionConfiguration:
    正在生成解决方案配置"Debug|Any CPU"。
目标 Build:
    目标 Test:

    _____

    项目"D:\Test Code\Test\Test.sln"正在生成"D:\Test Code\Test\Test\Test.csproj"(默认目标):

        目标 CoreResGen:
            正在将资源文件"Properties\Resources.resx"处理到"obj\Debug\Test.Properties.Reso
            urces.resources"中。
        目标 CoreCompile:
            C:\WINDOWS\Microsoft.NET\Framework\v2.0.50727\Csc.exe /noconfig /nowarn:1701,1702
/errorreport:prompt /warn:4 /define:DEBug;TRACE /reference:C:\WINDOWS\Microsoft.NET\
Framework\v2.0.50727\System.Data.dll /reference:C:\WINDOWS\Microsoft.NET\Framework\v2.0.50727\
System.Deployment.dll /reference:C:\WINDOWS\Microsoft.NET\Framework\v2.0.50727\System.dll
/reference:C:\WINDOWS\Microsoft.NET\Framework\v2.0.50727\System.Drawing.dll /reference:C:\WINDOWS\
Microsoft.NET\Framework\v2.0.50727\System.Windows.Forms.dll /reference:C:\WINDOWS\Microsoft.NET\
Framework\v2.0.50727\System.Xml.dll /deBug+ /deBug:full /optimize- /out:obj\Debug\Test.exe
/resource:obj\Debug\Test.Properties.Resources.resources /target:winexe Form1.cs Form1.Designer.cs
Program.cs Properties\AssemblyInfo.cs Properties\Resources.Designer.cs Properties\Settings.Designer.cs
        目标 CopyFilesToOutputDirectory:
            正在将文件从"obj\Debug\Test.exe"复制到"bin\Debug\Test.exe"。
            Test -> D:\Test Code\Test\Test\bin\Debug\Test.exe
            正在将文件从"obj\Debug\Test.pdb"复制到"bin\Debug\Test.pdb"。

生成成功。
    0 个警告
    0 个错误

已用时间 00:00:00.74
```

通过分析可以发现，MSBuid 会在最后把编译是否通过记录下来，例如，这里提示的"生成成功"。因此可利用这些提示信息来判断编译是否通过。在 JScript 中可以通过下面的方法来分析编译日志文件：

```
function CheckMSBuildResult(buildOutputFile)
{
    var ret = false;
    var outputfile;
    //打开编译日志文件
    outputfile = fso.OpenTextFile(buildOutputFile,1,false);
    if(outputfile!=null)
    {
        var readline;
        var rebuildline="";
        readline = outputfile.ReadLine();
        while(readline!=null)
        {
            //查找错误的个数
            if(readline.indexof(" 个错误")>=0)
```

```
        {
            rebuildline = readlline;
            var ss;
            var s;
            var num;
            var failednum;
            ss = rebuildline;
            s = " 个错误";
            var len1 = ss.length;
            var len2 = s.length;
            num = ss.substring(4,len1-len2);
            failednum = parseInt(num);
            if(failednum == 0)
                ret = true;
            break;
        }
        //读取下一行
        readline = outputfile.ReadLine();
    }
    //关闭文件
    outputfile.Close();
    }
    return ret;
}
```

上面这个函数的传入参数是编译的日志文件路径。

 **注意**

> MSBuild 的版本不同可能会影响日志的输入格式，从而影响分析文件的脚本写法。例如，英文
> 版的.NET Framework 的编译结果提示信息就不一样。

## 20.2.5　处理编译结果

编译完成后，会在源代码目录产生相应的 DLL 和可执行文件，需要根据项目程序的特点
来决定是否需要做额外的配置。例如，有些报表文件需要重新复制到某些目录；有些应用程
序还需要部署，例如 Web 应用程序则可能需要部署到某个 IIS 服务器上，或者测试人员不需
要源代码，只需要可执行文件，则可把文件复制到某个共享目录。

下列代码展示了如何利用 JScript 的文件操作把可执行文件部署到共享目录的方法：

```
function Deploy(buildversion)
{
    //测试目录的名字
    var testdir;
    var today;

    today =new Date();
    var sdate = today.getFullYear().toString() + (today.getMonth() + 1).toString() + (toda
```

```
y.getDate() + 100).toString().substr(1,2);
        //测试目录命名方式为"编译版本号_日期"
        testdir = buildversion +"_" +sdate;
        testdir = "D:\\"+testdir;
        //创建目录
        if(!fso.FolderExists( testdir))
        {
            fso.CreateFolder(testdir);
        }

//复制可执行文件到目录
        fso.CopyFolder("D:\\vss_test\\latest\\Test\\Test\\bin\\Debug\\*" , testdir , true);
}
```

这个函数传入的参数是指定的版本编译号。版本编译号应该遵循一定的规则来生成，并顺序递增。

## 20.2.6 发送编译报告

把编译的结果发送给项目组中的相关人员，如果成功，就通知测试人员可以获取新版本进行测试；如果失败，就通知开发人员检查编译结果，分析编译失败的原因并及时修正。在 JScript 中可通过调用 CDO 对象来发送邮件，代码如下：

```
function SendMail(buildversion,deBugbuildOutputFile,deBugbuildResult)
{
var oMessage;
var oConf;
oMessage=WScript.CreateObject("CDO.Message");
oConf=WScript.CreateObject("CDO.Configuration");
//创建 CDO.Configuration 对象后，需要设置邮件服务器的端口、用户账号等相关信息
oConf.Fields("http://schemas.microsoft.com/cdo/configuration/sendusing")=2;
oConf.Fields("http://schemas.microsoft.com/cdo/configuration/smtpserver")="tr-mail";
oConf.Fields("http://schemas.microsoft.com/cdo/configuration/serverport")="25";
oConf.Fields("http://schemas.microsoft.com/cdo/configuration/smtpauthenticate")=1;
oConf.Fields("http://schemas.microsoft.com/cdo/configuration/sendusername")="username";
oConf.Fields("http://schemas.microsoft.com/cdo/configuration/sendpassword")="password";
oConf.Fields("http://schemas.microsoft.com/cdo/configuration/smtpusessl")=1;
oConf.Fields.Update();
//通过 CDO 的 Message 对象设置邮件主题、附件、发送人等信息
oMessage.Configuration = oConf;
oMessage.To = "SendToUserName";
oMessage.From = "SendFormUserName";
oMessage.Subject = "每日构建结果";
oMessage.AddAttachment("D:\BuildLog\buildlog.txt");

var TextBody;
if(deBugbuildResult == true)
    TextBody = "编译成功! ";
else
```

```
        TextBody = "编译失败！";
oMessage.TextBody = text;
oMessage.Send();
}
```

这个邮件发送函数传入的参数有 3 个，分别是编译版本号、编译日志文件、编译结果。把编译日志文件作为附件发送。

## 20.2.7　利用 Windows 任务计划来定时启动脚本

完成脚本后，需要让它定时运行，例如，每天凌晨准时启动脚本、获取最新版本的源代码进行编译，然后把编译结果发送到项目组成员手中。定时执行每日构建脚本可利用 Windows 的"任务计划"来调度。

（1）在 Windows 的控制面板中选择"任务计划"，然后添加一个新的任务计划，如图 20.5 所示。

（2）在这个界面中单击"下一步"按钮，出现如图 20.6 所示的界面。

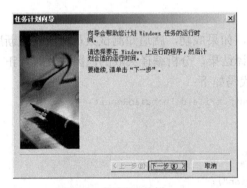

图 20.5　新建任务计划

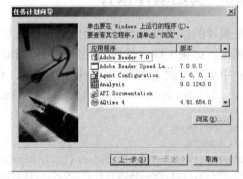

图 20.6　选择运行的程序

（3）在这个界面中，单击"浏览"按钮，选择每日构建的 JScript 脚本程序后出现如图 20.7 所示的界面。

（4）在这个界面中可指定每日构建的执行间隔，选择"每天"选项后单击"下一步"按钮，出现如图 20.8 所示的界面。

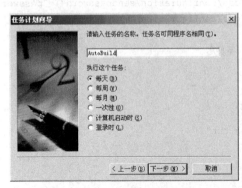

图 20.7　指定任务执行间隔

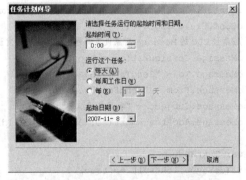

图 20.8　指定任务执行时间和起始日期

（5）在这个界面中，可以指定每日构建的执行时间和起始日期。指定起始时间为"0:00"

后单击"下一步"按钮，出现如图 20.9 所示的界面。

（6）在这个界面中需要输入操作系统账号，用来启动每日构建程序的运行。输入用户名、密码和确认密码后，单击"下一步"按钮，出现如图 20.10 所示的界面。

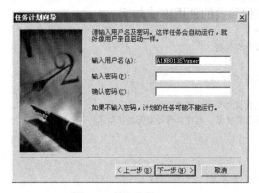

图 20.9　输入账号

图 20.10　完成设置

（7）单击"完成"按钮，即可完成每日构建的任务计划设置。操作系统就会在指定的时间自动调度每日构建脚本。

## 20.2.8　每日构建框架的扩展 1——单元测试

前面设计的是一个非常简单、非常基本的每日构建框架，读者可以利用这个框架进行扩展，添加自己需要的功能。其中一个扩展思路是把冒烟测试整合到框架中，如图 20.11 所示。

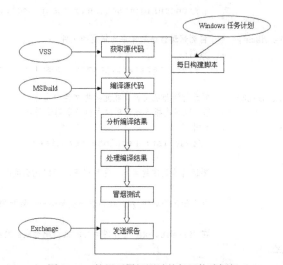

图 20.11　扩展了冒烟测试的每日构建框架

整合冒烟测试可以分成两个层面的测试思路，一种是整合单元测试，另一种是整合 GUI 自动化功能测试。例如，在前面的示例中，可以把 Visual Studio.NET 2005 的 MSTest 单元测试

整合进来。通过调用 MSTest 命令行来执行单元测试代码。通过分析测试结果判断单元测试
是否通过。当然前提是编写了单元测试代码。

（1）MSTest 一般在 Visual Studio.NET 2005 的安装目录中可以找到，例如：

```
C:\Program Files\Microsoft Visual Studio 8\Common7\IDE
```

MSTest 的命令行调用也是比较简单的，各种参数的使用方法如下：

```
Microsoft (R) Test Execution Command Line Tool Version 8.0.50727.42
版权所有 (C) Microsoft Corporation 2005。保留所有权利。
```

| | |
|---|---|
| 用法： | MSTest.exe [options]。 |
| 说明： | 运行测试文件或元数据文件中的测试。<br>如果安装了团队资源管理器，也可以选择发布测试结果。 |

选项：

| | |
|---|---|
| /help | 显示此用法消息。(缩写为：/? 或 /h) |
| /nologo | 不显示启动版权标志和版权信息。 |
| /testcontainer:[file name] | 加载包含测试的文件。您可以多次指定此选项以加载多个测试文件。<br>示例：<br>/testcontainer:mytestproject.dll<br>/testcontainer:loadtest1.loadtest |
| /testmetadata:[file name] | 加载一个元数据文件。<br>示例：<br>/testmetadata:testproject1.vsmdi |
| /runconfig:[file name] | 使用指定的运行配置文件。<br>示例：<br>/runconfig:mysettings.testrunconfig |
| /resultsfile:[file name] | 将测试运行结果保存到指定的文件。<br>示例：<br>/resultsfile:c:\temp\myresults.trx |
| /testlist:[test list path] | 要运行的测试文件，在元数据文件中指定。<br>您可以多次指定此选项以运行多个测试列表。<br>示例：<br>/testlist:checkintests/clientteam |
| /test:[test name] | 要运行的测试的名称。您可以多次指定此选项以运行多个测试。 |
| /unique | 对于任何给定的 /test，仅当找到唯一的匹配项时才运行测试。 |
| /noisolation | 在 MSTest.exe 进程内运行测试。此选项能提高测试运行的速度，但会增加 MSTest.exe 进程所承受的风险。 |
| /detail:[property id] | 除测试的结果外，要显示其值的属性的名称。请检查测试结果文件中列出的可用属性。<br>示例：<br>/detail:errormessage |

在安装了团队资源管理器的情况下还可以使用下列选项：

| | |
|---|---|
| /publish:[server name] | 将结果发布到 Team Foundation Server。 |
| /publishbuild:[build name] | 用于发布测试结果的版本标识。 |
| /publishresultsfile:[file name] | 要发布到的测试结果文件的名称。如果未指定任何文件名，就使用当前测试运行所生成的文件。 |
| /teamproject:[team project name] | 该版本所属的团队项目的名称。此名称在发布测试结果时指定。 |
| /platform:[platform] | 发布测试结果所采用的版本平台。 |
| /flavor:[flavor] | 发布测试结果所采用的版本风格。 |

一个简单的批处理调用代码如下：

```
//进入 MSTest 所在目录
C:

cd C:\Program Files\Microsoft Visual Studio 8\Common7\IDE

//调用 MSTest 执行单元测试
MSTest /testcontainer:%1 /resultsfile:%2
```

（2）在这里，参数 1 需要传入包含单元测试代码的 **DLL** 或 **EXE** 文件路径，参数 2 指定测试结果的输出路径。把这个文件存为 Test.bat 文件。然后用 **JScript** 脚本编写一个运行单元测试的函数，调用批处理文件。代码如下：

```
function RunUnitTest(UnitTestPath)
{
    var Folder = fso.GetFilder(UnitTestPath);
    var ff= new Enumerator(Folder.files);

    var MSTestRun;
    var UnitTestResultPath;
    var UnitTestFilenamepath;
    var returnfailnum;

    //只执行 bin 目录下的 dll 包含的单元测试代码
    if(Folder.ParentFolder.Name.toLowercase() == "bin")
    {
        for(;!ff.atEnd();ff.moveNext())
        {
            if(ff.item().Type == "应用程序扩展")
            {
                UnitTestFilenamePath = '"' +ff.item() +'"';
                UnitTestResultPath = '"' +ff.item() + ".Result.trx" + '"';
                MSTestRun = "Test.bat" + UnitTestFilenamePath +" "+UnitTestResultpath;
                wsh.Run(MSTeatRun,0,true);

                //读取测试结果
                returnfailnum = CheckTestResult(ff.item() + ".Result.trx");
                if( returnfailnum != 0)
                {
                    var Text;
                    Text = "";
```

```
                                    Text += executedTestCount +"-"+ passedTestCont +"="+ failnum+"\n";
                                    Text += ff.item() + ".Result.trx" + "\n";

                                    //把测试统计结果输出到文件
                                    var TotalCaculateFile = fso.OpenTextFile(UnitTestPath +
                                    "\\TotalCaculate.txt",8,true);
                                    TotalCaculateFile.Write(Text);
                                    TotalCaculateFile.Close();
                            }
                    }
            }
    }
    var fs = new Enumerator(Folder.SubFolders);
    for(;!fs.atEnd();fs.moveNext())
    {
            //递归
            RunUnitTest(fs.item().Path);
    }
}
```

RunUnitTest 函数接受一个指定测试项目路径的输入参数，然后在路径中递归地查找所有 bin 目录下的 DLL。

（3）对包含单元测试代码的 DLL 调用 Test.bat 运行单元测试，然后读取测试的结果，存储到 TotalCaculate.txt 文件中。MSTest 的单元测试结果文件中包含如下信息：

```
<totalTestCount type="System.Int32">1</totalTestCount>
<executedTestCount type="System.Int32">1</executedTestCount>
<passedTestCount type="System.Int32">1</passedTestCount>
```

（4）通过分析以 trx 为后缀的单元测试结果文件，可以发现 XML 文件中的 totalTestCount、executedTestCount 和 passedTestCount 分别代表总共包含的测试用例个数、总共执行的测试用例个数和通过测试的测试用例个数。因此，可以利用这几个 Tag 来分析和统计测试的结果，写出如下所示的脚本供前面的 RunUnitTest 函数调用：

```
function CheckTestResult(ResultOutPutXMLFile)
{
    var OutPutXMLFile;
    if(fso.FileExists(ResultOutPutXMLFile))
    {
            OutPutXMLFile = fso.OpenTextFile(ResultOutPutXMLFile,1,false);

            //如果文件不为空
            if(OutPutXMLFile!=null)
            {
                    var readline;
                    var s;
                    var start,end;
                    var totalTestCount,executedTestCcount,passedTestCount;
                    totalTestCount ="";
                    executedTestCcount = "";
                    passedTestCount ="";
                    var str1,str2;

                    readline = OutPutXMLFile.ReadLine();

                    //循环读入每一行
```

```
        while(readline!=null)
        {
                str1 = "<totalTestCount type=";
                str2 = "</totalTestCount>";

                //如果是totalTestCount，就解析出总的测试用例个数
                if( readline.indexOf(str1) >= 0 )
                {
                        start1 = readline.indexOf(str1);
                        start = start+36;
                        end = readline.indexOf(str2);
                        s = readline.substring(start,end);
                        totalTestCount = parseInt(s);
                }

                str1 = "<executedTestCount type=";
                str2 = "</executedTestCount>";

                //如果是executedTestCount，就解析出已执行测试的用例个数
                if( readline.indexOf(str1)>=0)
                {
                        start = readline.indexOf(str1);
                        start = start+39;
                        end = readline.indexOf(str2);
                        s = readline.substring(start,end);
                        executedTestCount = parseInt(s);
                }

                str1 = "<passedTestCount type=";
                str2 = "</passedTestCount>";

                //如果是passedTestCount，就解析出通过测试的用例个数
                if( readline.indexOf(str1)>=0)
                {
                        start = readline.indexOf(str1);
                        start = start+37;
                        end = readline.indexOf(str2);
                        s = readline.substring(start,end);
                        passedTestCount = parseInt(s);
                        break;
                }
                readline = OutPutXMLFile.ReadLine();
        }

OutPutXMLFile.Close();
//如果执行测试数不等于测试通过数
if(executedTestCount!=passedTestCount)
{
        var failnum = parseInt(executedTestCount) - parseInt(passedTestCount);
        var Text;
        Text = "";
        Text += executedTestCount + "_" +passedTestCount + "=" + failnum + "\n";
        Text += ResultOutPutXMLFile + "\n";

        //单元测试统计结果输出文件
```

```
                              var TotalCaculateFile = fso.OpenTextFile( SolutionPath + "TotalC-a
culate.txt",8,true);

                  TotalCaculateFile.Write(Text);
                  TotalCaculateFile.Close();


              }
          }
      }


  }
```

这样，就基本完成了一个单元测试与每日构建的整合，可以在每日构建之后，自动对包含单元测试代码的项目进行测试，形成一种自动检测软件产品质量情况的机制。开发人员每天早上打开电脑就可以知道昨天的更改是否造成了程序的不稳定或质量的回归。测试人员也可以知道这个测试版本的基本质量情况，从而有重点地进行测试。

## 20.2.9 每日构建框架的扩展 2——自动化功能测试

单元测试是可以方便地整合到每日构建中的一种测试，测试人员每天编写的自动化测试脚本也同样可以整合到每日构建中。但是，由于自动化功能测试一般涉及界面的操作，基于 GUI 的自动化测试工具的运行需要鼠标和键盘的支持，并且操作系统屏幕可用，因此，需要注意定时启动测试时的环境配置问题。解决的办法有以下 3 种。

● 测试机器不关机、不锁定、不设置屏幕保护和休眠等。

● 使用远程桌面，客户端连接不断开、不关机。这种配置需要把自动化工具安装在远程机器上，调用脚本的机器在测试运行过程中保持运行状态和连接状态。在脚本运行过程中可锁定客户端机器和服务器端机器。

● 使用虚拟操作系统（如 VMWare 等），主机不关机。这种配置需要把自动化测试工具安装在虚拟机的操作系统中，主机在运行过程中保持运行状态。在脚本运行过程中可锁定机器，保持虚拟机的操作系统不锁定、不屏保、不休眠即可。

整合自动化功能测试需要考虑被测试软件系统的版本更新和配置问题。一个简单的自动化测试脚本与每日构建的集成如图 20.12 所示。

版本编译完成后，需要把版本通过各种方式（例如安装、自动更新、复制等）放到自动化测试脚本运行的机器上的指定目录。然后启动自动化测试脚本进行测

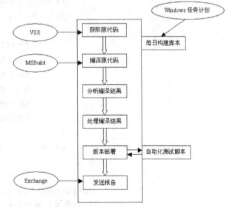

图 20.12　整合了自动化功能测试的每日构建

试。以 TestComplete 为例，可以在完成部署后，用 TestComplete 的命令行方式启动 TestComplete 执行写好的自动化测试脚本，然后利用 TestComplete 提供的退出代码来判断测试是否成功。

这种方式的耦合度比较高，另外一种方式是通过任务计划调度来整合，如图 20.13 所示。

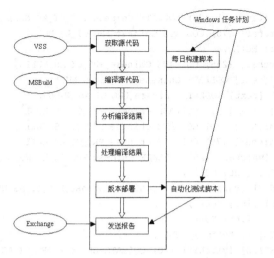

图 20.13 每日构建与自动化功能测试的另外一种整合方式

这种整合方式是在编译及完成版本部署后一段时间,再由另外一个 Windows 任务计划调用自动化测试工具的启动脚本,执行自动化测试。

 **说明**

> 把自动化功能测试脚本整合到每日构建中的主要好处是提供了一个持续稳定的回归测试机制,能及时发现功能上的问题,同时也能适当减轻测试人员执行回归测试的工作量,让测试人员可以放心地利用节省的时间进行更多其他类型的测试。

## 20.2.10 每日构建框架的扩展 3——每日缺陷简报

有些项目组要求测试人员每天都汇报测试情况,如果能把缺陷报告整合到每日构建,就可以适当自动化测试报告。要实现这个功能,需要先对缺陷跟踪库的存储结构进行分析,然后通过 SQL 语句的组合查询统计出需要的缺陷报告。

## 20.2.11 缺陷库表结构分析

如果缺陷跟踪库的表结构比较简单,那么实现的难度会比较低。以 TestDirector 的表结构为例,与存储缺陷相关的信息表主要包括 Bug 表和 History 表。Bug 表的结构以 SQL 导出如下:

```
if exists (select * from dbo.sysobjects where id = object_id(N'[td].[Bug]') and OBJECTPROPE-R
TY(id, N'IsUserTable') = 1)
    drop table [td].[Bug]
    GO
    CREATE TABLE [td].[Bug] (
        [BG_CYCLE_ID] [int] NULL ,
        [BG_Bug_ID] [int] NOT NULL ,
        [BG_STATUS] [varchar] (70) COLLATE Chinese_PRC_CI_AS NULL ,
```

```
[BG_RESPONSIBLE] [varchar] (20) COLLATE Chinese_PRC_CI_AS NULL ,
[BG_PROJECT] [varchar] (70) COLLATE Chinese_PRC_CI_AS NULL ,
[BG_SUBJECT] [int] NULL ,
[BG_SUMMARY] [varchar] (255) COLLATE Chinese_PRC_CI_AS NULL ,
[BG_DESCRIPTION] [text] COLLATE Chinese_PRC_CI_AS NULL ,
[BG_DEV_COMMENTS] [text] COLLATE Chinese_PRC_CI_AS NULL ,
[BG_REPRODUCIBLE] [char] (1) COLLATE Chinese_PRC_CI_AS NULL ,
[BG_SEVERITY] [varchar] (70) COLLATE Chinese_PRC_CI_AS NULL ,
[BG_PRIORITY] [varchar] (70) COLLATE Chinese_PRC_CI_AS NULL ,
[BG_DETECTED_BY] [varchar] (20) COLLATE Chinese_PRC_CI_AS NULL ,
[BG_TEST_REFERENCE] [int] NULL ,
[BG_CYCLE_REFERENCE] [varchar] (20) COLLATE Chinese_PRC_CI_AS NULL ,
[BG_RUN_REFERENCE] [int] NULL ,
[BG_STEP_REFERENCE] [int] NULL ,
[BG_DETECTION_DATE] [datetime] NULL ,
[BG_DETECTION_VERSION] [varchar] (70) COLLATE Chinese_PRC_CI_AS NULL ,
[BG_PLANNED_CLOSING_VER] [varchar] (70) COLLATE Chinese_PRC_CI_AS NULL ,
[BG_ESTIMATED_FIX_TIME] [smallint] NULL ,
[BG_ACTUAL_FIX_TIME] [smallint] NULL ,
[BG_CLOSING_DATE] [datetime] NULL ,
[BG_CLOSING_VERSION] [varchar] (70) COLLATE Chinese_PRC_CI_AS NULL ,
[BG_TO_MAIL] [char] (1) COLLATE Chinese_PRC_CI_AS NULL ,
[BG_ATTACHMENT] [char] (1) COLLATE Chinese_PRC_CI_AS NULL ,
[BG_USER_01] [varchar] (40) COLLATE Chinese_PRC_CI_AS NULL ,
[BG_USER_02] [varchar] (40) COLLATE Chinese_PRC_CI_AS NULL ,
[BG_USER_03] [varchar] (40) COLLATE Chinese_PRC_CI_AS NULL ,
[BG_USER_04] [varchar] (40) COLLATE Chinese_PRC_CI_AS NULL ,
[BG_USER_05] [varchar] (40) COLLATE Chinese_PRC_CI_AS NULL ,
[BG_USER_06] [varchar] (40) COLLATE Chinese_PRC_CI_AS NULL ,
[BG_USER_07] [varchar] (40) COLLATE Chinese_PRC_CI_AS NULL ,
[BG_USER_08] [varchar] (40) COLLATE Chinese_PRC_CI_AS NULL ,
[BG_USER_09] [varchar] (40) COLLATE Chinese_PRC_CI_AS NULL ,
[BG_USER_10] [varchar] (40) COLLATE Chinese_PRC_CI_AS NULL ,
[BG_USER_11] [varchar] (40) COLLATE Chinese_PRC_CI_AS NULL ,
[BG_USER_12] [varchar] (40) COLLATE Chinese_PRC_CI_AS NULL ,
[BG_USER_13] [varchar] (40) COLLATE Chinese_PRC_CI_AS NULL ,
[BG_USER_14] [varchar] (40) COLLATE Chinese_PRC_CI_AS NULL ,
[BG_USER_15] [varchar] (40) COLLATE Chinese_PRC_CI_AS NULL ,
[BG_USER_16] [varchar] (40) COLLATE Chinese_PRC_CI_AS NULL ,
[BG_USER_17] [varchar] (40) COLLATE Chinese_PRC_CI_AS NULL ,
[BG_USER_18] [varchar] (40) COLLATE Chinese_PRC_CI_AS NULL ,
[BG_USER_19] [varchar] (40) COLLATE Chinese_PRC_CI_AS NULL ,
[BG_USER_20] [varchar] (40) COLLATE Chinese_PRC_CI_AS NULL ,
[BG_USER_21] [varchar] (40) COLLATE Chinese_PRC_CI_AS NULL ,
[BG_USER_22] [varchar] (40) COLLATE Chinese_PRC_CI_AS NULL ,
[BG_USER_23] [varchar] (40) COLLATE Chinese_PRC_CI_AS NULL ,
[BG_USER_24] [varchar] (40) COLLATE Chinese_PRC_CI_AS NULL ,
[BG_USER_HR_01] [int] NULL ,
[BG_USER_HR_02] [int] NULL ,
[BG_USER_HR_03] [int] NULL ,
[BG_USER_HR_04] [int] NULL ,
[BG_USER_HR_05] [int] NULL ,
```

```
    [BG_USER_HR_06] [int] NULL ,
    [BG_Bug_VER_STAMP] [int] NULL ,
    [BG_HAS_CHANGE] [varchar] (50) COLLATE Chinese_PRC_CI_AS NULL ,
    [BG_VTS] [varchar] (20) COLLATE Chinese_PRC_CI_AS NULL
) ON [PRIMARY] TEXTIMAGE_ON [PRIMARY]
GO
```

通过分析可知，每个字段都可在录入缺陷的界面找到对应的字段，其中 BG_Bug_ID（缺陷 ID）、BG_STATUS（缺陷状态，如 Open、Fixed、Closed、Reopen、Rejected、Delay 等）、BG_RESPONSIBLE（缺陷的负责人）、BG_PROJECT（缺陷出现的系统）、BG_SUBJECT（缺陷出现的模块）、BG_DETECTION_DATE（缺陷发现的日期）等几个重要的字段信息，可以提供作为查询统计时使用。

History 表的结构用 SQL 导出如下：

```
if exists (select * from dbo.sysobjects where id = object_id(N'[td].[HISTORY]') and OBJ
ECTPROPERTY(id, N'IsUserTable') = 1)
drop table [td].[HISTORY]
GO
CREATE TABLE [td].[HISTORY] (
    [HS_TABLE_NAME] [varchar] (40) COLLATE Chinese_PRC_CI_AS NOT NULL ,
    [HS_KEY] [varchar] (70) COLLATE Chinese_PRC_CI_AS NOT NULL ,
    [HS_COLUMN_NAME] [varchar] (40) COLLATE Chinese_PRC_CI_AS NOT NULL ,
    [HS_CHANGE_DATE] [datetime] NOT NULL ,
    [HS_CHANGE_TIME] [varchar] (12) COLLATE Chinese_PRC_CI_AS NOT NULL ,
    [HS_CHANGER] [varchar] (20) COLLATE Chinese_PRC_CI_AS NULL ,
    [HS_NEW_VALUE] [varchar] (255) COLLATE Chinese_PRC_CI_AS NULL
) ON [PRIMARY]
GO
```

通过分析可知，可以通过指定 HS_TABLE_NAME 字段为缺陷表来查找所有 Bug 的历史信息，HS_CHANGE_DATE 和 HS_CHANGE_TIME 记录 Bug 的各种状态更改时间。因此可以指定统计某段时间范围内的 Bug 的历史信息。例如下面的 SQL 脚本统计当天的 Bug 情况：

```
/*当天 Bug 的情况*/
SELECT COUNT(*) AS COUNT, HS_New_VALUE FROM td.HISTORY WHERE (HS_TABLE_NAME = 'Bug') AND
(HS_COLUMN_NAME = 'BG_STATUS') AND (HS_CHANGE_DATE = '2007-4-12') GROUP BY (HS_NEW_VALUE)
```

下面的 SQL 脚本查询每天发现的 Bug 的个数，然后按顺序排列，可进一步取出发现 Bug 最多的几天的日期：

```
/*到目前为止，发现 Bug 最多的几天*/
SELECT COUNT(*) AS NumberOfBug, BG_DETECTION_DATE AS Date FROM td.Bug GROUP BY BG_DETECTION_D
ATE Order by NumberOfBug DESC
```

下面的 SQL 脚本统计当前各种状态的 Bug 的数量：

```
/*当前所有状态的 Bug 情况*/
Select count(*) as BugCount,BG_STATUS as BugStatus from td.Bug group by BG_STATUS
```

## 20.2.12　缺陷统计程序的设计

下面先用 C#设计一个简单的 TestDirector 的缺陷统计程序，这个程序的界面如图 20.14 所示。

图 20.14　缺陷统计程序

（1）首先配置好与 TestDirector 数据库的连接，代码如下：

```
//新建一个 SQL 连接对象
SqlConnection sqlcon = new SqlConnection();

    private void Config_Click(object sender, EventArgs e)
    {
        if(sqlcon.State==ConnectionState.Open)
        {
            this.toolStripStatusLabel1.Text="已连接。";
            return;

        }
        try
        {
            //组合数据库的连接串
            sqlcon.ConnectionString = @"Data Source=" + this.textBox1.Text +
                ";Initial Catalog=" + this.textBox2.Text + ";User ID=" + this.textBox3.Text
                + ";PassWord=" + this.textBox4.Text;

            sqlcon.Open();

            //如果连接成功，就保存连接设置到文件
            string configFile = Environment.CurrentDirectory + "\\config.txt";
            string[] strConfig = new string[4];

            strConfig[0] = this.textBox1.Text;
            strConfig[1] = this.textBox2.Text;
            strConfig[2] = this.textBox3.Text;
            strConfig[3] = this.textBox4.Text;

            File.WriteAllLines(configFile, strConfig);

            toolStripStatusLabel1.Text = "连接成功！";

        }
        catch (Exception ex)
        {
            MessageBox.Show(ex.Message.ToString());
```

```
        }

    }
```

（2）连接上 TestDirector 的数据库后，执行查询 Bug 表或 History 表的 SQL 语句，进行相关缺陷的统计。下面的代码读入 SQL 脚本并执行，然后把查询结果显示出来：

```
private void BugReport_Click(object sender, EventArgs e)
{
    //读入 SQL 脚本文件
    string[] sqlscript = ReadAllSqlScriptFile();

    //读入脚本的描述文字
    string[] titles = ReadAllTitle();

    //执行 SQL 脚本并得到返回结果
    string result = RunSql(titles,sqlscript);

    //显示查询统计结果
    this.textBox5.AppendText(result);

}
```

（3）把每个 SQL 查询脚本用后缀为.sql 的文本存储并保存在程序运行路径中。SQL 脚本的格式如下：

```
/*SQL 脚本描述信息*/
SQL 脚本
```

其中，SQL 脚本描述信息需要在前后用"/*"和"*/"包括起来。SQL 脚本描述信息用于描述这个缺陷统计的目的和统计的内容等信息。每个文件只能包括一条完整的 SQL 语句。

（4）读入 SQL 脚本的代码以及 SQL 脚本描述信息的代码如下：

```
public string[] ReadAllSqlScriptFile()
{
    //获取当前目录下的所有以 sql 为后缀的文件
    string[] files = Directory.GetFiles(Environment.CurrentDirectory, "*.sql");
    string[] sqlscript = new string[files.Length];

    for(int i=0;i<files.Length;i++)
    {
        //读入 SQL 脚本
        sqlscript[i] = File.ReadAllText(files[i]);
    }
    return sqlscript;
}
public string[] ReadAllTitle()
{
    //获取当前目录下的所有以 sql 为后缀的文件
    string[] files = Directory.GetFiles(Environment.CurrentDirectory, "*.sql");
    string[] title = new string[files.Length];
    for (int i = 0; i < files.Length; i++)
    {
        //读入 SQL 脚本的描述信息
        title[i] = File.ReadAllLines(files[i],Encoding.Default)[0];
    }
    return title;
}
```

（5）执行 SQL 语句并返回结果的代码如下，需要传入前面获取的 SQL 脚本文件信息及

SQL 脚本描述信息：

```
public string RunSql(string[] titles, string[] sqlscript)
{
  StringBuilder resultstr =new StringBuilder();

    //循环遍历所有SQL语句
    for (int i = 0; i < titles.Length; i++)
    {
        //把标题显示出来
        resultstr.AppendLine(titles[i]);
        try
        {
            DataSet ds = new DataSet();
            //新建SQL命令
        SqlCommand sqlcmd = new SqlCommand(sqlscript[i], sqlcon);
        SqlDataAdapter dataAdpt = new SqlDataAdapter(sqlcmd);
        dataAdpt.Fill(ds);
        int count = 0;
        //只取返回结果的前10条
        if (ds.Tables[0].Rows.Count > 10)
            count = 10;
        else
            count = ds.Tables[0].Rows.Count;
        for (int j = 0; j < count; j++)
        {
        //添加结果显示字符串
                resultstr.AppendLine(ds.Tables[0].Rows[j].ItemArray[0].ToString() +
" 个 " + ds.Tables[0].Rows[j].ItemArray[1].ToString() );
            }
        resultstr.AppendLine();
        }
        catch (Exception ex)
        {
            Console.WriteLine(ex.Message.ToString());
            throw ex;
        }

    }

    return resultstr.ToString();
}
```

（6）在查询到缺陷统计信息后，可把结果保存到一个简报文件，并存储到当前执行文件的路径下，代码如下：

```
private void SaveReport_Click(object sender, EventArgs e)
{
    try
    {
        //以当前时间作为文件名
        string RepotFile = Environment.CurrentDirectory + "\\" + DateTime.Now.Date.To
ShortDateString() + "_" + DateTime.Now.Hour.ToString() + "_" + DateTime.Now.Minute.ToString()
+ "_" + DateTime.Now.Second.ToString() + ".txt";
```

```
                //把缺陷统计信息写进文件中
                File.WriteAllText(RepotFile, this.textBox5.Text);
                this.toolStripStatusLabel1.Text = "已保存到当前文件夹。";
        }
        catch (Exception ex)
        {
                MessageBox.Show(ex.Message.ToString());
        }
}
```

（7）完成这个小程序后，就可以把它整合到每日构建框架中，如图 20.15 所示。

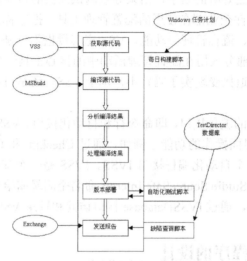

图 20.15　缺陷简报与每日构建的整合

> 虽然有些缺陷跟踪管理工具支持定时邮件发送缺陷报告的功能，但是每日缺陷简报仍有其存在
> 的必要性，因为每日缺陷简报可定制自己需要的缺陷报告和统计数据。每天早上开发人员打开
> 电脑就可以知道今天需要处理的 Bug 的情况，项目经理也可以及时了解到产品的缺陷情况，测
> 试人员则可以了解最新的 Bug 修改情况、缺陷的发现率情况等。

## 20.2.13　每日构建框架的扩展 4——每日配置管理简报

在很多软件企业，测试人员同时兼任了配置管理员的职责，但是配置管理的日常工作却
没有被足够地重视起来。软件配置管理是一个软件组织质量改进碰到的第一个瓶颈，因为
SCM 的核心是进度控制和风险管理，而这两项是所有迫切需要进行质量改进的软件组织的最
大弱点。在改进过程中，会碰到太多的阻力，其中一个重要的阻力就是配置管理流程的执行
问题。开发人员认为配置管理约束了其自由的创作，配置管理员也不知道如何进行配置管理
活动。这些情况在中小型软件企业中普遍存在。

### 20.2.14 配置管理的现状

管理层不能狠下决心结合配置管理来做好进度和风险的控制，配置管理的流程和制度名存实亡，配置管理员在这样的环境下，可能很难想象自己除了写写简单的、缺乏实用性的配置管理计划和报告之外，究竟要做些什么工作。

另一方面，配置管理流程没有真正建立起来，测试人员也会发牢骚，因为永远也不知道开发人员在什么时候又改动了一行代码，结果导致测试的遗漏，或者是开发人员一时兴起，把大部分控件的名称改成更好听的名字，结果导致测试人员的自动化脚本需要重新录制。

VSS 是大部分中小软件企业都在使用的配置管理工具。把它称为配置管理工具实在有点勉强，因为缺乏构建管理、流程管理等功能，VSS 充其量也不过是个源代码控制工具。就是这样一个小工具，却是大部分人用在配置管理活动中的核心工具。在这样"残酷"的环境中，真的就只能互相埋怨，被迫接受现实了吗？不，基于 VSS，还是可以主动获取很多信息来真正帮助改善情况的。

VSS 提供了两种类型的编程接口，即命令行和自动化接口。VSS 的 SS.exe 通过命令行调用，支持大部分的 VSS 界面操作的功能。例如，通过 Checkin 和 Checkout 命令来签入、签出文件。VSS 还提供了一个自动化编程接口 IVSS。IVSS 是一个基于 COM 的自动化接口集合，通过 Microsoft.VisualStudio.SourceSafe.Interop 命名空间暴露给用户使用。它提供了操作 VSS 数据库的接口。例如，通过 IVSSDatabase 接口访问和登录 VSS 数据库。

### 20.2.15 缺陷简报程序的设计

既然 VSS 提供了方便的编程接口，那么能否利用它来协助进行配置管理活动呢？答案是肯定的。其中一个简单的活动是配置管理记录的自动生成，并整合到每日构建框架中，让它能每天进行。

可以在每天晚上下班后运行一个小程序，自动登录到 VSS，获取当天开发人员对 VSS 做的任何改动，并记录到文件中，作为配置管理记录，并且发送到项目组各成员的邮箱中，如图 20.16 所示。

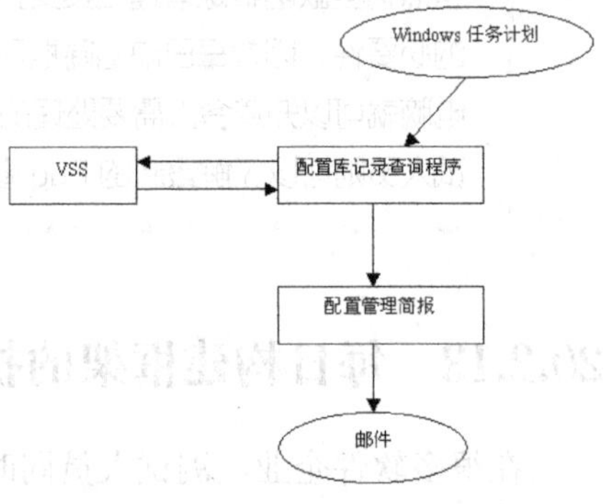

这样测试人员也可以在每天早上上班的时候知道昨天开发人员进行了哪些更改，是否需要取版本进行回归测试，回归测试的策略也可以方便地根据配置管理记录来进行设计。

图 20.16　每日配置管理简报流程

（1）用 C#来写这样一个小程序，可以有两种选择，一种是调用命令行的方式，另一种是使用 VSS 的自动化编程接口。命令行的方式比较简单，使用 SS 的 History 命令即可，例如：

```
History $/vss_test -R -Yusername,password -Vd2007-10-18;23:59:59~2007-10-18;00:00:00
-O@C:\report.txt;
```

（2）在 C#的代码里只要把其中的项目路径、用户账号、日期等替换掉，再通过启动一个命令行进程来执行它即可。使用这种命令行方式的前提是把 SSDIR 环境变量设置好，也就是说把要连接的 VSS 数据库的 srcsafe.ini 文件所在的路径设置成环境变量。

（3）如果是用 VSS 的自动化编程接口，那么首先要加入对 Microsoft.VisualStudio.SourceSafe.Interop.dll 的引用，然后建立一个 VSS 数据库实例的引用，用 Open 方法登录，代码如下：

```
VSSDatabase vssDatabase = new VSSDatabase();
vssDatabase.Open(SSDIR, userName, passWord);
```

（4）通过 get_VSSItem 方法指定需要获取变更历史的源代码项目路径，返回一个 IVSSItem 对象，代码如下：

```
IVSSItem vssFolder = vssDatabase.get_VSSItem(projectPath, false);
```

（5）利用这个对象来递归地访问项目中的所有源代码文件。在这里用一个叫 getVssHistory 的递归方法来实现访问所有项目源代码文件在指定的日期范围内的版本历史：

```
public void getVssHistory(ref StringBuilder result,IVSSItem vssFolder,DateTime from,Dat eTime to)
    {

        IVSSItems items = vssFolder.get_Items(true);
        foreach (IVSSItem item in items)
        {

            //判断是文件还是目录
            if (item.Type != 0)
            {
            IVSSVersions versions = item.get_Versions(1);
            foreach (IVSSVersion version in versions)
            {

                    //如果是在指定时间范围内的版本，就纳入返回结果
                if ((version.Date > from) && (version.Date < to))
                {
                    result.AppendLine(item.Spec + " ( version "
                            + version.VersionNumber.ToString() + " ):"
                            + version.Date + " , " + version.Action
                            + " by " + version.Username + "\n");
                }
            }
            }
            else
            {

            //如果是目录，还需要递归下去
            getVssHistory(ref result,item, from, to);
            }
        }
    }
```

可以充分利用 IVSS 的对象模型，获取更多需要的信息。例如所有当前处于签出状态的文件、某个 VSS 用户的权限等。

（6）把小程序纳入每日构建的执行框架中，自动获取当天的 VSS 配置库的更改信息或者其他需要的信息，在第二天早上把报告发送到项目组中每个人的邮箱，所有人就都能从这些报告中获得需要的信息了。与每日构建框架的整合如图 20.17 所示。

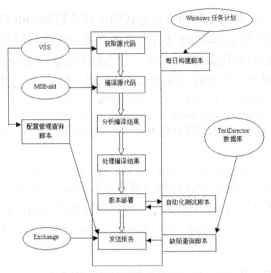

图 20.17　每日构建与配置管理简报的整合

> **说明**
>
> 其实这样一个程序对于开发人员也是非常有用的，程序员经常发现自己的 Bug 修改好了，但是过几天又被 Reopen 了，原因是改好的程序又被某个鲁莽的家伙覆盖了。如果每天都能知道其他人在昨天做了什么更改，尤其是是否对自己的"敏感地带"动了手脚，很多源代码控制的问题也就能及早发现并修正了。

　　更重要的是要把这些记录作为沟通的信息。作为配置管理员，即使是在不规范的配置管理流程中，也需要做好配置库的更改记录和审计工作，当发现某些文件的更改非常频繁或多人频繁交替更改同一个文件时应该主动问个究竟；当测试人员发现昨天存在源代码的更改时，应该主动联系更改的开发人员，具体了解更改的内容、更改涉及的范围、是否需要及时进行测试、对自动化测试脚本是否有影响，等等。

## 20.2.16　每日构建框架的扩展 5——每日里程碑预报

　　在很多软件企业中，测试人员还充当了 QA 的角色，QA 的一个重要职责就是确保项目进度按要求得到控制。而要确保进度得到遵循，最重要的是每位项目组成员都要有"Dead line"的意识，所谓"Dead line"，也就是重要项目里程碑的期限。

　　如果每天都有人提醒一下里程碑的日期以及距离"Dead line"剩余的时间，就会让项目组每一位成员时刻保持紧迫感，抓紧时间做好眼前的工作。"Dead Line Count Down"就是用于实现这个小功能的程序，程序运行界面如图 20.18 所示。把这个程序转成命令行方式运行并整合到每日构建平台，则可实现每日里程碑预报的功能。

图 20.18　"Dead Line Count Down"
程序运行界面

（1）在程序运行目录建立一个文本文件，文本文件的每一行用一定的格式描述每个里程碑的日期，例如：

```
1.1 版本发布日期:2007-10-30
系统测试开始:2007-10-24
```

（2）每行一个里程碑信息，包括里程碑的描述和"Dead line"的日期，两者用冒号隔开。把文件存储为"DeadLine.txt"，供程序读入使用。然后在程序启动时自动加载这个文件，代码如下：

```
private void DeadlineCountDown_Load(object sender, EventArgs e)
{
    //加载 "DeadLine.txt" 文件
    this.richTextBox1.LoadFile(Environment.CurrentDirectory
                          + "\\DeadLine.txt",RichTextBoxStreamType.PlainText);

}

//把里程碑信息写入 "DeadLine.txt" 文件
private void Config_Click(object sender, EventArgs e)
{
  File.WriteAllText(Environment.CurrentDirectory
                 + "\\ DeadLine.txt" ,this.richTextBox1.Text,Encoding.Default);
```

（3）读入里程碑信息后，需要计算离最后期限还有多长时间。里程碑倒数的计算代码如下：

```
private void CountDown_Click(object sender, EventArgs e)
{
    //循环读取每个里程碑信息
    for (int i = 0; i < this.richTextBox1.Lines.Length; i++)
    {
        //解析分隔符,获取最后期限的日期
        DateTime d1 = DateTime.Parse(this.richTextBox1.Lines[i].Split(':')[1]);

        //获取当天日期
        DateTime d2 = DateTime.Today;

        //计算时间间隔
        TimeSpan span = new TimeSpan();
        span = d1 -d2;

        this.richTextBox2.AppendText("离" +this.richTextBox1.Lines[i].Split(':')[0]
        +"还有" +span.Days.ToString()+"天\n");

    }

    //报告文件以当前时间为名称,存储到当前执行目录的文件夹中
    string reportFile = Environment.CurrentDirectory + "\\CountDownReport_" +
    DateTime.Now.ToString("yyyy-MM-dd_HH_mm_ss")+".txt";

    //把报告信息写入文件中
    File.WriteAllText(reportFile, this.richTextBox2.Text);

}
```

（4）这样就完成了一个里程碑倒数的小程序。下面则需要把这个小程序整合到每日构建框架中，如图 20.19 所示。

整合的方式可以是通过每日构建脚本来调用里程碑倒数程序，也可以由 Windows 任务计划来调用，但是要考虑里程碑预报的结果如何整合到每日构建的报告中并发送到项目组成员的邮箱。

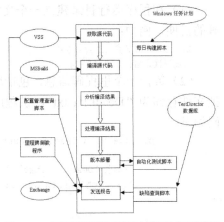

图 20.19　把里程碑预报功能整合到每日构建框架中

## 20.2.17　每日构建框架的其他扩展思路

除了前面讲的几种对每日构建框架的扩展外，读者还可以根据项目的情况来扩展更多的功能，例如每日代码量统计、缺陷率统计、每日测试工作简报等。

## 20.2.18　每日缺陷率统计

每日缺陷率统计可以把下面的小程序整合到每日构建中：

```csharp
using System;
using System.Collections.Generic;
using System.ComponentModel;
using System.Data;
using System.Drawing;
using System.Text;
using System.Windows.Forms;
using System.IO;
using System.Text.RegularExpressions;

namespace CodeLineAssess
{
    public partial class CodeLineAssess : Form
    {
        public CodeLineAssess()
        {
            InitializeComponent();
        }
        private void button1_Click(object sender, EventArgs e)
        {
            string projectPath = this.textBox1.Text;
            //获取所有以.cs为后缀的源代码文件
            string[] AllcsFiles = Directory.GetFiles(projectPath,"*.cs", SearchOption.AllDirectories);

            List<string> files = new List<string>();
            //如果要求不包括Designer文件
            if (!this.checkBox1.Checked)
            {
                for (int i = 0; i < AllcsFiles.Length; i++)
                {
                    if (!AllcsFiles[i].EndsWith(".Designer.cs"))
```

```
                {
                    files.Add(AllcsFiles[i]);
                }
            }
        }
        else
        {
            for (int i = 0; i < AllcsFiles.Length; i++)
            {
                files.Add(AllcsFiles[i]);
            }
        }
        int totalCount = 0;
        int emptylines = 0;
        int notelines = 0;
        int notelines2 = 0;
        for(int i=0;i<files.Count;i++)
        {
            string[] code = File.ReadAllLines(files[i].ToString());
            int codeline= code.Length;
            totalCount = totalCount + codeline;
            for(int j=0;j<codeline;j++)
            {
                //空行
                if (code[j].Trim().Length == 0)
                {
                    emptylines += 1;
                }
                //单行注释行
                if (code[j].Contains("//"))
                {
                    notelines += 1;
                }
            }
            //包括的注释行
            string codetxt = File.ReadAllText(files[i].ToString());
            string[] strs = Regex.Split(codetxt, "/*{*}*/");
            for (int k = 0; k < strs.Length; k++)
            {
                string ssss = strs[k].ToString();
                if( (ssss.StartsWith("*") )&& (ssss.EndsWith("*")))
                {
                    notelines2 += ssss.Split('\n').Length;
                }
            }

        }
        this.richTextBox1.AppendText("代码文件个数: " + files.Count.ToString()
                        + "\n总共代码行: " + totalCount.ToString()
                        + "\n其中\n空行: "+emptylines.ToString()
                        + "\n注释行: " + (notelines + notelines2).ToString());
    }
    private void CodeLineAssess_Load(object sender, EventArgs e)
    {
        this.checkBox1.Checked = true;
    }
```

```
    }
}
```

上面的代码统计的是 C#代码，其他类型的代码统计方式有可能不一样，例如源代码文件的后缀与界面设计文件的后缀等不一样。还可以在上面的代码的基础上添加代码，用于计算注释率、缺陷率、代码增长率等。其中缺陷率（缺陷率＝Bug 总数/代码行数）的统计需要结合 QualityCenter 数据库的查询统计功能。整合缺陷率统计功能后的每日构建平台如图 20.20 所示。

缺陷率的统计与每日构建整合提供了一个持续、客观的代码质量评估途径，可以让项目组所有人每天都知道目前代码的质量情况。

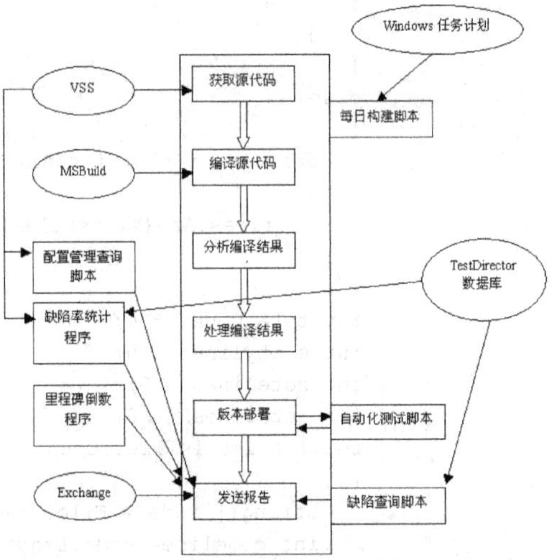

### 20.2.19　每日缺陷简报

图 20.20　缺陷率统计与每日构建的整合

有些项目组要求项目组成员每天都写工作简报，如果想把每个人写的工作报告汇总成一份项目组工作报告，让每个人都能了解昨天项目组的工作情况，就可以通过把每日构建工作简报的功能也整合进来。

项目组成员每天下班前填写工作简报，然后提交到某个共享目录，每日简报整合程序把每个人提交的工作简报汇总成一份项目工作报告。每日构建定时获取汇总的项目工作报告，并发送邮件到项目组每个成员的邮箱。整合了工作简报的每日构建框架如图 20.21 所示。

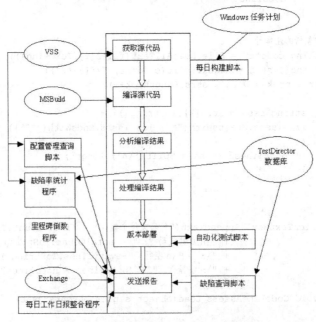

图 20.21　整合了工作简报的每日构建框架

工作简报与每日构建的整合让项目组成员可以及时了解项目的进度情况以及其他人的工作进展情况。测试人员可以借此了解开发的进度和缺陷的修改计划等，以便及时更新测试计划。

# 20.3 利用 Windows 脚本整合一个自动错误预防系统

什么是 AEP？AEP（Automated Error Prevention）是自动错误预防，是指通过在整个软件开发周期中自动地预防错误来提高产品质量。AEP 通过应用行业最佳实践来防止普遍错误并建立全寿命的错误预防基础。可以把代码标准检查、单元测试、集成测试、压力测试、连接检查、监视等放到软件开发周期中并自动化。

## 20.3.1 轻量级的 AEP 框架

作为一个起步，可以先搭建一个初步的、轻量级的 AEP 框架，然后再逐步加入其他自动化检查工具来应用其他行业最佳实践，从而逐步建立起完整的、适合项目实际的 AEP 系统。

假设在某个项目中，使用.NET 和 SQL Server 数据库构建 C/S 结构的应用软件，那么首先可以考虑的是加入 Visual Studio.NET 2005 开发工具自带的代码标准检查工具 FxCop 和 SQLBPA。FxCop 用于检查代码是否满足.NET 的编码规范，SQLBPA 用于检查 SQL Server 的表、视图、存储过程等是否满足最佳实践的规范。

## 20.3.2 把 AEP 系统整合到每日构建框架中

首先利用 JScript 脚本建立起一个基本的每日构建框架，然后把 AEP 融合到每日构建框架中，形成新的框架，这个框架需要包括以下内容。

- 从源代码服务器获取最新代码并编译。
- 调用 FxCop 对代码进行检查。
- 调用 BPA 对数据库进行检查。
- 汇总检查结果并发送给项目组。

一个跟每日构建简单结合后的 AEP 系统如图 20.22 所示。

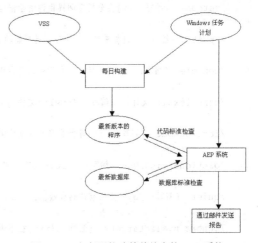

图 20.22 与每日构建简单整合的 AEP 系统

## 20.3.3 整合 FxCop

FxCop 是被 Visual Studio.NET 2005 整合到 IDE 中的代码标准检查工具，可以在 Visual

Studio.NET 2005 的安装目录中找到：

```
C:\Program Files\Microsoft Visual Studio 8\Team Tools\Static Analysis Tools\FxCop
```

加入到每日构建框架中时，需要使用 FxCop 的命令行工具 FxCopCmd。命令行的使用方法如下：

```
/file:<文件/目录>  [缩写：/f:<文件/目录>]要分析的程序集文件

/rule:<[+|-]文件/目录>  [缩写：/r:<[+|-]文件/目录>]包含规则程序集的目录或规则程序集的路径，"+"启用所有规则，"-"禁用所有规则

/ruleid:<[+|-]Category#CheckId>  [缩写：/rid:<[+|-]Category#CheckId>]标识规则的 Category 和 CheckId 字符串，"+"启用规则，"-"禁用规则

/out:<文件>  [缩写：/o:<文件>]FxCop 项目或 XML 报告输出文件

/outxsl:<文件>  [缩写：/oxsl:<文件>]引用 XML 报告文件中的指定 XSL，/outxsl:none 会生成一个不带有 XSL 样式表的 XML 报告

/applyoutxsl  [缩写：/axsl]将 XSL 样式表应用于输出

/project:<文件>  [缩写：/p:<文件>]要加载的项目文件

/platform:<目录>  [缩写：/plat:<目录>]平台程序集的位置

/directory:<目录>  [缩写：/d:<目录>]要搜索程序集依赖项的位置

/types:<类型列表>  [缩写：/t:<类型列表>]仅分析这些类型和成员

/import:<文件/目录>  [缩写：/i:<文件/目录>]导入 XML 报告或 FxCop 项目文件

/summary  [缩写：/s]在分析之后显示摘要

/verbose  [缩写：/v]在分析期间提供详细输出结果

/update  [缩写：/u]如果进行了更改，就更新项目文件

/console  [缩写：/c]将包括文件和行号信息在内的消息输出到控制台

/consolexsl:<文件>  [缩写：/cxsl:<文件>]将指定的 XSL 应用于控制台输出

/forceoutput  [缩写：/fo]即使在没有发生冲突的情况下，也写入输出 XML 和项目文件

/dictionary:<文件>  [缩写：/dic:<文件>]自定义字典

/quiet  [缩写：/q]禁止所有控制台输出，/console 或 /consolexsl 暗示的报告除外

/ignoreinvalidtargets  [缩写：/iit]在不进行提示的情况下忽略无效的目标文件

/aspnet  [缩写：/asp]只分析 ASP.NET 生成的二进制文件，并对要分析的所有程序集适用 App_Code.dll 中的模块禁止显示规则
```

使用 FxCopCmd 调用的例子如下：

```
FxCopCmd /f:"D:\AUT\bin\Debug\aut.exe" /out:"C:\1.txt" /s /rule:+"C:\Program Files\Micr
osoft Visual Studio 8\Team Tools\Static Analysis Tools\FxCop\Rules\DesignRules.dll" /ruleid:
-"Microsoft.Design#CA2210"
```

## 20.3.4　整合 SQL BPA

　　SQL BPA 是用于检查 SQL Server 数据库的一个小工具。SQL BPA 分 SQL Server 2000 版和 SQL Server 2005 版，读者需要注意版本的区别。加入到每日构建中时，同样需要利用它的命令行工具 BpaCmd，可以在安装目录找到，例如：

```
C:\Program Files\Microsoft SQL Server Best Practices Analyzer
```

　　BpaCmd 的调用也比较简单，例如以下命令行调用 BPA 检查位于 192.168.3.8 服务器上的数据库，检查是否遵循在 BPA 中编辑的名为"TSQLTest"的规则检查包所定义的标准：

```
BpaCmd -S 192.168.3.8 -d sqlbpa -E -r TSQLTest
```

　　使用的前提条件是，已经在 SQL Server 数据库上建立 sqlbpa 库以及建立了规则检查包。BPACmd 的使用方法可参考如下帮助信息：

```
             -REPOSITORY CONNECTION OPTIONS-
 -S <server name>          Specifies the name of the SQL Server instance
                           that contains the repository.
 -d <database name>        Specifies the name of the repository database.
 -E                        Use integrated authentication to
                           log on to repository.
 -U <username>             User name to log on to repository.
 -P <password>             Password to log on to repository.

             -BEST PRACTICE GROUP OPTIONS-
 -r <best practice group>   Executes the specified best practice group.

             -MISCELLANEOUS OPTIONS-
 -q                        Quiet mode - does not display
                           additional messages.
 -l                        Logs operation of BPA engine to msbpa.log.
 -?                        Displays usage help.

Examples:
     bpacmd -S MainServer -d sqlbpa -E -r tsql_rules -r upgrade_prep

   Executes the best practice groups "tsql_rules" and "upgrade_prep"
     after connecting to the specified repository using
     integrated authentication.
```

## 20.3.5　测试结果检查和发送

　　FxCopCmd 和 BpaCmd 都能把检查结果保存到文件中，因此可以利用 JScript 读入文件，分析和汇总结果，形成最终的 AEP 报告，并发送给项目组所有人。这样就构建了一个非常基础的 AEP 系统。根据项目产品的实际情况，还可以加入其他的 AEP 元素，例如，单元测试、

WebService 测试、性能测试等。

# 20.4 其他资源

（1）《持续集成——软件质量改进和风险降低之道》。

（2）《敏捷持续集成（CruiseControl 版）》。

（3）Martin Fowler《Continuous Integration》。

（4）《Expert .NET Delivery Using NAnt and CruiseControl.NET》。

（5）ANT 基础使用：

http://www.docin.com/p-85417132.html。

（6）CruiseControl 基础使用：

http://www.docin.com/p-85418238.html。

# 第 21 章

# 代码审查

软件是由代码构建而成的，代码审查作为最直接有效的代码质量检查手段被广泛应用，尤其是在军工领域、嵌入式领域等动态系统测试成本较高的领域。

本章介绍如何开展代码审查以及如何应用自动化代码审查工具。

# 21.1 代码审查实践

黑盒测试不够充分，而且效率低下，在系统完成之前无法开始，测试人员只有在软件版本发布时才能拿到版本进行测试。

## 21.1.1 为什么需要代码审查

代码审查属于静态的白盒测试。代码审查可以尽快找到 Bug，找到那些很难被动态的黑盒测试所发现和定位的 Bug。

另外，从成本的角度分析，在研发过程中引入代码审查可以有效降低总体质量成本，如图 21.1 分析了某个调查得出的结果，对比之后可知道有代码审查阶段与没有引入代码审查阶段的研发流程在总体成本上的差别。

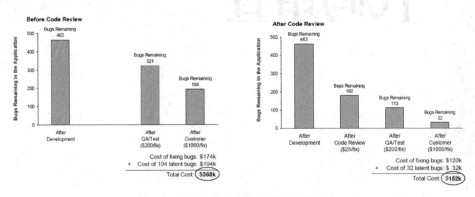

图 21.1 引入代码审查能有效降低总体成本

通过代码审查，可以有效地在早期就控制缺陷，抑制了缺陷往后面的测试阶段渗透，并且经过代码审查的程序在交到测试人员手上的时候就已经有了一定的质量保证，因此测试人员不用疲于查找和登记一些低级的错误，而专心查找深入、隐蔽的一些错误，对于测试有效性而言也起到了促进作用。

 **注意**

> 代码审查还能带来一些有益的"副作用"。
>
> 对于测试人员而言，通过审查代码、分析代码，黑盒的测试人员在拿到可运行的版本之前，就可以思考并获得一些测试的"idea"，考虑应用哪些测试用例。
>
> 对于开发人员而言，代码审查是一个有效的学习别人的设计思想、开发技术和编码技巧的渠道。并且，当通过代码审查发现问题的时候，大家都能从中学到一些教训，避免后面重复犯这样的错误，因此能做到缺陷预防。

## 21.1.2　代码静态分析的工作内容

代码审查也叫代码静态分析。静态分析是指在不执行代码的情况下对代码进行评估和检查的过程。分析的方面可包括以下内容。

- 类型检查。
- 风格检查。
- 程序理解。
- Bug 查找。

## 21.1.3　类型检查

类型检查也叫数据类型检查或类型转换检查。一般编译器就能进行类型检查，但是有些代码的情况是编译器不能检查出来而可能隐藏错误的。例如，在 Java 中，下面的语句虽然符合类型检查规则，但是会在运行时失败，抛出一个 ArrayStoreException 异常：

```
Object[] objs = new String[1];
objs[0] = new Object();
```

又如下面的 C 代码在 VC6 中可以编译通过，但是在 PCLint 这个代码分析工具中通过静态代码检查可以找出类型转换造成的精度丢失问题：

```
int main()
{
    char ch = 0;
    int n = 0;
    //...
    ch = n;

    return 0;
}
```

## 21.1.4　风格检查

风格检查也是代码审查中的一种。风格检查会更加挑剔，更加注重空格、缩进、命名、注释、程序结构这些表面的东西。风格检查程序所展示的错误往往都是影响代码的可读性和可维护性的问题。

对于不同的编程语言，有不同的风格检查工具。

- C/C++：PC-Lint。
- JAVA：PMD。
- .NET：StyleCop。

另外，有些编译器在设置了特定的选项之后，也能检查出代码的可读性、可维护性、可理解性方面的问题，如 gcc 的 "-Wall" 选项将检查出下面代码中的问题：

```
typedef enum { red, green, blue } Color;

char *getColorString( Color c)
{
    char *ret = NULL;
    switch( c )
```

```
    {
        case red:
            printf( "red" );
    }
    return ret;
}
```

在 Linux 中用 gcc 编译器编译这样的代码（设置 wall 选项），将接收到如图 21.2 所示的警告信息。

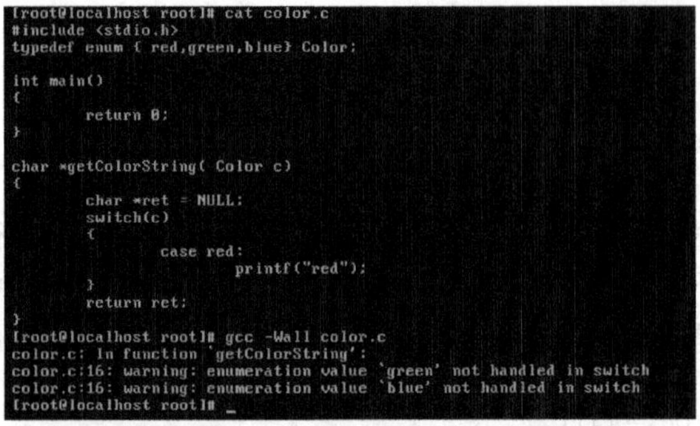

图 21.2　gcc 编译器的代码审查功能

提示枚举的某些项没有在 switch 中处理，可能带来潜藏的错误。

又如下面的代码在缩进上没有恰当地处理，导致程序理解上存在问题，某些代码分析工具（例如 PCLint）将检查出这些问题：

```
typedef const char *CSTRING;

CSTRING  revere( int lights )
{
    CSTRING manner = "by land";

    if( lights > 0 )
            if( lights == 2 ) manner = "by sea";
    else manner = "";

    return manner;
}

int main()
{
    printf( "The British are coming %s\n", revere( 1 ) );
    return 0;
}
```

## 21.1.5　程序理解

进行有效的代码审查的前提是对代码本身的理解，搞清楚代码的工作原理、来龙去脉、互相的调用关系等。因此代码审查中的一项基本工作内容是对程序的理解。

程序理解工具能帮助我们搞懂代码库中的大量代码，洞察程序运转之道。集成开发环境（IDE）一般至少都包含某些程序理解功能，例如，"查找本方法的所有应用"。图 21.3 所示的是 Visual Studio 2005 中的"查找所有引用"的功能。

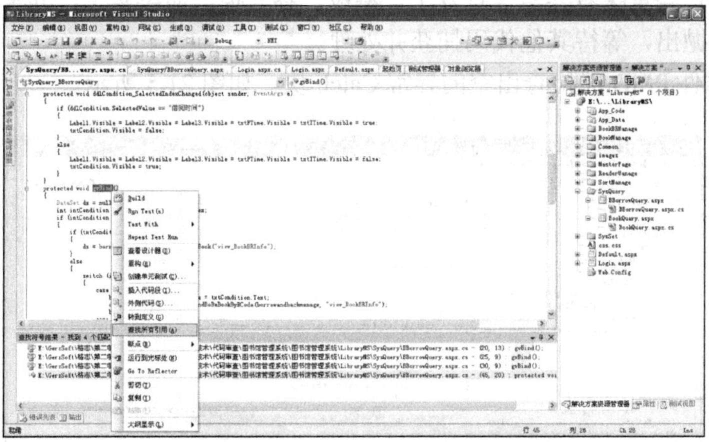

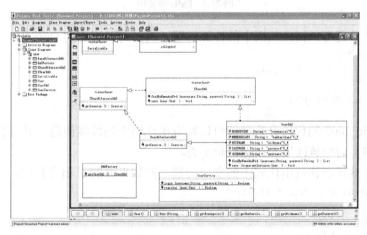

图 21.3　Visual Studio 2005 中的"查找所有引用"的功能

常用的代码理解工具有以下内容。

● 代码流程图生成工具，例如 Code Visual to Flowchart。

● UML 与源代码双向工程工具，例如 Fujaba。

图 21.4 所示的是 Fujaba 把 Java 代码转换成 UML 类图的情形。

图 21.4　Fujaba 的使用

## 21.1.6　Bug 查找

Bug 查找的目的不像风格检查那样抱怨格式方面的问题，而是根据"Bug 惯用法"（规则）来描述代码中潜在的缺陷。常用工具有 PMD、FindBugs、Coverity、Klocwork 等。

例如，下面的 Java 代码是一段捕获了异常但是没有处理异常的代码：

```java
public void doSomething() {
try {
  FileInputStream fis = new FileInputStream("/tmp/bugger");
} catch (IOException ioe) {
  }
}
```

通常这样的代码意味着异常一旦发生，将被"吞"掉，而事实上，异常应该被处理、报告，或者被再次抛出，等待其他代码捕获并处理。

Eclipse 的插件 PMD 能检查出空的异常 Catch 块，如图 21.5 所示。

图 21.5　PMD 的使用

代码审查工具还可以找出代码中的性能问题，例如对于下面的 C#代码：

```
string str = "";
 for (int i = 0; i < 100; i++)
 {
     str += i.ToString();
 }
```

Visual Studio 2005 的代码分析功能可以检查出代码中的性能问题，并且提示不应该在循环中串接字符串，而应该改用 StringBuilder 类。

代码审查工具还应该找出代码中的安全问题，例如下面的 C 语言代码：

```
int main(int argc , char * argv[] )
{
    char buf1[1024];
    char buf2[1024];
    char * shortstring = "a short string";
    strcpy( buf1 , shortstring );          // safe
    strcpy( buf2 ,argv[0] );               // dangerous
}
```

好的安全分析工具将会区分出第一个 strcpy 函数的调用是安全的，而第二个调用是危险的。

# 21.2　自动代码审查

人工进行的静态代码审查存在效率低下的弊端，为了解决这个问题，我们可以适当引入自动化代码审查工具来协助进行代码审查。

## 21.2.1 代码分析工具 PCLint 的应用

PCLint 是 C/C++软件代码静态分析工具,对程序进行全局分析,识别并报告 C 语言中的编程陷阱和格式缺陷。它不仅可以检查出一般的语法错误,还可以检查出那些虽然符合语法要求但不易发现的潜在错误。使用 PCLint 在代码走读和单元测试之前进行检查,可以提前发现程序隐藏错误,提高代码质量,节省测试时间。

PCLint 的官方网站地址是 http://www.gimpel.com/。

下面是 PCLint 的一些第三方工具。

- Visual Lint
- LintProject

## 21.2.2 PCLint 与 VC6 的整合

安装了 PCLint 后,可看到 Lint 目录下的文件:

```
lint-nt.exe     PCLint 执行程序
config.exe      PCLint 配置程序
readme.txt      帮助手册的补充信息
pc-lint.pdf     帮助手册
pr.exe          打印工具
msg.txt         PCLint 的错误提示消息列表,最终根据它来修改代码
unwise.exe      卸载程序
install.log     安装日志
_LINT.TMP       保存 PCLint 检查代码后输出的错误信息,可用"记事本"打开
co-....lnt      特定编译器的配置选项
co.lnt          通用编译器的配置选项
sl-....c        非 ANSI 编译器的标准库模块
sl.c            非 ANSI 编译器的通用标准库模块
env-....lnt     各种编辑环境如 Microsoft's Visual Studio 的配置文件
lib-....lnt     特定库的配置文件
au-....lnt      作者推荐检查项的配置文件,指 Scott Meyers 的 Effective C++,More Effective C++,Misra,
Dan Saks 的 C++ Gotchas
Test\...        测试代码目录
```

把 PCLint 安装目录(例如 C:\pclint\)下的 lnt 目录中的 3 个文件 lib-w32.lnt、env-vc6.lnt、co-msc60.lnt 复制到 C:\pclint,创建文件 std.lnt,内容如下:

```
// contents of std.lnt
C:\pclint\co-msc60.lnt
C:\pclint\lib-w32.lnt
C:\pclint\options.lnt -si4 -sp4
-i"C:\Program Files;C:\Program Files\Microsoft Visual Studio\VC98\Include"
//end
```

创建一个空文件 options.lnt,PCLint 的检查选项可以在 options.lnt 文件中进行设置。

然后把 pclint 添加到 VC6 的菜单项中,如图 21.6 所示。

这样就能用 PCLint 检查 C/C++的代码文件，如果要检查整个 VC 的项目，就需要按下面的步骤进行配置。

（1）从 http://www.weihenstephan.de/~syring/win32/UnxUtils.zip 下载 UnxUtils.zip。

（2）解压 UnxUtils.zip 至 c:\unix 目录下。

（3）打开 VC6，选择"tools"→"customize"→"tools"选项，新建一个名为 pclint_project 的项，配置与前面的类似，只不过下面的命令（commands）和参数（arguments）的内容不同。

图 21.6　把 PCLint 添加到 VC6 的菜单项中

命令：C:\unix\usr\local\wbin\find.exe

参数：$(FileDir) -name *.c -o -name *.cpp | C:\unix\usr\local\wbin\xargs.exe C:\pclint\lint-nt.exe –i "C:\unix\usr\local" -u C:\pclint\std.lnt c:\pclint\env-vc6.lnt

（4）选中"使用输出窗口"（Use Output Window）选项，关闭退出。这时 VC6 的工具（tools）菜单下已经多了 pclint_project 项，以后可以用它来对一个 VC 项目运行 lint 检查程序了。

## 21.2.3　代码风格审查工具 StyleCop 的应用

StyleCop 是微软内部使用的一个代码风格检查工具。提供了简单和有效的方式来对项目的代码编写风格进行检查。StyleCop 可以多种方式运行，可以插件的方式在 Visual Studio 的 IDE 中运行；也可以 MSBuild 任务的方式运行，可整合到程序构建流程中；或者以命令行的方式运行，可针对一个或多个代码文件进行检查。

安装 StyleCop 后会在 Visual Studio.NET 2005 的工具菜单中多出一项"StyleCop"功能菜单。运行非常简单，选择菜单"工具"→"StyleCop"→"Analyze"选项，则可对当前解决方案的所有文件进行检查。检查结果将展现在图 21.7 所示的"StyleCop Violations"窗口中。

除了描述所违反的规则外，还指出违反的代码所在的文件名、代码行。双击选中的规则，会自动切换到违反了该规则所对应的代码行。

| ! | Description | File | Line |
|---|---|---|---|
| ⊗ | The file has no header, the header Xml is invalid, or the header is not at the top of the file. | AssemblyInfo.cs | 1 |
| ○ | The file has no header, the header Xml is invalid, or the header is not at the top of the file. | Program.cs | 1 |
| ○ | The Class does not have an access modifier. | Program.cs | 7 |
| ○ | The Method does not have an access modifier. | Program.cs | 13 |
| ○ | Empty comments are not allowed. | AssemblyInfo.cs | 31 |
| ○ | The Class element has no header. | Program.cs | 7 |
| ○ | Using directives must be inside of a namespace element. | Program.cs | 1 |
| ○ | Using directives must be inside of a namespace element. | Program.cs | 2 |
| ○ | Using directives must be inside of a namespace element. | Program.cs | 3 |
| ○ | The file has no header, the header Xml is invalid, or the header is not at the top of the file. | Form1.cs | 1 |

图 21.7　StyleCop 的检查结果界面

 说明

另外，也可通过在"解决方案资源管理器"中选择项目或文件进行检查，可选中项目或某个代码文件，单击鼠标右键，然后选择"SyleCop"→"Analyze"选项。

## 21.2.4　StyleCop 的设置

在"解决方案资源管理器"中选择项目，然后单击鼠标右键，选择"StyleCop"→"Analyze"→"Project Settings"选项，出现如图 21.8 所示的界面。

图 21.8　StyleCop 检查项过滤

可以在这个界面"Analyzers"页面中选择需要对该项目进行检查的方面，例如，如果只想对该项目在注释方面的规范化情况进行检查，可以选择"Comments"选项，然后单击"OK"按钮。对于下面的简单代码（注意代码中特意把注释留空），StyleCop 将提示如图 21.9 所示的 3 个错误。

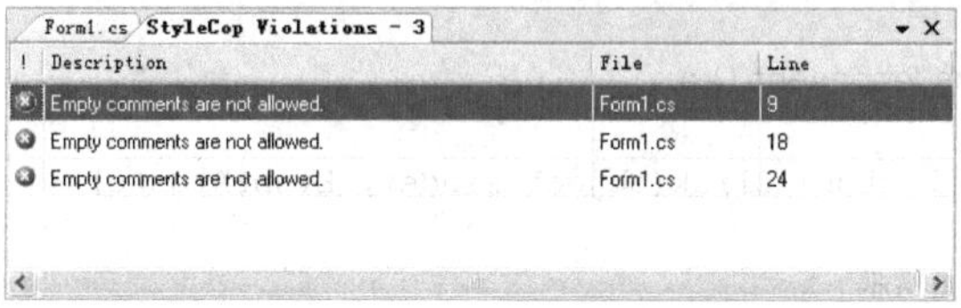

图 21.9　提示 3 个错误

```
using System;
using System.Collections.Generic;
using System.ComponentModel;
using System.Data;
using System.Drawing;
using System.Text;
using System.Windows.Forms;

/*

*/
namespace StyleCopTest1
{
    public partial class Form1 : Form
```

```
    {
        public Form1()
        {
            //
            InitializeComponent();
        }
        private void button1_Click(object sender, EventArgs e)
        {
            //
            MessageBox.Show("OK!");
        }
    }
}
```

因为有 3 个地方违反了 "Empty comments are not allowed" 的代码注释规则，不能出现空的注释行，把上面的代码改成如下所示的代码，就可避免这个规则的违反：

```
using System;
using System.Collections.Generic;
using System.ComponentModel;
using System.Data;
using System.Drawing;
using System.Text;
using System.Windows.Forms;

/*
演示 StyleCop 检查空注释行
*/
namespace StyleCopTest1
{
    public partial class Form1 : Form
    {
        public Form1()
        {
            //初始化
            InitializeComponent();
        }
        private void button1_Click(object sender, EventArgs e)
        {
            //展示消息对话框
            MessageBox.Show("OK!");
        }
    }
}
```

# 21.3　其他资源

（1）《.NET 软件测试实战技术大全》第 6 章 .NET 代码分析及其自动化。

（2）StyleCop 4.0 帮助文档 《StyleCop 4.0 User's Guide》。

（3）自动化代码分析的过去、现状和将来：

http://blog.csdn.net/Testing_is_believing/archive/2008/01/27/2068794.aspx。

（4）PC-Lint 使用指南：

http://www.docin.com/p-27435121.html。

第 22 章

# 探索性测试管理

探索性测试（Exploratory Testing）可以说是测试的敏捷方法。探索性测试一开始被叫作"即兴测试"（Ad Hoc Testing）。即兴测试通常会被误解成马虎的、随意的、草率的测试，在20世纪90年代初的时候，一个叫测试方法论学者的组织（现在叫上下文驱动派，"Context-Driven School"）开始使用"探索性"这个术语。Cem Kaner 在其名为《测试计算机软件》（《Testing Computer Software》）的书中第一次公开使用这个术语。探索性测试强调在自由的测试过程中的思维主导力。

微软在测试它的一个用于验证第三方应用程序是否兼容 Windows 的软件时也正式采用了探索性测试方法和基于 Session 的测试管理方法（Session-based test management）。

# 22.1　探索性测试的必要性

在对测试对象进行测试的同时学习测试对象、设计测试，在测试过程中运用获得的关于测试对象的信息设计新的更好的测试，这种测试方式就叫作"探索性测试"，如图 22.1 所示。

与其相对应的是"剧本化"的测试（Scripted Testing），也就是通常说的严格按照先设计测试用例，然后按照测试用例执行测试、登记测试结果的测试方式，如图 22.2 所示。

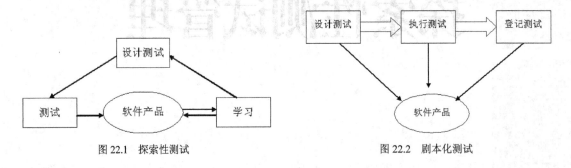

图 22.1　探索性测试　　　　　　　　　　　图 22.2　剧本化测试

> **说明**
>
> 在剧本化测试中，测试人员就像演员，按照设计好的剧本去演戏一样，按设计好的测试用例去执行测试。而探索性测试的测试人员则更像导演，并且自编自导自演一出精彩的"测试的故事"。

## 22.1.1　探索性测试的原理

在测试之前提出很多关于软件产品的疑问，例如，产品的功能是什么？给用户带来什么价值？它的性能怎么样？然后设计测试来回答这些问题，并执行测试以获取答案。通常测试不能很好地回答这些问题，所以调整测试并不断尝试（换句话说，就是探索）。

## 22.1.2　探索性测试与即兴测试的区别

即兴测试是偶然的、一次性的测试，可能会在某次即兴的测试中发现某些 Bug。但是它不能持续地、有效地发现 Bug。与此对应的，很多测试人员会发现探索性测试方法是一种非常有效发现 Bug 的方法。

即兴测试通常是指临时准备的、即席的 Bug 搜索的测试过程。从定义可以看出，谁都可以做即兴测试。由 Cem Kaner 提出的探索性测试，相比即兴测试是一种精致的、有思想的过程。

### 22.1.3 探索性测试的意义

在有效的探索性测试循环管理中的重复主题是：测试、测试策略、测试报告和测试任务。测试剧本化的方式企图将测试过程机械化，从测试设计者的脑袋中把测试的思想抽取出来并放到纸面上。这种测试方法的好处很多。

但是探索性测试者持这样的观点：把测试剧本化地写下来并按照它们来测试会破坏快速寻找重要问题这一智力的过程。这一智力的过程越丰富、越流畅，就越有机会在正确的时间执行正确的测试。这就是探索性测试的威力所在，测试过程的丰富性只是受限于测试人员思维的广度和深度，还有对被测试软件产品的洞察能力。

剧本化的测试是有它存在的意义的，可以想象测试的效率和可重复性是非常重要的，所以应该进行剧本化或自动化测试。在一些测试环境间歇有效的情况下，例如 C/S 结构的项目，只有几个配置的服务器有效并且要在测试和开发之间共享。这种情形下应该把测试小心仔细地提前剧本化，以便能充分利用有限的测试执行时间。

 **技巧**

探索性测试在复杂的测试情况下会特别有用，对产品了解甚少的情况下会特别有用，或者作为准备剧本化测试的一部分测试。基本规则是：应该在准备进行的下一次测试的内容并不明确的情况下进行探索性测试，或者在希望把这些不明确的因素明确清楚的情况下进行探索性测试。

## 22.2 如何进行探索性测试

其实所有被人工执行的测试在某种程度上都是探索性测试，这就意味着问题不是什么时候进行探索性测试，而是怎样做好探索性测试。

### 22.2.1 优秀探索性测试人员的基本素质

应该说所有人都能进行探索性测试，但是并不是所有人都是好的探索性测试者。一个优秀的测试人员必然是一个优秀的探索性测试人员，具备优秀的探索性测试的基本素质。

（1）测试设计。

探索性测试者首先应该是一个测试设计者。任何人都可以设计出一两个测试用例来，但是优秀的探索性测试者能设计出巧妙的测试来系统地探索软件产品。探索性测试者需要具备分析软件产品的技巧和能力，需要评估风险的能力、使用工具的技巧，最关键的是使用批判性的、钻研的眼光、精密的思维方式来看待软件产品。

（2）敏锐的观察。

优秀的探索性测试者具备小心、仔细和敏锐的观察能力。优秀的探索性测试者必须洞悉任何不寻常、隐蔽的软件行为。探索性测试者不相信推论，不会让假设和预想蒙蔽了自己的眼睛，以至于忽略了重要的测试或发现重要的软件产品行为。

（3）批判性的思维。

优秀的探索性测试者能审查和分析自己的逻辑，查找思维上的缺陷。这在调查一个 Bug 的时候尤其重要。

（4）多样化的思维。

优秀的探索性测试者能产生更多的测试主意和想法。善于利用各种各样的启发来帮助产生各种测试的思路。

（5）善于利用丰富的资源。

优秀的探索性测试者拥有一个丰富的清单列表，包括各种工具、信息源、测试数据、人员名单等。在测试过程中，时刻保持清醒的意识，知道寻找合适的机会去应用这些工具和资源。

## 22.2.2 测试就是向程序提问

探索性测试的过程其实是一个向软件产品提问的过程，如图 22.3 所示。

探索性测试的提问范围包括产品、测试、问题 3 大方面。

（1）产品。
- "产品是做什么的？"
- "我能控制和观测产品的哪些方面？"
- "我应该测试什么？"

（2）测试。
- "应该采用不一样的测试策略吗？"
- "怎样提高对产品好坏的理解程度？"
- "如果系统存在严重问题，我应该怎样发现它？"
- "应该加载什么文档？按哪个按钮？输入什么值？"
- "测试是否有力？"
- "我从测试中学到什么东西可以应用到下一次测试？"
- "刚才发生了什么问题？我如何更好地检查它？"

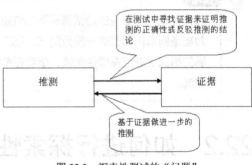

图 22.3 探索性测试的"问题"

（3）问题。
- "这个问题违背了什么质量标准？"
- "在这个产品中我可以发现什么类型的错误？"
- "我现在看到的是问题吗？如果是，为什么是？"
- "这个问题的严重程度如何？为什么需要修改？"

（4）如果问到最后，没问题可问了怎么办？

如果发现自己没有任何问题可问了，那么就要问自己"为什么我没有问题了？"如果对于软件产品的可测性或者测试环境没有任何问题或需要关注的方面的话，那么这个本身就是一个关键的问题。

> **注意**
>
> 很可能是因为没有注意，没有留心，没有批判性地考虑问题，或者是缺乏了好奇心，所以没有问题可问了，而这时候却恰恰是让问题或 Bug 溜走的时候。

# 22.3　探索性测试的过程管理和度量

探索性测试的过程包括计划、学习和调查、测试执行、结果分析 4 个循环的步骤，如图 22.4 所示。

这 4 个步骤在某些阶段可能是交叉或者同时进行的。

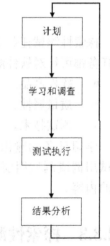

（1）计划之前可能先要学习和调查、收集资源，需要计划好探索性测试的目的、重点，计划时需要指定作为"教练"的测试组长。

（2）学习、调查之前可能需要先执行一下测试，以便收集更多关于产品的信息、质量的信息、缺陷的信息，需要明确信息的来源和渠道。

（3）执行测试前可能需要学习和调查，测试执行的过程是一个"盘问"软件系统、记录所有问题和结果的过程。同时也是探索和了解更多关于软件产品信息的过程。

（4）结果分析包括对测试结果的分析和学习、探索结果的分析。需要确定分析的频度，需要分析测试的"故事情节"是否完整（基于风险分析测试覆盖率），明确结果对下一次测试的指导意义。

图 22.4　探索性测试的过程

## 22.3.1　测试组长是"教练"

在探索性测试中，需要有一位测试的领导者，就像橄榄球比赛中的教练，可以叫测试组长，但是与教练的区别是：测试组长必须亲自参加测试。作为探索性测试人员的组长，意味着需要像一个教练一样指导测试人员如何进行测试。需要时刻了解"场上"的所有情况，及时做出正确的决策，判断"场上"的形式，及时做出调整。

在每一次阶段性的探索性测试任务完成后，会进行一个小的会议，讨论 15～20 分钟，探索性测试人员和"教练"一起讨论测试过程中碰到的问题，学习到的关于软件产品的新的信息，哪些测试的技术是有用的，哪些是无效的。"教练"根据这些情况做出下一个测试任务的安排。

## 22.3.2　基于探索任务的测试计划

探索性测试的管理也叫"基于 Session 的测试管理"（Session-based Test management），基

于 Session 的测试管理把测试过程划分成多个 Session，或者叫"探索任务"，每个 Session 都是目的驱动的，每个 Session 由一名测试员负责执行，在一个 Session 结束后，测试员提交一份 session 报告，附上关于测试过程的重要信息。

"探索任务"可包括如图 22.5 所示的任务矩阵中列出的内容方面。

| | 学习 | 测试设计 | 测试执行 |
|---|---|---|---|
| 软件产品 | 发现软件产品的元素 | 决定测试软件产品的哪些方面 | 观察软件产品的行为 |
| 质量属性 | 发现软件产品应该满足的要求 | 推测可能出现的质量问题 | 对比软件产品的行为与预期行为 |
| 测试技术 | 发现应该使用的测试技术 | 选择测试技术 | 操作软件产品 |
| | 学习和探索的记录 | 测试用例 | Bug 列表 |

图 22.5 探索性测试任务

探索性测试任务主要包括学习任务、测试设计任务、测试执行任务 3 方面。而这 3 方面的任务都可针对软件测试的以下几方面。

- 软件产品。
- 质量属性。
- 测试技术。

学习任务的输出结果是学习和探索关于产品所记录的信息，测试设计的输出结果是测试用例或测试纲要、测试的想法，测试执行的结果输出的是 Bug 列表，或者是测试覆盖的内容。

## 22.3.3 探索性测试的"碰头会议"

在探索性测试的过程中，每位测试人员都必须记录和撰写自己的"测试故事"。测试故事包括探索性测试任务在执行过程中的情况摘要，它不是面面俱到的测试报告，其目的是为了在"碰头"会议中提供作为讨论的基础。

在每一次阶段性的探索性测试任务完成后，探索性测试人员与测试组长会进行一个小的"碰头"会议，一起讨论测试过程中碰到的问题、学习到的关于软件产品的新信息，哪些测试的技术是有用的，哪些是无效的。测试组长根据这些情况做出下一个测试任务的安排。

某个探索性测试人员记录的"测试故事"如下：

```
章节 1
------------------------------------------------
为软件系统"DecideRight"创建一个测试覆盖的要点以及风险列表

#范围
DecideRight

操作系统 | Win98
```

```
版本 | 1.2

策略 | 探索和分析

开始
------------------------------------------------
4/16/01 11:15pm

测试人员
------------------------------------------------
Jonathan Bach
Tim Parkman

任务分解
------------------------------------------------
#持续时间
短

#测试设计和执行
100

#Bug 调查和报告
0

#任务调整
0

#章节 VS. 机会
100/0

数据文件
------------------------------------------------
tco-jsb-010327-A.txt
rl-jsb-010327-A.txt
TEST NOTES
------------------------------------------------
```

我和 Tim 一起检查用户指南的目录和索引功能，创建了以下目录：

```
操作系统:
Win98
Win2000

普遍的功能:
Installation
User Manual
Online Help
UI
Preferences

突出的界面:
Main Table window
Criteria Weights window
Option Ratings window
Documents window
Start-up window
```

```
管理器和向导：
DecideRight Advisor
Category Label Editor
Numeric Editor
Scenario Manager
Report Generator
QuickBuild

选项：
Language Elements
Preferences
Sensitivity Indicators
Weighting
Input Options
Decision Table
Options Ratings
Baseline

协同工作的能力：
OLE
Import / Export
Graphs
Printing

包含的 Bug
-------------------------------------------------
#N/A

问题
-------------------------------------------------
#问题
手册中提到不同的平台（Win 3.1, WFW, and Win NT 3.51），但是没有提到 Win 2000，我们认为 Win 2000 是
很重要的操作系统，需要进行测试，而那些旧的操作系统则不再有测试的意义。
#问题
我们在 Win 98 做了以上分析，我们还缺乏数据表明那些功能在其他操作系统会有不同的表现，但是不是很确定。
```

从这份测试的"故事"记录中可以看到测试人员做了哪些方面的测试，发现了什么问题，并且可以得到以下方面的信息来度量测试。

- 任务完成的数量。
- 问题发现的个数。
- 功能区域覆盖的个数。
- 用于准备测试花费的时间百分比。
- 用于测试花费的时间百分比。
- 用于调查问题花费的时间百分比。

**技巧**

对于这些测试的"故事"记录，可以利用一些扫描工具通过查找标记的方式统计测试的相关数据，这样就能在测试完成后形成一份完整的测试报告。测试报告包括了测试的执行记录、测试发现的 Bug 记录、测试耗费的时间、测试的覆盖率等信息。

# 22.4　小结

测试人员在不知不觉地进行着探索性测试，只是没有把它当成一种正式的测试方式来进行管理。探索性测试是一种看起来组织松散的、自由度很高的测试方式。但是真正优秀的测试人员不会被这些表面现象所"诱惑"，优秀的探索性测试人员会充分利用这些自由度和空间，灵活地安排自己的测试任务，更加聪明地利用测试资源，更加有效地发现 Bug。

探索性测试团队是敏捷的测试团队，测试人员不会花费大量的时间在编写冗长乏味的测试用例上，而是在测试过程中组织测试用例、设计测试用例、应用测试用例。

探索性测试团队是一个充分沟通的团队，探索性测试的管理方式更多的是一种测试人员的自我测试管理。测试组长在探索性测试中起到"导航"的作用，带领着期待发现"新大陆"的测试人员们找到测试的方向和发现 Bug 的路线。

# 22.5　新手入门须知

新手在进入一个缺乏严格组织管理的测试团队时，往往会不知所措，有期待别人来衡量自己的测试工作的倾向，而往往没有人来"指点"。如果是在这种情况下，就需要充分利用探索性测试的思想，进行自我的测试管理，在测试过程中充分发挥探索精神。通过探索来发现测试的不足，通过探索来发现软件的知识，通过探索来发现软件的错误。

测试到目前为止还是要依赖测试人员手动进行。因此不可避免地要依赖测试人员的经验、测试人员的直觉来发现 Bug。这些都是测试新手比较缺乏的，那么如何弥补这些缺陷呢？探索性测试方式是一个很好的起点，对于不熟悉业务需求、不熟悉软件系统的新手而言，应该发挥"打破砂锅问到底"的探究精神，把软件的方方面面弄清楚。

# 22.6　模拟面试问答

本章主要讲到探索性测试的管理，如果您应聘的测试组织采用探索性测试的方法进行测试执行和管理，那么面试官会对您在这方面的了解情况比较关注。读者可利用在本章学到的知识来回答面试官提出的问题。

（1）有必要进行探索性测试吗？

参考答案：探索性测试在复杂的测试情况下会特别有用，对产品了解甚少的情况下会特别有用，或者作为准备剧本化测试的一部分测试。基本规则是：应该在准备进行的下一次测试的内容并不明确的情况下进行探索性测试，或者在希望把这些不明确的因素明确清楚的情况下进行探索性测试。

（2）优秀的探索性测试人员应该具备哪些素质？

参考答案：探索性测试者需要具备分析软件产品的技巧和能力，需要具备评估风险的能力、使用工具的技巧，最关键的是使用批判性的、钻研的眼光、精密的思维方式来看待软件产品。优秀的探索性测试者具备小心、仔细和敏锐的观察能力。优秀的探索性测试者必须洞悉任何不寻常、隐蔽的软件行为。

优秀的探索性测试者能审查和分析自己的逻辑，查找思维的缺陷。这在调查一个 Bug 的时候尤其重要。优秀的探索性测试者能产生更多的测试主意和想法。善于利用各种各样的启发来帮助产生各种测试思路。优秀的探索性测试者拥有一个丰富的清单列表，包括各种工具、信息源、测试数据、人员名单等。在测试过程中，时刻保持清醒的意识，知道寻找合适的机会去应用这些工具和资源。

（3）探索性测试应该如何管理？

参考答案：在探索性测试中，需要有一位测试的领导者，就像橄榄球比赛中的教练，可以叫测试组长，但是与教练的区别是，测试组长必须亲自参加测试。

可采用基于 Session 的测试管理方式，把测试过程划分成多个"探索任务"，每个 Session 都是目的驱动的，每个 Session 由一名测试员负责执行，在一个 Session 结束后，测试员提交一份 Session 报告，附上关于测试过程的重要信息。

在每一次阶段性的探索性测试任务完成后，探索性测试人员与测试组长会进行一个小的"碰头"会议，一起讨论测试过程中碰到的问题、学习到的关于软件产品的新信息，哪些测试的技术是有用的，哪些是无效的。测试组长根据这些情况做出下一个测试任务的安排。

实用软件测试技术与
工具应用

第 23 章

# 用户界面测试管理

用户界面，通常称为 GUI（Graphical User Interface），因为现在的软件早已走过了"黑暗"的 DOS 时代，大部分是图形化的用户界面。用户界面也叫人机界面或人机交互，是计算机学科中最年轻的分支之一，是计算机科学和认知心理学两个学科相结合的产物。

界面工程师和研究学者们不断创新，开发出各种新的用户界面交互技术。图 23.1 所示的菜单就采用了 HCIL（人机交互实验室）的研究成果 Fish eye（"鱼眼技术"）的菜单控件。它与传统的菜单界面相比，更注重用户眼睛的感受，为用户更加方便快捷地使用内容较多的菜单提供了一个快速导航和定位的解决方案。

本章介绍各种用户界面设计的基本原则，这些原则也是界面测试的原则。测试人员应该掌握各种用户界面设计的基本原理和应该遵循的原则，应用在界面的测试过程中。

图 23.1　鱼眼技术

# 23.1　用户界面测试的必要性

几乎所有商业网站都认为投资可用性是高回报的。绝大部分成功的软件公司都非常重视对软件界面的设计，因为在激烈的市场竞争中，仅仅有强大的软件功能是远远不够的，必须有一个好用的、易用的、美观的用户操作界面，才能被用户所接受，才能受到用户的青睐。

软件系统在交付使用之前必须进行严格的界面测试，最好能让用户代表参与评价。严格的测试和评审可以促进界面的改进和完善，使界面的可用性、用户体验更强，从而增强软件系统的竞争力。

另外，界面测试可以降低软件产品培训、技术支持的费用。微软在每次发布一个大型的软件之前，都要发布一个或多个 Beta 版本让全世界的人们试用和参与测试，以便收集修改的意见，据说这项活动每年为微软节省的开发和测试费用高达数 10 亿美元。此外，界面测试可增强软件的可用性、易用性，缩短了用户熟悉系统的时间，从而降低了对用户培训的费用。

很多界面设计人员和开发人员会对自己的"作品"有所偏爱，从而疏忽了对界面可用性、易用性的充分评估。而有经验的测试人员凭借着对软件的理解和接触广泛的软件系统获得的经验，以及善于站在用户的角度看问题的能力，能迅速找到软件系统的界面问题。

# 23.2　如何进行用户界面测试

测试人员在进行用户界面测试时需要注意测试的时机，以及把握好界面测试的原则。界面测试的原则来源于用户界面设计规范。因此在制定界面测试规范或界面测试用例之前，应该熟悉用户界面设计的相关理论知识，根据软件产品的特点选择适用的原则。

## 23.2.1　用户界面测试的时机

用户界面测试应该尽早进行，如果有界面原型，应该在界面原型产生时开始检查界面。界面测试延后到后期进行存在很大的风险和压力。这种风险和压力来源于开发人员修改的风险和测试人员漏测的风险。

## 23.2.2　后期修改界面的风险

如果延到后期，例如等到系统测试时才进行界面测试的话，可能导致开发人员在进行大量的界面改动时引起功能的回归。对于那些没有采用类似 MVC 的体系架构的程序、与界面耦合比较紧的程序，更加需要注意这种界面修改导致的风险。

所谓界面耦合度高的程序，可用下面的代码来说明：

```
if(textBox1.Text == "")
{
    //...
}
else
{
    //...
}
```

在这里，程序的逻辑直接依赖于窗体控件的属性，可以想象，当界面需要调整时，这段程序就很可能需要大幅度重构。

## 23.2.3　界面测试遗漏

人都有所谓的"审美疲劳"的心理特征，也就是说，对于一个事物接触比较久后，会渐渐失去"新鲜感"，慢慢产生一种"麻木感"。

对于程序界面也是同样的道理，测试人员在重复的测试过程中，不断地重复操作相同的界面、重复执行相同的步骤，渐渐地，原本感觉使用起来很不顺手、操作很不方便的界面也会慢慢被接受，原本感觉界面布局不美观、显示方式不够整齐、和谐的界面，现在也会慢慢地接受。因此造成这些问题的漏测。

如果想避免这些风险，应该在设计时就考虑界面的检查和评审，从界面原型开始进行测试，在软件的早期版本把界面问题提出来，并及时解决。

## 23.2.4　用户界面测试的要点

用户界面测试是一个需要综合用户心理、界面开发设计技术的测试活动。尤其需要把握一些界面设计的原则，遵循一些设计的要点来进行测试。根据界面设计的原则来制定一份界面设计规范，这份界面设计规范需要得到项目组全体人员的认可，作为设计界面和测试的依据，也是开发人员开发界面和修改界面的依据。

**注意**

> 界面规范不能仅仅把规范的条条框框列出来，还应该适当解释为什么要遵循这些设计的规范，给用户带来的好处是什么。最好能添加正、反的例子，用于解释怎样的设计是正确的，怎样的设计是应该避免的。

下面介绍一些基本的界面设计原则，然后在下一节中介绍 IBM 的用户界面架构规范，读者可根据这些原则和规范来制定适合自己的测试项目的界面规范。

## 23.2.5 "射箭"原理

怎样才能在射箭的时候射得准，每次都命中红心呢？其实，如果靶的面积足够大，距离足够短，再蹩脚的弓箭手也能次次命中红心。

把这套理论搬到用户界面设计，就是尽可能让用户用最少的鼠标单击和键盘操作就能完成需要的功能，尽可能让用户经历最少的步骤，单击最少的菜单和窗口就能到达需要展示的界面，尽可能在最醒目的位置展示用户最需要的功能按钮，并且用户能轻易地点中（按钮不能躲到角落里，按钮不能太小）。

## 23.2.6 减少用户的工作量

界面设计应该尽量减少用户在使用界面操作时的工作量。这种工作量包括以下几种。
- 逻辑工作量。
- 知觉工作量。
- 记忆工作量。
- 物理工作量。

（1）逻辑工作量是用户理解界面所要付出的努力，例如对文本标题命名或术语的理解，对界面元素的组织结果的理解。

（2）知觉工作量主要是用户在识别形状、大小、颜色和表达的视觉布局等方面要付出的努力。

（3）记忆工作量则主要表现在记忆密码、快捷键、数据对象和控件的名字、位置、对象之间的关系等方面要付出的努力。

（4）物理工作量是指用户在使用界面时敲击键盘、移动鼠标、切换输入模式等方面的工作量。

## 23.2.7 "少就是多"

好的界面设计应该是最简洁的，没有多余的元素。多余的元素要么会增加用户的工作量，要么会增加用户理解的难度，要么就是纯粹的界面空间的浪费。好的界面设计不是不能再添加一些界面元素，而是不能再减少一个界面元素。每一个界面元素都发挥其最大的作用，缺一不可。

# 23.3　用户界面测试原则

IBM 用户界面架构，简称 UIA（User Interface Architecture），是 IBM 为了获得基于网络的产品的设计一致性以及易用性而提出的一套用户界面设计规范。UIA 提出了 12 方面的界面设计原则。
- Affinity：亲和力。

- Assistance：协助。
- Availability：有效。
- Encouragement：鼓励。
- Familiarity：熟悉。
- Obviousness：明显。
- Personalization：个性化。
- Safety：安全。
- Satisfaction：满意。
- Simplicity：简单。
- Support：支持。
- Versatility：多样性。

## 23.3.1　亲和力

通过好的形象设计，可以让对象更具亲和力。用户界面的形象设计的目的是要融合 UIA 的所有原则。软件系统应该支持用户模型并把它的功能明确地向用户表达。亲和力的设计不应该被看成是"蛋糕上面的糖衣"，而应该作为整个设计过程的主体部分。

下面的原则通过提升界面的清晰性和视觉上的简易朴素来达到强的亲和力。

1．简化设计

去除任何不能直接提供有意义的可视化信息的元素。"好的设计不是不能再多加点，而是不能再减少点"，这样才能让用户界面简易、朴素。

2．视觉层次

按用户任务的重要程度的先后顺序建立视觉层次。对于关键的对象给予额外的视觉突出。使用相对位置和颜色、大小的对比来增强一个对象的视觉突出效果。用户关心的、对用户重要的元素安排在前面，安排在突出的位置，醒目地显示出来，有相对丰富的层次感，这样才能清晰地向用户表达界面诉求。

3．供给能力

确保对象显示出好的供给能力。也就是说，用户可以很容易地判断出一个对象对应的动作。有好的供给能力的对象通常很好地模仿了现实世界的对象。表现力强的图标能让用户快速理解所代表的功能。一个按钮的凹凸效果能让人清楚地知道按钮是可点击的。例如图 23.2 中，button1 的效果设置比 button2 要让人更容易知道这是个可以按下去的按钮。

图 23.2　按钮的凹凸效果

4．视觉方案

设计一个能匹配用户模型的视觉方案，并且能让用户个性化地配置软件系统的界面。例如，Windows 能让用户配置窗口的外观和颜色方案、字体大小等，如图 23.3 所示。

不要仅仅为了节省空间而把图像的预留空间去掉。适当使用空白空间来提供视觉上的"呼吸空间"。例如，图 23.4 所示的窗体界面就太挤了，让人有点喘不过气来，未免有点太不照顾用户的视觉感受了。

图 23.3　Windows 的外观配置界面

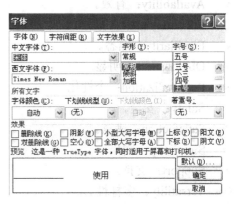

图 23.4　拥挤的界面空间

## 23.3.2　协助

提供主动的协助。软件系统应该帮助用户执行各种各样的任务，每个用户的系统知识和处理任务的能力不一样，让软件系统能识别个体用户的能力并提供适当的协助。

以标题说明（caption）、提示（hints）、系统帮助（system help）的形式提供协助。提供的协助信息应该是简单的、简明的和有效的。同时也应该是灵活的。系统应该能适应用户能力的提高，并培训用户达到独立使用系统的能力。

> **注意**
>
> 这种协助是主动的，而不是被动的，它不需要用户刻意去寻找帮助，不需要用户打售后支持电话，不需要用户寻找软件光盘来查阅说明书，甚至不需要用户打开联机帮助。

通过简单有效的形式提供随时随地的协助，但是这种协助不是硬推的形式，例如，强迫用户每次使用系统之前要阅读注意事项。有些软件系统在每次启动时默认都会有一个欢迎界面，在这个界面提供系统的简介，帮助用户如何开始使用系统，帮助用户导航到联机帮助文档或例子，例如，图 23.5 所示的界面是 TestComplete 启动后显示的 Welcome 界面。

但是，假设界面的左下角没有"Do not show again"选项，这个欢迎界面的设计就是个很糟糕的界面，因为它强迫用户每次启动软件系统后都要看一下这个界面，然后要用户亲自关闭这个界面。

> **注意**
>
> 不要假设用户是很笨的，而是灵活地提供有效的暗示，用户在犹豫时能从这些暗示得到确认的信心，从而做出正确的决定。

表达能力强的图标、tool tips、输入框前面简明的标题说明、状态栏中关于软件系统状态的说明等都是非常有效的为用户提供协助的方式。例如，Windows 画图工具既提供了图标，又有 tool tips，也在下面的状态栏提供了说明，如图 23.6 所示。

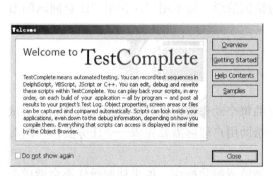

图 23.5 TestComplete 的欢迎界面

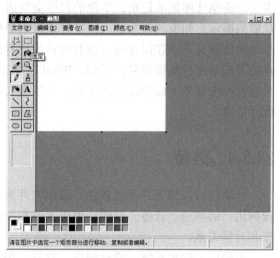

图 23.6 Windows 的画图工具

最后，不要假设用户是个永远也长不大的小孩。初级用户会不断地学习，随着对系统熟悉程度的加强，初级用户逐渐过度到了专家用户的级别。因此，要为不同能力水平的用户提供不同级别的协助，例如，对于初级用户提供一步一步的向导和模板，对于专家用户提供个性化定制的能力。

## 23.3.3 有效

让所有对象在任何时候都是可用的。让用户可以在任何时候以任何次序在同一个视图使用所有的对象。例如，Windows 的打开文件对话框允许用户在打开对话框视图中访问所有对象，如图 23.7 所示。

图 23.7 Windows 的打开文件对话框

 注意

尽量避免使用模式对话框，模式对话框会使正在交互的界面动作无效或引起非预期的结果。模式对话框限制了用户与系统交互的能力。例如，菜单驱动的系统使用模式对话框，像"打印"和"另存为"，让用户输入请求的命令参数，但是模式对话框倾向于把用户锁定在系统外。用户必须完成或取消模式对话框才能返回系统，导致了很多的不便。

除非必须要用户先处理好才能进入下一步的操作，否则不要使用模式窗口。其实有很多窗口是完全不需要以模式对话框的形式出现的，例如，很多系统都会有向用户提示保存操作已经成功，但是如果使用的是模式窗口，则很多时候会导致用户的反感，因为，首先保存成功是一个系统应该做的事情，软件系统没有必要以一种炫耀自己的功劳的方式出现，还要用户多此一举去确认软件系统的"功劳"。

保存成功前与保存成功后的区别在系统的很多地方可以体现出来，例如，记录的列表会多了一条刚才添加的记录，字段的属性会变成"已保存"等，用户完全可以从这些地方得到足够的提示，知道软件系统已经很好地帮用户保存好数据了。

即使软件系统在保存前后没有可让用户看出发生变化的地方，也完全可以用一个优雅一点的方式给用户反馈信息，例如，Word 在保存过程中会在状态栏显示一个保存过程的动画。只有保存出现错误或异常的情况时，才以模式对话框的形式提示用户，让用户注意问题的出现并处理。

## 23.3.4　鼓励

让动作可以预见并可以恢复。确保软件系统的每个动作都可以产生可预计的结果。尝试理解用户的期望、任务、目的。使用术语和图像帮助用户理解需要完成一个任务要操作的对象和对象关系。

鼓励用户探索系统，尝试操作，查看结果，撤销或删除操作。如果功能操作不会造成不可返回的后果，用户就会对操作的界面感到舒服和自信。用户在写文档的时候可以放心地删除一段文字或修改某个样式，这是因为用户知道可以随时回退到上一个结果，Word 能放心地让用户尝试各种编辑效果。

所有的操作，包括表面看起来很微不足道的取消选定操作，都应该是可逆的操作。例如，用户花了几分钟的时间准备和选择特定的文件归档，如果选择突然不小心取消了，而取消选定不能被 undo 的话，用户会感到很沮丧和受挫。

避免把不同的操作绑定在一起。用户可能不能预料到绑定操作的影响。例如，不要把取消操作和删除操作的功能绑定在一起。如果用户选择取消一个发送短信的请求时，仅仅取消发送请求，不要删除短信。让操作独立，或者提供类似向导（wizard）的机制，允许用户组合某些操作在一起提供某个特定的使用目的。

有些软件系统的安装包可以有几种安装的方式，例如，全新安装、升级安装、有选择地安装；或者是典型安装、最小安装、完全安装等。不同的安装模式，如果没有相应的提示和说明来告诉用户每一种安装的结果是什么，用户可能会在安装之前犹豫很长的时间，忐忑不安地选择一个认为最安全的方式，尤其是对于新用户来说，因为用户不知道后果会有多严重。

> **注意**
>
> 应该尽量提供对操作的撤销和回退功能，如果实在不能回退，就要在操作之前先让用户知道执行操作会带来的后果。这样才能给用户信心。

## 23.3.5　熟悉

基于用户已有的知识来设计界面。让用户基于已有的关于软件系统的知识来使用新的系统。一个用户友好的系统能让用户学习新的概念和技巧，通过完成一个任务并应用到更广泛的任务。换而言之，用户不需要学习不同的技巧来执行相类似的任务。例如，微软的 Office 系列产品，在 Word 中的编辑方式和操作方式与在 PowerPoint 中是基本一致的。一个熟悉 Word 写作方式的人也能轻松地学会在 PowerPoint 中编写演讲稿。

使用统一的视觉设计和界面交互技巧来展示给用户并强化用户的经验，让用户在使用相同的平台、相同的环境下其他类似的系统时可重用。如果在使用一个新的系统界面时所需要的交互技巧与用户已经知道的或料想的一致时，会更容易学习。所以在开始设计之前，先发现并设法了解清楚目标用户的经验和期待值。

统一的图标和功能命名、菜单编排能降低用户在一个新的类似的软件系统中的学习曲线。例如，在 Word 中保存的图标和保存功能的快捷方式与 PowerPoint 中的是完全一致的，熟悉 Word 的用户可以马上知道在 PowerPoint 中可以使用相同的功能。

 **说明**

> 界面交互的操作方式的一致性还能降低软件企业的培训和后续支持费用，企业不需要花大力气让用户接受新的系统，不需要派遣更多的用户教育人员去支持用户培训。

## 23.3.6　明显

让对象和控件明显，并在界面中使用体现现实的技术。对象和概念在面向对象的界面里应该类似它们在现实世界的样子。可能的话，应该尽量避免对象的人造体现。

垃圾回收和电话是个很好的现实体现的例子。在真实世界里，垃圾回收站是人们抛弃垃圾的容器。在操作系统桌面的垃圾回收站对象体现了它的功能，被清晰地识别出来是一个用于丢弃不需要对象的地方。电话拨号的图标也有相同的效果。基于现实生活的经验，一个用户可以直觉地知道这个对象是为了执行电话相关的任务设计的。

让系统的控件清晰可见并且功能易于识别。使用视觉的或文字提示来帮助用户理解功能，记住关系，并识别当前系统状态。例如，在电话对象上的数字按钮提示它们可以被用于拨电话号码。操作系统通过不同的图标来体现回收站里是否有垃圾，如图 23.8 所示。

图 23.8　通过图标的变化来表现状态的变化

鼓励直接的或自然的交互。让用户直接地与对象交互并减少用户非直接的技术或过程。识别一个对象并执行与它相关的任务，例如，拿起电话的听筒来回答来电，在真实世界中往往不是一个独立的行为。使用直接动作或交互技巧，用户界面不需要明显地单独地在一个序列中选择动作。虚拟真实三维界面就是特别设计成直接的交互。

## 23.3.7　个性化

允许用户对界面进行个性化设置。允许用户按个人需要和想法裁剪界面。没有两个用户是绝对相同的；用户的背景、兴趣、动机、经验程度和物理能力都不同。个性化能帮助用户对界面感觉更舒服。个性化界面还能导致更高的工作效率和用户满意程度。例如，允许用户改变默认值可以节省时间和减少访问经常使用的功能的麻烦。

在微软的 Word 中，就提供了工具栏的自定义设置功能，如图 23.9 所示。用户可以选择经常使用的功能才出现在工具栏上，不仅可以减少工具栏占用的屏幕位置，还能减少因为工具栏过多而造成的查找和选择时间。

在多用户共享一台计算机的环境中，让每个用户创建自己的"系统个性"并使重启系统容易实现。在一个用户使用多台计算机的环境中，让个性化信息可转移；让用户可以把"个性"从一个系统带到另外一个系统。例如，Windows 操作系统的主题属性就可以通过另存为 Theme 文件，在其他机器上的操作系统导入，从而让多个操作系统共用同一个相同的主题。

图 23.9　Word 的工具栏自定义设置界面

### 23.3.8　安全

不要让用户轻易接触到危险的操作。尽量不让用户犯错。让用户不能轻易接触危险操作的责任在设计者的身上。界面应该自动地或根据请求提供视觉上的提示、提醒信息、选择列表和其他辅助手段。上下文的帮助和代理能提供额外的协助。帮助信息应该简单、清晰，并且是面向任务的。

例如，Windows 操作系统会把系统文件默认隐藏起来，只有在用户设置文件夹选项时才能把隐藏的系统文件显示出来，这是为了避免用户不小心删除掉关键的系统文件造成损失。

 **注意**

> 不要要求用户记忆系统已经知道的信息，例如，前一次的设置、文件名和其他界面细节。尽可能通过系统提供这些信息。用户的设置应该被系统记忆起来，这样不需要用户每次去设置，因为这些已经设置过的信息，系统是可以用很多方法记录下来、保存下来的。

让系统和用户之间能进行双向的沟通。这种积极的沟通能力允许用户澄清或确认一个请求，纠正一个问题，或做出特定任务的决定。例如，在某些系统设计的拼写检查器，会在用户编写文档的过程中高亮地显示可能存在错误拼写的单词。这允许用户纠正拼写错误或继续工作。

这种双向的沟通能力还能帮助用户定义自己的任务目标。用户知道要完成和达到的是什么，但是很难描述和表达出来，这种情况并不少见。系统应该能够识别这些问题，鼓励用户提供相关的信息，并建议可能的方案。

### 23.3.9　满意

让用户感觉到连贯的进度和完成，立即报告动作的结果，任何加在用户任务上的延迟都会影响用户对系统的信心。即时的反馈可以让用户评估结果是否满足自己的期望，如果不满足，就马上采取其他替换措施。例如，当用户选择一个新的字体样式，应用了字体改变的文本应该马上发生变化。然后用户可以决定是否保留改变。

预览一个动作的结果，以便用户可以评估它。例如，如果用户想在一篇大文档中使用楷体+粗体+下划线的样式效果，那么提供一个样例。用户可以评估改变是否合适从而决定是否应用改变。这样，用户不需要花时间去撤销一个不想要的改变。例如，Windows 的屏幕保护设置界面就提供了预览功能。而在主题设置界面和外观设置界面更是提供了即时的示例，如图 23.10 所示。

当用户对系统做出改变时立即更新信息。对于那些事件的结果更新不能马上展现的，要与用户沟通。这在网络环境下尤其重要，因为在这种环境下更难在网络系统之间维护动态的状态。例如，大部分 Web 浏览器在信息区域显示完成的百分比，以便用户知道页面加载的进度状态。

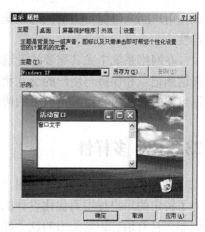

图 23.10　Windows 的主题设置
提供即时示例功能

## 23.3.10　简单

不要为了功能而采取折衷的可用性。界面的组织不要按功能模块的思维来划分和拼凑，不要认为代码实现上是独立的两个对象，在界面上就要对应两个对象，而是以用户的工作任务和流程分析来组织。

保持界面简单和直接。用户能从直觉的、便于使用的功能受益。确保基本的功能明显地展现在用户面前，而高级的功能易于学习。例如，Google 的界面就非常简单，但是非常直接和有效，作为搜索引擎提供的功能，Google 的界面设计简单而直接，也可以在界面上找到其他高级的、不常用的功能，但是设计者把它们很好地"隐藏"起来。

尽量减少界面上的对象和动作的个数，但是能足以让用户完成每天的任务。只有对用户任务分析后表明需要才把功能包括进去。

**注意**

要为易于访问和使用而组织功能，避免设计一个混杂着功能的界面。一个良好组织的界面只是在背后默默地支持用户更加高效地工作。

## 23.3.11　支持

让用户控制系统，让用户自己定义完成任务的过程。不要把自己认为"正确"的做事方式强加给用户，而限制了用户可能的选择。

软件系统对于用户来说只是工作的辅助工具而已，因此软件系统应该站在协助和支持用户工作的角度出现。如果一个工具或设备可以有多种使用方式，不要限定用户只能用一种方式使用它，软件系统也一样。"不要打电话给我，我会找你的！"不要想当然地强加一些功能给用户。例如，旧版本的微软 Office 助手（"曲别针"）的"Dear"敏感功能。

确保系统允许用户建立和维护一个经常工作的上下文或界面框架。确保系统的当前状态和用户可进行的操作对用户来说是明显的。如果用户离开系统一段时间，那么系统的状态应该在用户回来时保持当前状态或稳定的状态。这种前后一致的框架能让用户感觉到系统的稳定性。

在网络系统中尤其需要注意这种状态的保持，通过维护用户与系统服务器之间的 Session 来达到记录和保持与用户的交互状态。可以想象一个在这方面有设计缺陷的系统，用户在使用过程中突然内急而又不敢去的情形。

### 23.3.12　多样性

支持替代的交互方式。让用户选择一个适合特定情形的交互方式。每一种交互设备都是为了特定的用户使用而优化设计的，没有一个唯一的交互方式是在任何情况下都是最好的。例如，具有语言识别能力的软件能帮助快速地输入文字，或者是在不能用手操作的环境下会很有用，而手写输入笔会对希望画草图的人很有用。因此，拥有不同的交互方式选择的界面能适应更大范围的用户技能、物理能力、交互习惯和工作环境。

让用户能够在不同的方式之间切换来完成一个交互过程。例如，允许用户使用鼠标快速地定位，然后通过键盘来调整选择。不要强迫用户切换不同的方式来完成一个交互步骤或任务中的一系列相关步骤。用户应该可以使用相同的输入设备完成整个任务步骤的序列。例如，让用户在使用键盘编辑文本时要用鼠标来滚屏的效率会非常低。

为不同能力和不同工作环境的用户提供广泛的交互方式。允许用户为经常使用的操作创建快捷方式，从而提高交互的效率。例如，让用户使用一个按钮就可以用默认打印机打印文档。

 **技巧**

当用户选择一个对象时预览它的内容。预览让用户粗略地扫描并做出决定。

让用户根据各种任务来组织对象。例如，用户应该可以通过发送人、主题等来分类组织 E-mail 信息。

## 23.4　小结

用户界面设计和测试是一个成功的软件产品的必备要素，用户不会接受一个界面丑陋、操作方法繁复的软件产品，尤其是在今天有更多选择的环境下。用户界面已经成为软件产品的竞争力之一。

各种先进的用户交互界面技术层出不穷，界面工程师和用户交互研究者在不断地改善人类与计算机的交流障碍，拉近用户与计算机的距离。开发人员倾向于用开发模型来思考软件产品，在界面设计中也会有这种倾向。因此必须有一个角色是从用户模型出发来思考软件产品的，这个角色就是测试人员。

测试人员需要掌握大量的用户界面设计原理和界面规范，最重要的是要从用户操作者的角度，从使用者的感受出发来看待软件产品，这样才能找出界面的缺陷，找出易用性问题，找到用户体验不佳的交互方式。

# 23.5　新手入门须知

新手往往不能勇于提出软件产品界面方面的问题。原因主要是认为界面的设计已经确定，没有必要再做改动，或者认为界面问题都是小问题，对于这些细微的问题，提出来担心开发人员不接受。

实际上，在新手看到的界面设计成果的背后可能仅仅是开发人员的即兴所为，很可能是缺乏充分考虑和设计的结果，尤其是缺乏从用户模型出发的考虑结果。对于这些界面交互设计，测试人员应该勇于提出新的观点，从用户使用的角度出发提出更好的方法。

界面问题虽"小"，只是"小"在它不影响功能的正确使用，但是影响的往往是用户对产品的印象，影响的是用户操作软件的效率，从而直接影响了用户的工作效率。

界面问题是最容易发现的，因为它直观，但是却不容易得到解决，因为开发人员往往抱着不同的观点来看待界面设计，开发人员反驳测试人员提出的界面问题的论点往往是"这些问题是见仁见智的"，认为不同的人会有不同的操作习惯，不可能满足所有人的欲望。测试人员需要多收集流行软件的界面设计方法，多了解用户的业务背景和使用软件的习惯。通过这些"证据"来说服开发人员。

# 23.6　模拟面试问答

本章主要讲到用户界面测试的一些原则，用户界面测试是基本上每个软件都需要进行的测试类型。因此面试官们很可能会问到这方面的问题，看您是否掌握了基本的界面测试技术。读者可利用在本章学到的知识来回答面试官提出的这些问题。

（1）用户界面测试的必要性体现在哪些方面？

参考答案：严格的测试和评审可以促进界面的改进和完善，使界面的可用性、用户体验更强，从而增强软件系统的竞争力。另外，界面测试可以降低软件产品培训、技术支持的费用。微软在每次发布一个大型的软件之前，都要发布一个或多个 Beta 版本让全世界的人们试用和参与测试，以便收集修改的意见，据说这项活动每年为微软节省的开发和测试费用高达数十亿美元。此外，界面测试可增强软件的可用性、易用性，缩短了用户熟悉系统的时间，从而降低了对用户培训的费用。

（2）什么时候进行用户界面测试？

参考答案：用户界面测试应该尽早进行，如果有界面原型，应该在界面原型产生时开始检查界面。界面测试延后到后期进行存在很大的风险和压力。

（3）用户界面设计依据的基本原理是什么？

参考答案：用户界面测试是一个需要综合用户心理、界面开发设计技术的测试活动。尤其需要把握一些界面设计的原则，遵循一些设计的要点来进行测试。例如，尽可能让用户用最少的鼠标单击和键盘操作就能完成需要的功能，尽可能让用户经历最少的步骤，单击最少的菜单和窗口就能到达需要展示的界面，尽可能在最醒目的位置展示用户最需要的功能按钮，并且用户能轻易地点中。界面设计应该尽量减少用户在使用界面操作时的工作量。好的界面设计应该是最简洁的界面设计，好的界面设计没有多余的元素。多余的元素要么会增加用户的工作量，要么会增加用户理解的难度，要么就是纯粹的界面空间的浪费。

（4）用户界面测试的原则有哪些？

参考答案：根据 IBM 提出的用户界面架构和界面设计规范。测试时需要注意一些界面设计原则的验证，包括以下方面。

- Affinity：亲和力。
- Assistance：协助。
- Availability：有效。
- Encouragement：鼓励。
- Familiarity：熟悉。
- Obviousness：明显。
- Personalization：个性化。
- Safety：安全。
- Satisfaction：满意。
- Simplicity：简单。
- Support：支持。
- Versatility：多样性。

第 24 章

# 软件测试的学习环境

国内的软件测试目前处于发展阶段，测试人员的水平也有了较大提高，测试经验在 5 年以上的功能测试工程师数量较多，但大部分测试人员是处于黑盒功能测试阶段。

目前很多测试人员抱怨自己被其他项目组成员，尤其是开发人员看不起，认为自己能力不够强。甚至有些人就是因为自己认为能力不够，不足以成为一名开发人员，所以才转而应聘测试人员的。但是不知道这些人有没有想过改变现状需要从自身入手，先努力提高自己的能力，才能逐渐被别人认可，甚至让别人敬重和敬佩。如此则需要不断地学习新的知识，而学习软件测试知识离不开良好的环境和氛围，离不开经验的总结积累和互相之间的交流。

本章站在测试人员学习环境建立的角度来看测试人员的学习问题。探讨如何在测试团队中营造良好的学习气氛，让经验得到交流和传播。

# 24.1　学习氛围的建立

一般的人都容易产生惰性，尤其是在缺乏支持和鼓励的环境下。要让一个人始终保持旺盛的学习热情也是非常困难的。人的学习容易受到两大方面的因素影响，即兴趣和环境，如图 24.1 所示。

兴趣是学习的最佳老师。但是兴趣往往需要自我培养，是非常主观的事情。况且也不能保证每一位测试人员都是为了兴趣而做测试的工作。但是，可以确保提供一个合适的环境，让想学习和提高的人充分得到应有的资源。让喜欢研究测试技术的人不会感到孤独。

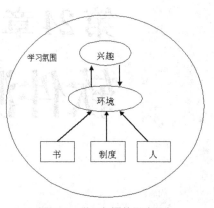

图 24.1　学习氛围的影响因素

> 环境是可以影响一个人兴趣的。例如，很多音乐家的孩子都容易受到父母营造的音乐环境的影响，即使不能成为像父母一样的音乐家，也至少能很好地欣赏音乐，享受生活，对他们的生活形成有益的积极的影响。

软件测试团队的学习环境也一样，可以造就很多测试的人才，并且有可能改变一些人对软件测试的态度，让这些人开始真正对软件测试感兴趣。当然，兴趣也是可以对环境造成积极影响的，例如，很多优秀的测试人员会喜欢把知识共享出来，与大家讨论和交流。从图 24.1 中可以看出，一个良好的学习环境主要靠三方面来支撑。

- 书：在这里，书是泛指，书本、网络上的资料等所有可供学习的材料均可。
- 制度：指的是一个促使测试人员不断学习的机制。
- 人：指的是可以让测试人员学习的楷模。

## 24.1.1　培训导师制度

需要建立起一个可以促使测试人员不断学习的机制。这个机制可以包含以下方面的内容。

- 把测试人员的学习内容作为工作考核的一部分。
- 把测试人员的学习计划作为项目计划的一部分。
- 把测试人员的学习和技术研究任务化、专门化。
- 建立一帮一的导师制度。
- 建立一个持续的培训体系。

## 24.1.2 把测试人员的学习内容作为工作考核的一部分

首先,如果管理层认为学习是非常重要的提高测试人员能力的途径,则可"强迫"测试人员学习,这种"强迫"是通过把学习作为工作内容的一部分来实现的。在考核测试人员的工作表现时,把测试人员在考核周期内的学习计划落实情况、学习效果作为考核的一部分。这种办法"强迫"测试人员在工作之余不忘学习。

这种方法能充分利用测试人员的空余时间。测试人员在项目的某些阶段会有相对多的空余时间,而某些项目经理则不能充分利用这些时间来"练兵"。所谓"养兵千日,用兵一时"。如果想测试人员在关键时刻能发挥更大的价值,就应该在平时不忘培训和指导,让测试人员在平时学习更广泛的知识。

## 24.1.3 把测试人员的学习计划纳入项目计划

把测试人员的学习计划纳入项目计划,能更紧密地结合项目的实际需要来补充和完善测试人员的知识体系结构。例如,可以在项目的启动初期,或者是在开发人员的前期编码阶段,让测试人员学习项目中使用到的技术、开发工具、语言、平台、采用的控件等。

 说明

> 测试人员对这些知识的了解和掌握程度越深,在测试时就能考虑越多的内容、越广泛的测试空间、越深入地定位问题。

## 24.1.4 把测试人员的学习和技术研究任务化、专门化

如果测试团队拥有比较多的测试资源,就可以考虑将学习和研究任务按主题划分,让一部分人学习专门的某项测试技术一段时间。任务化的学习和研究机制可以如图 24.2 所示。

一般由测试组长或测试经理负责选题,选择需要根据测试项目的特点和产品的特点而定,至少可以包含以下主题。

- 自动化功能测试。
- 性能测试。
- 单元测试。
- 测试用例设计。

对于每一个主题,可以多人同时研究,但是各有侧重,例如,同样是研究自动化功能测

试，可以让一部分人研究自动化工具的使用，一部分人研究自动化框架和脚本语言。

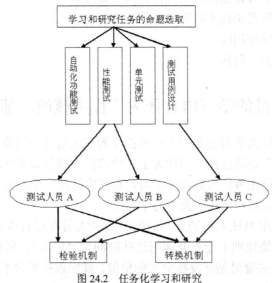

图 24.2　任务化学习和研究

**注意**

> 任务化学习和研究应该持续一段时间，让测试人员可以在工作的空隙时间比较从容地学习。

另外，任务化学习和研究应该有配套的检验机制，例如，让测试人员把学习和研究的心得体会共享出来，给大家讲解，让其他人提出问题。任务化学习和研究应该有成果转换机制，例如，让测试人员把研究的工具尝试应用在项目的测试工作中。当然这个与前面的学习计划和研究任务的命题有关，尽量不要研究一些项目很难使用得上的技术或工具。

## 24.1.5　建立一帮一的导师制度

一帮一的导师制度主要针对新入门的测试人员。为每一位新入职的测试人员配备一名导师，准备一份培训计划。重点帮助新入门的测试人员熟悉工作环境，掌握必备的工作技能。

导师一般由有经验的测试人员或测试组长担任，负责在新入职的测试人员到位之前，就准备好培训计划。培训计划一般由3部分组成。

- 工作流程指导。
- 测试技术指导。
- 项目知识指导。

（1）新人一般对公司的工作环境不大熟悉，对在项目中如何工作、测试的流程、制度等都不大熟悉，需要有经验的人对其进行指导。

（2）新入门的测试人员，尤其是一些应届毕业生，在测试的理论知识、测试的方法、技术、技能方面都缺乏实践经验，需要有经验的人对其进行指导，尤其是在测试方法、测试工具的应用方面。

（3）每一个项目都有其特殊性，项目涉及的业务知识和技术需要一段时间的熟悉才能掌握，如果由一个有经验的人指引，那么学习进度会快很多。

> **说明**
>
> 一帮一的导师制度可以有效地帮助新入职的员工快速融入测试团队。同时可以让导师评估新入职员工在一段时间里的表现，从而判断招聘的效果。招聘时笔试、面试的时间都比较短，存在一定的片面性和风险，通过导师制度可以对新入职员工的能力得到充分全面的了解和评估。

## 24.1.6 建立一个持续的培训体系

导师制度不是一个长期的培训制度。要想测试人员持续得到提高，应该建立起持续的培训机制和体系。

（1）为每一位测试人员建立技能履历表。从入职开始就持续跟踪这位测试人员的技能发展情况。一个测试人员的技能履历表的模板如表 24-1 所示。

**表 24-1**  测试人员履历表模板

| 测试人员名字： | | 入职日期： | | |
|---|---|---|---|---|
| 技能履历记录 | | | | |
| 时间（从） | 时间（到） | 掌握的技能描述 | 掌握程度 | 备注 |
|  |  |  |  |  |
|  |  |  |  |  |
|  |  |  |  |  |

履历表由测试经理维护，测试经理定期了解测试人员对于某项测试技能的掌握情况，并及时更新其技能履历表。

（2）培训包括内部培训和外聘培训。

内部培训是由测试组自己组织进行的，需要结合前面讲的任务化学习和研究制度进行，由负责学习或研究某项专门技术的测试人员把学习到的知识或研究出来的成果通过培训传播给其他测试人员。

外聘培训又可细分为两种类型，一种是让培训老师到公司进行企业内训；另一种是派遣某些测试人员作为代表到培训机构学习。

> **说明**
>
> 企业内训的好处是可以让大部分人得到培训的机会，但是可能会相对昂贵一点，需要相对充裕的培训资金投入。以派遣方式培训的好处是成本比较低，而且被选派的人会感到受重视，能提高这部分人对团队的忠诚度，缺点是培训的范围比较窄，这点需要通过知识的传递来弥补，例如，让派遣的代表回来后给所有测试人员培训。

### 24.1.7 读书会

虽然当今网络发达，很多知识都在网络中传播，测试人员也可以从网络上获取很多最新最全的信息，但是书、杂志这些传统的知识和信息的载体仍然有存在的必要性。至少有 3 个理由保留书作为一种学习渠道。

● 书可以随时随地翻看。

● 对于眼睛而言，看书比看电脑好。

● 读书作为一种传统的吸取知识的途径，给人一种学习的氛围。

在测试团队内部组织一个读书会是一种营造良好的学习氛围的方式。这个读书会的组织过程如图 24.3 所示。

（1）由测试人员提出购买需求，例如，某些测试人员对性能测试比较感兴趣，可以要求购买这方面的书。或者是由测试经理指定某些书，例如测试经理觉得某本书对全体测试人员沟通能力的提高会有很大帮助，则可以指定大家阅读某本书。

（2）由读书会的管理员为大家统一购置与测试相关的书、杂志。

（3）测试人员向读书会的管理员借出购买回来的书（"书非借不能读也"），要求每位借阅者必须写读后感、读书笔记，在归回书籍时一并提交。

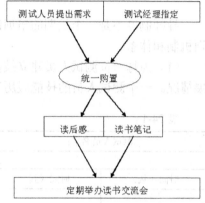

图 24.3 读书会的组织过程

（4）读书会管理员定期举办读书交流会，让大家对某本书的知识进行讨论和交流。

### 24.1.8 找个师傅学习软件测试

学习要有目标、要有动力、要有楷模。前面讲的是提供给测试人员的一个良好的学习环境。通过建立制度来营造一个学习的氛围，但是最终的学习动力来源于自己的求知欲，因此个人要发挥主动学习的精神。

找个师傅学习软件测试的好处是能有一个目标和榜样，在对比中发现自己的缺点和不足的地方，然后想办法弥补。因此，这是一种"拜师学艺型"的学习方法。这种方法主要包括两方面的渠道。

● 现实中的"师傅"。

● 测试领域的先驱和专家。

现实中的"师傅"其实是"远在天边，近在眼前"。测试人员身边会有很多值得学习的对象，例如，学习开发人员的深入研究精神、编程技巧，学习用户教育人员的沟通表达能力，学习产品人员对需求的把握能力、站在用户的角度想问题的思维习惯，等等。

踏着前人的脚步前进，期望站在巨人的肩膀上眺望。一般对测试的进步有贡献的人物都会提出自己对测试的独特看法，并形成自己的一套测试理论和实践经验的总结，全面了解和掌握他们的核心思想，就相当于学武艺的人把师傅的武功精髓给学到了。

**技巧**

每个测试大师都有自己专注的研究方向，可以多找几个这样的大师，通读他们写的书、文章、博客，这样对自己全面掌握测试方方面面的知识会有很大的帮助。

虽然国内也不乏测试、质量方面的研究先驱和学者，但是由于国外的软件技术和测试技术都比国内领先很多，所以"师夷长技"是首选。在这里介绍几位值得推荐的大师级人物。

（1）Cem Kaner。

测试领域的经典大师级人物，开办了 Center for Software Testing Education & Research 网站供广大测试爱好者学习和研究。

（2）James Bach。

在探索性测试（Exploratory Testing）和快速测试（Rapid Testing）方面颇有见解。

（3）Bret Pettichord。

在敏捷测试和开源自动化测试工具方面颇有建树。

（4）Johanna Rothman。

在测试管理和人员招聘方面提供了很多有用的启示。

# 24.2  软件测试经验的总结

学习是为了把知识应用出来，付之实践，而实践的经验是学习的宝贵源泉，从过来者的经验中学习，从最佳实践中获得可重复应用的部分。这个闭环的过程如图 24.4 所示。

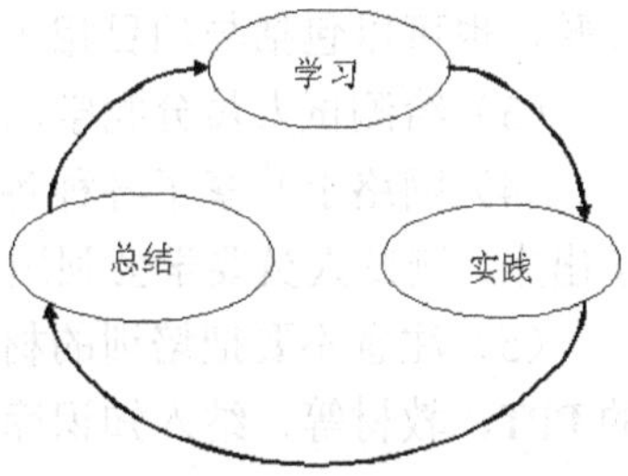

## 24.2.1  测试知识库的建立

实践的经验如果没有很好地保存下来，将是极大的浪费，新入职的测试人员可能会因为没有可借鉴的经验教训而"重蹈覆辙"。因此应该建立一个测试的知识库。一个知识库的管理主要有两方面的内容。

图 24.4  学习、实践、总结闭环过程

- 知识库的"进"。
- 知识库的"出"。

知识库的"进"和"出"的过程如图 24.5 所示。

图 24.5  知识库的"进"与"出"

没有"进"则无法建立全面的知识库，但是光有"进"没有"出"也不行，知识要应用出

来才能成为实用的知识，才能检验知识的有效性。

## 24.2.2 知识库的"进"

知识库的"进"是指各种资料、文档、总结经验的分类、归纳、整理、存储，还有知识的来源问题。知识库可以使用各种工具来搭建，例如，用 VSS 来管理测试项目的脚本、代码、数据，用 SharePoint 门户网站管理各种文档资料等。

即使不用工具，采用共享的目录也是可以的。关键是给测试人员一个地方，让测试人员知道碰到什么问题可以随时到哪里去找相关的帮助。但是必须注意知识的归类和整理，让需要的人能很快查找到。知识的来源可以是以下几方面。

- 读书会。
- 测试项目的总结报告。
- 任务化学习和研究的成果。
- 网络上的资料。
- 内外部培训的材料。

（1）从读书会的书籍学习过程中可以获取某些优秀书籍的精华总结、读后感等，把这些内容纳入测试知识库。

（2）从测试项目的总结和报告可以获得测试过程的实践经验，可以包括测试技能方面的经验，也可以包括与项目相关的技术、业务等方面的知识。

（3）给测试人员分配学习和研究任务，把学习总结和研究成果纳入知识库。

（4）网络上共享了各种各样的测试资料，测试的专家和大师们把自己的知识无私地贡献了出来，测试人员要学会利用这种资源，逐一进行收集，分门别类地纳入知识库，以备查询。

（5）注意不要把培训的材料丢掉或分散在个别测试人员的手中，应该注意收集每次培训的 PPT、教材等，纳入知识库管理起来。

## 24.2.3 知识库的"出"

知识库的"出"是指大家如何获取有用的知识、这些知识如何被应用起来，可以包括以下内容。

- 应用到项目中。
- 出版到内部期刊。
- 指导测试人员的学习。

（1）应该发挥"取之于民、用之于民"的精神，让知识从项目中来，到项目中去。某个测试项目总结出来的经验知识，应该传递给其他项目组。某位测试人员学习到的知识，应该传递到其他测试人员身上。

（2）知识库本身就是一个载体，为什么还要出版成内部刊物呢？知识库的 VSS、SharePoint 主要是一个中"拉"的方式，也就是说，吸引测试人员来关注和学习。内部刊物则是"推"的方式，让测试人员"信手拈来"就可以在工作空隙时间、中午吃饭的时间细细品读从知识库整理出来的精华。

另外，测试人员的"作品"被发表在内部期刊，会有一种自豪感，从而促使测试人员进一步学习和总结更多的知识。并且通过这样的"推"和"拉"，会让测试人员包围在一个全方位的学习环境中。

（3）最后，知识库还可用于指导测试人员的学习计划。例如，如果发现知识库过于偏向某方面的内容，而缺乏其他方面的知识，就可以制订相应的学习计划，指定相应的测试人员展开学习和研究工作。测试人员也可以从知识库中别人共享的知识中发现自己的不足，从而为自己找到学习的方向。

## 24.2.4　办一份内部期刊

如果测试团队有超过 5 个人的规模，就应该办一份内部期刊，不要把名字定为"测试报"之类的，要定位得高一点，如"质量报"、"质量期刊"，并且争取高层领导的支持。坚持办好一份内部期刊是很不容易的。尤其是在前面的几期。所以开始的时候不要太多内容，能有 10 篇左右的文章就可以了。

> **技巧**
>
> 应该适当定好出版的周期，不要太长，也不要过短。太长了缺乏效果，太短了工作量会比较大。一般以一个月一期比较合适。

一定要指定一位测试人员（当编辑）来负责这件事情。当然，也可以采取轮换的方式，每一期由不同的测试人员来负责。如果仅仅是把知识库的内容整理出版，未免重复和单调，可能会缺乏读者。因此，应该注意邀稿。邀稿可以向测试人员，也可以向开发人员，最好能向领导邀稿，而且是关于质量意识方面的内容。下面列出一些常规的可设置的栏目。

- 质量大事记。
- 测试技术。
- 错误模式。
- 优质代码。
- 测试工具。
- 质量之星。

（1）质量大事记主要描述一个月来公司各项目的质量情况，尤其是一些质量事故的曝光，例如，发布版本在用户现场出现严重质量问题。

（2）测试技术主要收集和发表测试过程中使用到的各种测试技术、测试方法、测试理论。

（3）错误模式主要收集和公布一个月来在项目中经常出现的 Bug，分析 Bug 的原因，提炼成 Bug 模式，这无论是对测试人员找 Bug 能力的提高，还是对开发人员避免犯类似的错误都有帮助。

（4）优质代码主要收集和公布经过代码评审，认为设计良好、质量过关、错误预防能力强的代码，并且请编写这些代码的开发人员共享出设计和开发经验。

（5）测试工具主要介绍一些工具的使用方法和使用技巧，尤其是平时测试工作中经常用到的工具的常见问题和解决办法。

（6）质量之星主要表扬一个月来在质量管理和质量改进方面有突出贡献的人，尤其是有效改进工作效率和产品质量的人。

**技巧**

出版的工具可以采用 Adobe 的编辑工具，也可以使用 Microsoft Office Publisher。Microsoft Office Publisher 提供了很多模板，可以方便地用在创建和编辑稿件、小册子、海报等方面。

如果公司已经有内部报刊，并且不打算投入成本办一份专门的测试和质量方面的期刊，那么测试人员可以要求设置测试和质量方面的专栏，然后踊跃投稿。

## 24.2.5　测试管理经验的总结

在总结测试技能、方法、工具等方面的经验的同时，不要忘了总结测试的管理经验。管理是一门很难的学问，测试的管理是一门难上加难的学问。因为人是最难管的，加上测试活动处于软件周期的末端，必须基于已有的产品进行测试，必然造成计划受前端活动的影响。因此，要管理好测试需要付出很多的努力。测试的管理主要包括两方面。

● 过程的管理。
● 个人的管理。

个人的管理与过程的管理同样重要，缺一不可，并且互相影响。个人的管理内容与过程的管理内容存在交叉的部分，如图 24.6 所示。

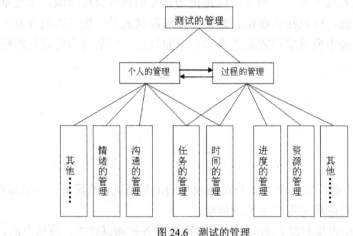

图 24.6　测试的管理

## 24.2.6　过程管理经验总结

规范化的测试过程、合理的过程管理无疑对测试的顺利进行有很大的帮助。过程的管理主要包括以下内容。

● 资源的管理。
● 进度的管理。

- 时间的管理。
- 任务的管理。

（1）资源的管理是指对测试过程中使用到的资源进行管理，包括测试人员的管理、测试工具的管理、测试数据的管理、测试机器的管理等。作为测试主管，应该及时总结资源管理方面的经验。

- 制定测试人员履历表，及时更新测试人员的技能简历。甚至包括哪个测试人员与哪个开发人员的合作、配合比较高效，也应该总结出来。这样，在新项目启动时，可以更科学、更准确地挑选合适的人员派遣到项目中。
- 在统一的地方存储所有需要使用的测试工具，方便测试人员获取。不要把同一款测试工具的试用版本与正式版本都存放在服务器上，否则有可能导致测试人员使用了错误的工具。一定要在目录名中把测试工具标识清楚，包括工具名、版本、是否可用等信息。
- 测试数据也是需要统一管理的内容，包括测试用的数据库、文件等。还包括测试环境的管理，尤其是进行兼容性测试的操作系统环境，应该在平时就准备好各种虚拟操作系统的 VM 文件，这样在需要使用时可以拿来就用，而不需要临时花费大量的时间安装。
- 测试机器的管理包括测试使用的机器设备的管理、测试服务器的管理等。要注意测试服务器的备份，例如，缺陷库的备份、知识库的备份、自动编译版本的备份等。

（2）进度的管理无疑是测试管理者需要重点把握的方面。测试的管理者应该及时总结这方面的经验，让测试的进度能尽量按计划走，减少意外情况的出现对测试效果的影响。

- 因为测试的进度经常受到不确定因素的影响，所以要求测试计划的风险考虑要更加充分。哪些风险经常出现？怎样的应对方式是被证实有效的？
- 测试的管理者是与其他部门或其他项目角色沟通的对外接口。如何更快地获取最新、最全面的项目信息？
- 测试的版本应该以怎样的频率提交最合适？

（3）测试人员通常会觉得不够时间进行充分的测试，如何进行时间管理，充分利用好有限的测试时间，进行有效的测试，是每一位测试管理者应该注意的，应该把这些方面的经验总结出来。

- 测试的进入时间：什么时候进入测试最合适？性能测试是否应该在集成测试后进行，还是在单元测试阶段就开始部分地进行？
- 测试的退出时间：如何评估测试的效果，什么时候可以认为已经达到质量要求，可以停止测试？
- 如何争取尽可能多的时间进行测试？如何跟踪开发人员的开发进度？如何让开发人员明白如果开发进度受到影响，测试的进度也会受到影响，反过来可能对开发进度产生更大的影响。

（4）同时有多个测试项目，如何安排测试任务的优先级、如何分配测试资源等也是测试管理者应该不断总结经验的方面。

- 测试项目的资源分配应该结合公司的主营方向，对于重点项目、质量要求高的项目，应该投入相对多的测试资源和时间。
- 充分利用测试项目之间的阶段差来调度测试资源。因为在某个项目测试进度比较紧迫的时候，其他项目可能处于需求调研阶段，可调出部分测试人员协助这个项目的测试。

● 如何及时得到关于任务完成情况的所有信息？什么情况下采用询问调查的方式，什么时候采用自底向上的报告方式？

## 24.2.7 个人管理经验总结

每位测试人员都应该加强自我管理。因为测试的工作度量不像开发人员的工作度量那么透明和直观，很多时候需要依赖测试人员自己把握，包括对下面内容的把握。

● 情绪的管理。

● 沟通的管理。

● 任务的管理。

● 时间的管理。

（1）测试人员的管理首要的是自我情绪上的管理。测试免不了重复和繁琐，也免不了面对各种各样的压力。如果不能正确地处理这些心理因素，则会影响到测试工作的效果，间接影响到产品的质量。因此要管理好自己的情绪。测试人员在工作的过程中，应该注意总结好这方面的经验。

● 面对繁琐重复的工作，不能有麻痹的思想。想办法让测试有趣起来。要做探索性的测试，而不是所谓的自由测试、即兴测试。

● 面对各种压力，要善于化解，例如，各种进度上的压力、上级的压力、开发人员对自己的压力。在感到精神绷得太紧或在人际关系方面处理不好的时候，善于找人沟通与倾诉。

（2）注意总结与项目组其他人沟通的技巧和方式，尤其是与开发人员沟通的技巧和方式。例如，不要一味地指出错误，适当的时候加以赞扬，会起到意想不到的效果。

（3）对于个人而言，同样有任务上的管理，因为每一位测试人员都可能同时接受很多不同的任务，如何安排好任务的轻重主次、划分好优先级是每一位测试人员都应该掌握的技巧，并且要注意总结这些方面的经验。例如，让领导层知道自己在同时做多件事情可能导致每件事情都做不好。

（4）测试人员如何高效地完成测试任务取决于时间的合理分配和管理。优秀的测试人员能有效地安排测试工作的时间和学习的时间，在测试之前做好充分的计划和准备工作。要注意这方面的经验的总结，例如，采用什么方式的数据生成方法效率最高，如果某次采用了一个笨方法，耗费了大量的时间和精力在准备数据方面，导致性能测试未能按时完成，则需要总结出经验教训，为什么这么多的时间浪费在准备数据方面，有什么办法可以改善，以便下次可以节省更多的时间。

 **注意**

> 对测试的管理最终是对人的有效管理，因为测试活动重要还是依赖人工进行，因为有效的对测试人员进行管理，会对测试的成功管理有决定性的作用。测试人员的管理包括测试管理者的人员管理和测试人员的自我管理。无论是哪一方面，都应该及时总结经验，不断提高自己的管理能力。

# 24.3 软件测试的交流

在软件测试中，缺乏交流会导致测试矛盾和隔阂的产生，导致测试人才的流失，导致产生孤独感，导致经验无法传递，导致测试水平很难提高。交流是双向的、多方面的、多层次的、多角度的，如图 24.7 所示。

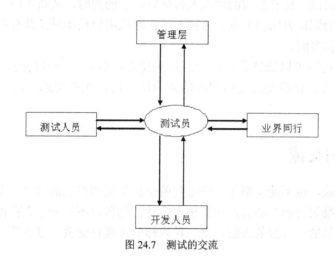

图 24.7　测试的交流

从图中可以看出，一个测试员主要的沟通对象有 4 类。
- 管理层。
- 开发人员。
- 测试人员。
- 业界同行。

但是并不仅仅局限在这四方面的交流，还应该包括各种项目角色，甚至是看起来跟测试没什么关系的人。例如，与管理计算机和内部网络的工程人员沟通好，会对自己在做性能测试、环境测试、配置测试等方面有很大的帮助。其他需要沟通和交流的角色包括用户教育人员、实施人员、需求工程师、产品工程师等。

 **注意**

测试人员应该抱着一个集众人之力量的宗旨来与周围的人沟通和交流，在工作上通力协作，为软件测试服务。

## 24.3.1　日常的交流

内部交流应该经常进行、频繁地进行、随时随地进行，因此要注意日常交流的顺畅进行。最好能建立起一个日常的交流机制。日常的交流主要针对项目组内部的测试人员。以下是一些可以考虑建立的内部日常交流机制。
- 每日的碰头会议。

● 结对测试。

● 问题求助。

（1）每日的碰头会议主要是一个非正式的 15 分钟"站立"会议，主要提供一个机会让每位测试人员报告自己的工作情况，以及了解其他测试人员的工作进展情况。或者提出一些改进的建议，或者提出一些有待解决的问题和困难。

（2）结对测试主要是仿效基于任务的探索性测试管理方法，让一位有经验的测试人员与一位新手一起结对测试，让有经验的测试人员指导新手的同时，从新入门的测试人员处获得新的思维方式和新的测试灵感和主意。这种方法在测试用例设计时尤其有用，可以让测试用例的设计更加完善和全面。

（3）问题求助机制可以通过公司门户网站来建立，设置一个专门的栏目，让所有碰到问题的人在上面留言，让碰到过类似问题的人设法解决，或者集思广益，一起想办法解决问题。

## 24.3.2　专门的交流

除了日常的交流，也不能忽略了一些专门的交流渠道和机制的设立。专门的交流能让测试人员感到团队的凝聚力和向心力，让测试人员感觉到自己不是一个人在孤军作战。能了解到其他项目的测试员的一些好的做法，是一种内部的跨项目交流。以下是一些可以考虑建立的专门交流机制。

● 每月一次的测试经验交流会。

● 一年一度的技术日活动。

（1）每月一次的测试经验交流会可以专注在一个月来每个项目组的测试经验总结和交流，可以是一些测试难题的解决方案的共享、一些项目使用到的技术的介绍，甚至可以包括一些项目的业务知识的介绍，这对拓展测试人员的思维、了解更多的项目知识都有好处。

（2）一年一度的技术日活动可以邀请其他人员参与，尤其是开发人员。它不仅仅是一次测试人员的经验交流盛会、测试技术分享的大会，同时也是一次普及测试知识、宣传质量意识和测试意识的机会。很多人对测试存在误解和偏见，应该尽力邀请这些人参加这次活动，让更多的人了解测试、理解测试人员、增强质量意识。

　　除此之外，定期组织外出活动，也是增强团队凝聚力的一种好方法。

## 24.3.3　与开发人员的交流

测试与开发是一对天生的矛盾体。因为开发人员是负责建设性工作的，而测试人员则是负责破坏性工作的，两者不可避免地存在一些对立面。如果想把测试工作做得更好，开发人员积极地改 Bug，而不是被动地、消极地应对，那么主动的、有效的沟通和交流必不可少。

下面是有效地与开发人员工作在一起需要注意的地方。

- 定义自己的角色，让开发人员觉得需要测试人员在旁边帮助他们。帮助开发人员在 Bug 还没出现之前就把它消除掉，从而减少项目总体成本。
- 给感到疑惑的开发人员解释自己的工作。减少对自己做出武断的评价和看法的机会，让开发人员相信：Bug 报告不应该被看作是威胁。
- 尽量减少会产生误会和曲解的 Bug 报告。

## 24.3.4　定义好自己的角色

尽量把自己的角色定义为：测试人员是为项目组服务的，是为项目经理提供评估产品质量状态的必要信息而服务的。让开发人员觉得测试人员是在帮助解决问题，而不是在揭短处。测试人员帮助开发人员在 Bug 未出现严重的后果之前消除掉。如何达到这种效果呢？

一种有效的办法是在每项测试中划分出两个阶段，如图 24.8 所示。

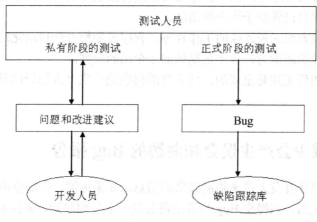

图 24.8　私有测试阶段和正式测试阶段

（1）第一个阶段是私有的测试阶段。在这个阶段，测试人员会尽力和尽早地协助开发人员找到 Bug 并设法解决，同时发现的 Bug 不会直接录到缺陷跟踪管理库，但是会记录下来，提交给开发人员，与开发人员一起讨论解决的方案，还会提出很多建议性的问题。

（2）第二个阶段是正式的测试阶段。在这个阶段，测试人员发现的 Bug 会直接录到缺陷跟踪库中。因为需要维护其他项目组成员的利益，保护他们的代码不会被这些 Bug 伤害到。

> **说明**
>
> 这种方法可以让开发人员意识到，测试人员不是自己的对立面，而是与自己站在"统一战线"，共同对付 Bug。另外，测试人员经常与开发人员探讨程序的弱点、了解程序采用的技术，让开发人员感到与自己有共同的语言，可以增强沟通的效果。

### 24.3.5　解释自己的工作

给开发人员解释自己的工作，减少其对自己的误解。

（1）不要过分夸大自己的编程技能，不要让开发人员感觉到自己受到威胁。

（2）找到适当的机会解释为什么需要测试，测试的作用在什么地方，要让开发人员明白"术业有专攻"的含义。开发人员有自己开发方面的优势，测试人员有自己测试方面的独特优势，原因如下。

● 这是测试人员唯一要做的事情。测试人员看到过很多Bug，关于Bug的思考也会更多。测试人员花更多的时间在形成问题上。

● 就像谜题的创建者很清楚谜题的解决者一样，测试人员研究程序员的目的是为了洞悉程序员可能忽略的问题的类型。程序员很难考虑到他们未深入思考的问题。

● 测试人员还会研究用户，特别在清楚用户知道什么、真实的用户会做什么可能的操作方面。程序员很难去做这些东西。程序员可能没有这么多的时间，会更多地陷入开发的解决方案里，而不会把自己置身于用户的角度。

● 测试人员能容忍冗长乏味的工作任务，程序员则想办法自动化这些工作。

● 测试人员能快速学习，程序员则倾向于全面的理解。

● 测试人员相信无知是重要的，问天真的问题能产生令人惊讶的答案；程序员认为专业是重要的。

### 24.3.6　尽量减少会产生误会和曲解的Bug报告

Bug报告不应该让开发人员来猜测提供的信息。如果可能，把能重现Bug的清晰的操作步骤包括进去。写完后，在提交Bug报告之前尝试一下步骤序列，确保有一个清楚明确描述的开始状态（例如，确保先退出程序并重新启动）。

（1）把期待要发生的、实际发生的描述清楚，还有为什么这样不对。

大部分程序员喜欢获得能在最短的步骤下重现缺陷的Bug报告。其他也会导致错误的步骤序列能帮助程序员更快地发现错误的原因，但是不要琐碎地描述每个操作序列的差异。那同样会浪费程序员的时间来决定是否有新的东西（可能会耗费很多时间去看那些细节，从而决定存在的变化是微不足道的）。

（2）描述一些能成功的场景，也会有所帮助。

如果问题在开发人员的机器上不出现，要尽快发现开发人员的机器与自己机器的差异在什么地方。检查Bug报告使其反映对配置的依赖。学习产品是如何对配置敏感的。

（3）保持自己置身事外。把任何隐含个人批评的语句从Bug报告中擦掉。也许需要让一些Bug报告"晾"上一个晚上，然后以一种新的眼光来读它。

（4）解释为什么对于顾客来说这是个重要的Bug。

很多Bug跟踪系统都会有严重级别和优先级别两个字段。严重级别字段描述Bug的后果。优先级别字段描述一个Bug应该多快解决。报告Bug时把优先级别字段留空，这样就可以避免把"重要的"定义成"对于测试来讲是重要的"。当找到一个 Bug 的时候，应该寻找更多的逻辑推导结果，让这个 Bug 看起来如果不修改会导致更严重的后果。

### 24.3.7　与管理层的交流

测试人员通常不能让别人看到自己的工作表现，只是一个人在闷头苦干，但是从别人眼里看不到表现出来的效果。尤其重要的是没有与管理层形成很好的主动沟通、主动报告的机制，从而带来的是领导层对测试的一些误解。

### 24.3.8　宣传测试

一个重要的方法是宣传测试思想。当程序员或经理对测试做出一些无知的解释时，测试人员会有什么感觉？大部分非测试员同事，无论在自己的工作方面有多优秀，对测试工作的认识都比较模糊。领导层也不例外。

在测试上，往往喜欢区分"我们"和"他们"。对测试进行好的解释会把整个项目组拉到一起。这很重要，因为其他项目组成员，包括经理，都不会完全支持测试的工作，除非理解了测试人员正在做的事情。因此，当有机会的时候，对测试工作进行必要的解释。在平时就要注意积累并思考测试方面的理论知识，并且积累一些质量方面的例子，尤其是那些因为忽略了测试而导致的质量事故的例子，这些例子可以是其他公司的例子，但是最好是本公司的例子，而且是最近发生的例子。

 **注意**

> 如果领导层能重视质量、理解测试、了解测试人员的工作，那么测试的工作会进行得更加顺畅和有效果。

### 24.3.9　主动报告测试

另外一个重要的方法是主动的测试报告。要注意这种测试报告不是那种刻板的充满了测试记录的报告，而是测试简报和口头的报告。

测试简报应该有明确的结论性内容，使用图表分析测试的各种情况，关键是要简单。而口头的报告则更为重要，因为管理层可能更喜欢在经过测试人员的座位时，拍拍测试人员的肩膀问："测得怎么样了？"那么这时候就应该抓住这个机会把测试的情况生动地描述和解释，把测试的困难如实地反映。

### 24.3.10　外部交流

外部的交流主要是指与测试的同行之间的交流。多了解其他同行所在的公司是如何进行测试的，测试的组织方式、测试的过程管理等。在需要说服别人采纳自己的观点时，类似"××公司的测试是这样做的。"这样的话可能会比单纯的说理或者照书直说来得有分量些。

这种交流的方式也有很多，大概有以下几种。

- 测试的交流会。
- 免费的公开课。
- 某些测试或质量方面的会议。
- 网站论坛。
- 参与软件测试工作室。

（1）一般在软件行业比较集中的几个大城市都会有一些测试方面的交流会。例如，北京、上海、广州、深圳等城市都有定期举办的同行交流会、沙龙等。找一个离自己近一点的积极参与进去交流和讨论，寻找与自己所在的测试环境相类似的同行，看有没有好的经验可以借鉴。

（2）免费的公开课一般会结合其他活动一起举行，例如培训课程的试听、测试工具的宣传、解决方案的展示等。虽然有商业目的在里面，但是还是可以挑一些自己关注的方面参与，问一些自己关心的问题，看有没有好的解决的思路。

（3）测试或质量方面的会议一般会聚集一些国内外的专家、测试和质量方面的权威。有机会的话，最好能设法亲临现场听取他们的专题报告，对自己在测试领域研究和发展方向的考虑都会有很大的帮助作用。

（4）挑选一个人气旺的论坛，选择自己感兴趣的话题和板块。要记住问问题和设法回答问题都很重要。问问题可以让自己得到提高，设法回答别人的问题，并尝试实践和解决别人的难题同样能不断地提供自己的能力，拓展自己的知识面。

（5）在工作之余，参与某些软件测试工作室，例如，笔者创办的 TIB 自动化测试工作室（http://www.cnblogs.com/testware/）和 PrefTest 性能测试工作室（http://www.cnblogs.com/preftest）。这些工作室的目的是集中各界力量研究和积累软件测试的技术，共同探讨前沿测试技术。

# 24.4　小结

因为起步晚，所以要快马加鞭、笨鸟先飞。

因为起点低，所以要设法站在巨人的肩膀上，才能看得更远。

因为国内外存在较大差距，所以要"师夷长技"，发扬"拿来主义"精神。

因为测试是一门讲求广泛涉猎全面知识的学科，所以要"博采众长，补己之短"。

# 24.5　新手入门须知

看起来本章的内容是写给测试的管理者看的，新手没有必要考虑这些问题，只要好好"享受"测试团队提供的学习环境就可以了。实际上，每个测试人员都应该贡献自己的一份力量，知识共享的魅力在于能借助别人的经验和学习成果，但是如果每个人都各啬于贡献自己的知识，那么谈何"互相促进"？

测试人员的学习与修炼武功的区别在于：练武之人可以拿着一本武功秘籍找个山洞闭关

修行；而测试是一门实践性很强的学科，需要测试人员在实践中总结和提高，需要借鉴别人的成果，借助别人的力量，需要与同行"切磋"。

如果新手进入的是一个"高手如云"的测试团队，就很可能是"如鱼得水"，因为找到了"组织"。互相的竞争和学习肯定会让测试人员进步得更快。

但是假设新手进入的一个公司是"一穷二白"的，没有提供任何学习和培训机制，这时候怎么办呢？答案是自己创造一个环境。注意知识和经验的积累，慢慢就会形成一个良性的循环。

# 24.6　模拟面试问答

本章主要讲到软件测试的学习环境、测试的交流方面的内容。每个测试团队都会或多或少地关注这方面的内容，面试官们也会比较关注您是否在这方面有一些想法和建议，那么这个时候您就可以充分利用在本章学习到的知识来回答面试官提出的这些问题。

（1）如果你是测试经理，你将如何建立起一个团队的学习氛围？

参考答案：我会努力建立起一个可以促使测试人员不断学习的机制。这个机制包含几方面的内容。

- 把测试人员的学习内容作为工作考核的一部分。
- 把测试人员的学习计划作为项目计划的一部分。
- 把测试人员的学习和技术研究任务化、专门化。
- 建立一帮一的导师制度。
- 建立一个持续的培训体系。

在测试团队内部组织一个读书会也是一种营造良好的学习氛围的方式，定期举办读书交流会，让大家对某本书的知识进行讨论和交流。

（2）如何让测试经验得以总结和积累，在测试团队中得以传播？

参考答案：首先必须建立一个知识库，知识库上的知识来源于以下方面。

- 读书会。
- 测试项目的总结报告。
- 任务化学习和研究的成果。
- 网络上的资料。
- 内外部培训的材料。

其次，可以办一份内部期刊，从测试人员总结的文章中选录到期刊发表。还可以定期举办类似"技术日"的活动，让测试人员可以分享和交流测试经验。

（3）如何与开发人员有效地交流？

参考答案：如果想把测试工作做得更好，让开发人员积极改 Bug，而不是被动地、消极地应对，那么主动的、有效的沟通和交流必不可少。有效地与开发人员工作在一起需要注意以下方面。

- 定义自己的角色，让开发人员觉得需要测试人员在旁边帮助他们。帮助开发人员在 Bug 还没出现之前就把它消除掉，从而减少项目总体成本。
- 给感到疑惑的开发人员解释自己的工作，减少对自己做出武断的评价和看法的机会，让开发人员相信：Bug 报告不应该被看作是威胁。

- 尽量减少会产生误会和曲解的 Bug 报告。

（4）您是如何与测试的同行交流的？

参考答案：一般在软件行业比较集中的几个大城市都会有一些测试方面的交流会。例如，北京、上海、广州、深圳等城市都有定期举办的同行交流会、沙龙等。找一个离自己近一点的积极参与进去交流和讨论，寻找与自己所在的测试环境相类似的同行，看有没有好的经验可以借鉴。

此外还可以参加一些免费的公开课和测试或质量方面的会议，对自己在测试领域研究和发展方向的考虑都会有很大的帮助作用。还有就是可以挑选一个人气旺的论坛，选择自己感兴趣的话题和板块，拓展自己的知识面。

第 25 章

# 软件测试的研究方向与个人发展

软件测试行业需要发展，软件测试这门学科需要进步，软件测试人员也需要不断地发展自己、提高自己的个人能力。软件测试人员是一个可以从多方向提高、多路线发展的角色。通过对比测试人员的角色与其他项目角色的共性和差异，可以更加清楚地看到测试人员需要具备全面的综合素质。

本章主要介绍测试人员与其他项目角色之间的互通性，测试人员的两大职业发展路线，以及测试技术的研究方向。

# 25.1 软件测试角色与其他项目角色的可转换性

软件测试对人员的要求是全面的知识和快速的学习能力。这意味着软件测试可以从多个角色来，也可以走向多个角色，如图 25.1 所示。

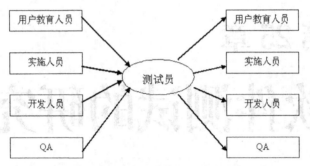

图 25.1　测试人员与其他角色之间的转换

不能要求进入测试行业的测试人员都是对测试感兴趣而进入的，也不能要求测试人员一直从事测试的工作。充分了解测试人员与其他角色之间的共通性和结合点，以及测试人员转换到其他角色的必备条件和充分条件，有利于测试人员找到自己的方向，以及意识到自己的不足之处，进而不断完善自己，在转向其他角色的过程中提高自己，从而在一个侧面促进了测试工作的完善。

 **说明**

> 在了解到测试人员转向其他角色的可行性的同时，可以发现其他角色转到测试角色也是有它的存在可能性，并且在某种程度上有其必要性。

## 25.1.1　转向售前

测试人员在自己的工作岗位上工作一段时间后，可能具备了一些转向售前角色的基本素质。测试角色与售前角色之间有一定的互换性，如图 25.2 所示。

（1）共通之处。

先来看售前人员与软件测试人员的共通之处。售前人员与测试人员的结合点是在项目知识和业务方面。售前人员转到测试的优势是他们的业务基础，以及熟悉用户所在的行业，熟悉用户的业务流程，熟悉用户的需要，以及站在用户的角度想问题的能力。

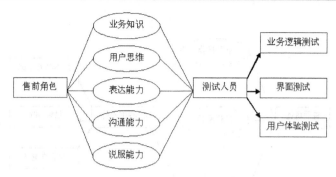

图 25.2　售前角色与测试之间的转换

（2）转向售前的必备条件与充分条件。

软件测试人员熟悉软件涉及的业务领域知识，在长期的测试过程中，逐渐掌握了与软件相关的方方面面的业务知识，因此具备转换到售前角色的基础。当然，要转向售前角色，测试人员除了具备一定的基础外，还需要增加额外的技能，例如，生动的表达能力、更强的沟通能力和说服能力。

（3）对测试人员的启示。

售前角色与测试角色之间的共通点让某些测试人员有了转向售前角色的可能性，但是从转向售前的必备条件与充分条件看来，很多测试人员还需要进一步提高自己在这些方面的能力，这些能力应该在测试的过程中进一步提高。总结来看，期望转向售前角色的测试人员需要注意下面能力的加强。

● 业务知识：测试人员需要在业务知识方面进一步提高，从各种渠道了解到项目涉及的行业背景知识和业务领域知识。

● 用户思维：测试人员应该多从用户的角度想问题，尝试理解用户的思维特点和用户在操作软件方面的使用习惯。

● 表达能力：测试人员在缺陷报告和测试报告时需要注意表达的准确性和描述的清晰性。

● 沟通能力：测试人员在与开发人员以及其他项目角色的沟通方面需要注意更加积极主动的沟通，还要注意沟通的技巧。

● 说服能力：测试人员需要培养说服能力，如何让开发人员乐意修改自己提出的 Bug 是一项很讲技巧的学问。

同时，给测试人员，尤其是测试管理者的启示是：售前人员可以转到测试或协助测试，应该充分利用他们的优势，让他们重点测试与业务相关的逻辑、界面及用户体验方面的内容。

## 25.1.2　转向售后

测试人员在自己的工作岗位上工作一段时间后，可能具备了一些转向售后角色的基本素质。测试角色与售后角色之间有一定的互换性，如图 25.3 所示。

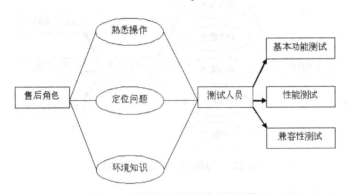

图 25.3　售后角色与测试之间的转换

（1）共通之处。

售后人员与测试人员的共通之处在于对软件的熟悉程度，对功能的使用和软件的特性、软件系统的配置方面都非常熟悉。售后人员转到测试的优势是他们独立处理突发问题的能力，对硬件、操作系统、网络、数据库等方面的熟练掌握。

（2）转向售后的必备条件与充分条件。

测试人员由于长期接触软件系统，对软件的功能特性和操作方面非常熟悉，因此具备转向售后的基本条件。但是，要成为一名好的售后人员还需要具备独立处理突发问题的能力，快速定位问题以及判断问题原因的能力，另外还需要掌握大量的跟软件系统的使用环境相关的知识。

（3）对测试人员的启示。

售后角色与测试角色的共通点，让某些测试人员有了转向售后角色的可能性。但是，从转向售后角色的必备条件和充分条件看来，很多测试人员还需要进一步提高自己在这些方面的能力，这些能力应该在测试的过程中不断提高。总体看来，对于期望转到售后角色的测试人员来说，需要注意加强以下方面的能力。

● 熟练操作：测试人员不仅要熟练地操作软件的各项功能，还要提高操作的速度，包括手工操作的速度和引入自动化测试，并且需要克服由于软件操作熟练带来的厌倦思想和麻痹大意。

● 定位问题：测试人员需要进一步提高自己，不要仅仅满足于找到表面的错误现象，还应该进一步地分析问题和定位问题，尽量缩减问题重现需要涉及的范围。

● 环境知识：测试人员需要更多地了解与软件相关的其他领域的知识，例如，硬件平台知识、系统配置知识、数据库知识、网络知识。掌握好这些知识对于测试的思维拓展、更加高效地寻找问题都会有很大的帮助，对性能测试的瓶颈定位、协助开发人员优化系统等方面也有很大的帮助作用。

同时，给测试人员，尤其是测试管理者的启示是：售后人员可以转向测试或协助测试，应该充分利用他们的优势，在基本功能的验证性测试、性能测试、兼容性测试等方面充分发挥他们的价值。

### 25.1.3　转向开发

测试人员与开发人员虽然看起来是一对相对对立的角色，但是测试人员在自己的工作岗位上工作一段时间后，可能具备了一些转向开发角色的基本素质。测试角色与开发角色之间有一定的互换性，如图 25.4 所示。

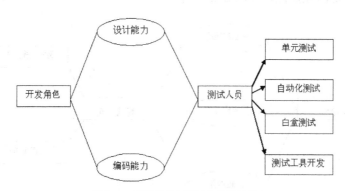

图 25.4　开发角色与测试之间的转换

（1）共通之处。

测试人员与开发人员其实很难找到共通的地方，因为两者的思维习惯有很大的差异，所以两者之间的转换也存在一定的难度。敏捷开发模式似乎改变了这一局面。测试人员与开发人员在单元测试上找到了结合点。

开发人员转向测试的优势是他们对程序熟悉，开发人员的编程技巧在单元测试、自动化测试方面能充分发挥出来。

（2）转向开发的必备条件与充分条件。

测试人员由于编程技巧相对缺乏，因此在转向开发方面存在一定的困难。转向开发的必备条件无疑是设计能力和编码能力，充分条件则是对软件的理解能力、对需求的理解能力。因此，测试人员如果具备了基本的设计能力和开发技巧，则在转向开发方面有很多优势，例如，善于站在用户的角度理解需求、对质量的重视使程序的返工率大大减少。

（3）对测试人员的启示。

对于那些期待转向开发的测试人员而言，需要认清自己的不足之处，在测试的过程中努力弥补自己的缺点。测试人员至少可以在以下方面不断提高自己，增强自己的能力。

● 对程序架构思想和构成的理解：通过参与需求评审、设计评审、代码评审，从中学习各种设计方面的知识。

● 编码能力：通过单元测试、白盒测试、自动化测试、测试工具和测试程序的开发等渠道增强自己在编码方面的能力。

同时，给测试人员，尤其是测试管理者的启示是：开发人员可以转向测试或者协助测试，应该充分利用他们在编码方面的能力，尤其是单元测试、白盒测试、自动化测试以及测试工具的设计和开发等方面。

### 25.1.4 转向 QA

测试人员转向 QA 角色看起来是一个很自然的事情，因为都是在寻找错误。测试人员在自己的工作岗位上工作一段时间后，可能具备了一些转向 QA 角色的基本素质。测试角色与QA 角色之间有一定的互换性，如图 25.5 所示。

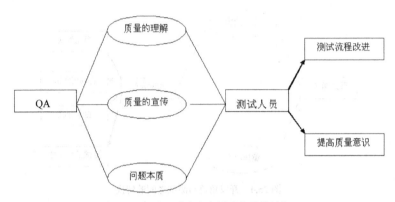

图 25.5　QA 开发角色与测试之间的转换

（1）共通之处。

测试人员与 QA 之间存在很多的共通之处。例如，测试与 QA 都是找错误，测试人员寻找产品的错误，QA 寻找流程中的错误；都要求有较强的质量意识。QA 转向测试的优势在于他们对流程的理解程度，他们往往更倾向于制定问题的纠正预防措施，而不是仅仅要求开发人员把目前的 Bug 修改正确。另外，QA 人员对质量的理解和宣传能力，能使项目的质量改进氛围大大提高。

（2）转向 QA 的必备条件与充分条件。

测试人员由于工作的性质和内容集中在产品的质量问题方面，因此，具备转向 QA 的基础。但是如果希望成为一名优秀的 QA 人员，测试人员还需要在对软件质量的理解、质量管理等方面不断地提高自己的能力。

（3）对测试人员的启示。

对于期待转向 QA 的测试人员而言，需要意识到自己的不足，至少在以下方面不断地提高自己的个人能力。

● 对质量的理解：测试人员需要加强软件工程、项目管理方面的知识，更多地了解一个项目的成功和失败的决定因素。

● 对质量的宣传：测试人员除了关注 Bug 的修改情况，还应该关注一下项目组中的质量意识情况，寻找机会宣传质量思想。

● 发现问题的本质：测试人员要善于收集和总结经验，用实际例子让开发人员明白"欲速则不达"，协助开发人员找出自己在做事的方式、设计的思路、开发和编码的习惯等方面的缺陷，想办法从流程方面改进质量，让所有人明白缺陷预防的重要意义。

同时，对于测试人员，尤其是测试管理者的启示是：QA 不但不是测试的监工，QA 还可以很好地协助测试，充分利用他们在质量宣传、流程管理方面的知识，提高开发人员的测试和质量方面的意识，改进和优化测试管理流程，从而使测试工作更加顺畅地进行。

# 25.2　测试人员的发展路线

随着测试人员能力的不断提高，测试人员除了可以转换到其他项目角色、从事其他类型的工作外，还可以继续在测试领域不断地发展和提高。每一位测试人员都可能对自己的职业生涯进行了设计。关键是不要半途而废，选择了某条自己认为适合自己持续发展的路线之后，不要轻易改变。

测试人员的发展路线大概可分为两大类，即管理路线和技术路线。两条路线的初期阶段是基本一致的，如图 25.6 所示。

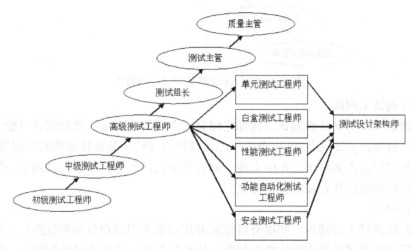

图 25.6　测试人员的发展路线

## 25.2.1　管理路线

"学而优则仕"，中国自古以来就有"官本位"的思想。因此，这条路线也是大部分测试人员希望走的一条路线。并且，大部分测试人员走上这条路线也有其必然性。一般的管理者都喜欢在工作表现好的人群中挑选一位作为领头人。而且大部分基层的员工也喜欢一位技术优于自己的人做上级。

一般的管理路线包括如图 25.7 所示的几个阶段。

每一个阶段有不同的要求和侧重点，测试人员可以对比一下自己处于什么阶段，如果沿着这条路线发展下去，具备了什么能力，还缺乏什么能力。

（1）初级测试工程师。

这条路线的初始级别，一般经过试用期后，如果基本符合测试的各项要求，则转成初级测试工程师。初级测试工程师要求具备基本的测试执行能力、基本的测试理论知识，主要集中在手工测试和基本的功能验证性测试方面。

（2）中级测试工程师。

在初级测试工程师的位置锻炼了一段时间后，就可以考虑转向中级测试工程师。中级测试工程师是一般具备一到两个完整测试项目的经验，具备基本的测试设计能力，测试理论知识进一步深化理解，主要集中在黑盒测试的执行及其测试用例的设计方面，具备一定的测试计划和测试报告能力。

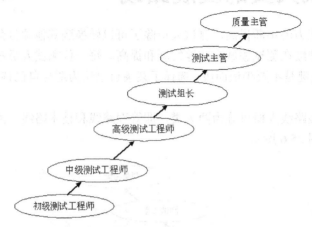

图 25.7　测试人员在管理方面的发展路线

（3）高级测试工程师。

从中级测试工程师到高级测试工程师之间有一个明显的界限，就是测试经验。一般要成为高级测试工程师，需要具备 3~5 个大小测试项目的经验，具备较强的测试用例设计能力，能把测试理论知识融入到测试工作中实践，测试类型包括黑盒测试、白盒测试、性能测试等方面，具备较好的测试计划和测试报告能力。

（4）测试组长。

在成为高级测试工程师后，则很有可能被委任为某个测试项目的测试组长。测试组长与高级测试工程师在测试技能方面的能力相当，但是具备相对强的测试计划能力、测试报告能力、测试的组织能力以及沟通能力。测试组长成为测试与开发以及其他部门的接口，负责很多沟通上的事情，以及对测试任务的分配、测试资源的安排、测试分工的总体把握，需要具备一定的测试风险意识，以及与开发人员针对某些焦点问题交涉的能力，需要具备 Bug 评审的组织和缺陷分析能力。

（5）测试主管。

在成为测试组长后，需要表现出较强的组织和沟通能力、人员管理能力，最好能在公司的大部分项目做过测试工作，那么就很有可能被委任为测试主管。测试主管与测试组长的主要区别在于：测试主管需要管理的是多个测试项目的资源调度、人员招聘、培训、能力评估和绩效考核。测试主管需要协调测试部门与其他部门之间的工作与交流。测试主管一般不参与具体的测试工作，但是需要对所有测试的进度进行监控，需要关注测试部门的工作和学习氛围、凝聚力。

（6）质量主管。

如果公司有足够大的规模，还可能在测试主管之上设置一位质量主管。质量主管除了管理测试工作外，可能还要管理 QA 的工作，负责整个公司质量方面的管理。质量主管主要关注测试的整体组织架构设置是否合理，测试工具的选型是否合理，测试人员与其他人员的沟通和交流是否存在问题。另外，质量主管还会重点关注流程的质量，负责引入 ISO、CMMI

等质量改进模型，并负责质量管理体系的建立和维护，负责整个公司范围内质量问题的发现，协助管理者制定纠正预防措施并跟踪措施的有效执行。

关于如何做好测试的管理，如何管理测试团队，请读者参考 Judy McKay 的《Managing the Test People》一书。

## 25.2.2　技术路线

很多从事软件行业的人都有一些所谓的"技术情结"，很多位居管理层面的人还是对技术念念不忘。技术路线与管理路线是相对明显区别的两个方面，如果把管理路线看成是垂直发展的方向，那么技术路线的发展方向则是横向的，如图 25.8 所示。

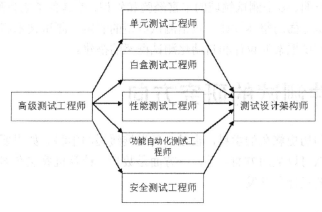

图 25.8　测试人员的技术路线

在测试人员的技术路线图中，在高级测试工程师之前的发展路线与管理路线是基本一致的，都需要从初级测试工程师转到中级测试工程师，再转到高级测试工程师。在高级测试工程师之后，就可以考虑在某方面的测试技术领域深化下去。

（1）单元测试工程师。

单元测试是一个可以持续研究、深入研究的领域，本着尽早测试的原则，单元测试无疑是测试性价比最高的一类测试，但是由于测试人员在编码方面不具备优势，因此，在这方面感兴趣的测试人员可以持续地研究和锻炼自己，让自己成为一名单元测试工程师。

（2）白盒测试工程师。

白盒测试也是一个需要深入学习和研究才能精通的领域，并且里面有很多技术有待人们进一步发展。代码检查和错误预防技术、自动错误检测等方面都是很新的课题。在这方面感兴趣的测试人员完全可以持续研究，让自己成为一名白盒测试工程师。白盒测试工程师同样需要具备丰富的代码设计和编写经验。

（3）性能测试工程师。

性能测试由于其涉及的知识广泛，每一个项目的性能测试都有可能出现一些很具挑战性的内容，因此，也吸引了很多测试人员的专注，希望成为专职的性能测试工程师。性能测试工程师需要具备丰富而全面的知识，包括程序代码的架构、操作系统、数据库、网络等多方面的知识。

（4）功能自动化测试工程师。

软件测试的自动化一直是很多测试人员心中的梦想，梦想着有一天，测试人员不需要重复地敲击键盘和鼠标进行测试，全部都交给工具进行，测试人员只需要设计测试就可以了。

梦想总归梦想，现实中，测试人员需要在自动化测试领域深入地研究，出现更多实用的自动化测试技术的突破。功能自动化测试工程师同样需要具备一定的编码技巧，同时需要具备丰富的 Windows 等操作系统的底层 API 知识。

（5）安全测试工程师。

安全是软件方面的关注点，安全的测试也是相对空白的一个领域。安全测试要求测试人员具备丰富的安全知识，需要了解很多安全漏洞和黑客技术的原理。

（6）测试设计架构师。

如果具备了多方面、多个测试领域的丰富经验和知识，就具备了成为测试架构师的条件。测试架构师负责测试方面的整体设计，包括测试类型的制定、测试技术和工具的应用、测试工具的开发、整体测试框架的设计和自动化测试框架的搭建。

# 25.3 软件测试的研究方向

软件测试是一门历史悠久的学科，也是一门发展缓慢的学科。如果要在软件测试方面进行深入的研究，那么可以从两方面入手，一方面是数学、计算机算法在测试领域的应用，另一方面是测试工具的设计和开发。

## 25.3.1 软件测试中的数学

软件测试的发展离不开数学的发展，软件测试工具要想达到替代大部分人工测试的话，离不开数学、人工智能等学科的发展和应用。

目前，在软件测试方面能应用的数学知识还不多。在测试用例设计方面，主要有正交表、均匀表、组合覆盖等。在简化问题的重现方面，可以应用二分搜索。

例如，通过测试发现某个包含 896 行输入的 HTML 页面会导致 Mozilla 浏览器的一个 Bug，但是程序员在定位问题时很难重现，究竟是 HTML 页面的哪些内容引起了浏览器的错误。这时，测试人员可以通过二分搜索来简化输入的范围。通过二分搜索，去掉一半输入，检查输出是否还是错误。如果不是，退回之前的状态，并去掉另外一半输入。通过这种方式，可以把 Bug 报告中问题重现的输入从 896 行简化到 1 行。让这个过程自动化，则需要把二分搜索通过计算机算法来实现，得到所谓的"Delta 调试技术"中的一个算法。

某些统计学方面的数学还被应用到了测试的缺陷统计上，例如，著名的"Poisson 模型"，如图 25.9 所示。

"Poisson 模型"可以用来说明测试时间与缺陷遗留之间的关系。$F(t)$ 表示测试一段时间后，可能发生的缺陷累计数量。$x$ 表示测试刚开始时的缺陷数量，$p$ 是修正参数，是缺陷密度指数递减值，$t$ 表示测试的时间。"Poisson 模型"说明在测试的早期可以显著地发现 Bug，但是随着测试时间的增加，发现 Bug 的效率逐渐降低。

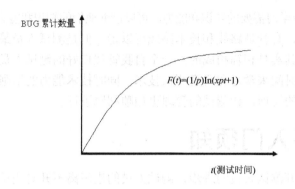

图 25.9　Poisson 模型

## 25.3.2　软件测试工具设计

任何一个工程学科，如果缺乏工具、设备的发展，生产率是没办法提高的。测试工具的设计和开发的目的是想部分代替和辅助测试人员进行测试工作。测试工具的设计和开发可以有很多方向，目前大部分人集中在自动化测试执行方面的工具设计和制造上，例如，GUI 功能测试工具、性能测试工具。而很少有人考虑测试前端工作的效率提高，例如，测试用例设计工具的开发、需求到测试用例的自动化影射等方面的工具开发。

Eric S. Raymond 曾经说过："另外一个显而易见的节约程序员时间的方法是教会机器完成更多的低级编程工作。"把这句话转换到测试方面就变成了"节约测试人员时间的方法是教会机器完成更多的低级测试工作"。

很多人梦想着有一天，可以设计出一个测试机器人，它可以替代测试人员自动地执行所有测试工作。测试机器人可以识别所有软件系统的元素，包括控件、窗体、数据等，测试机器人可以根据当前的测试状态自己决定测试策略和测试用例的选择和执行，测试机器人可以不知疲倦地遍历软件系统的所有功能模块，而测试人员要做的仅仅是给机器人输入简单的指令。但是这个梦想离不开人工智能的发展，以及在测试领域的应用。

## 25.3.3　其他研究方向

除此之外，我们也有很多其他研究方向可以选择，因为软件测试的涉及面非常广泛。例如，自动化测试方面，我们可以研究测试工具的应用、测试工具的开发、测试框架的搭建等；在性能测试方面，我们可以研究性能测试工具的开发和应用、性能问题诊断和优化等；在安全测试方面，我们可以研究安全测试工具的开发和应用、安全测试技术在 Web、移动终端、嵌入式等领域的应用。

# 25.4　小结

由于测试职业是一门需要具备多方面知识和能力的职业，同时在测试工作过程中也能接触到各方面的知识，因此决定了测试人员与其他角色之间具备可转换性。这同时也给测试管理一个启示：可以向不同的角色学习需要的知识和能力，可以借助他们的知识和能力应用到测试中来。

就测试本身而言，有管理路线和技术路线可以走，但是测试人员最好两方面的能力都具备。这两方面的能力其实是相辅相成的，一个自我管理良好的测试人员能顺利完成各项测试任务，能腾出更多的时间来学习和研究测试技术；同时技术能力的增强反过来又能丰富测试的管理、自动化测试的管理，让测试的管理更加顺利地进行。

# 25.5　新手入门须知

测试的进步离不开测试人员的进步，测试人员的进步离不开对测试的研究和总结。

有些知识可能现在不能用上，但是可能在适当的时候就大有用场了。例如，掌握正则表达式的使用，在测试过程中可以快速地帮助测试人员实现大量的数据分析（如 HTML 文件、日志文件等），自动化很多测试的过程。

有些知识可能是不知不觉地被测试人员用在了测试的过程中，例如，一些质量管理相关的知识，对测试没有很明显直接的作用，但是对于测试人员质量意识的提高以及运用这些知识来进行"自我保护"都有很大的作用。

有些知识可能由于公司目前的现状决定了它暂时不能被使用上，但是一旦时机成熟，就可以派上用场，例如，AEP 的测试理论、防御性编程、自动错误检测等方面的知识。

# 25.6　模拟面试问答

本章主要讲到软件测试人员的发展规划和研究方向，这也是面试官们比较关心的一个问题，他们希望了解您的发展规划是否与公司协调一致。读者可利用本章学习到的内容来回答面试官提出的这些问题，解除他们的某些疑虑。

（1）您将来希望一直从事软件测试工作，还是希望转到其他方向？

参考答案：我希望将来往 QA 的方向发展，测试人员转向 QA 角色看起来是一个很自然的事情，因为都是在寻找错误。测试人员在自己的工作岗位上工作一段时间后，具备了一些转向 QA 角色的基本素质。测试人员由于工作的性质和内容集中在产品的质量问题方面，因此，具备转向 QA 的基础。但是如果希望成为一名优秀的 QA 人员，测试人员还需要在对软件质量的理解、质量管理等方面不断地提高自己的能力。

（2）在软件测试上不断地发展和提高，您更希望走的是技术路线还是管理路线？

参考答案：我更希望走的是技术路线，因为我喜欢研究测试的各种技术，并把它们应用到测试工作中，这给我带来很大的满足感，我向往看到自己的技术不断地提高，能精通很多测试技术和工具，能自己设计测试工具、自己设计和搭建测试的框架。

（3）您的下一个研究方向是什么？

参考答案：测试用例的设计是目前自动化比较少的方面，我希望在测试用例的设计自动化方面深入地研究下去，例如，将测试需求自动转换成测试用例，将 UML 的一些用例图直接映射成测试用例等。

我还希望能设计出一个自动化测试的机器人，它拥有一定的人工智能，能有效地帮助测试人员执行大部分的测试。